大学数学

（第3版）

主　编　高胜哲　张丽梅
副主编　高　辉　齐丽岩　于化东　张　慧
参　编　张　明　冯　驰

清华大学出版社
北　京

内容简介

本书是为适应涉海类专业、文科类专业对数学知识的基本要求及通识类数学课程的建设需要，结合编者在长期从事相关课程教学过程中积累的经验而编写的教材，主要内容包括微积分、线性代数、概率论基础、数学实验及球面三角学5个部分，共14章。全书知识面宽，通俗易懂，各部分内容相对独立，使教学有相当的灵活性，又有一定的选择余地。书中各章都配有适量的习题供读者学习巩固，并在书末对大部分题目给出了答案或提示。同时编者依托大连海洋大学网络教学平台已完成课程教学资源建设，为学生自主学习提供保障。

本书既可作为海洋类高等院校涉海类专业的"航海数学"课程和文科类专业的"大学数学"课程及通识类数学课程的教材，也可作为各类成人高等学历教育相应课程的教材，还可以作为相关专业的教学参考书和自学用书。

图书在版编目(CIP)数据

大学数学 / 高胜哲，张丽梅主编. —3版. —北京：清华大学出版社，2020.7(2024.9重印)
ISBN 978-7-302-55905-4

Ⅰ.①大… Ⅱ.①高… ②张… Ⅲ.①高等数学－高等学校－教材 Ⅳ.①O13

中国版本图书馆CIP数据核字(2020)第108893号

责任编辑：刘 颖
封面设计：傅瑞学
责任校对：王淑云
责任印制：丛怀宇

出版发行：清华大学出版社
网 址：https://www.tup.com.cn，https://www.wqxuetang.com
地 址：北京清华大学学研大厦A座 **邮 编**：100084
社 总 机：010-83470000 **邮 购**：010-62786544
投稿与读者服务：010-62776969，c-service@tup.tsinghua.edu.cn
质量反馈：010-62772015，zhiliang@tup.tsinghua.edu.cn
印 装 者：三河市人民印务有限公司
经 销：全国新华书店
开 本：185mm×260mm **印 张**：18.5 **字 数**：445千字
版 次：2013年8月第1版 2020年8月第3版 **印 次**：2024年9月第2次印刷
定 价：49.80元

产品编号：087112-01

前　言

大学数学作为海洋类高等院校各专业重要的学科基础课，为后续专业课程的学习提供必备的数学理论基础。本书是为适应涉海类专业、文科类专业对数学知识的基本要求及通识类数学课程的建设需要，结合编者在长期从事相关课程教学过程中积累的经验而编写的教材，我们希望该教材能够在海洋类高等院校的涉海类专业、文科类专业的人才培养和通识类数学课程建设的教学改革中发挥作用，为培养学生的数学素质以及应用能力打下坚实的数学基础。

本书在编写过程中，以面向涉海类专业、文科类专业人才培养和通识类数学课程建设的需要为原则，在内容安排上着重体现大学数学的基本概念、基本内容和基本方法，注重介绍数学知识的实际应用案例，舍弃了难度较大的内容和复杂的推导证明；同时，为了配合涉海类专业后续专业课程学习的需要，补充了球面三角学的内容，凸显海洋特色。本书的主要内容包括微积分、线性代数、概率论基础、数学实验及球面三角学5个部分，共14章。各章在原有配置的习题基础上增加了一定数量的综合题目，适度提高课程学习难度，并在书末对大部分题目给出了答案或提示。同时，教学团队依托大连海洋大学网络教学平台完成了课程教学资源建设，录制了一定数量的教学微视频，为学生自主学习提供保障。

本书既可以作为海洋类高等院校涉海类专业的"航海数学"课程、文科类专业的"大学数学"课程和通识类数学课程的教材，也可作为各类成人高等学历教育相应课程的教材，还可以作为相关专业的教学参考书和自学用书。

参加本书编写的有：高胜哲、张丽梅、高辉、齐丽岩、于化东、张慧、冯驰和张明。最后全书由高胜哲和张丽梅统稿。

本书在编写过程中得到了大连海洋大学基础数学教研室广大教师的大力支持，对他们以及他们提出的许多宝贵意见，在此一并表示衷心的感谢。

由于编者水平有限，书中存在的不妥之处敬请读者和同行批评指正。

编　者

2020年3月　于大连

目　　录

第 1 章　函数与极限 …… 1
1.1　函数 …… 1
1.1.1　函数的定义 …… 1
1.1.2　几种具有特性的函数 …… 2
1.1.3　反函数与复合函数 …… 4
1.1.4　初等函数 …… 4
1.2　数列的极限 …… 5
1.2.1　数列极限的定义 …… 5
1.2.2　数列极限的性质 …… 7
1.3　函数的极限 …… 8
1.3.1　函数极限的定义 …… 8
1.3.2　函数极限的性质 …… 11
1.3.3　函数极限的四则运算法则 …… 12
1.3.4　复合函数的极限运算法则 …… 14
1.4　两个重要极限 …… 14
1.4.1　$\lim\limits_{x \to 0}\frac{\sin x}{x}=1$ …… 14
1.4.2　$\lim\limits_{x \to \infty}\left(1+\frac{1}{x}\right)^x=\mathrm{e}$ …… 16
1.5　无穷小量与无穷大量 …… 18
1.5.1　无穷小量与无穷大量的定义 …… 18
1.5.2　无穷小量的性质 …… 19
1.5.3　无穷小的比较 …… 20
1.6　函数的连续性与间断点 …… 21
1.6.1　函数的连续性 …… 21
1.6.2　初等函数的连续性 …… 22
1.6.3　函数的间断点 …… 23
1.7　闭区间上连续函数的性质 …… 25
习题 1 …… 26

第 2 章　导数与微分 …… 30
2.1　导数概念 …… 30
2.1.1　导数的定义 …… 30
2.1.2　单侧导数 …… 33

2.1.3 导数的几何意义 …… 34
2.1.4 可导与连续的关系 …… 34
2.2 函数的求导法则 …… 35
2.2.1 函数的和、差、积、商的求导法则 …… 35
2.2.2 反函数的导数 …… 36
2.2.3 基本初等函数导数公式 …… 37
2.2.4 复合函数的求导法则 …… 38
2.2.5 隐函数的求导法则 …… 39
2.2.6 参数方程的求导法则 …… 40
2.3 高阶导数 …… 41
2.4 函数的微分 …… 42
2.4.1 微分概念 …… 42
2.4.2 微分的几何意义 …… 43
2.4.3 微分计算 …… 44
习题 2 …… 45

第 3 章 微分中值定理及导数应用 …… 48
3.1 微分中值定理 …… 48
3.1.1 罗尔定理 …… 48
3.1.2 拉格朗日中值定理 …… 49
3.1.3 柯西中值定理 …… 51
3.2 洛必达法则 …… 51
3.3 函数的单调性、极值与最值 …… 55
3.3.1 函数单调性的判别法 …… 55
3.3.2 函数的极值 …… 56
3.3.3 函数的最值 …… 59
3.4 函数的凹凸性及拐点 …… 59
习题 3 …… 61

第 4 章 不定积分 …… 65
4.1 不定积分的概念与性质 …… 65
4.1.1 原函数与不定积分的概念 …… 65
4.1.2 基本积分公式 …… 66
4.1.3 不定积分的性质 …… 67
4.2 换元积分法 …… 68
4.2.1 第一类换元积分法 …… 68
4.2.2 第二类换元积分法 …… 71
4.3 分部积分法 …… 74
习题 4 …… 77

第 5 章　定积分及其应用 …… 79
5.1　定积分的概念与性质 …… 79
5.1.1　定积分问题的实例——曲边梯形的面积 …… 79
5.1.2　定积分的定义 …… 80
5.1.3　定积分的几何意义 …… 81
5.1.4　定积分的性质 …… 81
5.2　定积分的计算 …… 83
5.2.1　微积分基本公式 …… 83
5.2.2　定积分的换元积分法和分部积分法 …… 84
5.3　定积分的几何应用 …… 87
5.3.1　定积分的元素法 …… 87
5.3.2　平面图形的面积 …… 87
5.3.3　旋转体的体积 …… 89
习题 5 …… 91

第 6 章　微分方程 …… 93
6.1　微分方程的基本概念 …… 93
6.2　一阶微分方程 …… 95
6.2.1　可分离变量的微分方程 …… 95
6.2.2　一阶线性微分方程 …… 96
6.3　微分方程的应用 …… 98
6.3.1　几何问题的简单方程模型 …… 99
6.3.2　物理问题的简单方程模型 …… 99
6.3.3　其他问题模型 …… 101
*6.4　二阶常系数线性微分方程 …… 103
6.4.1　二阶常系数齐次线性微分方程 …… 104
6.4.2　二阶常系数非齐次线性微分方程 …… 105
习题 6 …… 107

第 7 章　行列式与线性方程组 …… 110
7.1　行列式的定义 …… 110
7.1.1　二阶行列式与二元线性方程组 …… 110
7.1.2　三阶行列式与三元线性方程组 …… 111
7.1.3　n 阶行列式的定义 …… 113
7.1.4　几个常用的特殊行列式 …… 114
7.2　行列式的性质 …… 115
7.3　克莱姆法则 …… 121
习题 7 …… 123

第 8 章 矩阵与线性方程组 …… 127
8.1 矩阵 …… 127
8.1.1 引例 …… 127
8.1.2 矩阵的概念 …… 128
8.1.3 几种特殊矩阵 …… 129
8.2 矩阵的运算 …… 130
8.2.1 矩阵加法 …… 130
8.2.2 数乘运算 …… 131
8.2.3 矩阵的乘法 …… 131
8.2.4 线性方程组的矩阵表示 …… 133
8.2.5 矩阵的转置 …… 133
8.2.6 方阵的行列式 …… 135
8.3 矩阵的初等变换及初等矩阵 …… 135
8.3.1 矩阵的初等变换 …… 135
8.3.2 初等矩阵 …… 138
8.4 逆矩阵 …… 138
8.4.1 逆矩阵的定义 …… 138
8.4.2 逆矩阵的性质 …… 138
8.4.3 逆矩阵的计算 …… 139
8.4.4 矩阵方程及其解法 …… 143
8.5 矩阵的秩 …… 144
8.5.1 矩阵的秩的定义 …… 144
8.5.2 矩阵的秩的求法 …… 145
8.6 线性方程组的解法 …… 146
习题 8 …… 150

第 9 章 向量组的线性相关性 …… 157
9.1 n 维向量及其线性运算 …… 157
9.1.1 引例 …… 157
9.1.2 向量的概念 …… 157
9.2 向量间的线性关系 …… 159
9.3 向量组的秩 …… 161
9.4 齐次线性方程组解的结构 …… 164
9.5 非齐次线性方程组解的结构 …… 168
习题 9 …… 171

第 10 章 随机事件与概率 …… 175
10.1 随机事件 …… 175

10.1.1 随机现象 …… 175
10.1.2 随机事件的定义 …… 175
10.1.3 随机事件的关系和运算 …… 176
10.2 概率的定义及其性质 …… 179
10.2.1 频率 …… 179
10.2.2 概率的公理化定义及性质 …… 180
10.3 古典概型 …… 182
10.4 条件概率及条件概率三大公式 …… 185
10.4.1 条件概率 …… 185
10.4.2 乘法公式 …… 186
10.4.3 全概率公式和贝叶斯公式 …… 186
10.5 事件的独立性 …… 189
10.5.1 两个事件的独立性 …… 189
10.5.2 多个事件的独立性 …… 190
习题 10 …… 191

第 11 章 随机变量及其分布 …… 196
11.1 随机变量 …… 196
11.2 离散型随机变量 …… 197
11.2.1 离散型随机变量及其分布律 …… 197
11.2.2 常用的离散型分布 …… 198
11.3 随机变量的分布函数 …… 200
11.3.1 分布函数的定义 …… 200
11.3.2 分布函数的性质 …… 200
11.3.3 离散型随机变量的分布函数 …… 200
11.4 连续型随机变量 …… 202
11.4.1 连续型随机变量的概率密度函数 …… 202
11.4.2 常用三种连续型随机变量的分布 …… 203
11.5 随机变量的函数的分布 …… 206
11.5.1 离散型随机变量的函数的分布 …… 206
11.5.2 连续型随机变量的函数的分布 …… 207
习题 11 …… 208

第 12 章 随机变量的数字特征 …… 214
12.1 数学期望 …… 214
12.1.1 数学期望的概念 …… 214
12.1.2 随机变量函数的数学期望 …… 217
12.1.3 数学期望的性质 …… 218
12.2 方差 …… 219

12.2.1　方差及其计算公式 …… 219
12.2.2　方差的性质 …… 220
习题 12 …… 222

第 13 章　数学实验 …… 225
13.1　函数绘图 …… 225
13.1.1　实验目的 …… 225
13.1.2　实验内容 …… 225
13.2　函数的极限与连续 …… 227
13.2.1　实验目的 …… 227
13.2.2　实验内容 …… 227
13.3　函数的导数与微分 …… 229
13.3.1　实验目的 …… 229
13.3.2　实验内容 …… 229
13.4　不定积分与定积分 …… 232
13.4.1　实验目的 …… 232
13.4.2　实验内容 …… 232
13.5　常微分方程 …… 235
13.5.1　实验目的 …… 235
13.5.2　实验内容 …… 235
13.6　矩阵的输入 …… 236
13.6.1　实验目的 …… 236
13.6.2　实验内容 …… 236
13.7　矩阵的运算 …… 238
13.7.1　实验目的 …… 238
13.7.2　实验内容 …… 238
13.8　行列式与线性方程组的求解 …… 241
13.8.1　实验目的 …… 241
13.8.2　实验内容 …… 241
13.9　几个重要的概率分布的 MATLAB 实现 …… 243
13.9.1　实验目的 …… 243
13.9.2　实验内容 …… 243
13.10　数据的统计描述和分析 …… 245
13.10.1　实验目的 …… 245
13.10.2　实验内容 …… 245

第 14 章　球面三角学 …… 248
14.1　球面几何 …… 248
14.1.1　球面几何的基本概念 …… 248

14.1.2 球面三角形 …… 249
14.1.3 球面三角形的性质 …… 250
14.2 球面三角形中的关系式 …… 251
14.2.1 球面三角形边的余弦公式 …… 251
14.2.2 球面三角形角的余弦公式 …… 251
14.2.3 球面三角形的正弦公式 …… 252
14.2.4 球面三角形角的正弦和邻边余弦的乘积公式 …… 253
14.2.5 球面三角形的余切公式 …… 253
14.2.6 球面三角形的解法 …… 254
14.3 球面三角学在航海上的应用 …… 255
14.3.1 问题描述 …… 255
14.3.2 大圆航程和大圆起始航向的计算方法 …… 255
14.3.3 经差的计算方法 …… 256
14.3.4 举例 …… 256
习题 14 …… 257

习题参考答案或提示 …… 259

参考文献 …… 278

附录 A 预备知识 …… 279

附录 B 标准正态分布函数值表 …… 280

第1章 函数与极限

微积分学是以函数为研究对象的一门课程。所谓函数就是变量之间的依赖关系，而极限方法是研究函数的一种基本方法，它是学习微分学、积分学的基础。本章将介绍函数、函数极限和函数连续等基本概念以及它们的一些性质。

1.1 函 数

1.1.1 函数的定义

我们在研究一些生产、生活的实际问题或自然现象的过程中，经常发现一些过程所涉及的变量并不是独立变化的，而是需要考虑两个彼此相互依赖、有关联的变量。我们考察如下两个例子。

例 1.1.1 等腰直角三角形的面积 s 与其直角边的边长 x 的关系为

$$s=\frac{1}{2}x^2,\quad x\in(0,+\infty)。$$

可见等腰直角三角形的面积随着直角边的长度的变化而变化。

例 1.1.2 据统计，20 世纪 60 年代世界人口增长情况如表 1-1 所示。

表 1-1

年份 t	1960	1961	1962	1963	1964	1965	1966	1967	1968
人口 n/百万	2972	3061	3151	3213	3234	3285	3356	3420	3483

显然，随着年份 t 的推移，世界人口数 n 在不断增长。

从以上的例子我们看到，它们所描述的问题虽各不相同，但却有共同的特征：

(1) 每个问题中都有两个变量，它们之间不是彼此孤立的，而是相互联系、相互制约的；

(2) 当一个变量在它的变化范围中任意取定一个数值时，另一个变量按一定的法则存在一定值与之相对应。

具有这两个特征的变量之间的依赖关系，我们称为函数关系。下面给出函数的定义。

定义 1.1.1 设两个变量 x 和 y，当变量 x 在一给定的数集 D 中任意取一个值时，变量 y 按照一定的法则 f 总有确定的数值与之对应，则称 y 是 x 的函数，记作 $y=f(x)$。其中 x 叫作自变量，y 叫作因变量或函数。数集 D 叫作这个函数的定义域，记作 D_f，即 $D_f=D$。

例 1.1.1、例 1.1.2 的定义域分别为：$D_f=(0,+\infty)$，$D_f=\{t\mid 1960\leqslant t\leqslant 1968, t\in\mathbf{N}\}$。

函数值 $f(x)$ 的全体所构成的集合称为函数的值域，记作 R_f 或 $f(D)$，即

$$R_f=f(D)=\{y\mid y=f(x),x\in D\}。$$

除了常用 f 表示函数的记号外，还可以用 g，F 等英文字母或 φ，Ψ 等希腊字母表示。

由函数的定义可知，构成函数的两个基本要素为定义域 D 和对应法则 f。如果两个函

数的定义域和对应法则都相同,则为同一函数,否则就是不同的。例如,$f(x)=1$ 与 $g(x)=\sin^2 x+\cos^2 x$ 是同一函数,而 $f(x)=x$ 与 $g(x)=\sqrt{x^2}$ 就不是同一函数了。

函数的定义域通常按以下两种情形来确定:一种是在实际问题中,根据实际意义确定。例如,在圆的面积 s 与半径 r 的函数关系中,$s=\pi r^2$,定义域为 $r>0$,因为 $r\leqslant 0$ 时不再有实际意义;另一种是对抽象地用算式表达的函数,通常约定这种函数的定义域是使得算式有意义的一切实数组成的集合。例如,函数 $y=\sqrt{9-x^2}$ 的定义域为$[-3,3]$,函数 $y=\dfrac{1}{\sqrt{4-x^2}}$ 的定义域为$(-2,2)$,这种定义域称为函数的自然定义域。

对于给定的对应法则 f,点集 $P=\{(x,y)\mid y=f(x),x\in D\}$称为函数 $y=f(x)$的图像,如图1-1所示。

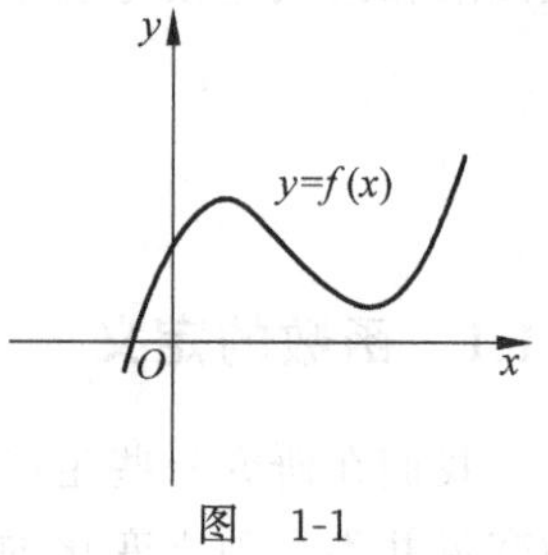

图　1-1

函数的表示方法主要有3种:解析法(如例1.1.1)、表格法(如例1.1.2)、图像法。

函数的3种表示法各有其特点,表格法和图像法直观明了,解析法易于运算。在处理实际问题时这几种表示方法可以结合使用。

在用解析法表示函数时,有些函数在其定义域的不同部分,其表达式不同,即用多个解析式表示一个函数,这类函数称为分段函数。

例 1.1.3　函数

$$y=f(x)=\begin{cases}3\sqrt{x}, & 0\leqslant x<1,\\ 1+x, & 1\leqslant x<2,\\ x^2+6x-5, & 2\leqslant x\leqslant 4\end{cases}$$

是一个分段函数。它的定义域 $D=[0,4]$。当 $x\in[0,1)$时,对应的函数式为 $f(x)=3\sqrt{x}$;当 $x\in[1,2)$时,对应的函数式为 $f(x)=1+x$;当 $x\in[2,4]$时,对应的函数式为 $f(x)=x^2+6x-5$。若取 $x=\dfrac{1}{4}\in[0,1)$,则 $f\left(\dfrac{1}{4}\right)=3\sqrt{\dfrac{1}{4}}=\dfrac{3}{2}$。

例 1.1.4　符号函数定义为

$$y=\operatorname{sgn}x=\begin{cases}1, & x>0,\\ 0, & x=0,\\ -1, & x<0。\end{cases}$$

显然此函数的定义域为 $D=(-\infty,+\infty)$,值域为 $R_f=\{-1,0,1\}$,其图像如图1-2所示。

例 1.1.5　取整函数定义为 $y=[x]$,其中$[x]$表示不超过 x 的最大整数,x 为任一实数,即$y=[x]=n,n\leqslant x<n+1,n=0,\pm1,\pm2,\cdots$,其图像如图1-3所示。

1.1.2　几种具有特性的函数

1. 单调函数

设 I 为函数 $f(x)$的定义域内的一个区间。如果对于 I 上任意两点 x_1 及 x_2,当 $x_1<x_2$ 时,恒有

$$f(x_1)<f(x_2),$$

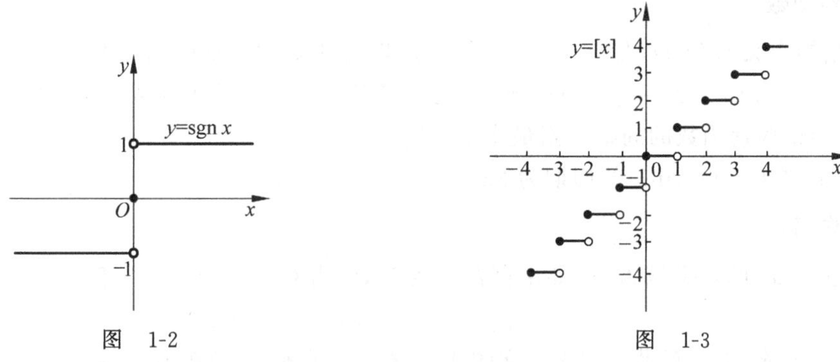

图 1-2　　图 1-3

则称函数 $f(x)$在区间 I 上是单调增加的,如图 1-4 所示;反之,如果对于区间 I 上任意两点 x_1 及 x_2,当 $x_1<x_2$ 时,恒有

$$f(x_1)>f(x_2),$$

那么就称函数 $f(x)$在区间 I 上是单调减少的,如图 1-5 所示。单调增加和单调减少的函数统称为单调函数,对应的区间 I 称为单调区间。

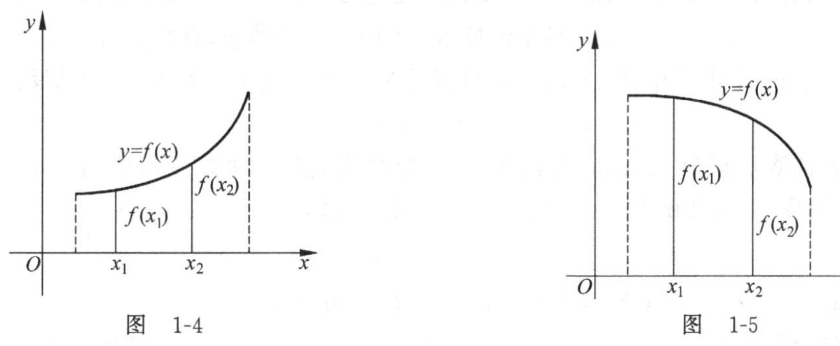

图 1-4　　图 1-5

例如,函数 $y=x^3$ 在区间$(-\infty,+\infty)$上是单调增加的;函数 $y=\frac{1}{x}$在区间$(0,+\infty)$上是单调减少的,在区间$(-\infty,0)$上是单调减少的,而在其整个定义域$(-\infty,0)\cup(0,+\infty)$上却不是单调的。

2. 奇偶函数

设函数 $f(x)$的定义域 D 关于原点对称。如果对于任一个 $x\in D$,有

$$f(-x)=f(x)$$

恒成立,则称 $f(x)$为偶函数。如果对于任一个 $x\in D$,有

$$f(-x)=-f(x)$$

恒成立,则称 $f(x)$为奇函数。

偶函数的图形关于 y 轴对称,奇函数的图形关于原点对称。

例如,函数 $f(x)=\cos x$ 是偶函数,函数 $f(x)=x$ 是奇函数,而 $f(x)=x+\cos x$ 既非奇函数,也非偶函数。

3. 周期函数

设函数的定义域为 D，如果存在一个不为零的正数 T，使得对于任一个 $x\in D$，有 $(x\pm T)\in D$，且 $f(x\pm T)=f(x)$ 恒成立，则称函数 $f(x)$ 为周期函数，T 称为 $f(x)$ 的周期，通常我们说周期函数的周期是指最小正周期。

例如，函数 $f(x)=\sin x$ 的周期为 2π。

4. 有界函数

设函数 $f(x)$ 的定义域为 D，如果存在正数 M，使得对任一个 $x\in D$ 有

$$|f(x)|\leqslant M,$$

则称函数 $f(x)$ 在 D 上有界。如果这样的 M 不存在，则称 $f(x)$ 在 D 上无界。

根据定义可知，有界函数的几何意义是：函数 $f(x)$ 的图形完全落在直线 $y=M$ 与 $y=-M$ 之间。例如，在区间 $(-\infty,+\infty)$ 上，$f(x)=\sin x$ 是有界函数。

1.1.3 反函数与复合函数

函数 $y=f(x)$ 的自变量 x 与因变量 y 的关系往往是相对的。有时我们不仅要研究 y 随 x 变化而变化的状况，也要研究 x 随 y 变化而变化的状况。因此，我们引入反函数的概念。

设函数 $y=f(x),x\in D$ 满足：对于值域 R_f 中的每一个值 y，有且仅有一个 $x\in D$ 满足 $y=f(x)$，则 x 是一个定义在 R_f 上以 y 为自变量的函数，称这个函数为 $f(x)$ 的反函数，记作

$$x=f^{-1}(y),\quad y\in R_f。$$

在反函数的表达式中，是以 y 为自变量，x 为因变量的。通常按习惯仍然用 x 作为自变量，y 作为因变量，因此函数 $f(x)$ 的反函数也可以记作

$$y=f^{-1}(x),\quad x\in R_f。$$

例如，函数 $y=x^3,x\in\mathbf{R}$ 与函数 $x=y^{\frac{1}{3}},y\in\mathbf{R}$ 互为反函数。

在同一坐标平面上，反函数 $y=f^{-1}(x)$ 与它的原函数 $y=f(x)$ 的图形是关于直线 $y=x$ 对称的。而且，若原函数 $y=f(x)$ 在定义域 D 上是单调的，则反函数 $y=f^{-1}(x)$ 在定义域 R_f 上也是单调的。

设函数 $y=f(u),u\in D_f$，函数 $u=g(x),x\in D_g$，如果 $D_f\cap R_g\neq\varnothing$，则由下式确定的函数

$$y=f[g(x)],\quad x\in\{x\mid g(x)\in D_f\}$$

称为由函数 $u=g(x)$ 和函数 $y=f(u)$ 构成的复合函数，变量 u 称为中间变量。

不是任何两个函数都可以复合成一个复合函数的。例如，函数 $y=\arcsin u$ 与 $u=2+x^2$ 复合成 $y=\arcsin(2+x^2)$，但无意义。另外，复合函数可以由两个以上的函数经过复合构成。如函数 $y=\sqrt[3]{\sin^2\dfrac{x}{2}}$ 是由 $y=\sqrt[3]{u},u=v^2,v=\sin w,w=\dfrac{x}{2}$ 复合而成。

1.1.4 初等函数

初等函数是我们研究的各类问题中最常见的函数，是高等数学最主要的研究对象。

我们把常值函数、幂函数、指数函数、对数函数、三角函数和反三角函数这6类函数统称为基本初等函数。

(1) 常值函数：$y=C$,C 为常数。

(2) 幂函数：$y=x^{\mu}$(其中 μ 为任意实常数)。

(3) 指数函数：$y=a^{x}(a>0$ 且 $a\neq1)$;在实际中,常使用以 e 为底的指数函数 $y=\mathrm{e}^{x}$,其中 $\mathrm{e}=2.71828\cdots$是一个无理数。

(4) 对数函数：$y=\log_{a}x(a>0$ 且 $a\neq1)$;高等数学中经常会遇到以 e 为底的对数函数,这种对数函数称为自然对数函数,记作$y=\ln x$。

(5) 三角函数：如 $y=\sin x$,$y=\cos x$,$y=\tan x$,$y=\cot x$,$y=\sec x$,$y=\csc x$。

(6) 反三角函数：如 $y=\arcsin x$,$y=\arccos x$,$y=\arctan x$,$y=\operatorname{arccot} x$。

定义 1.1.2 由基本初等函数经过有限次的四则运算和有限次的函数复合所得到的并可用一个解析式表示的函数,称为初等函数。

例如,函数

$$y=\sin^{2}(3x+1),\quad y=\sqrt{x^{2}+1},\quad y=\frac{\ln x+\sqrt[3]{x}+2\tan x}{10^{x}-x+9}$$

等都是初等函数。

特别地,我们称形如 $u(x)^{v(x)}$ 的函数为幂指函数。

1.2 数列的极限

作为微分学基础的极限理论来说,早在古代已有比较清楚的论述。中国古代的庄周所著的《庄子》一书的“天下篇”中,记有“一尺之棰,日取其半,万世不竭”。三国时期的刘徽在他的割圆术中提到“割之弥细,所失弥小,割之又割,以至于不可割,则与圆周合体而无所失矣。”这些都体现了朴素的、典型的极限思想。

极限的概念和运算是高等数学的基础,微积分学的许多重要概念和推理过程就是通过极限来表达或实现的。本节主要介绍了数列极限的概念以及简单的数列极限的计算。

1.2.1 数列极限的定义

如果按照某一法则,对每个 $n\in\mathbf{N}_{+}$,对应着一个确定的实数 x_n,这无穷多个实数 x_1,x_2,x_3,$\cdots$,x_n,$\cdots$按下标从小到大的次序排列下去,就构成了一个数列,记作$\{x_n\}$,第 n 项 x_n 称为数列的一般项或通项,如：

(1) $1,1,\cdots,1,\cdots$;

(2) $1,-1,1,-1,\cdots,1,-1,\cdots$;

(3) $2,4,6,8,\cdots,2n,\cdots$;

(4) $1,\frac{1}{2},\frac{1}{3},\cdots,\frac{1}{n},\cdots$;

(5) $\frac{1}{2},\frac{2}{3},\frac{3}{4},\cdots,\frac{n}{n+1},\cdots$。

事实上,数列$\{x_n\}$就是一个定义在正整数集 $\mathbf{N}_{+}$ 上的函数,即 $x_n=f(n)$。另外,数列对应着数轴上一个点列,可看作一动点依次在数轴上取定 $x_1,x_2,\cdots,x_n,\cdots$,如图 1-6

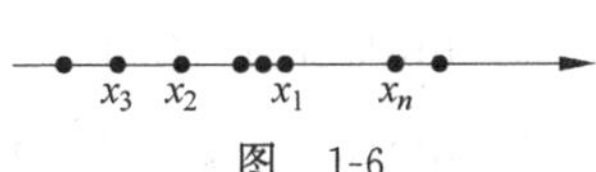

图 1-6

所示。

为了说明极限的概念，我们先考虑数列

$$\frac{1}{2},\frac{2}{3},\frac{3}{4},\cdots,\frac{n}{n+1},\cdots。$$

显然，当 n 无限增大，即 n 趋于无穷大的过程中，一般项$\frac{n}{n+1}$无限接近于常数1。我们考查数列$\{x_n\}$，当 n 在正整数集 $\mathbf{N}_+$ 中变化时其通项 x_n 的变化规律可以得到如下数列极限的定义。

定义 1.2.1　如果 n 在正整数集 $\mathbf{N}_+$ 中变化，且无限增大时，数列$\{x_n\}$的通项 x_n 无限趋于一个确定的数 a，则称数列$\{x_n\}$收敛于 a，或称 a 为数列$\{x_n\}$的极限，记为

$$\lim_{n\to\infty}x_n=a\quad 或\quad x_n\to a(n\to\infty)。$$

否则，称数列$\{x_n\}$发散，或$\lim\limits_{n\to\infty}x_n$ 不存在。

精确地说，数列极限的严格数学定义如下：

设有数列$\{x_n\}$，如果存在常数 a，对于任意给定的正数 ε（无论它多么小），总存在正整数 N，使得对于 $n>N$ 的一切 x_n，不等式$|x_n-a|<\varepsilon$ 都成立，则称常数 a 为数列$\{x_n\}$的极限，或者称数列$\{x_n\}$收敛，且收敛于 a，记作

$$\lim_{n\to\infty}x_n=a,\quad 或\quad x_n\to a(n\to\infty)。$$

如果不存在这样的常数 a，则称数列$\{x_n\}$发散，或称$\lim\limits_{n\to\infty}x_n$ 不存在。容易得出，$\lim\limits_{n\to\infty}x_n=a\Leftrightarrow\forall\varepsilon>0$，$\exists$正整数 N，当 $n>N$ 时，有$|x_n-a|<\varepsilon$。这就是所谓的"ε-N"定义。

该定义的几何解释是当 $n>N$ 时，数列$\{x_n\}$的第 N 项以后所有的点都落在开区间$(a-\varepsilon,a+\varepsilon)$内，而只有有限个（至多只有 N 个）在这区间以外，如图1-7所示。

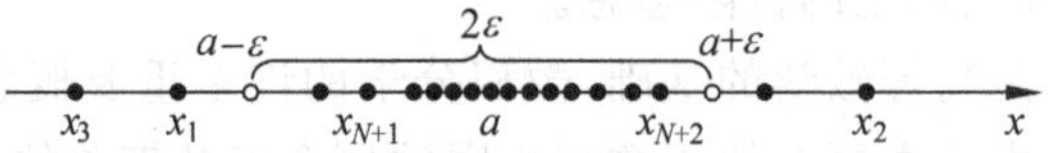

图　1-7

观察数列数值的变化趋势易知以下结果：

(1) $\lim\limits_{n\to\infty}C=C$；

(2) $\lim\limits_{n\to\infty}q^n=0$，其中$|q|<1$；

(3) $\lim\limits_{n\to\infty}\frac{1}{n^k}=0$，其中 $k>0$。

今后我们求数列$\{x_n\}$的极限，一般是将$\{x_n\}$进行整理变形，直到我们能观察出其变化趋势或结合一些简单的数列极限的结果，同时在求解过程中利用数列极限的四则运算法则会更方便。

定理 1.2.1（数列极限的四则运算法则）　设数列$\{a_n\}$和数列$\{b_n\}$都收敛，且$\lim\limits_{n\to\infty}a_n=a$，$\lim\limits_{n\to\infty}b_n=b$，那么

(1) $\lim\limits_{n\to\infty}(Ca_n)=C\lim\limits_{n\to\infty}a_n=Ca$，其中 C 是常数；

(2) $\lim\limits_{n\to\infty}(a_n\pm b_n)=\lim\limits_{n\to\infty}a_n\pm\lim\limits_{n\to\infty}b_n=a\pm b$；

(3) $\lim\limits_{n\to\infty}(a_n \cdot b_n)=\lim\limits_{n\to\infty}a_n \cdot \lim\limits_{n\to\infty}b_n=ab$;

(4) 若$\lim\limits_{n\to\infty}b_n=b\neq 0$,则$\lim\limits_{n\to\infty}\dfrac{a_n}{b_n}=\dfrac{\lim\limits_{n\to\infty}a_n}{\lim\limits_{n\to\infty}b_n}=\dfrac{a}{b}$;

(5) $\lim\limits_{n\to\infty}\sqrt[k]{a_n}=\sqrt[k]{\lim\limits_{n\to\infty}a_n}=\sqrt[k]{a}$,特别地,$k$ 为偶数时,要求$\lim\limits_{n\to\infty}a_n=a\geqslant 0$。

定理 1.2.1 中的(2)、(3)都可以推广到有限个收敛数列的情形。例如,$\lim\limits_{n\to\infty}a_n=a$,$\lim\limits_{n\to\infty}b_n=b$,$\lim\limits_{n\to\infty}c_n=c$,则有

$$\lim_{n\to\infty}(a_n+b_n-c_n)=\lim_{n\to\infty}a_n+\lim_{n\to\infty}b_n-\lim_{n\to\infty}c_n=a+b-c;$$

$$\lim_{n\to\infty}(a_n \cdot b_n \cdot c_n)=\lim_{n\to\infty}a_n \cdot \lim_{n\to\infty}b_n \cdot \lim_{n\to\infty}c_n=abc。$$

应用上面的法则,我们可以根据一些已知的简单数列极限结果,求出一些较复杂的数列极限。

例 1.2.1 求下列的数列极限:

(1) $\lim\limits_{n\to\infty}\dfrac{3n-1}{n+4}$; (2) $\lim\limits_{n\to\infty}\dfrac{4^n-3^{n+1}}{2^{2n+1}+3^n}$。

解 (1) $\lim\limits_{n\to\infty}\dfrac{3n-1}{n+4}=\lim\limits_{n\to\infty}\dfrac{3-\dfrac{1}{n}}{1+\dfrac{4}{n}}=3$;

(2) $\lim\limits_{n\to\infty}\dfrac{4^n-3^{n+1}}{2^{2n+1}+3^n}=\lim\limits_{n\to\infty}\dfrac{1-3\left(\dfrac{3}{4}\right)^n}{2+\left(\dfrac{3}{4}\right)^n}=\dfrac{1}{2}$。

1.2.2 数列极限的性质

为了今后学习的需要,我们不加证明地给出有关数列极限的几个性质和定理。

性质 1(唯一性) 若数列$\{x_n\}$收敛,则其极限是唯一的。

性质 2(有界性) 若数列$\{x_n\}$收敛,则数列$\{x_n\}$有界。

注 由性质 2 可知,若数列$\{x_n\}$收敛,则数列$\{x_n\}$必有界,反之则不一定成立,即有界性是数列收敛的必要条件。例如,取 $x_n=(-1)^{n-1}$,则数列$\{x_n\}$有界但不收敛。

推论 无界数列必定发散。

性质 3(保号性) 如果$\lim\limits_{n\to\infty}x_n=a$ 且 $a>0$(或 $a<0$),那么存在正整数 N,当 $n>N$ 时,都有 $x_n>0$(或 $x_n<0$)。

定理 1.2.2 单调有界数列必有极限。

所谓单调数列是指,如果数列$\{x_n\}$满足条件

$$x_n \leqslant x_{n+1}, \quad n=1,2,\cdots,$$

则称数列$\{x_n\}$是单调增加的;如果数列$\{x_n\}$满足条件

$$x_n \geqslant x_{n+1}, \quad n=1,2,\cdots,$$

则称数列$\{x_n\}$是单调减少的。单调增加的数列和单调减少的数列统称为单调数列。

注 (1) 利用定理 1.2.2 来判定数列收敛时,必须同时满足数列单调和有界这两个条

件。例如,对于 $x_n=(-1)^n$,虽然$\{x_n\}$有界但不单调,而对于 $x_n=n$,虽然$\{x_n\}$是单调的,但其无界,易知两数列均发散。

(2) 单调是数列收敛的非充分条件,亦非必要条件。例如,$x_n=1+\dfrac{(-1)^n}{n}$,尽管数列$\{x_n\}$不单调,但知$\lim\limits_{n\to\infty}x_n=1$。

(3) 定理 1.2.2 只能判定数列极限的存在性,但未给出求极限的方法。

定理 1.2.3(夹逼准则)　如果数列$\{x_n\}$、$\{y_n\}$及$\{z_n\}$满足下列条件:

(1) $y_n\leqslant x_n\leqslant z_n(n=1,2,\cdots)$;

(2) $\lim\limits_{n\to\infty}y_n=a$,$\lim\limits_{n\to\infty}z_n=a$,

则数列$\{x_n\}$的极限存在,且$\lim\limits_{n\to\infty}x_n=a$。

以后,我们还可将定理 1.2.3 推广到后面要介绍的函数的极限。

1.3　函数的极限

1.3.1　函数极限的定义

1.2 节我们讨论了数列的极限,这里我们对一般性函数的极限加以讨论。

考察函数 $y=2x+1$,显然当 x 从 1 的两侧无限趋于 1 时,函数值无限地趋近于 3,如表 1-2 所示。

表　1-2

x	0	0.6	0.9	0.99	0.999	…	1	…	1.001	1.01	1.1	1.4	2
$f(x)$	1	2.2	2.8	2.98	2.998	…	3	…	3.002	3.02	3.2	3.8	5

再观察函数 $y=\dfrac{\sin x}{x}$,当 $x\to\infty$时的变化趋势,如图 1-8 所示。

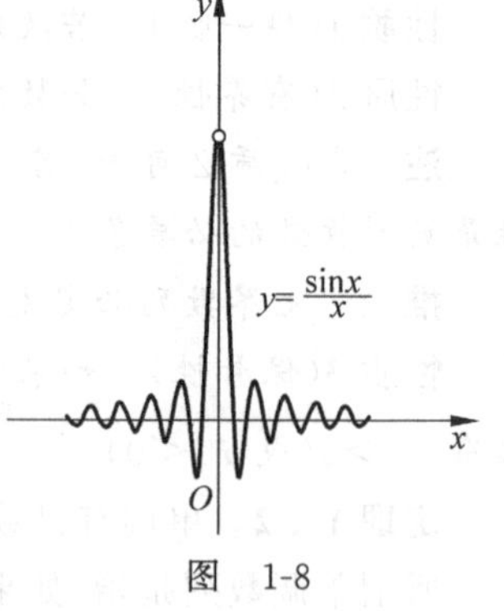

图　1-8

通过观察,当 x 无限增大时,$f(x)=\dfrac{\sin x}{x}$无限接近于 0。

从图形和函数值两方面分析,由于自变量的变化过程不同,函数的极限就表现为不同的形式,我们主要研究两种情形:

(1) 自变量趋于有限值时函数的极限;

(2) 自变量趋于无穷大时函数的极限。

而在这两种情形研究的过程中,考虑到函数定义域的各种形式,自变量 x 的变化形式有 6 种:

(1) x 仅从 x_0 的左侧趋于 x_0,记作 $x\to x_0^-$;

(2) x 仅从 x_0 的右侧趋于 x_0,记作 $x\to x_0^+$;

(3) x 趋于 $x_0(x\neq x_0)$,记作 $x\to x_0$;

(4) x 沿 x 轴正向趋于无穷大,记作 $x\to+\infty$;

(5) x 沿 x 轴负向趋于无穷大,记作 $x\to-\infty$;

(6) $|x|$趋于无穷大，记作 $x\to\infty$。

为了叙述方便，我们用 $x\to\square$统一表示这 6 种变化过程中的任一种，给出函数极限的定义。

定义 1.3.1 如果函数 $f(x)$在自变量 $x\to\square$的变化过程中，对应的函数值 $f(x)$无限接近于某个确定的数 A，那么这个确定的数 A 就叫作在 $x\to\square$这一变化过程中函数 $f(x)$的极限，或称 $x\to\square$时，$f(x)$收敛于 A，记为

$$\lim_{x\to\square}f(x)=A \quad 或 \quad f(x)\to A(x\to\square),$$

否则称 $f(x)$在 $x\to\square$时发散或极限$\lim\limits_{x\to\square}f(x)$不存在。

1. 自变量趋于有限值时函数的极限

自变量趋于有限值时函数极限的严格数学定义为：

设函数 $f(x)$在点 x_0 的某一去心邻域内有定义，如果存在常数 A，对于任意给定的正数 ε(不论它多么小)，总存在正数 δ，使得对于满足不等式 $0<|x-x_0|<\delta$ 的一切 x，对应的函数值 $f(x)$都满足不等式

$$|f(x)-A|<\varepsilon,$$

那么常数 A 就称为函数 $f(x)$当 x 趋于 x_0 时的极限，记作

$$\lim_{x\to x_0}f(x)=A \quad 或 \quad f(x)\to A(x\to x_0)。$$

此定义可简单地表达为

$$\lim_{x\to x_0}f(x)=A\Leftrightarrow\forall\varepsilon>0,\exists\delta>0,使得当 0<|x-x_0|<\delta 时，恒有 |f(x)-A|<\varepsilon。$$

注 (1) 此定义称为“ε-δ”定义，ε 是任意给定的正数，当 ε 给定时，δ 与 ε 有关。

(2) $0<|x-x_0|$表明 x 与 x_0 不相等，故当 x 趋于 x_0 时函数 $f(x)$有无极限与函数 $f(x)$在 x_0 处有无定义无关。$0<|x-x_0|<\delta$ 表示 $x\to x_0$ 的过程，即在点 x_0 的去心邻域中，邻域半径 δ 体现了 x 与 x_0 的接近程度，如图 1-9 所示。

(3) $\lim\limits_{x\to x_0}f(x)=A$ 的几何解释：当 x 在 x_0 的去心 δ 邻域内时，函数 $y=f(x)$图形完全落在以直线 $y=A$ 为中心线，宽为 2ε 的带形区域内，如图 1-10 所示。

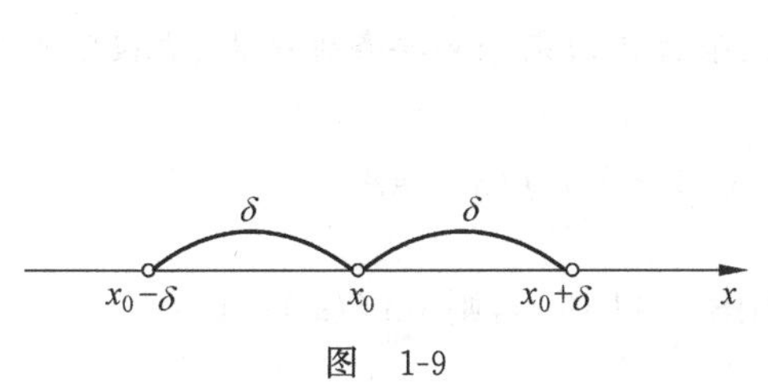

图 1-9

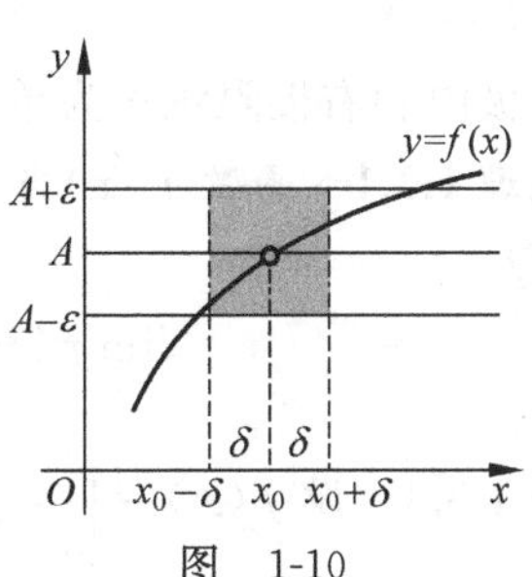

图 1-10

有时，我们可以从函数的图形上观察其函数值的变化趋势。例如，由函数 $y=\sin x$ 的图形可知 $\lim\limits_{x\to0^+}\sin x=0$，$\lim\limits_{x\to0^-}\sin x=0$，$\lim\limits_{x\to0}\sin x=0$。当然，我们也可利用函数极限的严格数学定义证明一些结论。

例 1.3.1 证明$\lim\limits_{x\to1}(x^2-2x+5)=4$。

证 由于

$$|f(x)-A|=|(x^2-2x+5)-4|=|x^2-2x+1|=|x-1|^2,$$

任给 $\varepsilon>0$，取 $\delta=\sqrt{\varepsilon}$，只要 $0<|x-1|<\delta=\sqrt{\varepsilon}$，就有

$$|(x^2-2x+5)-4|<\varepsilon,$$

所以

$$\lim_{x\to 1}(x^2-2x+5)=4$$

成立。

例 1.3.2　证明 $\lim\limits_{x\to 3}\dfrac{x^2-9}{x-3}=6$。

证　函数在点 $x=3$ 处没有定义。由于

$$|f(x)-A|=\left|\frac{x^2-9}{x-3}-6\right|=|x-3|,$$

任给 $\varepsilon>0$，要使

$$|f(x)-A|=|x-3|<\varepsilon,$$

只要取 $\delta=\varepsilon$，当 $0<|x-3|<\delta$ 时，就有

$$\left|\frac{x^2-9}{x-3}-6\right|<\varepsilon,$$

则

$$\lim_{x\to 3}\frac{x^2-9}{x-3}=6。$$

特别地，由极限的定义可知，$x\to x_0$ 是从左右两侧趋于 x_0 的，当只需考虑从一侧趋于 x_0，即当 $x\to x_0^-$(或 $x\to x_0^+$)时，函数的极限称为左(右)极限，具体表述如下。

左极限：$\forall\varepsilon>0,\exists\delta>0$，使当 $x_0-\delta<x<x_0$ 时，恒有 $|f(x)-A|<\varepsilon$。记作 $\lim\limits_{x\to x_0^-}f(x)=A$ 或 $f(x_0^-)=A$。

右极限：$\forall\varepsilon>0,\exists\delta>0$，使当 $x_0<x<x_0+\delta$ 时，恒有 $|f(x)-A|<\varepsilon$。记作 $\lim\limits_{x\to x_0^+}f(x)=A$ 或 $f(x_0^+)=A$。

左极限和右极限统称为单侧极限。

定理 1.3.1　函数 $f(x)$ 当 x 趋于 x_0 时极限存在的充分必要条件是左、右极限存在并且相等，即

$$\lim_{x\to x_0}f(x)=A\Leftrightarrow\lim_{x\to x_0^-}f(x)=\lim_{x\to x_0^+}f(x)=A。$$

例 1.3.3　设 $f(x)=\begin{cases}1-x, & x<0,\\ x^2+1, & x\geqslant 0,\end{cases}$ 如图 1-11 所示，则 $\lim\limits_{x\to 0}f(x)=1$。

例 1.3.4　已知 $f(x)=\begin{cases}x+1, & x\geqslant 0,\\ x-1, & x<0,\end{cases}$ 由图 1-12 可知 $\lim\limits_{x\to 0^-}f(x)=\lim\limits_{x\to 0^-}(x-1)=-1$，而 $\lim\limits_{x\to 0^+}f(x)=\lim\limits_{x\to 0^+}(x+1)=1$，即 $f(0^+)\neq f(0^-)$，因此 $\lim\limits_{x\to 0}f(x)$ 不存在。

2. 自变量趋于无穷大时函数的极限

自变量趋于无穷大时函数极限的严格数学定义可如下表述。

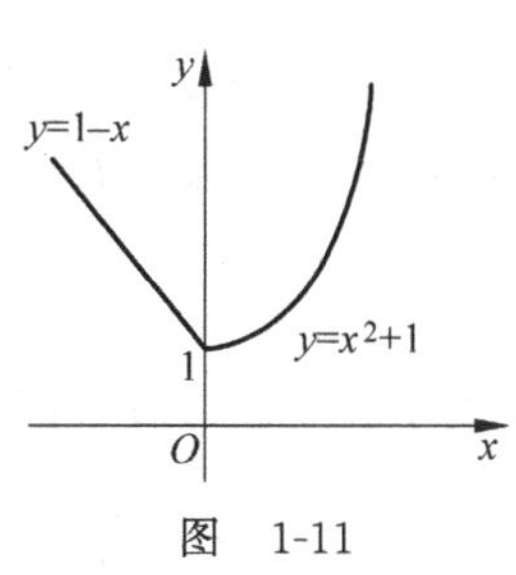

图 1-11

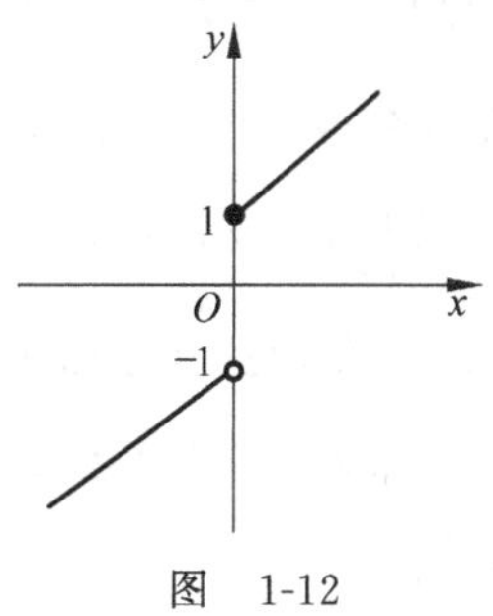

图 1-12

设函数 $f(x)$ 当 $|x|$ 大于某一正数时有定义，如果存在常数 A，对于任意给定的正数 ε（无论它多么小），总存在正数 X，使得适合不等式 $|x|>X$ 的一切 x，所对应的函数值 $f(x)$ 都满足不等式 $|f(x)-A|<\varepsilon$，那么常数 A 就称为函数 $f(x)$ 当 x 趋于无穷大时的极限，记作 $\lim\limits_{x\to\infty}f(x)=A$ 或 $f(x)\to A(x\to\infty)$。

函数极限定义可简单地表达为

$\lim\limits_{x\to\infty}f(x)=A \Leftrightarrow \forall\varepsilon>0,\exists X>0$，使当 $|x|>X$ 时，恒有 $|f(x)-A|<\varepsilon$。

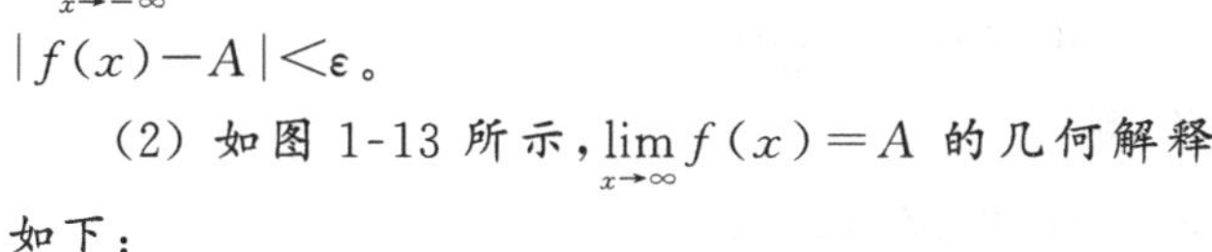

注 (1) 此定义含两种情况：① $\lim\limits_{x\to+\infty}f(x)=A\Leftrightarrow \forall\varepsilon>0,\exists X>0$，当 $x>X$ 时，有 $|f(x)-A|<\varepsilon$；② $\lim\limits_{x\to-\infty}f(x)=A\Leftrightarrow\forall\varepsilon>0,\exists X>0$，当 $x<-X$ 时，有 $|f(x)-A|<\varepsilon$。

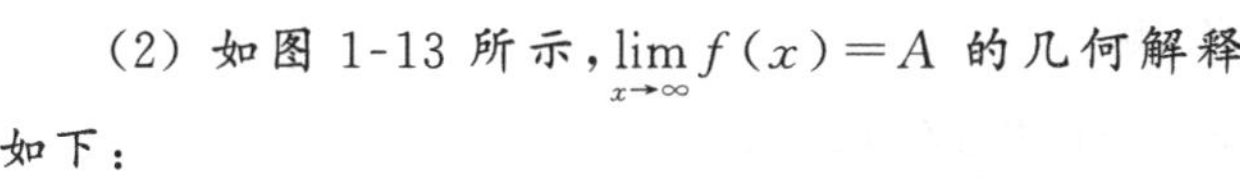

(2) 如图 1-13 所示，$\lim\limits_{x\to\infty}f(x)=A$ 的几何解释如下：

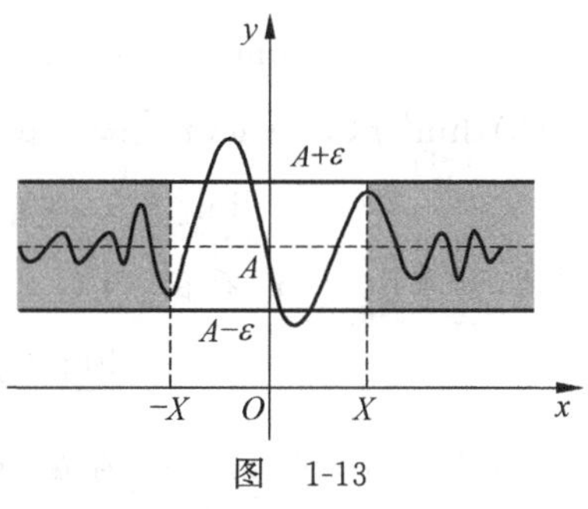

图 1-13

当 $x<-X$ 或 $x>X$ 时，函数 $y=f(x)$ 图形完全落在以直线 $y=A$ 为中心线，宽为 2ε 的带形区域内。

由函数 $y=\dfrac{1}{x}$ 的图形易知 $\lim\limits_{x\to+\infty}\dfrac{1}{x}=0$，$\lim\limits_{x\to-\infty}\dfrac{1}{x}=0$，$\lim\limits_{x\to\infty}\dfrac{1}{x}=0$；类似地，可知 $\lim\limits_{x\to\infty}\dfrac{1}{x^2}=0$。

定理 1.3.2 $\lim\limits_{x\to\infty}f(x)=A\Leftrightarrow\lim\limits_{x\to-\infty}f(x)=\lim\limits_{x\to+\infty}f(x)=A$。

显然，由函数 $y=\arctan x$ 的图形易知 $\lim\limits_{x\to+\infty}\arctan x=\dfrac{\pi}{2}$，$\lim\limits_{x\to-\infty}\arctan x=-\dfrac{\pi}{2}$，由定理 1.3.2 可知 $\lim\limits_{x\to\infty}\arctan x$ 不存在。

一般地，如果 $\lim\limits_{x\to\infty}f(x)=A$（$\lim\limits_{x\to+\infty}f(x)=A$ 或 $\lim\limits_{x\to-\infty}f(x)=A$），则称直线 $y=A$ 为函数 $y=f(x)$ 的图形的水平渐近线。

1.3.2 函数极限的性质

下面以 $x\to x_0$ 为例给出函数极限的如下性质。

定理 1.3.3（唯一性） 如果 $\lim\limits_{x\to x_0}f(x)$ 存在，那么这极限是唯一的。

定理 1.3.4（局部有界性） 若 $\lim\limits_{x\to x_0}f(x)=a$，则存在一个去心邻域 $\mathring{U}(x_0,\delta)$，$\delta>0$，使得函数 $f(x)$ 在 $\mathring{U}(x_0,\delta)$ 内有界。

定理 1.3.5(局部保号性)　如果 $\lim\limits_{x\to x_0} f(x)=a$,而且 $a>0$(或 $a<0$),则存在 x_0 的一个 $\delta(\delta>0)$ 的去心邻域 $\mathring{U}(x_0,\delta)$,当 x 在 $\mathring{U}(x_0,\delta)$ 内时,就有 $f(x)>0$(或 $f(x)<0$)。

推论 1　设 $\lim\limits_{x\to x_0} f(x)=a$,$\lim\limits_{x\to x_0} g(x)=b$,且 $a<b$,则存在一个去心邻域 $\mathring{U}(x_0,\delta)$,对任意 $x\in\mathring{U}(x_0,\delta)$,有 $f(x)<g(x)$。

推论 2　如果在 x_0 的 δ 去心邻域 $\mathring{U}(x_0,\delta)$ 内,$f(x)\geqslant 0$(或 $f(x)\leqslant 0$),而且 $\lim\limits_{x\to x_0} f(x)=a$,那么 $a\geqslant 0$(或 $a\leqslant 0$)。

推论 3　如果存在 x_0 的 δ 去心邻域 $\mathring{U}(x_0,\delta)$,对任意 $x\in\mathring{U}(x_0,\delta)$,有 $f(x)\geqslant g(x)$,而 $\lim\limits_{x\to x_0} f(x)=a$,$\lim\limits_{x\to x_0} g(x)=b$,那么 $a\geqslant b$。

1.3.3　函数极限的四则运算法则

前面介绍过的数列极限的四则运算法则及一些性质可以推广到函数极限。

定理 1.3.6　设 $\lim\limits_{x\to\square} f(x)=a$,$\lim\limits_{x\to\square} g(x)=b$。

(1) $\lim\limits_{x\to\square}[f(x)\pm g(x)]$必存在,且

$$\lim_{x\to\square}[f(x)\pm g(x)]=\lim_{x\to\square} f(x)\pm\lim_{x\to\square} g(x)=a\pm b;$$

(2) $\lim\limits_{x\to\square}[f(x)\cdot g(x)]$必存在,且

$$\lim_{x\to\square}[f(x)\cdot g(x)]=\lim_{x\to\square} f(x)\cdot\lim_{x\to\square} g(x)=ab;$$

特别地,如果$\lim\limits_{x\to\square} f(x)$存在,而 C 为常数,则

$$\lim_{x\to\square}[Cf(x)]=C\lim_{x\to\square} f(x)=Ca;$$

(3)若 $b\neq 0$,则$\lim\limits_{x\to\square}\dfrac{f(x)}{g(x)}$存在,且

$$\lim_{x\to\square}\frac{f(x)}{g(x)}=\frac{\lim\limits_{x\to\square} f(x)}{\lim\limits_{x\to\square} g(x)}=\frac{a}{b}。$$

例 1.3.5　求$\lim\limits_{x\to 2}\dfrac{x^2-3}{x^2+1}$。

解　$\lim\limits_{x\to 2}\dfrac{x^2-3}{x^2+1}=\dfrac{\lim\limits_{x\to 2}(x^2-3)}{\lim\limits_{x\to 2}(x^2+1)}=\dfrac{1}{5}$。

注　求有理整函数(多项式)当 $x\to x_0$ 的极限时,只要把 x_0 代入函数中即可。但对于有理分式函数,如果代入 x_0 后分母等于零,则没有意义,那么关于商的极限的运算法则不能应用,需要考虑其他求解方法,例 1.3.6～例 1.3.8 属于这种情形。

例 1.3.6　求$\lim\limits_{x\to 3}\dfrac{x^2-9}{x-3}$。

解　$\lim\limits_{x\to 3}\dfrac{x^2-9}{x-3}=\lim\limits_{x\to 3}\dfrac{(x+3)(x-3)}{x-3}=\lim\limits_{x\to 3}(x+3)=6$。

例 1.3.7　求$\lim\limits_{x\to 0}\dfrac{\sqrt{1+x}-1}{x}$。

解 当 $x\to0$ 时，分子与分母的极限都是 0，于是不能采取分子、分母分别取极限的方法。考虑将函数的分子有理化，得

$$\lim_{x\to0}\frac{\sqrt{1+x}-1}{x}=\lim_{x\to0}\frac{(\sqrt{1+x}-1)(\sqrt{1+x}+1)}{x(\sqrt{1+x}+1)}=\lim_{x\to0}\frac{x}{x(\sqrt{1+x}+1)}$$
$$=\lim_{x\to0}\frac{1}{\sqrt{1+x}+1}=\frac{1}{2}。$$

例 1.3.8 求 $\lim\limits_{x\to1}\left(\frac{1}{1-x}-\frac{3}{1-x^3}\right)$。

解 当 $x\to1$ 时，括号内两式的分母均趋于零，不能直接运用四则运算法则求，可将函数变形处理，由于

$$\frac{1}{1-x}-\frac{3}{1-x^3}=\frac{1+x+x^2-3}{1-x^3}=\frac{(x-1)(x+2)}{(1-x)(1+x+x^2)},$$

所以有

$$\lim_{x\to1}\left(\frac{1}{1-x}-\frac{3}{1-x^3}\right)=\lim_{x\to1}\frac{-(x+2)}{x^2+x+1}=-1。$$

例 1.3.9 求 $\lim\limits_{x\to\infty}\frac{4x^2-3x+6}{5x^2+4x-1}$。

解 当 $x\to\infty$ 时，分子、分母都趋于无穷大，所以不能直接运用四则运算法则求。先将分子、分母同除以 x^2，然后取极限有

$$\lim_{x\to\infty}\frac{4x^2-3x+6}{5x^2+4x-1}=\lim_{x\to\infty}\frac{4-\frac{3}{x}+\frac{6}{x^2}}{5+\frac{4}{x}-\frac{1}{x^2}}=\frac{4}{5}。$$

例 1.3.10 求 $\lim\limits_{x\to\infty}\frac{6x^2+2x-9}{7x^3+2x-1}$。

解 先将分子、分母同除以 x^3，得

$$\lim_{x\to\infty}\frac{6x^2+2x-9}{7x^3+2x-1}=\lim_{x\to\infty}\frac{\frac{6}{x}+\frac{2}{x^2}-\frac{9}{x^3}}{7+\frac{2}{x^2}-\frac{1}{x^3}}=0。$$

例 1.3.11 求 $\lim\limits_{x\to\infty}\frac{7x^3+2x-1}{x^2}$。

解 将分子每项除以分母，得

$$\lim_{x\to\infty}\frac{7x^3+2x-1}{x^2}=\lim_{x\to\infty}\left(7x+\frac{2}{x}-\frac{1}{x^2}\right)=\infty。$$

例 1.3.9～例 1.3.11 的一般情形如下：

当 $a_0\neq0,b_0\neq0,m$ 和 n 为非负整数时，有

$$\lim_{x\to\infty}\frac{a_0x^m+a_1x^{m-1}+\cdots+a_m}{b_0x^n+b_1x^{n-1}+\cdots+b_n}=\begin{cases}\frac{a_0}{b_0}, & n=m,\\ 0, & n>m,\\ \infty, & n<m。\end{cases}$$

例 1.3.12（谣言传播问题的研究）　在传播学中有这样一个规律：在一定的状况下，谣言的传播可以用下面的函数关系来表示：

$$p(t)=\frac{1}{1+a\mathrm{e}^{-kt}},$$

$p(t)$表示的是 t 时刻人群中知道这个谣言的人数比例，其中 a 与 k 都是正数。

显然 $\lim\limits_{t\to+\infty}p(t)=\lim\limits_{t\to+\infty}\frac{1}{1+a\mathrm{e}^{-kt}}=1$，也就是时间充分长时人群中知道此谣言的人数比例为 100%。

这从数学理论上回答了谣言传播问题。例如，在“SARS 病毒”肆虐时人们抢购板蓝根药物、白醋、口罩等，甲流感病毒袭来时人们“抢购大蒜”的疯潮，日本发生核泄漏后，在日本掀起了一场“抢盐”的疯狂行为。当谣言极速流传时也会有猛然停止的时候，很显然会呈现出这样一个规律：随着时间的慢慢推移，最终所有的人都将会知道这个谣言。

1.3.4　复合函数的极限运算法则

定理 1.3.7　设函数 $y=f[g(x)]$ 由函数 $y=f(u)$ 与函数 $u=g(x)$ 复合而成，$y=f[g(x)]$ 在点 x_0 的某去心邻域内有定义，若 $\lim\limits_{x\to x_0}g(x)=u_0$，$\lim\limits_{u\to u_0}f(u)=a$，且存在 $\delta>0$，当 $x\in\mathring{U}(x_0,\delta_0)$ 时，有 $g(x)\neq u_0$，则 $\lim\limits_{x\to x_0}f[g(x)]=\lim\limits_{u\to u_0}f(u)=a$。

1.4　两个重要极限

1.4.1　$\lim\limits_{x\to 0}\frac{\sin x}{x}=1$

在 1.2 节介绍了极限的夹逼准则，不仅说明了极限的存在性，而且给出了求极限的方法，我们可以利用这一准则证明一个重要的极限公式：

$$\lim_{x\to 0}\frac{\sin x}{x}=1。$$

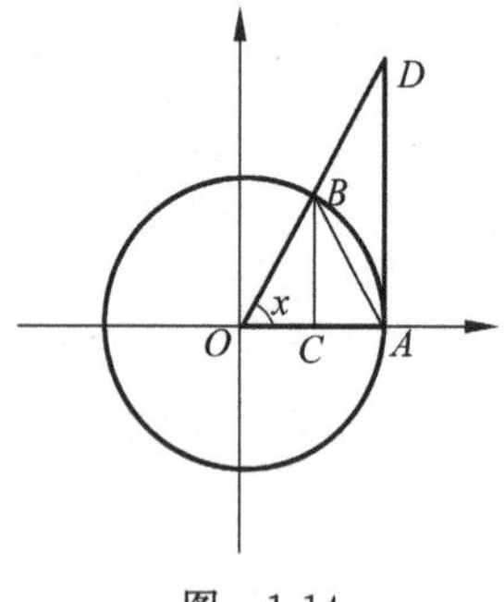

图　1-14

证　函数的定义域为 $x\neq 0$ 的全体实数。在如图 1-14 所示的单位圆中，设圆心角 $\angle AOB=x\left(0<x<\frac{\pi}{2}\right)$，点 A 处的切线与 OB 的延长线相交于 D。又 $BC\perp OA$，则

$$CB=\sin x,\quad \overset{\frown}{AB}=x,\quad AD=\tan x。$$

因为$\triangle AOB$ 的面积<扇形 AOB 的面积<$\triangle AOD$ 的面积，所以$\frac{1}{2}\sin x<\frac{1}{2}x<\frac{1}{2}\tan x$，即

$$\sin x<x<\tan x。$$

由于 $0<x<\frac{\pi}{2}$，因此有

$$\frac{1}{\tan x}<\frac{1}{x}<\frac{1}{\sin x},$$

不等式各边都乘以 $\sin x$，得

$$\cos x < \frac{\sin x}{x} < 1。\tag{1.4.1}$$

若用 $-x$ 代替 x，$\cos x$ 与 $\frac{\sin x}{x}$ 都不变，所以当 $-\frac{\pi}{2}<x<0$ 时，不等式 $\cos x<\frac{\sin x}{x}<1$ 也成立。

为了应用夹逼准则求 $\lim\limits_{x\to 0}\frac{\sin x}{x}$，由式(1.4.1)知，只要证明 $\lim\limits_{x\to 0}\cos x=1$ 即可。

事实上，当 $0<|x|<\frac{\pi}{2}$ 时，

$$0<|\cos x-1|=1-\cos x=2\sin^2\frac{x}{2}<2\cdot\left(\frac{x}{2}\right)^2=\frac{x^2}{2},$$

即

$$0<1-\cos x<\frac{x^2}{2}。$$

当 $x\to 0$ 时，$\frac{x^2}{2}\to 0$，所以 $\lim\limits_{x\to 0}(1-\cos x)=0$，即

$$\lim_{x\to 0}\cos x=1。$$

由式(1.4.1)可得

$$\lim_{x\to 0}\frac{\sin x}{x}=1。$$

另一方面，我们通过观察图 1-8 也能直观得到极限结果，但在使用的过程中应注意，分子 $\sin x$ 和分母 x 在自变量 $x\to 0$ 的前提下都趋近于 0。同时这一结果能帮我们求出很多其他函数的极限。

例 1.4.1 求 $\lim\limits_{x\to 0}\frac{\sin 3x}{x}$。

解 $\lim\limits_{x\to 0}\frac{\sin 3x}{x}=\lim\limits_{x\to 0}\left(\frac{\sin 3x}{3x}\cdot 3\right)=3\lim\limits_{x\to 0}\frac{\sin 3x}{3x}=3$。

例 1.4.2 求 $\lim\limits_{x\to 0}\frac{\sin 3x}{\sin 4x}$。

解 $\lim\limits_{x\to 0}\frac{\sin 3x}{\sin 4x}=\lim\limits_{x\to 0}\frac{\sin 3x}{3x}\cdot\lim\limits_{x\to 0}\frac{4x}{\sin 4x}\cdot\lim\limits_{x\to 0}\frac{3x}{4x}=\frac{3}{4}$。

例 1.4.3 求 $\lim\limits_{x\to 0}\frac{\tan x}{x}$。

解 $\lim\limits_{x\to 0}\frac{\tan x}{x}=\lim\limits_{x\to 0}\left(\frac{\sin x}{x}\cdot\frac{1}{\cos x}\right)=\lim\limits_{x\to 0}\frac{\sin x}{x}\cdot\lim\limits_{x\to 0}\frac{1}{\cos x}=1$。

例 1.4.4 求 $\lim\limits_{x\to 0}\frac{1-\cos x}{x^2}$。

解 $\lim\limits_{x\to 0}\frac{1-\cos x}{x^2}=\lim\limits_{x\to 0}\frac{2\sin^2\frac{x}{2}}{x^2}=\frac{1}{2}\lim\limits_{x\to 0}\frac{\sin^2\frac{x}{2}}{\left(\frac{x}{2}\right)^2}=\frac{1}{2}$。

例 1.4.5 求$\lim\limits_{x\to 0}\dfrac{\tan x-\sin x}{x^3}$。

解 $\lim\limits_{x\to 0}\dfrac{\tan x-\sin x}{x^3}=\lim\limits_{x\to 0}\dfrac{\tan x(1-\cos x)}{x^3}=\lim\limits_{x\to 0}\dfrac{2\sin x\sin^2\dfrac{x}{2}}{x^3\cos x}$

$$=\frac{1}{2}\lim_{x\to 0}\frac{\sin x}{x}\cdot\left(\frac{\sin\dfrac{x}{2}}{\dfrac{x}{2}}\right)^2\cdot\frac{1}{\cos x}=\frac{1}{2}。$$

1.4.2 $\lim\limits_{x\to\infty}\left(1+\dfrac{1}{x}\right)^x=\mathrm{e}$

如图 1-15 所示，我们通过函数 $y=\left(1+\dfrac{1}{x}\right)^x$ 的图像，观察到在 $x\to\infty$ 的过程中函数值无限接近 e。

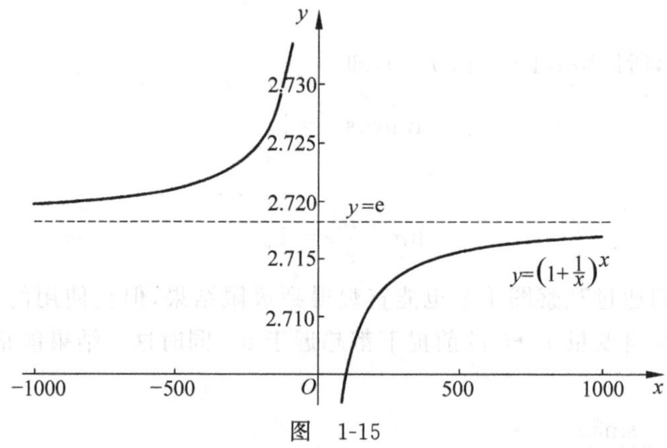

图 1-15

对于 $x_n=\left(1+\dfrac{1}{n}\right)^n$，还可利用 1.2 节的定理 1.2.2 证明数列$\{x_n\}$是收敛的。

证 对于 $x_n=\left(1+\dfrac{1}{n}\right)^n$，首先证明$\{x_n\}$是单调的。

$$x_n=\left(1+\frac{1}{n}\right)^n=1\cdot\left(1+\frac{1}{n}\right)^n=1\cdot\left(1+\frac{1}{n}\right)\cdot\left(1+\frac{1}{n}\right)\cdot\cdots\cdot\left(1+\frac{1}{n}\right)$$

$$\leqslant\left[\frac{1+n\left(1+\dfrac{1}{n}\right)}{n+1}\right]^{n+1}=\left(\frac{n+2}{n+1}\right)^{n+1}=\left(1+\frac{1}{n+1}\right)^{n+1}=x_{n+1},$$

即$\{x_n\}$是单调增加的。

下面证明$\{x_n\}$有界。

显然，$x_n\geqslant x_1=2$。类似$\{x_n\}$单调性的证明，对于 $y_n=\left(1-\dfrac{1}{n}\right)^n$，可证数列$\{y_n\}$是单调增加的。设 $z_n=\left(1+\dfrac{1}{n}\right)^{n+1}$，则

$$z_n=\left(1+\frac{1}{n}\right)^{n+1}=\left(\frac{n+1}{n}\right)^{n+1}=\frac{1}{\left(\frac{n}{n+1}\right)^{n+1}}=\frac{1}{\left(1-\frac{1}{n+1}\right)^{n+1}}=\frac{1}{y_{n+1}}。$$

同理可证 $z_{n+1}=\frac{1}{y_{n+2}}$,由于数列$\{y_n\}$是单调增加的,所以数列$\{z_n\}$是单调减少的。

又 $x_n=\left(1+\frac{1}{n}\right)^n<\left(1+\frac{1}{n}\right)^{n+1}=z_n<z_1=4$,则 $2\leqslant x_n<4$。综上,根据定理 1.2.2 可知,数列$\{x_n\}$是收敛的。通常用字母 e 来表示这个极限,即

$$\lim_{n\to\infty}\left(1+\frac{1}{n}\right)^n=\mathrm{e}。$$

这个数 e 是无理数,它的值是 e=2.718 281 828…。

可以证明,当 $x\to\infty$($+\infty$或$-\infty$)时,函数 $y=\left(1+\frac{1}{x}\right)^x$ 的极限都存在且都等于 e,即

$$\lim_{x\to\infty}\left(1+\frac{1}{x}\right)^x=\mathrm{e}。\tag{1.4.2}$$

令 $y=\frac{1}{x}$,可将式(1.4.2)变形为另一种形式:

$$\lim_{y\to 0}(1+y)^{\frac{1}{y}}=\mathrm{e}。\tag{1.4.3}$$

因此,得到结论$\lim\limits_{x\to 0}(1+x)^{\frac{1}{x}}=\mathrm{e}$。这一结果结合前面介绍的复合函数求极限法则可以处理很多类似形式的函数极限问题,举几例说明。

例 1.4.6 求$\lim\limits_{x\to\infty}\left(1-\frac{1}{x}\right)^x$。

解 $\lim\limits_{x\to\infty}\left(1-\frac{1}{x}\right)^x=\lim\limits_{x\to\infty}\left[1+\left(-\frac{1}{x}\right)\right]^{(-x)(-1)}=\mathrm{e}^{-1}$。

例 1.4.7 $\lim\limits_{x\to 0}(1+3x)^{\frac{1}{x}}$。

解 $\lim\limits_{x\to 0}(1+3x)^{\frac{1}{x}}=\lim\limits_{x\to 0}(1+3x)^{\frac{1}{3x}\cdot 3}=\mathrm{e}^3$。

例 1.4.8 求$\lim\limits_{x\to\infty}\left(\frac{x+2}{x-3}\right)^x$。

解 $\lim\limits_{x\to\infty}\left(\frac{x+2}{x-3}\right)^x=\lim\limits_{x\to\infty}\left(1+\frac{5}{x-3}\right)^x=\lim\limits_{x\to\infty}\left(1+\frac{5}{x-3}\right)^{\frac{x-3}{5}\cdot\frac{5x}{x-3}}=\mathrm{e}^5$。

例 1.4.9(定期储蓄) 设 A、B、C、D 这 4 家银行按不同的方式(分别以年、半年、月、连续)计算本利和,若某人在每个银行均存入 1000 元,年利率为 8%,试问 5 年后本利和各为多少?

解 设存入 P_0 元,按复利计算,t 年后本利和为

$$P=P_0(1+r)^t,$$

其中 r 是年利率,t 是存期(年)。

A 银行按年计息,则 $P_A=1000(1+8\%)^5$ 元$=1469.33$ 元;

B 银行按半年计息,则 $P_B=1000\left(1+8\%\times\frac{1}{2}\right)^{5\times 2}$ 元$=1480.24$ 元;

C 银行按月计息,则 $P_C=1000\left(1+8\%\times\frac{1}{12}\right)^{5\times 12}$ 元$=1489.85$ 元;

由于 D 银行连续计息，我们先把计息周期缩短，过 $\frac{1}{n}$ 年计一次息，此时利率为 $\frac{r}{n}$，t 年后的本利和为

$$P=P_0\left(1+\frac{r}{n}\right)^{nt}。$$

若再将1年无限细分，即让 $n\to\infty$，t 年后的本利和为

$$P=\lim_{n\to\infty}P_0\left(1+\frac{r}{n}\right)^{nt}=P_0\lim_{n\to\infty}\left(1+\frac{r}{n}\right)^{\frac{n}{r}\cdot rt}=P_0\mathrm{e}^{rt}。$$

则 $P_D=1000\mathrm{e}^{8\%\cdot 5}=1491.82$ 元。

在金融界有人称 e 为银行家常数，它还有一个有趣的解释：若你将1元钱存入银行，年利率为10%，10年后的本利和恰为数 e，即

$$P=P_0\mathrm{e}^{rt}=1\cdot\mathrm{e}^{0.10\times 10}=\mathrm{e}。$$

1.5　无穷小量与无穷大量

1.5.1　无穷小量与无穷大量的定义

定义 1.5.1　当 $x\to x_0$（或 $x\to\infty$）时，如果函数 $f(x)$ 的极限为零，则称函数 $f(x)$ 为当 $x\to x_0$（或 $x\to\infty$）时的无穷小量，简称无穷小。

特别地，以零为极限的数列 $\{x_n\}$ 称为当 $n\to\infty$ 时的无穷小。

例如，因为 $\lim\limits_{x\to\infty}\frac{1}{x^2}=0$，所以 $\frac{1}{x^2}$ 是当 $x\to\infty$ 时的无穷小；又由于 $\lim\limits_{x\to 2}(x-2)=0$，所以函数 $x-2$ 为当 $x\to 2$ 时的无穷小。

注　无穷小量是一个变量（除常数零外），它与绝对值很小的数有本质的区别。

如 10^{-1000} 是个绝对值很小的数，但它不是无穷小。

由无穷小量的定义可知无穷小与函数的极限是密不可分的，我们有如下定理。

定理 1.5.1　在自变量的同一变化过程 $x\to x_0$（或 $x\to\infty$）中，函数 $f(x)$ 的极限为 A 的充分必要条件是 $f(x)=A+\alpha$，其中 α 是 $x\to x_0$（或 $x\to\infty$）时的无穷小。

证　下面仅讨论 $x\to x_0$ 的过程。

必要性　设 $\lim\limits_{x\to x_0}f(x)=A$，则由定义知，$\forall\varepsilon>0$，$\exists\delta>0$，使当 $0<|x-x_0|<\delta$ 时，有

$$|f(x)-A|<\varepsilon。$$

令 $\alpha(x)=f(x)-A$，则 $\lim\limits_{x\to x_0}\alpha(x)=0$，即 $\alpha(x)$ 是当 $x\to x_0$ 时的无穷小。

充分性　因为 $\alpha(x)=f(x)-A$ 是 $x\to x_0$ 时的无穷小，其中 A 是常数，即 $\lim\limits_{x\to x_0}\alpha(x)=0$，所以，$\forall\varepsilon>0$，$\exists\delta>0$，使当 $0<|x-x_0|<\delta$ 时，有

$$|\alpha(x)|<\varepsilon,$$

也就是 $|f(x)-A|<\varepsilon$。这就证明了 A 是 $f(x)$ 当 $x\to x_0$ 时的极限。

类似地可证明 $x\to\infty$ 时的情形。

定义 1.5.2　如果当 $x\to x_0$（或 $x\to\infty$）时，对应的函数值的绝对值 $|f(x)|$ 无限增大，那么就称函数 $f(x)$ 为当 $x\to x_0$（或 $x\to\infty$）时的无穷大（量）。记为

$$\lim_{x \to x_0} f(x)=\infty \quad (或\lim_{x \to \infty} f(x)=\infty)。$$

显然$\lim\limits_{x \to \infty} x^2=\infty$,因此函数 $y=x^2$ 为 $x \to \infty$时的无穷大。

必须注意,函数 $f(x)$当 $x \to x_0$(或 $x \to \infty$)时为无穷大,但实际上极限不存在,∞只不过是一个记号。

特别地,如果$\lim\limits_{x \to x_0} f(x)=\infty$,则直线 $x=x_0$ 称为函数 $y=f(x)$的图形的铅直渐近线。

例如,因为$\lim\limits_{x \to 1}\dfrac{1}{x-1}=\infty$,则直线 $x=1$ 是函数 $y=\dfrac{1}{x-1}$的图形的铅直渐近线。

注意到,函数$\dfrac{1}{x^2}$为 $x \to \infty$时的无穷小,同时函数 x^2 为当 $x \to \infty$时的无穷大,这两个函数互为倒数,我们得到无穷小与无穷大之间有如下关系。

定理 1.5.2 在自变量的同一变化过程中,如果 $f(x)$为无穷大,则$\dfrac{1}{f(x)}$为无穷小;反之,如果 $f(x)$为无穷小,且 $f(x)\neq 0$,则$\dfrac{1}{f(x)}$为无穷大。

证 下面仅就 $x \to x_0$ 的情形给出证明,类似地可证 $x \to \infty$时的情形。

令$\lim\limits_{x \to x_0} f(x)=\infty$,则由定义知,$\forall \varepsilon>0$,取 $M=\dfrac{1}{\varepsilon}$,存在 $\delta>0$,当 $0<|x-x_0|<\delta$ 时,有

$$|f(x)|>M=\frac{1}{\varepsilon},$$

即

$$\left|\frac{1}{f(x)}\right|<\varepsilon,$$

所以$\dfrac{1}{f(x)}$为当 $x \to x_0$ 时的无穷小。

反之,设$\lim\limits_{x \to x_0} f(x)=0$,且 $f(x)\neq 0$。对于任意的 $M>0$,取 $\varepsilon=\dfrac{1}{M}$,存在 $\delta>0$,当 $0<|x-x_0|<\delta$ 时,有

$$|f(x)|<\varepsilon=\frac{1}{M},$$

由于当 $0<|x-x_0|<\delta$ 时 $f(x)\neq 0$,从而

$$\left|\frac{1}{f(x)}\right|>M,$$

所以$\dfrac{1}{f(x)}$为当 $x \to x_0$ 时的无穷大。

简而言之,无穷小与无穷大互为倒数。

1.5.2 无穷小量的性质

在自变量 x 的同一变化过程中,无穷小具有以下性质。

定理 1.5.3 两个无穷小的和、差仍是无穷小。

推论 1 有限个无穷小的代数和仍是无穷小。

定理 1.5.4　有限个无穷小的乘积仍是无穷小。

定理 1.5.5　有界函数与无穷小的乘积仍是无穷小。

例如，当 $x\to 0$ 时，x^2 是无穷小，$\sin\dfrac{1}{x}$ 为有界函数，故由定理 1.5.5 即得

$$\lim_{x\to 0}x^2\sin\frac{1}{x}=0。$$

推论 2　常数与无穷小的乘积是无穷小。

1.5.3　无穷小的比较

我们已经讨论了两个(有限个)无穷小的和、差及乘积仍然是无穷小，但是两个无穷小的商却会出现各种不同的情况。例如，当 $x\to 0$ 时，x、$2x$、x^3、$\sin x$ 都是无穷小，而它们的商的极限有各种不同的情况：

$$\lim_{x\to 0}\frac{x^3}{x}=0,\quad \lim_{x\to 0}\frac{2x}{x}=2,\quad \lim_{x\to 0}\frac{\sin x}{x}=1,\quad \lim_{x\to 0}\frac{2x}{x^3}=\infty。$$

这些无穷小的商的极限的不同情况说明了在同一极限过程中，不同的无穷小趋于零的“快慢”程度不一样。从上述例子可看出，在 $x\to 0$ 的过程中，$x\to 0$ 与 $2x\to 0$“快慢大致相同”，保持了倍数关系，$x^3\to 0$ 比 $x\to 0$“快些”，而 $2x\to 0$ 比 $x^3\to 0$“慢些”，$x\to 0$ 与 $\sin x\to 0$ 的速度几乎相同。由这几种情况我们给出如下定义。

定义 1.5.3　设 $\lim\limits_{x\to\square}f(x)=\lim\limits_{x\to\square}g(x)=0$，

如果 $\lim\limits_{x\to\square}\dfrac{f(x)}{g(x)}=0$，则称 $f(x)$ 是比 $g(x)$ 高阶的无穷小，记作 $f(x)=o(g(x))(x\to\square)$；

如果 $\lim\limits_{x\to\square}\dfrac{f(x)}{g(x)}=\infty$，则称 $f(x)$ 是比 $g(x)$ 低阶的无穷小；

如果 $\lim\limits_{x\to\square}\dfrac{f(x)}{g(x)}=C\neq 0$，则称 $f(x)$ 是与 $g(x)$ 同阶的无穷小；

特别地，如果 $\lim\limits_{x\to\square}\dfrac{f(x)}{g(x)}=1$，则称 $f(x)$ 与 $g(x)$ 是等价无穷小，记作 $f(x)\sim g(x)(x\to\square)$。

显然，等价无穷小是同阶无穷小当 $C=1$ 时的特殊情况。

例如，因为 $\lim\limits_{x\to 0}\dfrac{x^2}{3x}=0$，所以当 $x\to 0$ 时，x^2 是比 $3x$ 高阶的无穷小，即 $x^2=o(3x)(x\to 0)$；

反之，由于 $\lim\limits_{x\to 0}\dfrac{3x}{x^2}=\infty$，因此当 $x\to 0$ 时，$3x$ 是比 x^2 低阶的无穷小；

由于 $\lim\limits_{x\to 1}\dfrac{x^2-1}{x-1}=2$，因此当 $x\to 1$ 时，x^2-1 与 $x-1$ 是同阶无穷小；

因为 $\lim\limits_{x\to 0}\dfrac{\sin x}{x}=1$，所以当 $x\to 0$ 时，$\sin x$ 与 x 是等价无穷小，即 $\sin x\sim x(x\to 0)$。

例 1.5.1　当 $x\to 0$ 时，证明 $\sqrt{4+x}-2$ 与 x 为同阶无穷小。

证　显然，当 $x\to 0$ 时，函数 $\sqrt{4+x}-2$ 与 x 都为无穷小，且

$$\lim_{x\to 0}\frac{\sqrt{x+4}-2}{x}=\lim_{x\to 0}\frac{(\sqrt{x+4}-2)(\sqrt{x+4}+2)}{x(\sqrt{x+4}+2)}=\lim_{x\to 0}\frac{1}{\sqrt{x+4}+2}=\frac{1}{4},$$

由同阶无穷小的定义知，$\sqrt{4+x}-2$ 与 x 为同阶无穷小。

关于等价无穷小，有下面的重要性质。

定理 1.5.6 设 $f(x),g(x)$ 为同一变化趋势 $x\to\square$ 时的等价无穷小，且 $\lim\limits_{x\to\square}\dfrac{f(x)}{u(x)}$ 存在，则

$$\lim_{x\to\square}\frac{f(x)}{u(x)}=\lim_{x\to\square}\frac{g(x)}{u(x)}。$$

在计算多个因子相乘除的极限过程中，可将分子或分母的乘积因子换为与其等价的无穷小，这种替换有时可简化计算，但注意在加、减运算中不能用。

在应用定理 1.5.6 时，要记住一些常用的等价无穷小，我们把它列出来以便应用。常用的等价无穷小替换有：

当 $x\to 0$ 时，$\sin x\sim x$，$\tan x\sim x$，$\arcsin x\sim x$，$\arctan x\sim x$，$\ln(1+x)\sim x$，$e^x-1\sim x$，$1-\cos x\sim\dfrac{x^2}{2}$，$(1+x)^\mu-1\sim\mu x$。

例 1.5.2 求 $\lim\limits_{x\to 0}\dfrac{x\tan 2x}{(3x+2)\ln(1+5x^2)}$。

解 当 $x\to 0$ 时，$\ln(1+5x^2)\sim 5x^2$，$\tan 2x\sim 2x$，所以

$$\lim_{x\to 0}\frac{x\tan 2x}{(3x+2)\ln(1+5x^2)}=\lim_{x\to 0}\frac{x\cdot 2x}{(3x+2)\cdot 5x^2}=\frac{1}{5}。$$

例 1.5.3 求 $\lim\limits_{x\to 0}\dfrac{\tan x-\sin x}{x^2\tan x}$。

解 当 $x\to 0$ 时，$1-\cos x\sim\dfrac{x^2}{2}$，所以

$$\lim_{x\to 0}\frac{\tan x-\sin x}{x^2\tan x}=\lim_{x\to 0}\frac{\tan x(1-\cos x)}{x^2\tan x}=\lim_{x\to 0}\frac{\frac{1}{2}x^2}{x^2}=\frac{1}{2}。$$

1.6 函数的连续性与间断点

1.6.1 函数的连续性

函数的连续性概念是微积分的基本概念之一。函数的极限让我们了解了函数在某一点的邻域中函数值的变化趋势，而函数的连续性考察的是极限值与函数值之间的关系。自然界中有许多现象，如气温的变化、植物的生长等都是随时间变化而连续变化的。其特点是，当时间变化很微小时，气温的变化、植物的生长等都是很微小的。另外我们从形状上观察，地理上有连绵起伏不断的山脉，也有沟壑纵横的峭壁。这些现象反映在函数关系上，就是函数的连续性。

定义 1.6.1 设函数 $y=f(x)$ 在点 x_0 的某一邻域内有定义，如果函数 $f(x)$ 当 $x\to x_0$ 时的极限存在，且 $\lim\limits_{x\to x_0}f(x)=f(x_0)$，则称函数 $y=f(x)$ 在点 x_0 处连续。

如果记 $\Delta x=x-x_0$，则连续的定义可等价地叙述如下：

设函数 $y=f(x)$ 在点 x_0 的某一邻域内有定义，如果自变量 x 在 x_0 处的增量 Δx 趋向于

零时,对应的函数值的增量 $\Delta y=f(x_0+\Delta x)-f(x_0)$ 也趋向于零,即 $\lim\limits_{\Delta x\to 0}\Delta y=0$,则称函数 $y=f(x)$ 在点 x_0 处连续。

采用"ε-δ"语言,定义1.6.1可叙述为:

如果对任意给定的正数 ε,总存在正数 δ,使得对于适合不等式 $|x-x_0|<\delta$ 的一切 x,总有 $|f(x)-f(x_0)|<\varepsilon$ 成立,则称函数 $y=f(x)$ 在点 x_0 处连续。

从定义观察,函数 $f(x)$ 在点 x_0 处连续,必须同时满足下列3个条件:

(1) 函数 $y=f(x)$ 在点 x_0 的某个邻域内有定义(函数 $y=f(x)$ 在点 x_0 有定义);

(2) $\lim\limits_{x\to x_0}f(x)$ 存在;

(3) $\lim\limits_{x\to x_0}f(x)=f(x_0)$。

特别地,如果函数 $y=f(x)$ 在 $(x_0-\delta,x_0]$ $(\delta>0)$ 内有定义,$\lim\limits_{x\to x_0^-}f(x)$ 存在且 $\lim\limits_{x\to x_0^-}f(x)=f(x_0)$(即 $f(x_0^-)=f(x_0)$),则称函数 $f(x)$ 在点 x_0 处左连续。

如果函数 $y=f(x)$ 在 $[x_0,x_0+\delta)$ $(\delta>0)$ 内有定义,$\lim\limits_{x\to x_0^+}f(x)$ 存在且 $\lim\limits_{x\to x_0^+}f(x)=f(x_0)$(即 $f(x_0^+)=f(x_0)$),则称函数 $f(x)$ 在点 x_0 处右连续。

定理1.6.1 *函数 $y=f(x)$ 在点 x_0 处连续的充要条件是函数 $y=f(x)$ 在点 x_0 处既左连续又右连续。*

如果函数 $y=f(x)$ 在某一区间上每一点都是连续的(如果此区间包含端点,且在左端点处右连续,在右端点处左连续),则称函数 $y=f(x)$ 是该区间上的连续函数。

例1.6.1 证明函数 $f(x)=|x|$ 在 $x=0$ 处连续。

证 由于 $\lim\limits_{x\to 0^-}|x|=\lim\limits_{x\to 0^-}(-x)=0$,$\lim\limits_{x\to 0^+}|x|=\lim\limits_{x\to 0^+}x=0$,所以 $\lim\limits_{x\to 0}|x|=0$。又 $f(0)=0=\lim\limits_{x\to 0}|x|$,则 $f(x)=|x|$ 在 $x=0$ 处连续。

例1.6.2 讨论函数 $f(x)=\begin{cases}x^2, & x\leqslant 0,\\ -x+2, & x>0\end{cases}$ 在 $x=0$ 处的连续性。

解 $\lim\limits_{x\to 0^-}f(x)=\lim\limits_{x\to 0^-}x^2=0$,$\lim\limits_{x\to 0^+}f(x)=\lim\limits_{x\to 0^+}(-x+2)=2$,$f(0)=0$,因为 $f(0)=\lim\limits_{x\to 0^-}f(x)\neq\lim\limits_{x\to 0^+}f(x)$,即函数在 $x=0$ 处左连续但不右连续,所以该函数在 $x=0$ 处不连续。

例1.6.3 当 k 取何值时,函数 $f(x)=\begin{cases}k-x, & x\leqslant 0,\\ \dfrac{\sin 2x}{x}, & x>0\end{cases}$ 在 $x=0$ 处连续。

解 因为 $f(0)=k-0=k$,$\lim\limits_{x\to 0^-}f(x)=\lim\limits_{x\to 0^-}(k-x)=k$,$\lim\limits_{x\to 0^+}f(x)=\lim\limits_{x\to 0^+}\dfrac{\sin 2x}{x}=2$,要使 $f(0^+)=f(0^-)=f(0)$,得 $k=2$。故当且仅当 $k=2$ 时,函数 $f(x)$ 在 $x=0$ 处连续。

1.6.2 初等函数的连续性

由函数在某点连续的定义和极限的四则运算法则,可证明以下定理。

定理1.6.2 *如果函数 $f(x)$、$g(x)$ 均在点 x_0 处连续,则*

(1) $f(x)\pm g(x)$ 在点 x_0 处连续;

(2) $f(x)g(x)$ 在点 x_0 处连续;

(3) $\dfrac{f(x)}{g(x)}(g(x_0)\neq 0)$在点 x_0 处连续。

例如，因为函数 $y=\sin x$、$y=\cos x$ 在区间$(-\infty,+\infty)$上连续，所以 $y=\sin x+\cos x$ 和 $y=\sin x\cos x$ 在区间$(-\infty,+\infty)$上连续，$y=\tan x=\dfrac{\sin x}{\cos x}$在 $x\neq k\pi+\dfrac{\pi}{2}$处连续。

性质 1 设函数 $u=\varphi(x)$，当 $x\to x_0$ 时的极限存在且等于 u_0，即 $\lim\limits_{x\to x_0}\varphi(x)=u_0$，而函数 $y=f(u)$在点 $u=u_0$ 处连续，那么复合函数 $y=f[\varphi(x)]$当 $x\to x_0$ 时的极限存在且等于 $f(u_0)$，即 $\lim\limits_{x\to x_0}f[\varphi(x)]=\lim\limits_{u\to u_0}f(u)=f(u_0)$。

也就是说，如果函数 $u=\varphi(x)$、$y=f(u)$满足性质 1 的条件，则有下式成立：

$$\lim_{x\to x_0}f[\varphi(x)]=f(u_0)=f[\lim_{x\to x_0}\varphi(x)]。$$

即在满足性质 1 的条件下，求复合函数 $y=f[\varphi(x)]$的极限时，函数符号和极限符号可以交换次序。

定理 1.6.3 设函数 $u=\varphi(x)$在点 $x=x_0$ 处连续，且 $\varphi(x_0)=u_0$，而函数 $y=f(u)$在点 $u=u_0$ 处连续，那么复合函数 $y=f[\varphi(x)]$在点 $x=x_0$ 处也连续。

定理 1.6.4 基本初等函数在它们的定义域内都是连续的。一切初等函数在其定义区间(包含在定义域内的区间)内处处连续。

性质 1 和定理 1.6.4 是解决很多求极限问题的理论基础。

例 1.6.4 求$\lim\limits_{x\to 2}\dfrac{x^2+3}{2x^2-3x+1}$。

解 因为函数 $f(x)=\dfrac{x^2+3}{2x^2-3x+1}$为初等函数，$x=2$ 是其定义区间内一点，由初等函数的连续性可知

$$\lim_{x\to 2}\frac{x^2+3}{2x^2-3x+1}=f(2)=\frac{7}{3}。$$

例 1.6.5 求$\lim\limits_{x\to 0}\dfrac{\ln(1+x)}{x}$。

解 $\lim\limits_{x\to 0}\dfrac{\ln(1+x)}{x}=\lim\limits_{x\to 0}\ln(1+x)^{\frac{1}{x}}=\ln\lim\limits_{x\to 0}(1+x)^{\frac{1}{x}}=\ln e=1$。

例 1.6.6 求$\lim\limits_{x\to 0}\ln\left(\dfrac{\sin x}{x}\right)$。

解 $\lim\limits_{x\to 0}\ln\left(\dfrac{\sin x}{x}\right)=\ln\left(\lim\limits_{x\to 0}\dfrac{\sin x}{x}\right)=\ln 1=0$。

1.6.3 函数的间断点

定义 1.6.2 设函数 $f(x)$在点 x_0 的某去心邻域内有定义(在点 x_0 处可以无定义)，如果函数 $f(x)$有下列三种情形之一：

(1) 函数 $f(x)$在点 x_0 处无定义；

(2) $f(x)$在点 x_0 处有定义，但$\lim\limits_{x\to x_0}f(x)$不存在；

(3) $f(x)$在点 x_0 处有定义且$\lim\limits_{x\to x_0}f(x)$存在，但$\lim\limits_{x\to x_0}f(x)\neq f(x_0)$，

则称函数 $f(x)$ 在点 x_0 处不连续，点 x_0 称为函数 $f(x)$ 的一个间断点（或不连续点）。

函数间断点有以下两种类型：

(1) 对于函数 $f(x)$ 的一个间断点 $x=x_0$，若左极限 $f(x_0^-)$ 和右极限 $f(x_0^+)$ 都存在，则称 $x=x_0$ 为 $f(x)$ 的第一类间断点。

在第一类间断点中，若 $f(x_0^-)=f(x_0^+)$，即 $\lim\limits_{x\to x_0}f(x)$ 存在，但函数 $f(x)$ 在点 x_0 处无定义，或虽然在点 x_0 处有定义但是 $\lim\limits_{x\to x_0}f(x)\neq f(x_0)$，则称 $x=x_0$ 为函数 $f(x)$ 的可去间断点。

例 1.6.7 设函数 $f(x)=\begin{cases}2\sqrt{x}, & 0\leqslant x<1,\\ 1, & x=1,\\ 1+x, & x>1\end{cases}$ 在 $x=1$ 处有 $f(1^-)=f(1^+)=2$，但 $f(1)=1$，所以 $x=1$ 为函数 $f(x)$ 的可去间断点，如图 1-16 所示。

特别地，对于可去间断点，我们可以通过补充或改变间断点处的函数值定义，使其连续。在例 1.6.7 中，可改变函数值，令 $f(1)=2$，则有

$$f(x)=\begin{cases}2\sqrt{x}, & 0\leqslant x<1,\\ 1+x, & x\geqslant 1,\end{cases}$$

此时，函数 $f(x)$ 在 $x=1$ 处连续。

在第一类间断点中，若 $f(x_0^-)\neq f(x_0^+)$，则称 $x=x_0$ 为函数 $f(x)$ 的跳跃间断点。

例 1.6.8 设函数 $f(x)=\begin{cases}-x, & x\leqslant 0,\\ 1+x, & x>0\end{cases}$ 在 $x=0$ 处有 $f(0^-)=0$，$f(0^+)=1$，因此 $x=0$ 为函数 $f(x)$ 的跳跃间断点，如图 1-17 所示。

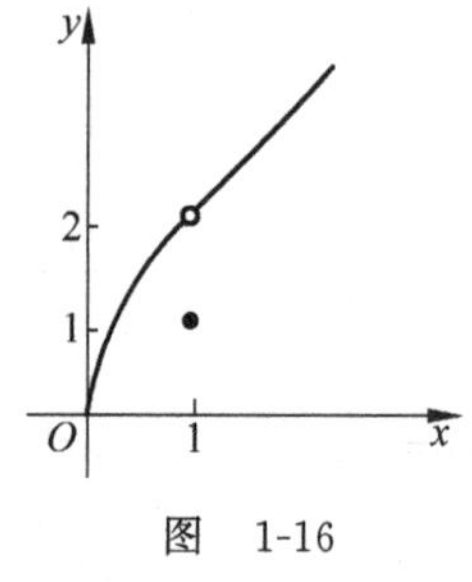

图 1-16

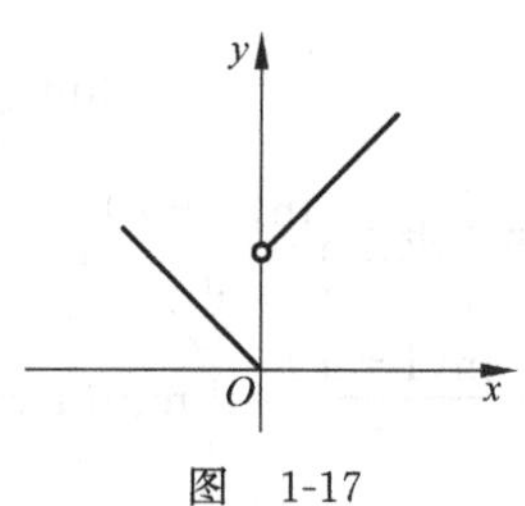

图 1-17

(2) 对于函数 $f(x)$ 的一个间断点 $x=x_0$，若左极限 $f(x_0^-)$ 与右极限 $f(x_0^+)$ 至少有一个不存在，则称 $x=x_0$ 为函数 $f(x)$ 的第二类间断点。无穷间断点和振荡间断点是第二类间断点中的两类特殊的间断点。

例 1.6.9 设 $f(x)=\begin{cases}\dfrac{1}{x}, & x>0,\\ x, & x\leqslant 0。\end{cases}$ 显然在 $x=0$ 处 $f(x)$ 极限不存在，所以 $x=0$ 为 $f(x)$ 的间断点，且由于当 $x\to 0^+$ 时 $f(x)\to+\infty$，所以我们称 $x=0$ 为无穷间断点，如图 1-18 所示。

例 1.6.10 显然函数 $y=\sin\dfrac{1}{x}$ 在 $x=0$ 点无定义，且当 $x\to 0$ 时，函数值在 -1 与 $+1$ 之间无限次地振荡，我们称这种间断点为振荡间断点，如图 1-19 所示。

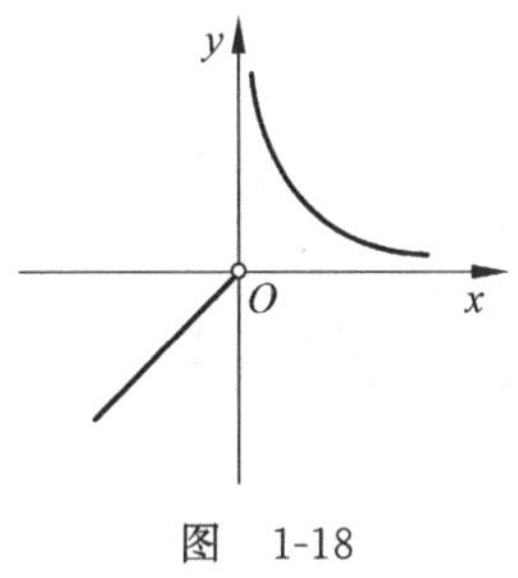

图　1-18

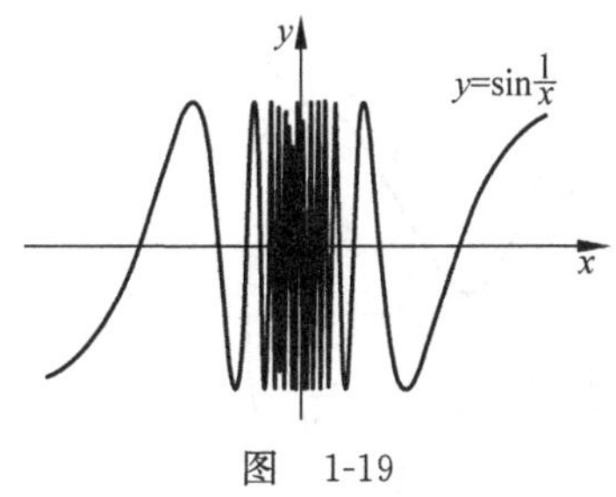

图　1-19

1.7　闭区间上连续函数的性质

前面我们讨论了反映函数在某一点邻域内局部连续性的问题，其实函数的连续性还是反映在闭区间上的整体性质，本节我们主要介绍闭区间上连续函数的性质。

所谓函数 $f(x)$在闭区间$[a,b]$上连续，是指 $f(x)$在开区间(a,b)内连续，且在左端点 a 右连续，在右端点 b 左连续。闭区间上的连续函数具有一些重要的性质，在几何直观上是十分明显的，但严格证明需要用到实数理论，因此，下面我们略去证明，以定理的形式给出这些性质。

定义 1.7.1　设 $f(x)$在区间 I 上有定义，若存在 $x_0\in I$，使得对 I 上的任意 x，都有

$$f(x)\leqslant f(x_0)\quad (f(x)\geqslant f(x_0)),$$

则称 $f(x_0)$为 $f(x)$在区间 I 上的最大值(最小值)，称 x_0 为最大值点(最小值点)。

例如，函数 $y=\dfrac{1}{x}$在区间$[1,2]$上有最大值 1 和最小值$\dfrac{1}{2}$。

定理 1.7.1　若函数 $f(x)$在闭区间$[a,b]$上连续，则 $f(x)$在$[a,b]$上有界。

定理 1.7.2(最大值最小值定理)　若函数 $f(x)$在闭区间$[a,b]$上连续，则 $f(x)$在$[a,b]$上一定能取到最大值和最小值。

这就是说，如果函数 $f(x)$在闭区间$[a,b]$上连续，那么存在常数 $M>0$，使得对闭区间$[a,b]$上任意数 x，满足$|f(x)|\leqslant M$，且至少存在一点 ξ_1，有 $f(\xi_1)\geqslant f(x)$，又至少存在一点 ξ_2，有 $f(\xi_2)\leqslant f(x)$，如图 1-20 所示。

注　“闭区间”与“连续”两个条件缺一不可。

定义 1.7.2　我们称使得 $f(x)=0$ 的 x 为函数 $f(x)$的零点。

定理 1.7.3(零点定理)　设函数 $f(x)$在闭区间$[a,b]$上连续，且 $f(a)$与 $f(b)$异号(即 $f(a)f(b)<0$)，那么在开区间(a,b)内至少存在一点 ξ，使得

$$f(\xi)=0,$$

即 $f(x)$在(a,b)内至少有一个零点。

定理 1.7.3 在几何上表示，连续曲线 $y=f(x)$在$[a,b]$区间的两个端点$(a,f(a))$与点$(b,f(b))$位于 x 轴的上下两侧，则在区间(a,b)内，$f(x)$的图形与 x 轴至少相交一次，交点即为 ξ，如图 1-21 所示。

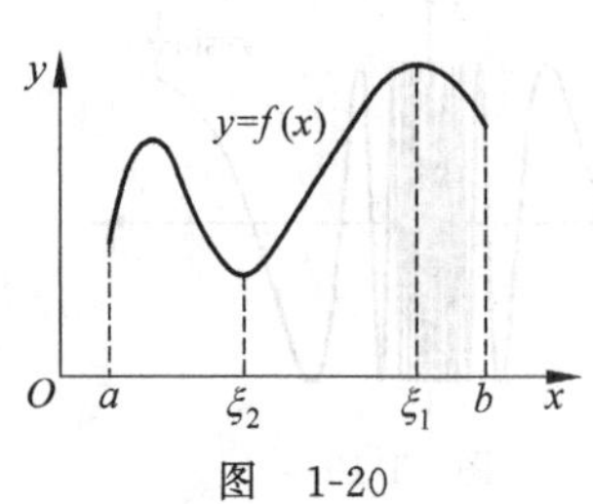

图 1-20

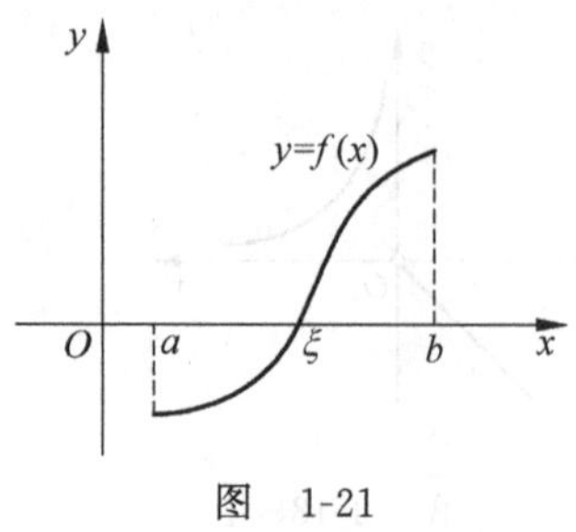

图 1-21

例 1.7.1 证明方程 $x^6+2x-1=0$ 在区间(0,1)内至少有一实根。

证 设 $f(x)=x^6+2x-1$，显然函数 $f(x)$ 在闭区间[0,1]上连续；又 $f(0)=-1$，$f(1)=2$，因此 $f(0)f(1)<0$。根据零点定理，必存在 $\xi\in(0,1)$，使得 $f(\xi)=0$，即 $\xi^6+2\xi-1=0$，此时 $x=\xi$ 即为方程 $x^6+2x-1=0$ 在区间(0,1)内的实根。

由定理 1.7.3 可推得下列一般性的介值定理。

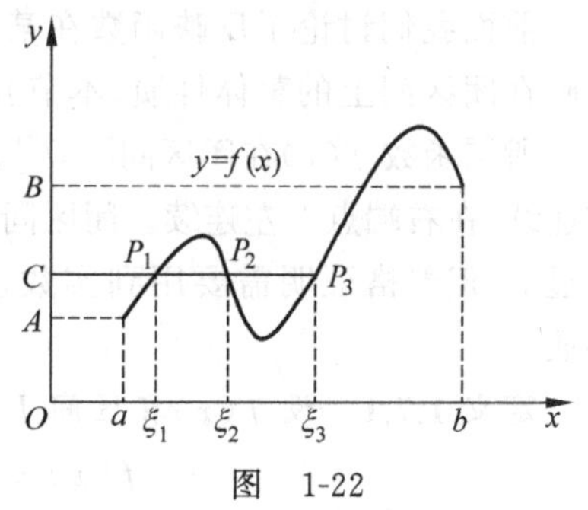

图 1-22

定理 1.7.4(介值定理) 设函数 $y=f(x)$ 在闭区间$[a,b]$上连续，且在这区间的端点取不同的函数值

$$f(a)=A \quad 及 \quad f(b)=B\ (A\neq B),$$

那么，对于 A 与 B 之间的任意一个数 C，在开区间(a,b)内至少存在一点 ξ，使得

$$f(\xi)=C, \quad a<\xi<b。$$

介值定理的几何意义是：连续曲线 $y=f(x)$ 与水平直线 $y=C$ 在(a,b)内至少有一个交点，如图 1-22 所示。

习 题 1

(A)

1. 求下列函数的定义域：

(1) $y=\dfrac{1}{\sqrt{4-x^2}}$； (2) $y=\arcsin\dfrac{x}{2}$；

(3) $y=\ln(-x^2+3x-2)$； (4) $y=\begin{cases}2x^2+x-1, & x\geqslant 0,\\ \dfrac{1}{x}, & x<0。\end{cases}$

2. 已知 $f(x)$ 定义域为[0,1]，求 $f(x^2)$，$f(\sin x)$，$f(x+a)$，$f(x+a)+f(x-a)(a>0)$ 的定义域。

3. 下列各组函数中，$f(x)$ 与 $g(x)$ 是否是同一函数？为什么？

(1) $f(x)=x+1, g(x)=\dfrac{x^2-1}{x-1}$； (2) $f(x)=\sqrt{x^2}, g(x)=(\sqrt{x})^2$；

(3) $f(x)=\dfrac{2x}{x}, g(x)=2$； (4) $f(x)=2\lg x, g(x)=\lg x^2$。

4. 设 $f(x)=\begin{cases}\sqrt{2x+1}, & 0<x\leqslant 1,\\ a+\ln x, & x>1。\end{cases}$ 已知 $\lim\limits_{x\to 1}f(x)$ 存在，求 a 的值。

5. 试问：函数 $f(x)=\begin{cases}1+x^2, & x\geqslant 0,\\ \dfrac{\sin x}{x}, & x<0\end{cases}$ 在 $x=0$ 处的左、右极限是否存在？当 $x\to 0$ 时，$f(x)$ 的极限是否存在？

6. 求下列极限：

(1) $\lim\limits_{n\to\infty}\dfrac{3n^3+n+1}{n^3+4n^2-1}$；　(2) $\lim\limits_{n\to\infty}\left(\dfrac{1}{n^2}+\dfrac{2}{n^2}+\cdots+\dfrac{n}{n^2}\right)$；

(3) $\lim\limits_{n\to\infty}\dfrac{3^n+2^n}{3^{n+1}-2^{n+1}}$；　(4) $\lim\limits_{x\to 2}\dfrac{x^3+1}{x^2-5x+3}$；

(5) $\lim\limits_{x\to 2}\dfrac{x-2}{x^2-3x+2}$；　(6) $\lim\limits_{x\to 0}\dfrac{\sqrt{x+9}-3}{x}$；

(7) $\lim\limits_{x\to +\infty}(\sqrt{x^2+x}-\sqrt{x^2+1})$；　(8) $\lim\limits_{x\to\infty}\dfrac{2x^2+1}{x^2+5x+3}$；

(9) $\lim\limits_{t\to 0}\dfrac{(x+t)^2-x^2}{t}$；　(10) $\lim\limits_{x\to\infty}\dfrac{x^3}{2x+1}$；

(11) $\lim\limits_{x\to 1}\left(\dfrac{3}{1-x^3}-\dfrac{1}{1-x}\right)$；　(12) $\lim\limits_{x\to\infty}\dfrac{100x}{x^2+3}$。

7. 求下列极限：

(1) $\lim\limits_{x\to 0}x\cot x$；　(2) $\lim\limits_{x\to 0}x^2\sin\dfrac{1}{x}$；

(3) $\lim\limits_{x\to\infty}\dfrac{\sin x}{x}$；　(4) $\lim\limits_{x\to\infty}\left(1-\dfrac{2}{x}\right)^{2x}$；

(5) $\lim\limits_{x\to 0}\dfrac{\sin 7x}{\sin 3x}$；　(6) $\lim\limits_{x\to 2}\left(\dfrac{x}{2}\right)^{\frac{1}{x-2}}$；

(7) $\lim\limits_{x\to\infty}\left(\dfrac{x+5}{x-5}\right)^{x}$；　(8) $\lim\limits_{x\to 0}\left(1+\dfrac{x}{2}\right)^{\frac{x-1}{x}}$；

(9) $\lim\limits_{x\to\infty}\dfrac{\arctan x}{x}$；　(10) $\lim\limits_{x\to 0}\dfrac{e^{-\sin x^2}-1}{x\arcsin x}$；

(11) $\lim\limits_{n\to\infty}2^n\sin\dfrac{x}{2^n}$（$x$ 为不等于零的常数）；　(12) $\lim\limits_{x\to -\infty}\dfrac{\ln(1+3^x)}{\ln(1+2^x)}$；

(13) $\lim\limits_{x\to 0}\dfrac{1-\cos x}{x^2\cos x}$；　(14) $\lim\limits_{x\to 1}\dfrac{\sin(x^2-1)}{x-1}$；

(15) $\lim\limits_{x\to\sqrt{3}}\dfrac{x^2-3}{x^2+1}$；　(16) $\lim\limits_{x\to 0}\dfrac{(x+1)\arcsin x}{\sin x}$。

8. 设函数 $\lim\limits_{x\to 1}\dfrac{x^2+ax+6}{1-x}=5$，求常数 a 的值。

9. 已知 $\lim\limits_{x\to 0}(1+ax)^{\frac{2}{\sin x}}=e^4$，求常数 a 的值。

10. 当 $x\to 0$ 时，$2x-x^2$ 与 x^2-2x^3 相比，哪一个是高阶无穷小？

11. 当 $x\to 0$ 时，若 $\ln(1+x^a)$ 与 $x\sin x$ 是等价无穷小，试求 a。

12. 讨论下列函数的连续性，若有间断点，指出其类型。如果是可去间断点，则补充或改变函数的定义使其连续。

(1) $f(x)=\cos^2\dfrac{1}{x}$；

(2) $f(x)=\begin{cases}x\sin\dfrac{1}{x}, & x\neq 0,\\ 0, & x=0;\end{cases}$

(3) $f(x)=\dfrac{x^2-1}{x^2-3x+2}$；

(4) $f(x)=\begin{cases}x+1, & x\geqslant 3,\\ 4-x, & x<3。\end{cases}$

13. 设 $a>0,b>0$ 且函数 $f(x)=\begin{cases}\dfrac{\sin ax}{x}, & x<0,\\ 2, & x=0,\\ (1+bx)^{\frac{1}{x}}, & x>0,\end{cases}$ 试确定 a,b 的值，使函数 $f(x)$ 在 $(-\infty,+\infty)$ 上处处连续。

14. 讨论函数 $f(x)=\begin{cases}1+\cos x, & x\leqslant 0\\ \dfrac{\ln(1+4x)}{2x}, & x>0\end{cases}$ 在其定义域内的连续性。

15. 证明方程 $x\ln x=2$ 在 $(1,\mathrm{e})$ 内至少有一实根。

(B)

1. 设 $f(x)$ 是定义在 $[-l,l]$ 上的任意函数，证明：

(1) $g(x)=f(x)+f(-x)$ 是偶函数，$h(x)=f(x)-f(-x)$ 是奇函数；

(2) $f(x)$ 可表示成偶函数与奇函数之和的形式。

2. 利用极限存在准则证明：

(1) $\lim\limits_{n\to\infty}\sqrt[n]{1+\dfrac{3}{n}}=1$；

(2) $\lim\limits_{n\to\infty}\left(\dfrac{1}{\sqrt{n^2+1}}+\dfrac{1}{\sqrt{n^2+2}}+\cdots+\dfrac{1}{\sqrt{n^2+n}}\right)=1$。

3. 求下列极限：

(1) $\lim\limits_{n\to\infty}\left(\dfrac{1}{1\cdot 2}+\dfrac{1}{2\cdot 3}+\cdots+\dfrac{1}{n(n+1)}\right)$；

(2) $\lim\limits_{n\to\infty}n[\ln n-\ln(n+2)]$；

(3) $\lim\limits_{x\to 0}\dfrac{x\sin x}{\sqrt{1+x^2}-1}$；

(4) $\lim\limits_{x\to\frac{\pi}{2}}(1+\cos x)^{3\sec x}$；

(5) $\lim\limits_{x\to 0}[1+\ln(1+x)]^{\frac{2}{x}}$；

(6) $\lim\limits_{x\to 0}(1+x^2\mathrm{e}^x)^{\frac{1}{1-\cos x}}$；

(7) $\lim\limits_{x\to 0}\dfrac{\sqrt{1+\tan x}-\sqrt{1+\sin x}}{x\sqrt{1+\sin^2 x}-x}$；

(8) $\lim\limits_{x\to 0^+}\dfrac{1-\sqrt{\cos x}}{x(1-\cos\sqrt{x})}$。

4. 已知 $\lim\limits_{x\to\infty}\left(\dfrac{2x^2}{x+1}-ax-b\right)=1$，其中 a 与 b 为常数，求 a,b 的值。

5. 设 $\lim\limits_{x\to 0}(1+2x-2x^2)^{\frac{1}{ax+bx^2}}=\mathrm{e}^2$，求常数 a,b 的值。

6. 已知函数 $f(x)=\lim\limits_{n\to\infty}\dfrac{x^n}{2+x^{2n}}$，试确定 $f(x)$ 的间断点及其类型。

7. 若 $f(x)$ 在闭区间 $[a,b]$ 上连续，$a<x_1<x_2<\cdots<x_n<b$，则在 (x_1,x_n) 内至少有一点 ξ，使 $f(\xi)=\dfrac{f(x_1)+f(x_2)+\cdots+f(x_n)}{n}$。

8. 设 $f(x)$ 在闭区间 $[0,1]$ 上连续且 $0<f(x)<1$，证明在 $(0,1)$ 内至少有一点 c 使 $f(c)=c$。

第 2 章　导数与微分

导数与微分是微积分学的重要概念。导数反映了函数相对于自变量变化而变化的快慢程度，即函数的变化率。而微分是由近似计算产生的，讨论当自变量有微小改变时，函数大体上的改变量，它与导数密切相关。本章主要讨论这两个概念及其运算问题。

2.1　导数概念

2.1.1　导数的定义

在实际问题中，人们经常遇到求一种变量相对于另一种变量的变化率问题，例如位移变量相对于时间变量的变化率就是物体运动的速度，曲线在某点的纵坐标相对于横坐标的变化率就是该点处曲线切线的斜率。我们从这些问题中抽象出一个数学概念——函数的导数。为了阐述这一概念，我们讨论以下两个熟悉的问题。

引例 2.1.1　质点变速直线运动的瞬时速度问题。

设一个质点 M 自原点 O 开始作直线运动，已知运动方程 $s=s(t)$，如果质点作匀速直线运动，那么它在 t_0 时刻的瞬时速度

$$v=\frac{路程}{时间}。$$

现在质点作变速直线运动，它的位移函数 $s=s(t)$ 随时间 t 在变化，所以不能直接用上面的公式求 t_0 时刻的速度，但可以用它求 Δt 时间内的平均速度。

设在 t_0 时刻质点的位置为 $s(t_0)$，$t_0+\Delta t$ 时刻质点的位置为 $s(t_0+\Delta t)$，则在 Δt 时间内，质点通过的路程为

$$\Delta s=s(t_0+\Delta t)-s(t_0),$$

从而

$$\frac{\Delta s}{\Delta t}=\frac{s(t_0+\Delta t)-s(t_0)}{\Delta t}$$

表示质点 M 在 Δt 这段时间内的平均速度。此平均速度近似地反映了质点 M 在 t_0 时刻的快慢程度，Δt 越小，此平均速度就越接近于 t_0 时刻的瞬时速度，因此，当 $\Delta t\to 0$ 时，若 $\frac{\Delta s}{\Delta t}$ 的极限存在，则此平均速度的极限就是质点 M 在 t_0 时刻的瞬时速度，即

$$v(t_0)=\lim_{\Delta t\to 0}\frac{\Delta s}{\Delta t}=\lim_{\Delta t\to 0}\frac{s(t_0+\Delta t)-s(t_0)}{\Delta t}。$$

引例 2.1.2　切线斜率问题。

已知曲线 $y=f(x)$，设 $A(x_0,y_0)$ 是曲线 $y=f(x)$ 上对应于 $x=x_0$ 的点，当自变量由 x_0 变到 $x_0+\Delta x$ 时，在曲线上得到另一点 $B(x_0+\Delta x,y_0+\Delta y)$，由图 2-1 可以看到，函数的

增量 Δy 与自变量的增量 Δx 之比$\frac{\Delta y}{\Delta x}$为曲线 $y=f(x)$的割线 AB 的斜率，即

$$\tan\varphi=\frac{\Delta y}{\Delta x}=\frac{f(x_0+\Delta x)-f(x_0)}{\Delta x},$$

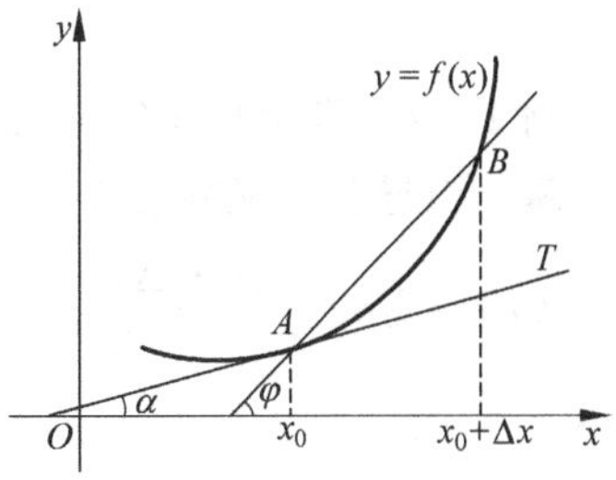

其中 φ 是割线 AB 的倾角。显然，当 $\Delta x\to 0$ 时，B 点沿曲线移动而趋向于 A 点，这时割线 AB 以 A 为支点逐渐转动而趋于一极限位置，即为直线 AT。直线 AT 就称为曲线 $y=f(x)$在点 A 处的切线。相应地，割线 AB 的斜率 $\tan\varphi$，若当 $\Delta x\to 0$ 时其极限存在，记为 k，即

图 2-1

$$k=\lim_{\Delta x\to 0}\frac{f(x_0+\Delta x)-f(x_0)}{\Delta x},$$

则此极限 k 是割线斜率的极限，也就是切线 AT 的斜率 $\tan\alpha$（α 是切线的倾角）。

上面所举的两个例子，虽然它们的具体含义各不相同，但解决问题的方法是一样的。从数量关系上看，它们都归结为求函数增量与自变量增量之比，当自变量增量趋于零时的极限。这就是函数对于自变量的变化率问题，称为函数的导数。

定义 2.1.1 设函数 $y=f(x)$在点 x_0 的某邻域内有定义，当自变量 x 在点 x_0 处有增量 Δx（点 $x_0+\Delta x$ 仍在该邻域内）时，相应地有函数的增量为 $\Delta y=f(x_0+\Delta x)-f(x_0)$，如果当 $\Delta x\to 0$ 时，极限

$$\lim_{\Delta x\to 0}\frac{\Delta y}{\Delta x}=\lim_{\Delta x\to 0}\frac{f(x_0+\Delta x)-f(x_0)}{\Delta x}$$

存在，则称 $f(x)$在点 x_0 处可导，且称此极限为函数 $f(x)$在点 x_0 处的导数，记为 $f'(x_0)$，也可以记作 $y'\big|_{x=x_0}$，$\frac{\mathrm{d}y}{\mathrm{d}x}\Big|_{x=x_0}$ 或 $\frac{\mathrm{d}f(x)}{\mathrm{d}x}\Big|_{x=x_0}$，即

$$f'(x_0)=\lim_{\Delta x\to 0}\frac{\Delta y}{\Delta x}=\lim_{\Delta x\to 0}\frac{f(x_0+\Delta x)-f(x_0)}{\Delta x}。\tag{2.1.1}$$

显然 $f'(x_0)$反映了因变量随自变量的变化而变化的快慢程度，这也是导数的本质意义。

特别地，在式(2.1.1)中，如果令 $x=x_0+\Delta x$，则

$$\Delta x=x-x_0,\quad \Delta y=f(x)-f(x_0),$$

当 $\Delta x\to 0$ 时，$x\to x_0$，式(2.1.1)变为

$$f'(x_0)=\lim_{x\to x_0}\frac{f(x)-f(x_0)}{x-x_0}。\tag{2.1.2}$$

这也是今后常用于求导数的一种定义表达形式。

如果 $f(x)$在(a,b)内每一点处都可导，则称函数 $f(x)$在开区间(a,b)内可导。这时，对于任一 $x\in(a,b)$都对应着 $f(x)$的一个确定的导数值，即导数值 $f'(x)$是一个随 x 变化而变化的函数，这个函数就叫作函数 $y=f(x)$的导函数，简称为导数，记作 y'，$f'(x)$，$\frac{\mathrm{d}y}{\mathrm{d}x}$或$\frac{\mathrm{d}f(x)}{\mathrm{d}x}$，将式(2.1.1)中的 x_0 换成 x 得到导函数的定义式

$$f'(x)=\lim_{\Delta x\to 0}\frac{f(x+\Delta x)-f(x)}{\Delta x}。\tag{2.1.3}$$

显然，函数 $f(x)$ 在点 x_0 处的导数 $f'(x_0)$ 就是导函数 $f'(x)$ 在点 $x=x_0$ 处的函数值，即

$$f'(x_0)=f'(x)\Big|_{x=x_0}。$$

例 2.1.1　设函数 $f(x)=x^2$，求 $f'(x)$，$f'(1)$。

解　由导数定义式(2.1.3)知

$$f'(x)=\lim_{\Delta x\to 0}\frac{f(x+\Delta x)-f(x)}{\Delta x}=\lim_{\Delta x\to 0}\frac{(x+\Delta x)^2-x^2}{\Delta x}=\lim_{\Delta x\to 0}\frac{\Delta x(2x+\Delta x)}{\Delta x}=2x,$$

所以

$$f'(1)=f'(x)\Big|_{x=1}=2。$$

$f'(1)$ 也可直接用导数定义式(2.1.2)求得，即

$$f'(1)=\lim_{x\to 1}\frac{f(x)-f(1)}{x-1}=\lim_{x\to 1}\frac{x^2-1^2}{x-1}=\lim_{x\to 1}\frac{(x+1)(x-1)}{x-1}=2。$$

利用导数定义式(2.1.3)还可以求出一些基本初等函数的导数。

例 2.1.2(常值函数的导数)　设 $f(x)=C$（C 为常数），则 $C'=0$。

证　函数 $y=f(x)$ 的增量

$$\Delta y=f(x+\Delta x)-f(x)=C-C=0,$$

所以

$$\lim_{\Delta x\to 0}\frac{f(x+\Delta x)-f(x)}{\Delta x}=\lim_{\Delta x\to 0}0=0,$$

即

$$C'=0。$$

例 2.1.3(幂函数的导数)　设 $f(x)=x^n$（n 为正整数），则 $f'(x)=nx^{n-1}$。

证　函数 $y=f(x)=x^n$ 的增量

$$\begin{aligned}\Delta y&=(x+\Delta x)^n-x^n\\&=x^n+nx^{n-1}\Delta x+\frac{n(n-1)}{2}x^{n-2}(\Delta x)^2+\cdots+(\Delta x)^n-x^n\\&=nx^{n-1}\Delta x+\frac{n(n-1)}{2}x^{n-2}(\Delta x)^2+\cdots+(\Delta x)^n,\end{aligned}$$

$$f'(x)=\lim_{\Delta x\to 0}\frac{\Delta y}{\Delta x}=\lim_{\Delta x\to 0}\left[nx^{n-1}+\frac{n(n-1)}{2}x^{n-2}\Delta x+\cdots+(\Delta x)^{n-1}\right]=nx^{n-1},$$

即

$$(x^n)'=nx^{n-1}。$$

对于一般的幂函数 $f(x)=x^\mu$（μ 为实数），仍有

$$(x^\mu)'=\mu x^{\mu-1}。$$

例 2.1.4(正弦函数的导数)　设 $f(x)=\sin x$，则 $f'(x)=\cos x$。

证　因为

$$\Delta y=f(x+\Delta x)-f(x)=\sin(x+\Delta x)-\sin x=2\cos\left(x+\frac{\Delta x}{2}\right)\sin\frac{\Delta x}{2},$$

所以

$$f'(x)=\lim_{\Delta x\to 0}\frac{\Delta y}{\Delta x}=\lim_{\Delta x\to 0}\frac{\sin\frac{\Delta x}{2}}{\frac{\Delta x}{2}}\cdot\cos\left(x+\frac{\Delta x}{2}\right)=\cos x,$$

即

$$(\sin x)'=\cos x。$$

同理可证余弦函数的导数$(\cos x)'=-\sin x$。

类似还可证出：

指数函数的导数$(a^x)'=a^x\ln a(a>0,a\neq 1)$。特别地，当$a=\mathrm{e}$时，有$(\mathrm{e}^x)'=\mathrm{e}^x$。

对数函数的导数$(\log_a x)'=\dfrac{1}{x\ln a}$。特别地，当$a=\mathrm{e}$时，有$(\ln x)'=\dfrac{1}{x}$。

2.1.2 单侧导数

函数$f(x)$在x_0点的导数$f'(x_0)$本质上是一种特殊的极限，在第1章讨论极限时我们知道极限存在的充分必要条件是左、右极限都存在且相等，而在求一些特殊函数在某点的导数时，有时需要讨论

$$\lim_{\Delta x\to 0}\frac{f(x_0+\Delta x)-f(x_0)}{\Delta x}\quad 或\quad \lim_{x\to x_0}\frac{f(x)-f(x_0)}{x-x_0}$$

的左、右极限问题，因此我们引入单侧导数的概念。

定义 2.1.2 *若极限$\lim\limits_{x\to x_0^-}\dfrac{f(x)-f(x_0)}{x-x_0}$存在，则称其为$f(x)$在点$x_0$处的左导数，记作$f'_-(x_0)$，即*

$$f'_-(x_0)=\lim_{x\to x_0^-}\frac{f(x)-f(x_0)}{x-x_0};$$

若极限$\lim\limits_{x\to x_0^+}\dfrac{f(x)-f(x_0)}{x-x_0}$存在，则称其为$f(x)$在点$x_0$处的右导数，记作$f'_+(x_0)$，即

$$f'_+(x_0)=\lim_{x\to x_0^+}\frac{f(x)-f(x_0)}{x-x_0}。$$

$f'_-(x_0)$与$f'_+(x_0)$统称为$f(x)$在点x_0处的单侧导数。

由极限在点x_0处存在的充分必要条件可知，$y=f(x)$在点x_0处可导的充分必要条件是$y=f(x)$在x_0处左、右导数存在且相等。这一结论经常用于讨论分段函数在分段点处的可导性问题。

如果$f(x)$在开区间(a,b)内可导，且$f'_+(a)$与$f'_-(b)$都存在，则称$f(x)$在闭区间$[a,b]$上可导。

例 2.1.5 讨论函数$f(x)=|x|$在点$x=0$处的可导性。

解 由于$\lim\limits_{x\to 0^+}\dfrac{|x|}{x}=\lim\limits_{x\to 0^+}\dfrac{x}{x}=1$，$\lim\limits_{x\to 0^-}\dfrac{|x|}{x}=\lim\limits_{x\to 0^-}\dfrac{-x}{x}=-1$，即$f'_+(0)=1$，$f'_-(0)=-1$，左、右导数存在但不相等，所以$f(x)=|x|$在点$x=0$处不可导，如图2-2所示，$f(x)=|x|$在点$x=0$处出现“角点”。

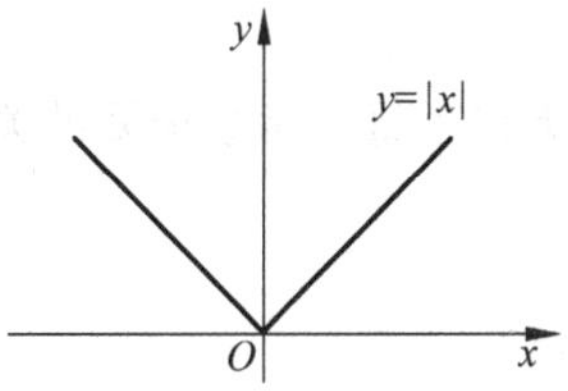

图 2-2

一般地，如果函数的图形在某点出现角点，那么在该点就没有切线，从而函数在该点不可导。

例 2.1.6　求函数 $f(x)=\begin{cases}1, & x<0,\\ 1-x^2, & 0\leqslant x<1\end{cases}$ 在点 $x=0$ 处的导数。

解　$f'_+(0)=\lim\limits_{x\to 0^+}\dfrac{f(x)-f(0)}{x-0}=\lim\limits_{x\to 0^+}\dfrac{1-x^2-1}{x}=0,$

$f'_-(0)=\lim\limits_{x\to 0^-}\dfrac{f(x)-f(0)}{x-0}=\lim\limits_{x\to 0^-}\dfrac{1-1}{x}=0,$

由于 $f(x)$ 在点 $x=0$ 处左、右导数相等，因此 $f'(0)=0$。

2.1.3　导数的几何意义

曲线 $y=f(x)$ 在点 $(x_0,f(x_0))$ 处切线的斜率 k 就是函数 $f(x)$ 在点 x_0 处的导数，即 $k=f'(x_0)$，也就是说 $f'(x_0)$ 在几何上表示曲线 $y=f(x)$ 在点 $(x_0,f(x_0))$ 处切线的斜率。因此，若 $y=f(x)$ 在点 x_0 处可导，则 $y=f(x)$ 在点 $(x_0,f(x_0))$ 处的切线方程为

$$y-f(x_0)=f'(x_0)(x-x_0);$$

若 $f'(x_0)\neq 0$，则曲线 $y=f(x)$ 在点 $(x_0,f(x_0))$ 处的法线方程为

$$y-f(x_0)=-\frac{1}{f'(x_0)}(x-x_0)。$$

特别地，若 $f'(x_0)=0$，则曲线 $y=f(x)$ 在点 $(x_0,f(x_0))$ 处有平行于 x 轴的切线；若 $f'(x_0)=\infty$，则曲线 $y=f(x)$ 在点 $(x_0,f(x_0))$ 处有垂直于 x 轴的切线。

例 2.1.7　求曲线 $y=x^2$ 在点 $(2,4)$ 处的切线方程和法线方程。

解　由例 2.1.1 可知 $y'=2x$，因此在点 $(2,4)$ 处的切线斜率 $k=y'|_{x=2}=4$，法线斜率为 $-\dfrac{1}{k}=-\dfrac{1}{4}$，故在点 $(2,4)$ 处的切线方程为

$$y-4=4(x-2),\quad 即\quad y-4x+4=0。$$

在点 $(2,4)$ 处的法线方程为

$$y-4=-\frac{1}{4}(x-2),\quad 即\quad y+\frac{1}{4}x-\frac{9}{2}=0。$$

2.1.4　可导与连续的关系

定理 2.1.1　*若函数 $y=f(x)$ 在点 x_0 处可导，则 $y=f(x)$ 在点 x_0 处连续。*

证　由于 $y=f(x)$ 在点 x_0 处可导，故

$$\lim_{\Delta x\to 0}\frac{\Delta y}{\Delta x}=f'(x_0),$$

由无穷小量与函数极限的关系，知

$$\frac{\Delta y}{\Delta x}=f'(x_0)+\alpha,\quad 其中\lim_{\Delta x\to 0}\alpha=0,$$

从而

$$\Delta y=f'(x_0)\Delta x+\alpha\Delta x,$$

因此

$$\lim_{\Delta x\to 0}\Delta y=\lim_{\Delta x\to 0}[f'(x_0)\Delta x+\alpha\Delta x]=0,$$

所以 $y=f(x)$在点 x_0 处连续。

此定理的逆命题不成立,即函数 $y=f(x)$在点 x_0 处连续,$f(x)$在点 x_0 处不一定可导。例如函数 $y=|x|$在点 $x=0$ 处连续(因$\lim\limits_{x\to 0}|x|=0$),但由例 2.1.5 知 $y=|x|$在点 $x=0$ 处不可导。因此,函数在某点连续是函数在该点可导的必要条件,而非充分条件。

例 2.1.8 试确定常数 a,b 的值,使函数

$$f(x)=\begin{cases}2e^x-a, & x<0,\\ x^2+bx+1, & x\geqslant 0\end{cases}$$

在点 $x=0$ 处可导。

解 由可导与连续的关系,$f(x)$在点 $x=0$ 处必连续,因此

$$\lim_{x\to 0^+}f(x)=\lim_{x\to 0^+}(x^2+bx+1)=1=f(0),$$

$$\lim_{x\to 0^-}f(x)=\lim_{x\to 0^-}(2e^x-a)=2-a,$$

由连续定义知 $2-a=1$,解得 $a=1$。又

$$f'_+(0)=\lim_{x\to 0^+}\frac{f(x)-f(0)}{x-0}=\lim_{x\to 0^+}\frac{x^2+bx+1-1}{x}=b;$$

$$f'_-(0)=\lim_{x\to 0^-}\frac{f(x)-f(0)}{x-0}=\lim_{x\to 0^-}\frac{2e^x-1-1}{x}=2,$$

因为 $f(x)$在点 $x=0$ 处可导,即 $f'_+(0)=f'_-(0)$,所以 $b=2$。

2.2 函数的求导法则

2.2.1 函数的和、差、积、商的求导法则

前面我们利用导数的定义,求出了一些基本初等函数的导数,当函数表达式比较复杂时,我们有必要掌握除定义以外的方法求其导数。因此,为了能迅速而准确地求函数的导数,先给出函数导数的运算法则。

定理 2.2.1 设 $f(x),g(x)$都在点 x 处可导,则它们的和、差、积、商(除分母为零的点外)都在点 x 处可导,且

(1) $[f(x)\pm g(x)]'=f'(x)\pm g'(x)$;

(2) $[f(x)g(x)]'=f'(x)g(x)+f(x)g'(x)$;

(3) $\left[\dfrac{f(x)}{g(x)}\right]'=\dfrac{f'(x)g(x)-f(x)g'(x)}{[g(x)]^2}\quad(g(x)\neq 0)$。

推论 $[Cf(x)]'=Cf'(x)$(C 为常数)。

定理 2.2.1 中的(1)和(2)及推论可以推广到有限个函数的情况,即若 $f_i(x)$在点 x 处可导,$C_i\in\mathbf{R}(i=1,2,\cdots,n)$,则

$$[C_1f_1(x)+C_2f_2(x)+\cdots+C_nf_n(x)]'=\sum_{i=1}^{n}C_if'_i(x),$$

$$[f_1(x)f_2(x)\cdots f_n(x)]'=f_1'(x)f_2(x)\cdots f_n(x)+f_1(x)f_2'(x)\cdots f_n(x)+\cdots+f_1(x)f_2(x)\cdots f_n'(x)。$$

例 2.2.1　已知 $y=\tan x$，求 y'。

解　$y'=(\tan x)'=\left(\dfrac{\sin x}{\cos x}\right)'=\dfrac{(\sin x)'\cos x-\sin x(\cos x)'}{\cos^2 x}=\dfrac{\cos^2 x+\sin^2 x}{\cos^2 x}$

$=\dfrac{1}{\cos^2 x}=\sec^2 x$，

所以

$$(\tan x)'=\sec^2 x。$$

同理可得

$$(\cot x)'=-\csc^2 x。$$

例 2.2.2　已知 $y=\sec x$，求 y'。

解　$y'=(\sec x)'=\left(\dfrac{1}{\cos x}\right)'=\dfrac{(1)'\cos x-1\cdot(\cos x)'}{\cos^2 x}=\dfrac{\sin x}{\cos^2 x}=\sec x\tan x$，

所以

$$(\sec x)'=\sec x\tan x。$$

同理可得

$$(\csc x)'=-\csc x\cot x。$$

2.2.2　反函数的导数

定理 2.2.2　设函数 $x=\varphi(y)$在某区间 I_y 内单调连续，且 $\varphi'(y)$存在且不为零，则它的反函数 $y=f(x)$在区间 $I_x=\{x\mid x=\varphi(y),y\in I_y\}$内也可导，且

$$f'(x)=\frac{1}{\varphi'(y)}\quad 或\quad \frac{\mathrm{d}y}{\mathrm{d}x}=\frac{1}{\dfrac{\mathrm{d}x}{\mathrm{d}y}}。$$

证　由于 $x=\varphi(y)$在区间 I_y 内单调连续，由第1章知，它的反函数 $y=f(x)$在对应区间内也单调连续。因此当 $y=f(x)$的自变量在点 x 处有增量 Δx 且 $\Delta x\neq 0$ 时，必有 $\Delta y=f(x+\Delta x)-f(x)\neq 0$，于是$\dfrac{\Delta y}{\Delta x}=\dfrac{1}{\dfrac{\Delta x}{\Delta y}}$。又 $y=f(x)$连续，故当 $\Delta x\to 0$ 时，必有 $\Delta y\to 0$，且 $\varphi'(y)\neq 0$，故

$$\lim_{\Delta x\to 0}\frac{\Delta y}{\Delta x}=\lim_{\Delta y\to 0}\frac{1}{\dfrac{\Delta x}{\Delta y}}=\frac{1}{\varphi'(y)},$$

即

$$f'(x)=\frac{1}{\varphi'(y)}。$$

例 2.2.3　求 $y=\arcsin x$ 的导数。

解　由于 $y=\arcsin x$，$x\in(-1,1)$ 是 $x=\sin y$ 的反函数，且 $x=\sin y$ 在$\left(-\dfrac{\pi}{2},\dfrac{\pi}{2}\right)$内单调、连续，$(\sin y)'=\cos y\neq 0$，因此有

$$(\arcsin x)'=\frac{1}{(\sin y)'}=\frac{1}{\cos y}=\frac{1}{\sqrt{1-\sin^2 y}}=\frac{1}{\sqrt{1-x^2}},\quad 其中\ x\in(-1,1),$$

即

$$(\arcsin x)'=\frac{1}{\sqrt{1-x^2}},\quad x\in(-1,1)。$$

同理可得

$$(\arccos x)'=-\frac{1}{\sqrt{1-x^2}},\quad x\in(-1,1)。$$

例 2.2.4　求 $y=\arctan x$ 的导数。

解　$y=\arctan x$ 是 $x=\tan y$ 的反函数，且 $x=\tan y$ 在 $\left(-\frac{\pi}{2},\frac{\pi}{2}\right)$ 内单调连续，$(\tan y)'=\sec^2 y\neq 0$，因此有

$$(\arctan x)'=\frac{1}{(\tan y)'}=\frac{1}{\sec^2 y}=\frac{1}{1+x^2},\quad x\in(-\infty,+\infty),$$

即

$$(\arctan x)'=\frac{1}{1+x^2},\quad x\in(-\infty,+\infty)。$$

同理可得

$$(\operatorname{arccot} x)'=-\frac{1}{1+x^2},\quad x\in(-\infty,+\infty)。$$

2.2.3　基本初等函数导数公式

(1) $C'=0$；

(2) $(x^\mu)'=\mu x^{\mu-1}$ （μ 为实数）；

(3) $(a^x)'=a^x\ln a$；

(4) $(\mathrm{e}^x)'=\mathrm{e}^x$；

(5) $(\log_a x)'=\frac{1}{x\ln a}$ （$a>0,a\neq 1$）；

(6) $(\ln x)'=\frac{1}{x}$；

(7) $(\sin x)'=\cos x$；

(8) $(\cos x)'=-\sin x$；

(9) $(\tan x)'=\sec^2 x$；

(10) $(\cot x)'=-\csc^2 x$；

(11) $(\sec x)'=\sec x\tan x$；

(12) $(\csc x)'=-\csc x\cot x$；

(13) $(\arcsin x)'=\frac{1}{\sqrt{1-x^2}}$；

(14) $(\arccos x)'=-\frac{1}{\sqrt{1-x^2}}$；

(15) $(\arctan x)'=\frac{1}{1+x^2}$；

(16) $(\operatorname{arccot} x)'=-\frac{1}{1+x^2}$。

利用上面的公式同时结合其他求导法则，以后我们可以解决多种形式的函数的求导问题。

例 2.2.5　设 $y=5x^3-9x+\frac{1}{x}+\sin 1$，求 y'。

解　$y'=(5x^3)'-(9x)'+(x^{-1})'+(\sin 1)'=15x^2-9-\frac{1}{x^2}$。

例 2.2.6　设 $f(x)=\sin x\ln x$，求 $f'(x)$。

解　$f'(x)=(\ln x)'\sin x+\ln x(\sin x)'=\frac{1}{x}\sin x+\ln x\cdot\cos x$。

例 2.2.7　已知函数 $y=e^x(x^2-3x+1)$，求$\left.\frac{dy}{dx}\right|_{x=0}$。

解　$\frac{dy}{dx}=(e^x)'(x^2-3x+1)+e^x(x^2-3x+1)'=e^x(x^2-3x+1)+e^x(2x-3)$

$=e^x(x^2-x-2)$，

因此$\left.\frac{dy}{dx}\right|_{x=0}=-2$。

2.2.4　复合函数的求导法则

定理 2.2.3　设函数 $u=\varphi(x)$在点 x 处可导，而函数 $y=f(u)$在 x 的对应点u 处可导，则复合函数 $y=f(\varphi(x))$在点 x 处可导，且

$$y'(x)=f'(u)\varphi'(x)\quad 或\quad \frac{dy}{dx}=\frac{dy}{du}\cdot\frac{du}{dx}。$$

证　因 $y=f(u)$在点 u 处可导，所以

$$\lim_{\Delta u\to 0}\frac{\Delta y}{\Delta u}=f'(u)$$

存在，由无穷小量与函数极限的关系，知

$$\frac{\Delta y}{\Delta u}=f'(u)+\alpha,\quad 其中\lim_{\Delta u\to 0}\alpha=0。$$

当 $\Delta u\neq 0$ 时，用 Δu 乘等式两边，得

$$\Delta y=f'(u)\Delta u+\alpha\Delta u,\tag{2.2.1}$$

当 $\Delta u=0$ 时，因 $\Delta y=f(u+\Delta u)-f(u)=0$，$\Delta y=f'(u)\Delta u+\alpha\Delta u$ 仍然成立（这时取 $\alpha=0$）。

现用 $\Delta x\neq 0$ 除式(2.2.1)两端，得

$$\frac{\Delta y}{\Delta x}=f'(u)\frac{\Delta u}{\Delta x}+\alpha\frac{\Delta u}{\Delta x},$$

考察上式当 $\Delta x\to 0$ 时的极限，由可导必连续知$\lim\limits_{\Delta x\to 0}\Delta u=0$，从而

$$\lim_{\Delta x\to 0}\alpha=\lim_{\Delta u\to 0}\alpha=0。$$

又$\lim\limits_{\Delta x\to 0}\frac{\Delta u}{\Delta x}=\varphi'(x)$，于是

$$\lim_{\Delta x\to 0}\frac{\Delta y}{\Delta x}=f'(u)\cdot\lim_{\Delta x\to 0}\frac{\Delta u}{\Delta x}=f'(u)\varphi'(x),$$

即

$$y'(x)=f'(u)\varphi'(x)。$$

复合函数求导法则可以推广到任意有限个中间变量的情况。例如，$y=f(u)$，$u=\varphi(v)$，$v=\psi(x)$，则复合函数 $y=f(\varphi(\psi(x)))$的导数为

$$y'(x)=f'(u)\varphi'(v)\psi'(x)\quad 或\quad \frac{dy}{dx}=\frac{dy}{du}\cdot\frac{du}{dv}\cdot\frac{dv}{dx}。$$

复合函数求导法则又称为链式法则。

例 2.2.8 设 $y=(3x-5)^{10}$,求 y'。

解 函数 $y=(3x-5)^{10}$是由 $y=u^{10}$,$u=3x-5$ 复合而成的,因此

$$\frac{\mathrm{d}y}{\mathrm{d}x}=\frac{\mathrm{d}y}{\mathrm{d}u}\cdot\frac{\mathrm{d}u}{\mathrm{d}x}=(u^{10})'\cdot(3x-5)'=10u^9\cdot 3=30(3x-5)^9。$$

例 2.2.9 设 $y=\ln\sin x$,求 y'。

解 函数 $y=\ln\sin x$ 是由 $y=\ln u$,$u=\sin x$ 复合而成,所以

$$\frac{\mathrm{d}y}{\mathrm{d}x}=\frac{\mathrm{d}y}{\mathrm{d}u}\frac{\mathrm{d}u}{\mathrm{d}x}=(\ln u)'(\sin x)'=\frac{1}{u}\cos x=\frac{\cos x}{\sin x}=\cot x。$$

对复合函数的求导法则运用熟练后,就不必再写出中间变量。

例 2.2.10 求 $y=\mathrm{e}^{\cos 2x}$的导数。

解 $y'=(\mathrm{e}^{\cos 2x})'=\mathrm{e}^{\cos 2x}(-\sin 2x)\cdot 2=-2\sin 2x\cdot\mathrm{e}^{\cos 2x}$。

例 2.2.11 设 $y=\ln|x|(x\neq 0)$,求 y'。

解 当 $x>0$ 时,$y=\ln|x|=\ln x$,所以$\dfrac{\mathrm{d}y}{\mathrm{d}x}=\dfrac{1}{x}$。

当 $x<0$ 时,$y=\ln|x|=\ln(-x)$,所以$\dfrac{\mathrm{d}y}{\mathrm{d}x}=\dfrac{\mathrm{d}}{\mathrm{d}x}\ln(-x)=\dfrac{(-x)'}{-x}=\dfrac{1}{x}$。

综上,有 $y'=(\ln|x|)'=\dfrac{1}{x}(x\neq 0)$。

例 2.2.12 设 $y=f(u)$是可导函数,求 $y=f(\sin x)$的导数。

解 $y'=f'(\sin x)\cos x$。

2.2.5 隐函数的求导法则

我们以前所研究的函数,如 $y=\sin 2x$,$y=\ln(x+1)$等,这些形如 $y=f(x)$的函数都称为显函数。然而有些函数其 x 和 y 的关系不以显函数的形式出现,而是由一个方程 $F(x,y)=0$ 所确定,如 $x^2+y^3=1$,$xy-\mathrm{e}^x+\mathrm{e}^y=0$,它们在一定条件下,当 x 在某一区间内任取一个值时,通过方程有唯一确定的 y 值与之对应,那么方程 $F(x,y)=0$ 在该区间内所确定的这种函数 $y=y(x)$就称为隐函数。

若能从方程 $F(x,y)=0$ 中解出因变量 y,得到函数式 $y=f(x)$(显函数),称为隐函数的显化。例如,从方程 $x^2+y^3=2$ 中可解出 $y=\sqrt[3]{2-x^2}$,即隐函数化成了显函数,但在很多情况下隐函数显化是很困难的,甚至是不可能的,如 $xy-\mathrm{e}^x+\mathrm{e}^y=0$。为此,我们有必要讨论直接求隐函数导数的方法。

下面通过实例来阐述如何求出隐函数的导数。

例 2.2.13 求由方程 $y=1-x\mathrm{e}^y$ 所确定的隐函数 $y=y(x)$的导数。

解 方程的两边对 x 求导有

$$y'=-\mathrm{e}^y-x\mathrm{e}^y y',$$

整理可得

$$(1+x\mathrm{e}^y)y'=-\mathrm{e}^y,$$

从中解出 y',得到

$$y' = \frac{-e^y}{1+xe^y}。$$

从例2.2.13可看出，隐函数求导时，可以直接就方程两端对 x 求导。需要注意的是，在求导过程中应将 y 看成 x 的函数，因此常常需要正确地运用复合函数的求导法则。

2.2.6 参数方程的求导法则

如果 x,y 之间的函数关系由

$$\begin{cases} x=\varphi(t), \\ y=\psi(t), \end{cases} \quad t \text{ 为参数} \tag{2.2.2}$$

所确定，我们称该函数关系所表达的函数为由参数方程(2.2.2)所确定的函数。

在实际问题中，可能需要计算由参数方程(2.2.2)所确定的函数的导数，但从参数方程(2.2.2)中消去参数 t 有时会很困难，甚至不可能，因此，我们讨论一种方法不用消去参数 t 而直接求其所确定的函数 $y=y(x)$ 的导数的方法。

设 $x=\varphi(t)$ 有单调连续的反函数 $t=\varphi^{-1}(x)$，又有 $\varphi'(t)$ 与 $\psi'(t)$ 存在($\varphi'(t)\neq 0$)，且 $t=\varphi^{-1}(x)$ 与 $y=\psi(t)$ 可构成复合函数，由复合函数及反函数的求导法则可知函数 $y=\psi(t)=\psi[\varphi^{-1}(x)]$ 的导数为

$$\frac{dy}{dx}=\frac{dy}{dt}\cdot\frac{dt}{dx}=\frac{dy}{dt}\bigg/\frac{dx}{dt}=\frac{y'(t)}{x'(t)}=\frac{\psi'(t)}{\varphi'(t)}, \tag{2.2.3}$$

这就是由参数方程(2.2.2)所确定的函数 $y=y(x)$ 的求导公式。

例 2.2.14 求由参数方程 $\begin{cases} x=\dfrac{t^2}{2}, \\ y=1-2t \end{cases}$ 所确定的函数的导数 $\dfrac{dy}{dx}$。

解 由公式(2.2.3)可知

$$\frac{dy}{dx}=\frac{\dfrac{dy}{dt}}{\dfrac{dx}{dt}}=\frac{-2}{t}。$$

例 2.2.15 设曲线的参数方程为 $\begin{cases} x=\sin t, \\ y=\cos 2t, \end{cases}$ 求该曲线在 $t=\dfrac{\pi}{4}$ 处的切线方程。

解 由公式(2.2.3)可知

$$\frac{dy}{dx}=\frac{y'(t)}{x'(t)}=\frac{(\cos 2t)'}{(\sin t)'}=-4\sin t,$$

所以此曲线在 $t=\dfrac{\pi}{4}$ 处切线的斜率为

$$k=y'\Big|_{t=\frac{\pi}{4}}=-2\sqrt{2},$$

而当 $t=\dfrac{\pi}{4}$ 时，$x=\dfrac{\sqrt{2}}{2}$，$y=0$，因此所求切线的方程为

$$y=-2\sqrt{2}\left(x-\frac{\sqrt{2}}{2}\right), \quad \text{即} \quad 2\sqrt{2}x+y-2=0。$$

2.3 高阶导数

一般情况下，如果函数 $y=f(x)$在区间(a,b)内可导，此时其导数 $y'=f'(x)$仍然是 x 的函数，例如 $y=\sin x$，$y'=\cos x$ 仍是 x 的函数，因此考察 $y'=f'(x)$的可导性，如果 $y'=f'(x)$在区间(a,b)内仍然可导，就得到了结果$(f'(x))'$，称为函数 $y=f(x)$的二阶导数，记作 y''，$f''(x)$，$\frac{\mathrm{d}^2 y}{\mathrm{d}x^2}$或$\frac{\mathrm{d}^2 f}{\mathrm{d}x^2}$。

类似地，可得到 $y=f(x)$在区间(a,b)内的三阶导数，记为 y'''，$f'''(x)$，$\frac{\mathrm{d}^3 y}{\mathrm{d}x^3}$或$\frac{\mathrm{d}^3 f}{\mathrm{d}x^3}$。

一般地，如果 $y=f(x)$在区间(a,b)内的 $n-1$ 阶导数仍可导，则 $n-1$ 阶导(函)数的导数称为 $y=f(x)$的 n 阶导数，记为 $y^{(n)}(x)$，$f^{(n)}(x)$，$\frac{\mathrm{d}^n y}{\mathrm{d}x^n}$或$\frac{\mathrm{d}^n f}{\mathrm{d}x^n}$，即

$$f^{(n)}(x)=\frac{\mathrm{d}^n y}{\mathrm{d}x^n}=\frac{\mathrm{d}}{\mathrm{d}x}\left(\frac{\mathrm{d}^{n-1} y}{\mathrm{d}x^{n-1}}\right)=\lim_{\Delta x\to 0}\frac{f^{(n-1)}(x+\Delta x)-f^{(n-1)}(x)}{\Delta x}。$$

$f(x)$的二阶及二阶以上的导数统称为 $f(x)$的高阶导数。我们仍可应用前面学过的求导方法来计算函数的高阶导数。

例 2.3.1 设 $y=x^3+6x^2+5$，求 $y''(0)$。

解 $y'=3x^2+12x$，$y''=6x+12$，因此 $y''(0)=12$。

例 2.3.2 求函数 $f(x)=\arctan x$，求 $f''(x)$。

解 $f'(x)=\frac{1}{1+x^2}$，$f''(x)=\frac{-2x}{(1+x^2)^2}$。

例 2.3.3 求函数 $y=\mathrm{e}^{2x}$的 n 阶导数。

解 $y'=2\mathrm{e}^{2x}$，$y''=4\mathrm{e}^{2x}$，$y'''=8\mathrm{e}^{2x}$，…，$y^{(n)}=2^n\mathrm{e}^{2x}$。

例 2.3.4 求函数 $y=x^{\mu}$(μ 是常数)的 n 阶导数。

解 $y'=\mu x^{\mu-1}$，$y''=\mu(\mu-1)x^{\mu-2}$，$y'''=\mu(\mu-1)(\mu-2)x^{\mu-3}$。

一般地，有

$$y^{(n)}=(x^{\mu})^{(n)}=\mu(\mu-1)\cdots(\mu-n+1)x^{\mu-n}。$$

特别地，当 $\mu=n$ 时，有

$$y^{(n)}=(x^n)^{(n)}=n\cdot(n-1)\cdot\cdots\cdot 3\cdot 2\cdot 1=n!，$$

从而

$$(x^n)^{(n+1)}=0。$$

例 2.3.5 求函数 $y=\sin x$ 的 n 阶导数。

解 $y'=\cos x=\sin\left(x+\frac{\pi}{2}\right)$，

$$y''=\cos\left(x+\frac{\pi}{2}\right)=\sin\left(x+\frac{\pi}{2}+\frac{\pi}{2}\right)=\sin\left(x+2\cdot\frac{\pi}{2}\right)，$$

$$y'''=\cos\left(x+2\cdot\frac{\pi}{2}\right)=\sin\left(x+3\cdot\frac{\pi}{2}\right)。$$

一般地，有

$$y^{(n)}=(\sin x)^{(n)}=\sin\left(x+n\cdot\frac{\pi}{2}\right)。$$

同理可以推得 $y=\cos x$ 的 n 阶导数为

$$y^{(n)}=(\cos x)^{(n)}=\cos\left(x+n\cdot\frac{\pi}{2}\right)。$$

例 2.3.6　求函数 $y=\dfrac{1}{x+a}$ 的 n 阶导数。

解　$y'=\dfrac{-1}{(x+a)^2}, y''=\dfrac{1\times 2}{(x+a)^3}, y'''=\dfrac{-1\times 2\times 3}{(x+a)^4}$。

一般地,有

$$y^{(n)}=\left(\frac{1}{x+a}\right)^{(n)}=(-1)^n\frac{n!}{(x+a)^{n+1}}。$$

例 2.3.7　设 $y=\dfrac{1}{x^2-3x+2}$,求 $y^{(n)}$。

解　因为 $y=\dfrac{1}{x^2-3x+2}=\dfrac{1}{(x-2)(x-1)}=\dfrac{1}{x-2}-\dfrac{1}{x-1}$,由例 2.3.6 的结果可知 $\left(\dfrac{1}{x-2}\right)^{(n)}=\dfrac{(-1)^n n!}{(x-2)^{n+1}}, \left(\dfrac{1}{x-1}\right)^{(n)}=\dfrac{(-1)^n n!}{(x-1)^{n+1}}$,从而

$$y^{(n)}=(-1)^n n!\left[\frac{1}{(x-2)^{n+1}}-\frac{1}{(x-1)^{n+1}}\right]。$$

2.4　函数的微分

2.4.1　微分概念

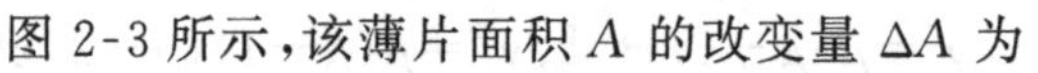

先看一个例子,一块正方形金属薄片受温度变化的影响,其边长由 x_0 变到 $x_0+\Delta x$,如图 2-3 所示,该薄片面积 A 的改变量 ΔA 为

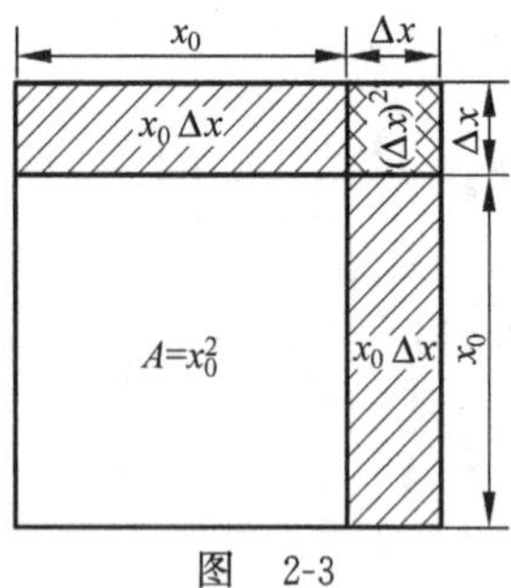

图　2-3

$$\Delta A=(x_0+\Delta x)^2-x_0^2=2x_0\Delta x+(\Delta x)^2。$$

从上式可看出,ΔA 由两部分组成:第一部分为 $2x_0\Delta x$,它是 Δx 的线性函数,即图中带有斜线的两个矩形面积之和,而第二部分为$(\Delta x)^2$,即图中带有双阴影线的小正方形的面积,它是关于 Δx 的二次函数,当$|\Delta x|\to 0$ 时,它是比 Δx 高阶的无穷小。因此,当$|\Delta x|$很小时,第二项比第一项小得多,可以忽略不计,即可以用第一部分 $2x_0\Delta x$ 近似表示 ΔA 的值,即

$$\Delta A\approx 2x_0\Delta x。$$

从类似的近似计算中,我们抽象出一种数学概念——微分。

定义 2.4.1　设函数 $y=f(x)$在某区间内有定义,x_0 及 $x_0+\Delta x$ 都在该区间内,若函数的增量 $\Delta y=f(x_0+\Delta x)-f(x_0)$可表示为

$$\Delta y=A\Delta x+o(\Delta x),\tag{2.4.1}$$

其中 A 是不依赖于 Δx 的常数,而 $o(\Delta x)$是比 Δx 高阶的无穷小,则称函数 $y=f(x)$在点

x_0 是可微的，而 $A\Delta x$ 称为函数 $f(x)$ 在点 x_0 处的微分，记作 $\mathrm{d}y\Big|_{x=x_0}$，即

$$\mathrm{d}y\Big|_{x=x_0}=A\Delta x。\tag{2.4.2}$$

此时也称函数 $y=f(x)$ 在点 x_0 处可微。

从定义中我们看出，函数的微分有两个特性：一是 $\mathrm{d}y=A\Delta x$ 是 Δx 的线性函数；二是 $\mathrm{d}y$ 和 Δy 之差是比 Δx 高阶的无穷小，因此当 $|\Delta x|$ 很小时，有 $\Delta y\approx A\Delta x$，并且 $|\Delta x|$ 越小，近似程度越好。

定理 2.4.1 函数 $y=f(x)$ 在点 x_0 处可微的充分必要条件是 $y=f(x)$ 在点 x_0 处可导，且

$$\mathrm{d}y\Big|_{x=x_0}=f'(x_0)\Delta x。$$

证 必要性 设 $y=f(x)$ 在点 x_0 处可微，则由定义知

$$\Delta y=f(x_0+\Delta x)-f(x_0)=A\Delta x+o(\Delta x),$$

两端除以 Δx，且令 $\Delta x\to 0$，得

$$\frac{\Delta y}{\Delta x}=A+\frac{o(\Delta x)}{\Delta x},$$

$$f'(x_0)=\lim_{\Delta x\to 0}\frac{\Delta y}{\Delta x}=A+\lim_{\Delta x\to 0}\frac{o(\Delta x)}{\Delta x}=A。$$

所以 $y=f(x)$ 在点 x_0 处可导，且 $f'(x_0)=A$。

充分性 若 $y=f(x)$ 在点 x_0 处可导，则 $\lim\limits_{\Delta x\to 0}\frac{\Delta y}{\Delta x}=f'(x_0)$。

由函数极限与无穷小的关系，有

$$\frac{\Delta y}{\Delta x}=f'(x_0)+\alpha,\quad \text{其中 } \alpha \text{ 是当 } \Delta x\to 0 \text{ 时的无穷小},$$

两端乘以 Δx，得

$$\Delta y=f'(x_0)\Delta x+\alpha\Delta x。$$

上式中 $f'(x_0)$ 不依赖于 Δx，$\alpha\Delta x$ 是 Δx 的高阶无穷小。所以 $y=f(x)$ 在点 x_0 处可微，并且当 $f(x)$ 在点 x_0 处可微时，有

$$\mathrm{d}y=f'(x_0)\Delta x。$$

特别地，当 $y=f(x)=x$ 时，$\mathrm{d}y=\mathrm{d}x=(x)'\cdot\Delta x=\Delta x$，即对于自变量 x 有 $\Delta x=\mathrm{d}x$，所以函数的微分可以写成

$$\mathrm{d}y=f'(x)\mathrm{d}x,$$

从而有

$$\frac{\mathrm{d}y}{\mathrm{d}x}=f'(x)。$$

所以，函数的导数 $f'(x)$ 可以看成是函数的微分 $\mathrm{d}y$ 与自变量微分 $\mathrm{d}x$ 的商，故导数又称为微商。

2.4.2 微分的几何意义

为了对微分有比较直观的了解，我们用图形解释微分的几何意义。在直角坐标系中，函数 $y=f(x)$ 的图形是一条曲线，对于某一固定的 x_0 值，曲线上有一个确定点 $M(x_0,y_0)$，

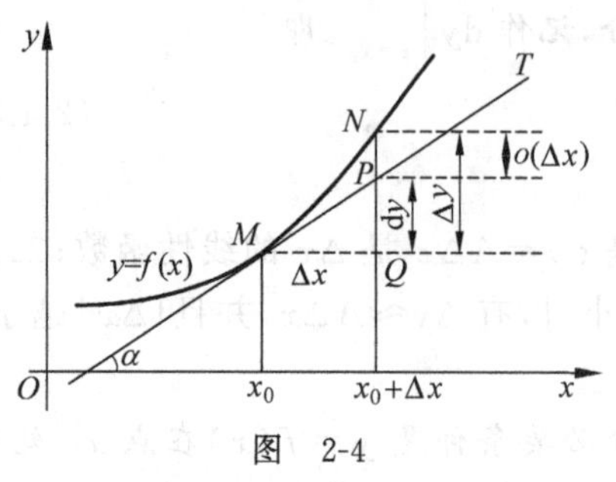

图 2-4

当自变量 x_0 有微小改变量 Δx 时，就得到曲线上另一点 $N(x_0+\Delta x, y_0+\Delta y)$，由图 2-4 可知

$$MQ=\Delta x,\quad QN=\Delta y。$$

过点 M 作曲线的切线 MT，它的倾斜角为 α，则 $QP=MQ\cdot\tan\alpha=\Delta x f'(x_0)$，即

$$dy=QP。$$

由此可见：函数 $y=f(x)$ 在点 x_0 处的微分 $dy=f'(x_0)\Delta x$ 就是曲线在点 $M(x_0,y_0)$ 处切线 MT 上纵坐标的增量。当 $|\Delta x|$ 很小时，$|\Delta y-dy|$ 比 $|\Delta x|$ 小得多，因此在点 M 的邻近，我们可以用切线段来近似代替曲线段，其误差是 Δx 的高阶无穷小。

2.4.3 微分计算

由关系式 $dy=f'(x)dx$ 可知，只要知道函数的导数，就能立刻写出它的微分。因此由基本导数公式容易得出相应的微分公式。

基本初等函数的微分公式：

(1) $d(c)=0$（c 为常数）；　　(2) $d(x^\mu)=\mu x^{\mu-1}dx$；

(3) $d(\sin x)=\cos x\,dx$；　　(4) $d(\cos x)=-\sin x\,dx$；

(5) $d(\tan x)=\sec^2 x\,dx$；　　(6) $d(\cot x)=-\csc^2 x\,dx$；

(7) $d(\arcsin x)=\dfrac{1}{\sqrt{1-x^2}}dx$；　　(8) $d(\arccos x)=-\dfrac{1}{\sqrt{1-x^2}}dx$；

(9) $d(\sec x)=\sec x\tan x\,dx$；　　(10) $d(\csc x)=-\csc x\cot x\,dx$；

(11) $d(a^x)=a^x\ln a\,dx$；　　(12) $d(e^x)=e^x dx$；

(13) $d(\log_a x)=\dfrac{1}{x\ln a}dx$；　　(14) $d(\ln x)=\dfrac{1}{x}dx$；

(15) $d(\arctan x)=\dfrac{1}{1+x^2}dx$；　　(16) $d(\operatorname{arccot} x)=-\dfrac{1}{1+x^2}dx$。

函数和、差、积、商的微分法则：

(1) $d(u\pm v)=du\pm dv$；　　(2) $d(cu)=c\,du$（c 为常数）；

(3) $d(uv)=v\,du+u\,dv$；　　(4) $d\left(\dfrac{u}{v}\right)=\dfrac{v\,du-u\,dv}{v^2}$（$v\neq0$）。

复合函数的微分法则与一阶微分形式的不变性：

设 $y=f(u)$，$u=u(x)$ 均可微，则复合函数 $y=f[u(x)]$ 也可微，而且

$$dy=f'(u)\cdot u'(x)dx=f'(u)\cdot du。$$

由此可见，无论 u 是中间变量还是自变量，微分形式完全一致，这一性质称为一阶微分形式的不变性。利用这一性质，我们可以计算较复杂的复合函数的微分和导数。

例 2.4.1　已知函数 $y=x^2$，求 $dy\Big|_{x=2}$。

解　易知 $y'=2x$，而函数微分 $dy=y'\Big|_{x=x_0}dx$，又 $x_0=2$，故

$$dy\,|_{x=2}=4dx。$$

例 2.4.2　设 $y=f(x)=\mathrm{e}^{\sin^2 x}$，求 $\mathrm{d}y$。

解法 1　应用微分形式不变性(视 $\sin^2 x$ 为中间变量)，有

$$\begin{aligned}\mathrm{d}y &= \mathrm{e}^{\sin^2 x}\mathrm{d}\sin^2 x = \mathrm{e}^{\sin^2 x}2\sin x\cdot \mathrm{d}\sin x \quad (\text{视 } \sin x \text{ 为中间变量})\\ &= \mathrm{e}^{\sin^2 x}2\sin x\cos x\,\mathrm{d}x = \sin 2x\,\mathrm{e}^{\sin^2 x}\mathrm{d}x\text{。}\end{aligned}$$

解法 2　因为

$$\mathrm{d}y = f'(x)\mathrm{d}x,$$

当 $f(x)=\mathrm{e}^{\sin^2 x}$ 时，$f'(x)=\mathrm{e}^{\sin^2 x}\cdot 2\sin x\cdot\cos x=\sin 2x\,\mathrm{e}^{\sin^2 x}$，所以

$$\mathrm{d}y = \sin 2x\,\mathrm{e}^{\sin^2 x}\mathrm{d}x\text{。}$$

例 2.4.3　设 $y=\ln(2x^2+1)$，求 $\mathrm{d}y$。

解　$y'=\dfrac{1}{2x^2+1}\cdot 4x$，所以 $\mathrm{d}y=\dfrac{4x}{2x^2+1}\mathrm{d}x$。

习　题　2

(A)

1. 求 $y=x^3$ 在点(2,8)处的切线方程和法线方程。

2. 设曲线 $y=x^2+5x+4$，选择 b，使直线 $y=3x+b$ 为曲线的切线。

3. 已知 $f'(1)=2$，求：

(1) $\lim\limits_{h\to 0}\dfrac{f(1-h)-f(1+h)}{h}$；　(2) $\lim\limits_{t\to 0}\dfrac{f(1+3t)-f(1)}{\sin t}$。

4. 设 $f(x)$在点 $x=0$ 处连续，且$\lim\limits_{x\to 0}\dfrac{f(x)-1}{x}=-1$，求 $f(0)$，并讨论 $f(x)$在点 $x=0$ 处是否可导。

5. 讨论下列函数在点 $x=0$ 处的连续性与可导性：

(1) $y=x|x|$；　(2) $y=\begin{cases}2x+3, & x>0,\\ x-2, & x\leqslant 0\text{。}\end{cases}$

6. 求下列函数的导数：

(1) $y=2\sqrt{x}-\dfrac{1}{3\sqrt[3]{x^2}}-\dfrac{4}{x}$；　(2) $y=2^x-3\arcsin x-\pi$；

(3) $y=x^2-3\tan x+\sin 1$；　(4) $y=x\cos x\cdot\ln x$；

(5) $y=\dfrac{1+\cos x}{\sin x}$；　(6) $y=\arcsin x+\arccos x$；

(7) $y=\sqrt{x\sqrt{x\sqrt{x}}}$；　(8) $y=2\mathrm{e}^x\cos x$。

7. 求下列各复合函数的导数：

(1) $y=(2x^2-8)^9$；　(2) $y=\dfrac{1}{\sqrt{x^2+1}}$；

(3) $y=2^{\sin x}$；　(4) $y=x\mathrm{e}^{-2x}$；

(5) $y=\ln\ln x$；　(6) $y=\sin^2 x\cdot\sin x^2$；

(7) $y=\arctan(e^x)$；　(8) $e^{\frac{1}{x}}+x\sqrt{x}$；

(9) $y=\ln\sqrt{1+e^{-2x}}$；　(10) $y=\ln(x+\sqrt{2+x^2})$；

(11) $y=\ln\tan\dfrac{x}{3}$。

8. 设 $f(x)$ 可导，求下列函数的导数：

(1) $y=f(x^2)$；　(2) $y=e^{f(x)}$；

(3) $y=\ln f(\sin^2 x)$；　(4) $y=\arctan[f(x)]$。

9. 求下列函数在给定点处的导数：

(1) $f(x)=x^3+4\cos x-\sin\dfrac{\pi}{2}$，求 $f'\left(\dfrac{\pi}{2}\right)$；

(2) $y=\dfrac{3}{5-x}+\dfrac{x^2}{5}$，求 $\left.\dfrac{dy}{dx}\right|_{x=0}$ 和 $\left.\dfrac{dy}{dx}\right|_{x=2}$。

10. 设 $f(x)=\begin{cases}\sin x, & x<0,\\ x, & x\geqslant 0,\end{cases}$ 求 $f'(x)$。

11. 试确定常数 a,b 的值，使函数 $f(x)=\begin{cases}2e^x+a, & x<0,\\ x^2+bx+1, & x\geqslant 0\end{cases}$ 处处可导。

12. 求由下列方程所确定的隐函数 $y=y(x)$ 的导数 $y'(x)$：

(1) $\ln(x^2+y^2)=x+y-1$；　(2) $xy=e^{x+y}$。

13. 已知下列参数方程，求 $\dfrac{dy}{dx}$：

(1) $\begin{cases}x=2e^t,\\ y=e^{-t};\end{cases}$　(2) $\begin{cases}x=\ln(1+t^2),\\ y=t-\arctan t\end{cases}$；

(3) $\begin{cases}x=\dfrac{3t}{1+t^2},\\ y=\dfrac{3t^2}{1+t^2}。\end{cases}$

14. 求曲线 $\begin{cases}x=e^t\sin t,\\ y=e^t\cos t\end{cases}$ 在 $t=\dfrac{\pi}{3}$ 处的切线方程和法线方程。

15. 求下列函数的高阶导数：

(1) $y=\dfrac{2}{x-3}$，求 $y^{(4)}$；　(2) $y=xe^x$，求 $y^{(n)}$；

(3) $y=\sin 2x$，求 $\left.y^{(5)}\right|_{x=0}$。

16. 求下列函数的微分：

(1) $y=\arcsin\sqrt{x}$；　(2) $y=x\sin 2x$；

(3) $y=e^x\cot x$；　(4) $y=\ln\cos x$；

(5) $y=\sin^2[\ln(3x+1)]$。

17. 设 $f(x)=(x-a)\varphi(x)$，其中 $\varphi(x)$ 在点 $x=a$ 处连续，求 $f'(a)$。

(B)

1. (1) 已知函数 $f(x)=x(x-1)(x-2)(x-3)\cdots(x-100)$,求 $f'(0)$;

(2) $y=(x-1)(x-2)\cdots(x-n)$,求 $y^{(n)}$。

2. 利用对数求导法则,求下列函数的导数:

(1) $y=x^{\cos x}$; (2) $y=\dfrac{\sqrt{x+2}\,(3-x)^4}{(x+1)^3}$。

3. 求下列函数的二阶导数:

(1) $y=x\ln x$; (2) $xy-e^y=1$。

4. 已知 $f(x)=\sin x$,求 $(f(f(x)))'$。

5. 已知 $y=\ln(1-2x)$,求 $y^{(10)}$。

6. 设函数 $y=y(x)$ 由方程 $2^{xy}=x+y$ 所确定,求 $\mathrm{d}y\big|_{x=0}$。

7. 求过原点(0,0)且与曲线 $y=\ln x$ 相切的直线方程。

8. 设函数 $f(x)$ 在点 $x=1$ 处连续,且 $\lim\limits_{x\to1}\dfrac{f(x)}{x-1}=2$,求 $f(1)$,$f'(1)$。

9. 求下列函数的高阶导数:

(1) $y=\dfrac{1-x}{1+x}$,求 $y^{(n)}$; (2) $y=\sin^2 x$,求 $y^{(n)}$。

10. 问 a 为何值时,曲线 $y=ax^2$ 与 $y=\ln x$ 相切。

第3章　微分中值定理及导数应用

在这一章中,我们以微分中值定理为基础,讨论函数的导数在函数极限、曲线性态及一些实际问题中的广泛应用。

3.1　微分中值定理

在本节中,先介绍罗尔(Rolle)定理,然后根据它推出拉格朗日(Lagrange)中值定理和柯西(Cauchy)中值定理。

3.1.1　罗尔定理

定理 3.1.1(罗尔定理)　*设函数 $f(x)$ 满足:*

(1) 在闭区间 $[a,b]$ 上连续,

(2) 在开区间 (a,b) 内可导,

(3) 在区间两端点处的函数值相等,即 $f(a)=f(b)$,

那么至少存在一点 $\xi\in(a,b)$,使得函数在该点处的导数为零,即 $f'(\xi)=0$。

通常称导数等于零的点为函数的驻点(或稳定点、临界点)。

罗尔定理的几何意义:函数 $y=f(x)$ 的图形是 $[a,b]$ 上的一条连续的曲线段,除端点外处处具有不垂直于 x 轴的切线,并且两端点处的纵坐标相等,则曲线上至少存在一点 ξ,过该点的切线平行于 x 轴,即 $f'(\xi)=0$,如图 3-1 所示。从图形上不难看出,曲线上的最高点或最低点处的切线都平行于 x 轴。这给了我们一个证明定理的启发:点 ξ 可能是最值点。

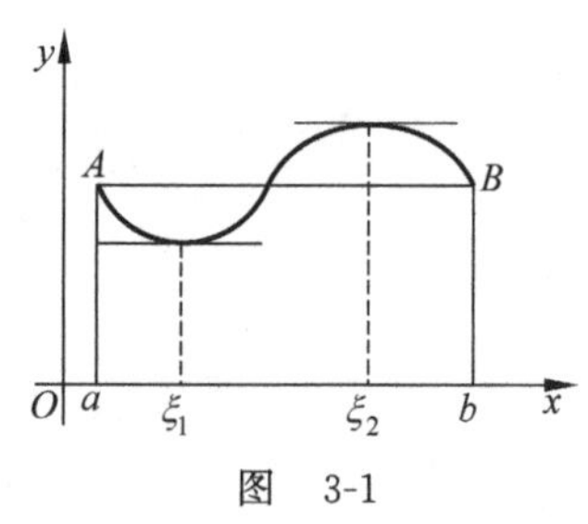

图　3-1

证　由于函数 $y=f(x)$ 在闭区间 $[a,b]$ 上连续,由闭区间上连续函数的性质知,函数 $y=f(x)$ 在闭区间 $[a,b]$ 上必有最大值 M 和最小值 m。这样,只能分为两种情况进行讨论:

(1) 若 $M=m$,则 $f(x)$ 在闭区间 $[a,b]$ 上是常值函数,因此在 (a,b) 内恒有 $f(x)=M$,从而 (a,b) 内的每一点都可以取为定理中的 ξ。

(2) 若 $M>m$,由于 $f(a)=f(b)$,那么 M,m 中至少有一个不等于 $f(x)$ 在闭区间 $[a,b]$ 的端点处的函数值。不妨假设在 (a,b) 内存在一点 ξ,使得 $f(\xi)=M$。下面证明 $f(x)$ 在 ξ 处的导数为零,即 $f'(\xi)=0$。

因为 $f(x)$ 在 (a,b) 内一点可导,则 $f'(\xi)$ 存在,即

$$\lim_{\Delta x\to 0}\frac{f(\xi+\Delta x)-f(\xi)}{\Delta x}$$

存在,根据极限存在的充要条件,有

$$\lim_{\Delta x \to 0^+} \frac{f(\xi+\Delta x)-f(\xi)}{\Delta x} = \lim_{\Delta x \to 0^-} \frac{f(\xi+\Delta x)-f(\xi)}{\Delta x}。$$

函数 $f(x)$ 在点 $\xi \in (a,b)$ 处取得最大值 M，只要 $\xi+\Delta x \in [a,b]$，都有

$$f(\xi+\Delta x) \leqslant f(\xi),$$

或

$$f(\xi+\Delta x) - f(\xi) \leqslant 0。$$

当 $\Delta x > 0$ 时，

$$\frac{f(\xi+\Delta x)-f(\xi)}{\Delta x} \leqslant 0,$$

根据函数极限的性质，有

$$f'_+(\xi) = \lim_{\Delta x \to 0^+} \frac{f(\xi+\Delta x)-f(\xi)}{\Delta x} \leqslant 0,$$

当 $\Delta x < 0$ 时，

$$\frac{f(\xi+\Delta x)-f(\xi)}{\Delta x} \geqslant 0,$$

同理有

$$f'_-(\xi) = \lim_{\Delta x \to 0^-} \frac{f(\xi+\Delta x)-f(\xi)}{\Delta x} \geqslant 0,$$

从而

$$f'(\xi) = f'_+(\xi) = f'_-(\xi) = 0。$$

注 若罗尔定理的 3 个条件中有一个不满足，其结论可能不成立。

例 3.1.1 证明方程 $x^5-5x+1=0$ 有且仅有一个小于 1 的正实根。

证 设 $f(x)=x^5-5x+1$，因为 $f(x)$ 在闭区间 $[0,1]$ 上连续，且 $f(0)=1, f(1)=-3$，所以由零点定理可得，存在 $x_0 \in (0,1)$，使得 $f(x_0)=0$，即 x_0 为方程的小于 1 的正实根。

设另有 $x_1 \in (0,1), x_1 \neq x_0$，不妨设 $x_0 < x_1$，使 $f(x_1)=0$。因为 $f(x)$ 在 $[x_0,x_1]$ 上满足罗尔定理的条件，所以在 (x_0,x_1) 内至少存在一点 ξ，使得 $f'(\xi)=0$。但

$$f'(x) = 5(x^4-1) < 0, \quad x \in (0,1),$$

与罗尔定理得到的结论矛盾，所以只有一个小于 1 的正实根。

3.1.2 拉格朗日中值定理

定理 3.1.2(拉格朗日中值定理) 设函数 $f(x)$ 满足：

(1) 在闭区间 $[a,b]$ 上连续，

(2) 在开区间 (a,b) 内可导，

则至少有一点 $\xi \in (a,b)$，使得等式

$$f(b)-f(a) = f'(\xi)(b-a)$$

或

$$f'(\xi) = \frac{f(b)-f(a)}{b-a}$$

成立。

拉格朗日中值定理的几何意义：如果连续曲线 $y=f(x)$ 的 $\overset{\frown}{AB}$ 上除端点外处处具有不

垂直于 x 轴的切线，那么在 $\overset{\frown}{AB}$ 上至少存在一点 $C(\xi,f(\xi))$，使得过这点的切线平行于弦 AB，如图 3-2 所示。

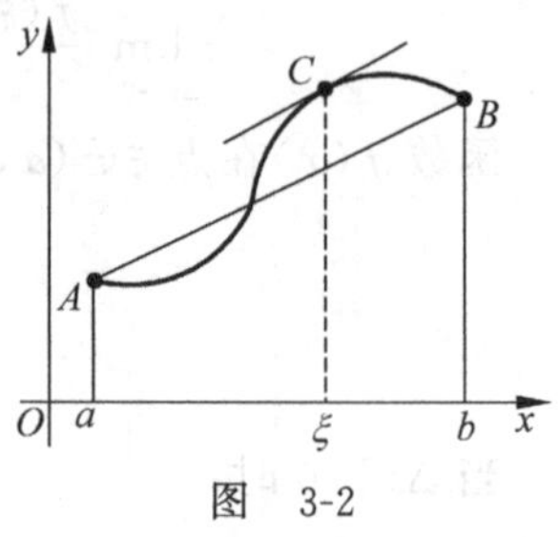

图　3-2

显然，当 $f(a)=f(b)$ 时，本定理的结论即为罗尔定理的结论。这表明罗尔定理是拉格朗日中值定理的一个特殊情形。由两者之间的联系自然地想到利用罗尔定理证明拉格朗日中值定理，但是在拉格朗日中值定理中，函数 $f(x)$ 不一定满足条件 $f(a)=f(b)$，为此构造一个与 $f(x)$ 有密切联系的辅助函数 $F(x)$，使它满足 $F(a)=F(b)$，然后对 $F(x)$ 使用罗尔定理，最后把 $F(x)$ 的结论转化到函数 $f(x)$ 上。由定理的结论可得 $f'(\xi)-\dfrac{f(b)-f(a)}{b-a}=0$。

证　构造辅助函数 $F(x)=f(x)-\left[f(a)+\dfrac{f(b)-f(a)}{b-a}(x-a)\right]$，容易验证函数 $F(x)$ 在 $[a,b]$ 上满足罗尔定理的 3 个条件，因此至少存在一点 $\xi\in(a,b)$，使得 $F'(\xi)=0$，因为

$$F'(x)=f'(x)-\frac{f(b)-f(a)}{b-a},$$

所以

$$f'(\xi)=\frac{f(b)-f(a)}{b-a}。$$

推论 1　若函数 $y=f(x)$ 在区间 (a,b) 内可导，且 $f'(x)\equiv 0$，则在区间 (a,b) 内 $f(x)\equiv C$（C 为常数）。

证　任取两点 $x_1,x_2\in(a,b)$，且 $x_1<x_2$，则函数 $f(x)$ 在闭区间 $[x_1,x_2]$ 上满足拉格朗日中值定理的条件，所以存在一点 $\xi\in(x_1,x_2)$，使得

$$f(x_2)-f(x_1)=f'(\xi)(x_2-x_1),$$

由已知得 $f'(\xi)=0$，则 $f(x_1)=f(x_2)$。由 x_1,x_2 的任意性知 $f(x)$ 在区间 (a,b) 内为常值函数。

推论 2　如果对于任意 $x\in(a,b)$，总有 $f'(x)=g'(x)$，则 $f(x)-g(x)\equiv C$（C 为常数）。

例 3.1.2　证明：$\arcsin x+\arccos x=\dfrac{\pi}{2}\ (-1\leqslant x\leqslant 1)$。

证　由于 $(\arcsin x+\arccos x)'=\dfrac{1}{\sqrt{1-x^2}}-\dfrac{1}{\sqrt{1-x^2}}=0$，由推论 1 知

$$\arcsin x+\arccos x=C,\quad C\text{ 为常数}。$$

为了确定常数 C，取 $x=0$，则

$$C=\arcsin 0+\arccos 0=\frac{\pi}{2},$$

从而

$$\arcsin x+\arccos x=\frac{\pi}{2}\quad(-1\leqslant x\leqslant 1)。$$

例 3.1.3　证明：当 $x>0$ 时，$\dfrac{1}{1+x}<\ln(1+x)-\ln x<\dfrac{1}{x}$。

证　函数 $f(x)=\ln x$ 在区间 $[x,1+x]$ 上满足拉格朗日中值定理的条件，故有

$$f(1+x)-f(x)=\ln(1+x)-\ln x=(\ln x)'\Big|_{x=\xi}(1+x-x)=\frac{1}{\xi},\quad \xi\in(x,1+x),$$

由于 $x<\xi<1+x$，所以

$$\frac{1}{1+x}<\frac{1}{\xi}<\frac{1}{x},$$

从而

$$\frac{1}{1+x}<\ln(1+x)-\ln x<\frac{1}{x}。$$

3.1.3　柯西中值定理

定理 3.1.3(柯西中值定理)　如果函数 $f(x)$，$F(x)$ 在闭区间 $[a,b]$ 上连续，在开区间 (a,b) 内可导，且 $F'(x)\neq 0$，那么至少有一点 $\xi\in(a,b)$，使得等式

$$\frac{f(b)-f(a)}{F(b)-F(a)}=\frac{f'(\xi)}{F'(\xi)}$$

成立。

例 3.1.4　设函数 $f(x)$ 在 $[a,b]$ 上连续，在 (a,b) 内可导，$a>0$。证明：至少存在 $\xi\in(a,b)$，使 $ab[f(b)-f(a)]=\xi^2f'(\xi)(b-a)$。

分析　证明结论成立，等价于证明

$$\frac{f(b)-f(a)}{\dfrac{1}{b}-\dfrac{1}{a}}=\frac{f'(\xi)}{-\dfrac{1}{\xi^2}}$$

成立。左端正好是两个函数 $f(x)$，$\dfrac{1}{x}$ 在区间 $[a,b]$ 上的增量之比，且满足柯西中值定理条件，故可设 $F(x)=\dfrac{1}{x}$。

证　设函数 $F(x)=\dfrac{1}{x}$，显然 $f(x)$ 与 $F(x)$ 在区间 $[a,b]$ 上满足柯西中值定理条件，于是存在 $\xi\in(a,b)$，使得

$$\frac{f(b)-f(a)}{\dfrac{1}{b}-\dfrac{1}{a}}=\frac{f'(\xi)}{-\dfrac{1}{\xi^2}},\quad \xi\in(a,b),$$

即至少存在一点 $\xi\in(a,b)$，使

$$ab[f(b)-f(a)]=\xi^2f'(\xi)(b-a)。$$

3.2　洛必达法则

在第 1 章研究无穷小量的运算时，已经遇到过两个无穷小量之比的极限问题。由于这种极限可能为 0，可能为非零常数，也可能不存在，因此把两个无穷小量之比的极限称为 $\dfrac{0}{0}$

型未定式。同理两个无穷大量之比的极限称为$\frac{\infty}{\infty}$型未定式，本节我们将利用洛必达法则来研究未定式极限。

定理 3.2.1（洛必达法则）　设函数 $f(x)$，$g(x)$满足：

(1) $\lim\limits_{x\to x_0}f(x)=0$，$\lim\limits_{x\to x_0}g(x)=0$，

(2) 在点 x_0 的某去心邻域内，$f'(x)$及 $g'(x)$存在且 $g'(x)\neq 0$，

(3) $\lim\limits_{x\to x_0}\frac{f'(x)}{g'(x)}$存在或无穷大，

则

$$\lim_{x\to x_0}\frac{f(x)}{g(x)}=\lim_{x\to x_0}\frac{f'(x)}{g'(x)}。$$

注　定理只给出了当 $x\to x_0$ 时的洛必达法则，实际上对于自变量的其他变化情况（$x\to x_0^+$，$x\to x_0^-$，$x\to+\infty$，$x\to-\infty$，$x\to\infty$），也有类似的洛必达法则成立。

例 3.2.1　求$\lim\limits_{x\to 0}\frac{1-\cos x}{x^2}$。

解　设 $f(x)=1-\cos x$，$g(x)=x^2$，容易验证这两个函数在点 $x_0=0$ 的某去心邻域满足定理 3.2.1 的 3 个条件，那么

$$\lim_{x\to 0}\frac{1-\cos x}{x^2}=\lim_{x\to 0}\frac{(1-\cos x)'}{(x^2)'}=\lim_{x\to 0}\frac{\sin x}{2x}=\frac{1}{2}。$$

例 3.2.2　求$\lim\limits_{x\to 0}\frac{6\sin x-6x+x^3}{x^5}$。

解　这是$\frac{0}{0}$型未定式极限，根据洛必达法则，有

$$\begin{aligned}\lim_{x\to 0}\frac{6\sin x-6x+x^3}{x^5}&=\lim_{x\to 0}\frac{6\cos x-6+3x^2}{5x^4}\quad\left(\frac{0}{0}\text{型未定式，继续使用洛必达法则}\right)\\&=\lim_{x\to 0}\frac{-6\sin x+6x}{20x^3}=\lim_{x\to 0}\frac{-6\cos x+6}{60x^2}\\&=\lim_{x\to 0}\frac{6\sin x}{120x}=\frac{1}{20}。\end{aligned}$$

注　应用洛必达法则计算极限时，可以连续多次使用洛必达法则，只要仍满足洛必达法则的条件，就可以再次使用洛必达法则，但是在连续使用时一定要验证是否满足洛必达法则的条件，否则会导致错误的结果。

例 3.2.3　求$\lim\limits_{x\to 0}\frac{x-\sin x}{\sin x^3}$。

解　因为 $\sin x^3\sim x^3$，$1-\cos x\sim\frac{1}{2}x^2$，所以

$$\lim_{x\to 0}\frac{x-\sin x}{\sin x^3}=\lim_{x\to 0}\frac{x-\sin x}{x^3}=\lim_{x\to 0}\frac{1-\cos x}{3x^2}=\lim_{x\to 0}\frac{\frac{x^2}{2}}{3x^2}=\frac{1}{6}。$$

注　在应用洛必达法则求极限时，综合应用各种求极限的方法，如两个重要极限、等价无穷小替换等，会使计算简化。

下面讨论$\frac{\infty}{\infty}$型未定式的洛必达法则。

定理 3.2.2(洛必达法则) 如果函数 $f(x)$,$g(x)$满足：

(1) $\lim\limits_{x\to\infty} f(x)=\infty$, $\lim\limits_{x\to\infty} g(x)=\infty$,

(2) M 为正数，当$|x|>M$ 时，都有 $f'(x)$及 $g'(x)$存在且 $g'(x)\neq 0$,

(3) $\lim\limits_{x\to\infty}\frac{f'(x)}{g'(x)}$存在或无穷大，

则

$$\lim_{x\to\infty}\frac{f(x)}{g(x)}=\lim_{x\to\infty}\frac{f'(x)}{g'(x)}。$$

注 定理中虽然给出的只是当 $x\to\infty$时的洛必达法则，但实际上对于自变量的其他变化情况($x\to x_0$,$x\to x_0^+$,$x\to x_0^-$,$x\to+\infty$,$x\to-\infty$)也有类似的结论成立。

例 3.2.4 求 $\lim\limits_{x\to+\infty}\frac{\ln x}{x}$。

解 $\lim\limits_{x\to+\infty}\frac{\ln x}{x}=\lim\limits_{x\to+\infty}\frac{\frac{1}{x}}{1}=0$。

例 3.2.5 求$\lim\limits_{x\to\frac{\pi}{2}}\frac{\tan x-6}{\sec x+5}$。

解 $\lim\limits_{x\to\frac{\pi}{2}}\frac{\tan x-6}{\sec x+5}=\lim\limits_{x\to\frac{\pi}{2}}\frac{\sec^2 x}{\sec x\cdot\tan x}=\lim\limits_{x\to\frac{\pi}{2}}\frac{\sec x}{\tan x}=\lim\limits_{x\to\frac{\pi}{2}}\frac{1}{\sin x}=1$。

如果洛必达法则的条件(3)不满足，即$\lim\limits_{x\to\infty}\frac{f'(x)}{g'(x)}$不存在也不是无穷大，不能因此就断定$\lim\limits_{x\to\infty}\frac{f(x)}{g(x)}$极限不存在。例如，下面这个简单的极限

$$\lim_{x\to+\infty}\frac{x+\sin x}{x}=1,$$

但是不能利用洛必达法则求解，因为

$$\lim_{x\to+\infty}\frac{x+\sin x}{x}=\lim_{x\to+\infty}\frac{1+\cos x}{1}。$$

此时右端的极限不存在，但不能说明左端的极限不存在。

除了前面提到的$\frac{0}{0}$,$\frac{\infty}{\infty}$型两个未定式外，洛必达法则还可以用于如下 5 种类型的未定式：

$$0\cdot\infty,\infty-\infty,1^{\infty},\infty^0,0^0。$$

对这些未定式都可以经过适当的恒等变换，转换成$\frac{0}{0}$或$\frac{\infty}{\infty}$型未定式来计算。

例 3.2.6 求 $\lim\limits_{x\to 0^+} x\ln x$。

解 这是 $0\cdot\infty$型未定式，由于

$$x\ln x=\frac{\ln x}{\frac{1}{x}},$$

当 $x\to0^+$ 时,上式右端是$\frac{\infty}{\infty}$型未定式,应用洛必达法则,得

$$\lim_{x\to0^+}x\ln x=\lim_{x\to0^+}\frac{\ln x}{\frac{1}{x}}=\lim_{x\to0^+}\frac{\frac{1}{x}}{-\frac{1}{x^2}}=\lim_{x\to0^+}(-x)=0。$$

例 3.2.7 求$\lim\limits_{x\to0}\left(\frac{1}{e^x-1}-\frac{1}{x}\right)$。

解 这是$\infty-\infty$型未定式,可用通分转换

$$\lim_{x\to0}\left(\frac{1}{e^x-1}-\frac{1}{x}\right)=\lim_{x\to0}\frac{x-e^x+1}{(e^x-1)x}=\lim_{x\to0}\frac{1-e^x}{(x+1)e^x-1}=\lim_{x\to0}\frac{-e^x}{(1+x)e^x+e^x}$$

$$=\lim_{x\to0}\frac{-1}{2+x}=-\frac{1}{2}。$$

例 3.2.8 求$\lim\limits_{x\to1}x^{\frac{1}{x-1}}$。

解 这是 1^∞ 型未定式,可用指数函数转换

$$\lim_{x\to1}x^{\frac{1}{x-1}}=\lim_{x\to1}e^{\frac{1}{x-1}\ln x},\quad 而\quad \lim_{x\to1}\frac{1}{x-1}\ln x=\lim_{x\to1}\frac{\frac{1}{x}}{1}=1,$$

由于指数函数在其定义域上是连续函数,故有

$$\lim_{x\to1}x^{\frac{1}{x-1}}=\lim_{x\to1}e^{\frac{1}{x-1}\ln x}=e^{\lim\limits_{x\to1}\frac{1}{x-1}\ln x}=e^1=e。$$

例 3.2.9 求 $\lim\limits_{x\to0^+}x^x$。

解 这是 0^0 型未定式,可用指数函数转换

$$\lim_{x\to0^+}x^x=\lim_{x\to0^+}e^{x\ln x},\quad 而\quad \lim_{x\to0^+}x\ln x=\lim_{x\to0^+}\frac{\ln x}{\frac{1}{x}}=\lim_{x\to0^+}\frac{\frac{1}{x}}{-\frac{1}{x^2}}=0,$$

由于指数函数在其定义域上是连续函数,故有

$$\lim_{x\to0^+}x^x=e^{\lim\limits_{x\to0^+}x\ln x}=e^0=1。$$

例 3.2.10 求 $\lim\limits_{x\to0^+}(\cot x)^{\frac{1}{\ln x}}$。

解 这是∞^0 型未定式,可用指数函数转换

$$\lim_{x\to0^+}(\cot x)^{\frac{1}{\ln x}}=\lim_{x\to0^+}e^{\frac{1}{\ln x}\ln\cot x},$$

而

$$\lim_{x\to0^+}\frac{1}{\ln x}\ln\cot x=\lim_{x\to0^+}\frac{\frac{1}{\cot x}(-\csc^2x)}{\frac{1}{x}}=\lim_{x\to0^+}\frac{-x}{\cos x\cdot\sin x}=-1,$$

由于指数函数在其定义域上是连续函数,故有

$$\lim_{x\to0^+}(\cot x)^{\frac{1}{\ln x}}=e^{\lim\limits_{x\to0^+}\frac{1}{\ln x}\ln\cot x}=e^{-1}。$$

3.3 函数的单调性、极值与最值

在初等数学中,我们用代数的方法研究了一些函数的单调性和极值。在本节中我们将介绍应用导数来研究函数的单调性与极值。

3.3.1 函数单调性的判别法

观察图 3-3(a)中函数 $y=f(x)$的图形,我们可以看到对于单调递增的可导函数 $y=f(x)$,曲线上的每一点的切线的斜率是非负的,即 $f'(x)\geqslant0$;对于单调递减的可导函数 $y=f(x)$,曲线上的每一点的切线的斜率是非正的,即 $f'(x)\leqslant0$,如图 3-3(b)所示。由此可见,应用导数的符号能够判别函数的单调性。

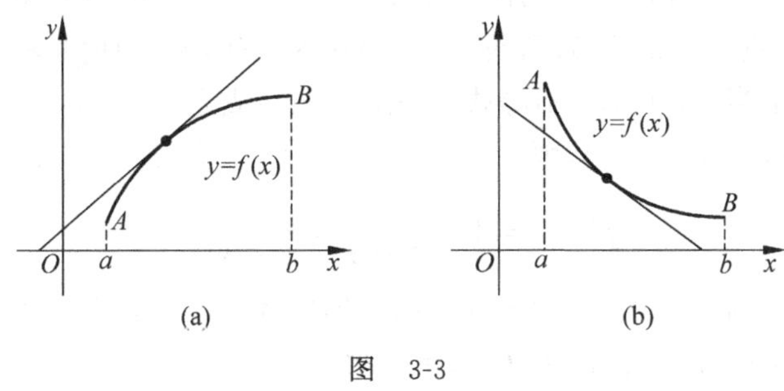

图 3-3

定理 3.3.1 设函数 $y=f(x)$在闭区间$[a,b]$上连续,在开区间(a,b)内可导。

(1) 如果在(a,b)内 $f'(x)>0$,则函数 $y=f(x)$在闭区间$[a,b]$上单调增加;

(2) 如果在(a,b)内 $f'(x)<0$,则函数 $y=f(x)$在闭区间$[a,b]$上单调减少。

证 在$[a,b]$上任意取两点 x_1,x_2 且 $x_1<x_2$,函数 $f(x)$在区间$[x_1,x_2]$上满足拉格朗日中值定理的条件,有

$$f(x_2)-f(x_1)=f'(\xi)(x_2-x_1),\quad \xi\in(x_1,x_2),$$

因为 $f'(x)>0$,故 $f(x_1)<f(x_2)$,即 $y=f(x)$在闭区间$[a,b]$上单调增加。(2)与此类似可证。

注 把定理中的闭区间换成其他任何区间(包括无穷区间),定理的结论同样成立。

根据定理 3.3.1,讨论函数 $f(x)$的单调性可按下列步骤进行:

(1) 确定函数 $f(x)$的定义域;

(2) 求出函数 $f(x)$的驻点和函数 $f(x)$的不可导点;

(3) 用驻点和不可导点将定义域分成若干区间;

(4) 判别导数 $f'(x)$在每个区间的符号,确定函数 $f(x)$的单调性。

例 3.3.1 确定函数 $f(x)=2x^3-9x^2+12x-3$ 的单调区间。

解 函数的定义域为$(-\infty,+\infty)$,且

$$f'(x)=6x^2-18x+12=6(x-1)(x-2),$$

解方程 $f'(x)=0$，得 $x_1=1,x_2=2$。以此可列出如下表格。

x	$(-\infty,1)$	1	$(1,2)$	2	$(2,+\infty)$
y'	+	0	−	0	+
y	↑		↓		↑

表中“+”和“−”表示 $f'(x)$ 在相应区间内的符号，“↑”和“↓”分别表示 $f(x)$ 单调增加及单调减少。由表可知，$f(x)$ 在区间 $(-\infty,1)$ 和 $(2,+\infty)$ 内是单调增加的；在区间 $(1,2)$ 内是单调减少的。

例 3.3.2 讨论函数 $f(x)=x^{\frac{2}{5}}$ 的单调性。

解 函数 $f(x)=x^{\frac{2}{5}}$ 的定义域是 $(-\infty,+\infty)$，且 $f'(x)=\dfrac{2}{5}x^{-\frac{3}{5}}$，故 $x=0$ 是 $f(x)$ 的不可导点。

当 $x\in(-\infty,0)$ 时，$f'(x)<0$，则函数 $f(x)$ 在区间 $(-\infty,0)$ 内是单调减少的；

当 $x\in(0,+\infty)$ 时，$f'(x)>0$，则函数 $f(x)$ 在区间 $(0,+\infty)$ 内是单调增加的。

例 3.3.3 证明：当 $x>0$ 时，不等式 $x>\ln(1+x)$ 成立。

证 设 $f(x)=x-\ln(1+x)$，则

$$f'(x)=1-\frac{1}{1+x}=\frac{x}{1+x}。$$

$f(x)$ 在 $[0,+\infty)$ 上连续，在 $(0,+\infty)$ 内 $f'(x)>0$，因此 $f(x)$ 在 $[0,+\infty)$ 上是单调递增的，从而当 $x>0$ 时，$f(x)>f(0)$。由于 $f(0)=0$，故

$$f(x)>f(0)=0,$$

即

$$x-\ln(1+x)>0,$$

从而

$$x>\ln(1+x)。$$

3.3.2 函数的极值

定义 3.3.1 设函数 $f(x)$ 在点 x_0 的某邻域内有定义，若对该邻域内异于 x_0 的任意一点 x，都有

$$f(x_0)>f(x),$$

则称函数 $f(x)$ 在点 x_0 处取得极大值 $f(x_0)$，点 x_0 称为极大值点；若对该邻域内异于 x_0 的任意一点 x，都有

$$f(x_0)<f(x),$$

则称函数 $f(x)$ 在点 x_0 处取得极小值 $f(x_0)$，点 x_0 称为极小值点；极大值和极小值统称为函数的极值，极大值点和极小值点统称为函数的极值点。

由定义 3.3.1 可知，函数的极值是一个局部概念，它只是在极值点附近的所有点的函数值相比较而言的。因此，函数的极值可能存在多个，函数的一个极大(小)值未必是函数在某

一区间的最大(小)值,函数的一个极大(小)值也有可能小(大)于这一函数的某一个极小(大)值。

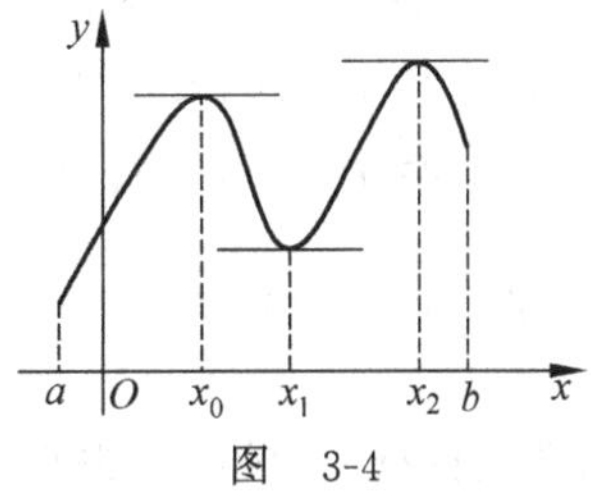

图 3-4

如图 3-4 所示,函数 $f(x)$在点 x_0,x_2 处分别取得极大值 $f(x_0),f(x_2)$,在点 x_1 处取得极小值 $f(x_1)$。

下面先讨论可导函数取得极值的必要条件。

定理 3.3.2(必要条件) 设函数 $f(x)$在点 x_0 处具有导数,且 x_0 是极值点,则函数在点 x_0 处的导数必为零,即 $f'(x_0)=0$。

例如,可导函数 $f(x)=(x-1)^2+2$ 在点 $x=1$ 处取得极小值 $f(1)=2$,显然$f'(1)=0$。

定理 3.3.2 告诉我们,可导函数 $f(x)$的极值点必然是驻点。那么 $f(x)$的驻点是不是一定也是极值点呢?

考虑函数 $y=x^3$,其导数为 $y'=3x^2$,显然 $x=0$ 为函数 $y=x^3$ 的驻点,但不是极值点。这表明,函数的驻点不一定是极值点,要利用函数的导数来求函数的极值和极值点,我们需要更多的判断条件。

定理 3.3.3(第一充分条件) 设函数 $y=f(x)$在点 x_0 的某邻域内连续,在点 x_0 的去心邻域内可导,x 为该去心邻域内的任意一点,如果

(1) 当 $x<x_0$ 时,有 $f'(x)>0$,当 $x>x_0$ 时,有 $f'(x)<0$,则 $y=f(x)$在点 x_0 处取得极大值;

(2) 当 $x<x_0$ 时,有 $f'(x)<0$,当 $x>x_0$ 时,有 $f'(x)>0$,则 $y=f(x)$在点 x_0 处取得极小值;

(3) $f'(x)$在 x_0 的去心邻域内不变号,则 $f(x_0)$不是极值。

根据定理 3.3.3,可得到求可导函数 $f(x)$极值的步骤:

(1) 计算函数的导数 $f'(x)$;

(2) 求出函数的所有驻点;

(3) 判断函数的导数在驻点左右两边的符号,由定理 3.3.3 可判断该点是否为极值点,并求出其极值。

例 3.3.4 求函数 $f(x)=2x^3+3x^2-12x+11$ 的极值。

解 $f'(x)=6x^2+6x-12=6(x^2+x-2)=6(x+2)(x-1)$,令 $f'(x)=0$,得驻点 $x_1=-2,x_2=1$。以此可列出如下表格。

x	$(-\infty,-2)$	-2	$(-2,1)$	1	$(1,+\infty)$
$f'(x)$	+	0	−	0	+
$f(x)$	↑	极大	↓	极小	↑

故函数在 $x=-2$ 处取得极大值 $f(-2)=31$,在 $x=1$ 处取得极小值 $f(1)=4$。

上述判别法是根据导数 $f'(x)$在点 x_0 附近的符号判断的,如果函数 $f(x)$在点 x_0 附近不仅有一阶导数,而且在点 x_0 处有二阶导数,则可用下述定理进行判断极值。

定理 3.3.4(第二充分条件) 设函数 $f(x)$在点 x_0 处具有二阶导数,且

$$f'(x_0)=0,\quad f''(x_0)\neq 0,$$

则 x_0 是函数 $f(x)$ 的极值点，且：

(1) 若 $f''(x_0)<0$，则 x_0 是 $f(x)$ 的极大值点，$f(x_0)$ 是极大值；

(2) 若 $f''(x_0)>0$，则 x_0 是 $f(x)$ 的极小值点，$f(x_0)$ 是极小值。

证　(1) 因为 $f''(x_0)<0$，即有 $f''(x_0)=\lim\limits_{x\to x_0}\dfrac{f'(x)-f'(x_0)}{x-x_0}<0$，根据函数极限的保号性，那么在点 x_0 的某个去心邻域内，有 $\dfrac{f'(x)-f'(x_0)}{x-x_0}<0$，注意到 $f'(x_0)=0$，则有 $\dfrac{f'(x)}{x-x_0}<0$，所以，当 $x<x_0$ 时，$f'(x)>0$，当 $x>x_0$ 时，$f'(x)<0$，由定理 3.3.3 可知函数 $y=f(x)$ 在点 x_0 处取得极大值。

(2) 同理可证。

注　此定理要求函数 $f(x)$ 的二阶导数在 x_0 点处不为零，若 $f''(x_0)=0$，函数 $f(x)$ 在点 x_0 处可能有极大值，也可能有极小值，也可能没有极值，需要用其他方法进行判断。

例 3.3.5　求函数 $f(x)=x^2(x-1)^3$ 的极值。

解　函数 $f(x)=x^2(x-1)^3$ 定义域为 $(-\infty,+\infty)$。因为

$$f'(x)=x(5x-2)(x-1)^2,\quad f''(x)=2(x-1)(10x^2-8x+1),$$

令 $f'(x)=0$，解得驻点 $x_1=0,x_2=\dfrac{2}{5},x_3=1$。而

$$f''(0)=-2<0,\quad f''\left(\frac{2}{5}\right)=\frac{18}{25}>0,$$

根据定理 3.3.4，$f(0)=0$ 为函数 $f(x)$ 的极大值，$f\left(\dfrac{2}{5}\right)=-\dfrac{108}{3125}$ 为函数 $f(x)$ 的极小值。

对于驻点 $x=1$，$f''(1)=0$，不能用定理 3.3.4 来判断，采用第一充分条件判断。

当 $x\in\left(\dfrac{2}{5},1\right)$ 时，$f'(x)>0$；当 $x\in(1,+\infty)$ 时，$f'(x)>0$，驻点 $x=1$ 左右两侧的一阶导数的符号一致，故函数 $f(x)$ 在此点没有极值。

以上讨论函数的极值时，假定函数在所讨论的区间内可导，在此条件下，函数的极值点一定是驻点。事实上在导数不存在的点处，函数也可能取得极值，例如 $y=|x|$，尽管在 $x=0$ 处不可导，但 $y=|x|$ 在 $x=0$ 处取得极小值。所以，在讨论函数的极值时，导数不存在的点也应进行讨论。

例 3.3.6　求函数 $y=(x-1)^{\frac{2}{3}}$ 的极值。

解　当 $x\neq1$ 时，$y'=\dfrac{2}{3\sqrt[3]{x-1}}$，且 $y'\neq0$；当 $x=1$ 时，y' 不存在。从而函数 $y=(x-1)^{\frac{2}{3}}$ 在其定义域内只有一个不可导点 $x=1$，没有驻点。现列表讨论如下：

x	$(-\infty,1)$	1	$(1,+\infty)$
y'	$-$	不存在	$+$
y	↓	极小	↑

当 $x<1$ 时，$y'<0$，当 $x>1$ 时，$y'>0$，从而函数 $y=(x-1)^{\frac{2}{3}}$ 在点 $x=1$ 取得极小值

$y\big|_{x=1}=0$。

3.3.3 函数的最值

定义 3.3.2 设函数 $f(x)$ 在区间 I 上有定义，$x_0\in I$，如果 $\forall x\in I$，都有

$$f(x_0)\leqslant f(x),$$

则称函数 $f(x)$ 在点 x_0 处取得最小值 $f(x_0)$，点 x_0 称为最小值点；如果 $\forall x\in I$，都有

$$f(x_0)\geqslant f(x),$$

则称函数 $f(x)$ 在点 x_0 处取得最大值 $f(x_0)$，点 x_0 称为最大值点；最大值和最小值统称为函数的最值，最大值点和最小值点统称为函数的最值点。

函数在闭区间 $[a,b]$ 上的最值可能在内部取到，也可能在端点处取到。如果函数的最值点在开区间 (a,b) 内，则这一点必然也是函数的极值点。因此，求函数的最值，可按下列步骤进行：

(1) 求出函数 $f(x)$ 的所有驻点和一阶导数不存在的点；

(2) 计算所有驻点、一阶导数不存在的点以及端点的函数值；

(3) 将上述函数值进行比较，找出最大值和最小值。

例 3.3.7 求函数 $f(x)=x^3-3x^2-9x+5$ 在闭区间 $[-4,4]$ 上的最大值与最小值。

解 函数的导数为 $f'(x)=3x^2-6x-9=3(x-3)(x+1)$，令 $f'(x)=0$，在闭区间 $[-4,4]$ 内，函数的驻点为 $x_1=-1$，$x_2=3$，函数无不可导点。

$$f(-1)=10,\quad f(3)=-22,\quad f(-4)=-71,\quad f(4)=-15,$$

所以在区间 $[-4,4]$ 上，函数最大值为 10，最小值为 -71。

在实际问题中，若根据问题的性质可以断定可导函数 $f(x)$ 有最大值或最小值，且函数在定义区间内有唯一的驻点，则极大值为最大值，极小值为最小值。

例 3.3.8 从一块边长为 a 的正方形铁皮四角各剪去一块相等的小正方形，然后折成一无盖容器，问：剪去的小正方形边长是多少时，容器的体积最大？

解 设剪去的小正方形边长是 x，则容器的边长为 $a-2x$，容器的高为 x，容器的体积为

$$V=(a-2x)^2x,$$

依题意，x 的取值范围为 $\left(0,\dfrac{a}{2}\right)$，则

$$V'=(a-2x)^2-4x(a-2x)=(a-6x)(a-2x),\quad V''=24x-8a=8(3x-a)。$$

令 $V'=0$，则 $x=\dfrac{a}{2}$，$x=\dfrac{a}{6}$，但 $x=\dfrac{a}{2}$ 在定义域之外，舍去。

当 $x=\dfrac{a}{6}$ 时，$V''<0$，故 $x=\dfrac{a}{6}$ 时，V 取得极大值。又因为 V 在 $\left(0,\dfrac{a}{2}\right)$ 只有一个极大值，所以，函数在 $x=\dfrac{a}{6}$ 时取得最大值，其最大容积为 $V\left(\dfrac{a}{6}\right)=\dfrac{2}{27}a^3$。

3.4 函数的凹凸性及拐点

前面已经讨论了利用导数研究函数的单调性和极值，但是这对于完全了解函数的性态是不够的，例如，基本初等函数 $y=x^2$ 和 $y=\sqrt{x}$ 都在 $(0,1)$ 内单调增加，而且具有相同的最

大值和最小值，但两者的图像却显示它们的弯曲方向明显不同。因此有必要对函数图像做进一步的讨论，这就是我们本节要讲的函数的凹凸性。

定义 3.4.1　设函数 $f(x)$ 在 $[a,b]$ 上连续，如果对 (a,b) 内任意两点 $x_1,x_2(x_1\neq x_2)$ 都有下式成立：

$$f\left(\frac{x_1+x_2}{2}\right)<\frac{f(x_1)+f(x_2)}{2}\quad\left(f\left(\frac{x_1+x_2}{2}\right)>\frac{f(x_1)+f(x_2)}{2}\right),$$

则称函数 $f(x)$ 在 $[a,b]$ 的图形是凹(凸)的，同时称区间 $[a,b]$ 为函数 $f(x)$ 的凹(凸)区间。如图 3-5 所示。

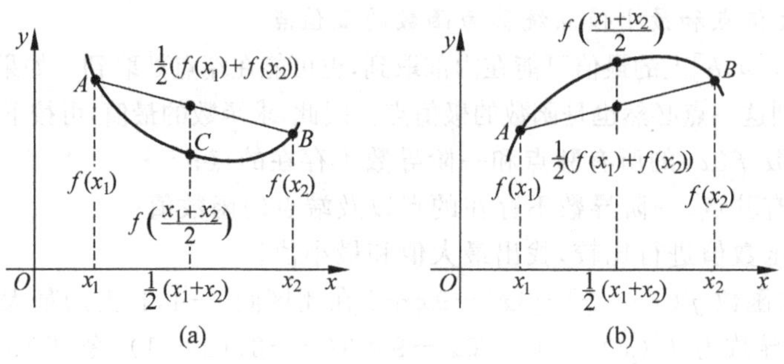

图 3-5

由定义 3.4.1 可知，如果连接曲线上任意两点的割线段都在该两点间的曲线弧之上，那么该段曲线弧称为凹的，反之则称为凸的。如果函数 $f(x)$ 在点 $x_0(x_0\in[a,b])$ 左右两边的凹凸性互不相同，则称点 $(x_0,f(x_0))$ 为曲线的一个拐点。

接下来讨论函数的凹凸性与函数的导数之间的联系。我们不加证明地给出下面的定理。

定理 3.4.1　设 $f(x)$ 在 $[a,b]$ 上连续，在 (a,b) 内具有二阶导数。

(1) 若函数 $f(x)$ 在 (a,b) 内有 $f''(x)>0$，则函数曲线在 $[a,b]$ 上是凹的；

(2) 若函数 $f(x)$ 在 (a,b) 内有 $f''(x)<0$，则函数曲线在 $[a,b]$ 上是凸的。

定理 3.4.2　设函数 $y=f(x)$ 在点 x_0 的某邻域内连续，在点 x_0 的某去心邻域内二阶导数存在，若在 x_0 的左右两侧邻近的二阶导数 $f''(x)$ 异号，则点 $(x_0,f(x_0))$ 是曲线 $y=f(x)$ 的拐点。

由定理 3.4.2，我们可以按下列步骤来求曲线 $f(x)$ 的凹凸区间与拐点：

(1) 确定函数的定义域；

(2) 求 $f'(x)$ 和 $f''(x)$，并求出方程 $f''(x)=0$ 的所有根以及二阶导数不存在的点；

(3) 对于得到的每一个根及不可导点 x_0，检查 $f''(x)$ 在 x_0 左、右两侧邻近的符号，当 $f''(x)$ 在 x_0 左、右两侧的符号相反时，$(x_0,f(x_0))$ 就是拐点；当两侧的符号相同时，点 $(x_0,f(x_0))$ 不是拐点。

例 3.4.1　讨论函数 $y=\ln(1+x^2)$ 的凹凸区间及对应曲线的拐点。

解　函数的定义域为 $(-\infty,+\infty)$，且

$$y'=\frac{2x}{1+x^2},\quad y''=\frac{2-2x^2}{(1+x^2)^2}。$$

令 $y''=0$，得 $x_1=-1,x_2=1$。以此列出如下表格。

x	$(-\infty,-1)$	-1	$(-1,1)$	1	$(1,+\infty)$
y''	$-$	0	$+$	0	$-$
y	凸	ln2	凹	ln2	凸

在$(-1,1)$内，$y''>0$，曲线是凹的；在$(-\infty,-1)$或$(1,+\infty)$内，$y''<0$，曲线是凸的；点$(-1,\ln 2)$与$(1,\ln 2)$是函数$y=\ln(1+x^2)$的拐点。

例 3.4.2　求函数$y=\sqrt[3]{x}$的凹凸区间及对应曲线的拐点。

解　函数的定义域为$(-\infty,+\infty)$。当$x\neq 0$时，求得

$$y'=\frac{1}{3\sqrt[3]{x^2}},\quad y''=-\frac{2}{9x\sqrt[3]{x^2}}。$$

当$x=0$时，y'，y''都不存在，它把$(-\infty,+\infty)$分成两个区间，具体如下表所示。

x	$(-\infty,0)$	0	$(0,+\infty)$
y''	$+$	不存在	$-$
y	凹	0	凸

在$(-\infty,0)$内，$y''>0$，曲线在$(-\infty,0)$内是凹的；在$(0,+\infty)$内，$y''>0$，曲线在$(0,+\infty)$内是凸的，从而点$(0,0)$是曲线$y=\sqrt[3]{x}$的拐点。

习　题　3

(A)

1. 将正确的答案填入下列空格内：

(1) $f(x)=x\sqrt{3-x}$在$[0,3]$上满足罗尔定理的$\xi=$________。

(2) $f(x)=\ln x$在$[1,2]$上满足拉格朗日中值定理的$\xi=$________。

(3) 设$a>0,b>0$，则$\lim\limits_{x\to 0}\left(\dfrac{a^x+b^x}{2}\right)^{\frac{1}{x}}=$________。

(4) $y=\sqrt{2+x-x^2}$的极大值是________。

(5) $y=x+\sqrt{x}$在$[0,4]$上的最小值是________。

(6) 曲线$y=\arctan x-x$的凹区间是________，凸区间是________，拐点是________。

2. 选择题：

(1) 函数$f(x)=\dfrac{x}{\ln x}$的单调增加区间是(　　)，单调减少区间是(　　)。

A. $(0,1]$　　B. $(0,1),(1,e]$　　C. $[e,+\infty)$　　D. $[-1,+\infty)$

(2) $y=x^2\ln x$的极值为(　　)。

A. 极大值$\dfrac{e}{2}$　　B. 极小值$\dfrac{e}{2}$　　C. 极小值$-\dfrac{1}{2e}$　　D. 极大值$-\dfrac{1}{2e}$

(3) 设函数 $f(x)$ 具有二阶导数，且 $f'(0)=0,\lim\limits_{x\to 0}\dfrac{f''(x)}{x}=1$，则(　　)。

A. $f(0)$ 是 $f(x)$ 的极大值

B. $f(0)$ 是 $f(x)$ 的极小值

C. $(0,f(0))$ 是 $f(x)$ 的拐点

D. $f(0)$ 不是 $f(x)$ 的极值，$(0,f(0))$ 也不是 $f(x)$ 的拐点

3. 验证罗尔定理对函数 $f(x)=\sin x$ 在区间 $[0,\pi]$ 上的正确性，并求出点 ξ，使得 $f'(\xi)=0$。

4. 应用拉格朗日中值定理证明下列不等式：

(1) 当 $0<a<b$ 时，$\dfrac{b-a}{1+b^2}\leqslant\arctan b-\arctan a\leqslant\dfrac{b-a}{1+a^2}$；

(2) 当 $0<a<b$ 时，$na^{n-1}(b-a)<b^n-a^n<nb^{n-1}(b-a)$。

5. 试证若函数 $f(x)$ 在区间 (a,b) 内可导，且 $f'(x)<0$，则 $f(x)$ 在区间 (a,b) 内单调减少。

6. 设 $f(x)$ 在 $[a,b]$ 上具有二阶导数，且 $f(a)=f(b)=0$，若 $f'_+(a)f'_-(b)>0$，证明存在 $\xi\in(a,b)$ 和 $\eta\in(a,b)$，使得 $f(\xi)=0$ 和 $f''(\eta)=0$。

7. 利用洛必达法则求下列极限：

(1) $\lim\limits_{x\to 0}\dfrac{\ln(x+1)}{\sin x}$；　　(2) $\lim\limits_{x\to 0}\dfrac{e^x-e^{-x}}{\tan x}$；

(3) $\lim\limits_{x\to \frac{\pi}{6}}\dfrac{1-\sin 3x}{\cos 3x}$；　　(4) $\lim\limits_{x\to 0}\dfrac{\tan x-x}{x^3}$；

(5) $\lim\limits_{x\to \frac{\pi}{2}}\dfrac{\tan x+2}{\sec x+2}$；　　(6) $\lim\limits_{x\to +\infty}\dfrac{\ln\ln x}{x}$；

(7) $\lim\limits_{x\to 1}(1-x)\tan\dfrac{\pi x}{2}$；　　(8) $\lim\limits_{x\to 0}\left(\dfrac{1}{x^2}-\dfrac{1}{x\tan x}\right)$；

(9) $\lim\limits_{x\to 0}\dfrac{e^{2x}-e^{-2x}-4x}{x-\sin x}$；　　(10) $\lim\limits_{x\to 0}\left(\dfrac{\sin x}{x}\right)^{\frac{1}{x^2}}$；

(11) $\lim\limits_{x\to 0}\left(1+\dfrac{2}{x}\right)^x$；　　(12) $\lim\limits_{x\to 0}\left(\dfrac{x-a}{x+a}\right)^x$。

8. 验证极限 $\lim\limits_{x\to\infty}\dfrac{x+\cos x}{x}$ 存在，但不能用洛必达法则得出。

9. 设 $g(x)=\begin{cases}\dfrac{f(x)}{x}, & x\neq 0,\\ 0, & x=0,\end{cases}$ 其中 $f(x)$ 在 $(-\infty,+\infty)$ 内具有二阶导数，且 $f(0)=f'(0)=0$，求 $g'(0)$。

10. 研究下列函数的单调性和极值：

(1) $y=x-e^x$；　　(2) $y=\ln(x^2+1)$；

(3) $y=x^2-2x+3$；　　(4) $y=3-2(x+1)^{\frac{2}{3}}$。

11. 利用函数的单调性证明下列不等式：

(1) 当 $x>0$ 时，$\arctan x>x-\dfrac{x^3}{3}$；　　(2) 当 $x\neq 0$ 时，$e^x>1+x$；

(3) 当 $0<x<1$ 时，$\dfrac{1}{2}(1-x^2)+\dfrac{1}{4}(1-x^4)>\dfrac{2}{3}(1-x^3)$。

12. 求下列函数的最大值和最小值：

(1) $y=x^4-2x^2+5, x\in[-2,2]$；　　(2) $y=x+\sqrt{1-x}, x\in[-5,1]$。

13. (销售利润最大问题) 某工厂生产某产品，年产量为 x(单位：百台)，总成本为 C(单位：万元)，其中固定成本为 2 万元，每生产 100 台，成本增加 1 万元，市场每年可销售此种商品 400 台，其销售总收入 R 是 x 的函数，且

$$R=R(x)=\begin{cases}4x-\dfrac{1}{2}x^2, & 0\leqslant x\leqslant 4,\\ 8, & x\geqslant 4。\end{cases}$$

问：每年生产多少台，总利润 $L=R-C$ 最大？在总利润最大的基础上再生产 100 台，总利润怎样变化？

14. 求下列函数的凹凸区间和拐点：

(1) $y=3x-x^3$；　　(2) $y=\ln(x^2+1)$。

15. 将一长为 a 的铁丝切成两段，并将其中一段围成正方形，另一段围成圆形，为使正方形与圆形面积之和最小，问：两段铁丝的长各为多少？

(B)

1. 将正确的答案填入下列空格内：

(1) $\lim\limits_{x\to 0}x\sin\dfrac{1}{x}+\lim\limits_{x\to+\infty}\dfrac{\ln\left(1+\dfrac{1}{x}\right)}{\arctan x}=$________。

(2) 函数 $y=x-\ln(x+1)$ 在区间________内单调减少，在区间________内单调增加。

(3) $\lim\limits_{x\to\frac{\pi}{2}^-}(\tan x)^{\cos x}=$________。

2. 求下列极限：

(1) $\lim\limits_{x\to 0}\dfrac{\sqrt{1+\tan x}-\sqrt{1+\sin x}}{x\ln(1+x)-x^2}$；　　(2) $\lim\limits_{x\to\infty}\dfrac{\left(-\sin\dfrac{1}{x}+\dfrac{1}{x}\cos\dfrac{1}{x}\right)\cos\dfrac{1}{x}}{\left(e^{\frac{1}{x}+a}-e^a\right)^2\sin\dfrac{1}{x}}$。

3. 求证：当 $x>0$ 时，$x-\dfrac{1}{2}x^2<\ln(1+x)$。

4. 设 $f(x)$ 在 $[a,b]$ 上可导且 $b-a\geqslant 4$，证明：存在点 $x_0\in(a,b)$ 使

$$f'(x_0)<1+f^2(x_0)。$$

5. 设函数 $f(x)$，$g(x)$ 在 $[a,b]$ 上连续，在 (a,b) 内具有二阶导数且存在相等的最大值，另外 $f(a)=g(a)$，$f(b)=g(b)$，证明：存在 $\xi\in(a,b)$，使得 $f''(\xi)=g''(\xi)$。

6. 设 $k\leqslant 0$,证明方程 $kx+\frac{1}{x^2}=1$ 有且仅有一个正的实根。

7. 对某工厂的上午班工人的工作效率的研究表明,一个中等水平的工人早上 8 时开始工作,在 t 小时之后,生产出 $Q(t)=-t^3+9t^2+12t$ 个产品。问:在早上几点钟这个工人工作效率最高?

第4章　不定积分

不定积分是作为解决求导数(或微分)的逆运算引进的。在第2章中,主要讨论了对于给定的函数 $F(x)$,求其导数 $F'(x)$ 或微分 $\mathrm{d}F(x)$ 的问题。而在实际问题中,往往要解决与此相反的问题,即对于给定的函数 $f(x)$,要找到一个函数 $F(x)$,使 $F'(x)=f(x)$,或 $\mathrm{d}F(x)=f(x)\mathrm{d}x$,就是积分学的基本问题之一——求不定积分。

4.1　不定积分的概念与性质

4.1.1　原函数与不定积分的概念

定义 4.1.1　如果在区间 I 上,可导函数 $F(x)$ 的导函数为 $f(x)$,即对任意 $x\in I$,都有

$$F'(x)=f(x)\quad 或\quad \mathrm{d}F(x)=f(x)\mathrm{d}x,$$

那么函数 $F(x)$ 就称为 $f(x)$(或 $f(x)\mathrm{d}x$)在区间 I 上的原函数。

例如,因为 $(\sin x)'=\cos x$,$(\sin x+C)'=\cos x$(其中 C 是任意常数),所以 $\sin x$ 与 $\sin x+C$ 都是 $\cos x$ 的原函数,因为 $[\ln(x+\sqrt{1+x^2})+C]'=\dfrac{1}{\sqrt{1+x^2}}$(其中 C 是任意常数),所以 $\ln(x+\sqrt{1+x^2})+C$ 是 $\dfrac{1}{\sqrt{1+x^2}}$ 的原函数。

关于原函数我们有如下两个结论。

结论 1(原函数存在定理)　如果函数 $f(x)$ 在区间 I 上连续,则 $f(x)$ 在区间 I 上一定有原函数,即存在区间 I 上的可导函数 $F(x)$,使得对任意 $x\in I$,有 $F'(x)=f(x)$。

结论 2　如果 $f(x)$ 在区间 I 上有一个原函数 $F(x)$,则:

(1) $F(x)+C$(其中 C 为任意常数)都是 $f(x)$ 的原函数,即 $f(x)$ 有无穷多个原函数;

(2) 如果 $F(x)$ 与 $G(x)$ 都是 $f(x)$ 在区间 I 上的原函数,则 $F(x)$ 与 $G(x)$ 之差为常数,即

$$F(x)-G(x)=C,\quad C 为常数;$$

(3) 如果 $F(x)$ 是 $f(x)$ 在区间 I 上的一个原函数,则 $F(x)+C$(C 为任意常数)可表达 $f(x)$ 的任意一个原函数。

由以上两个结论我们可以引进如下定义:

定义 4.1.2　在区间 I 上,$f(x)$ 的带有任意常数项的原函数称为 $f(x)$(或 $f(x)\mathrm{d}x$)在区间 I 上的不定积分,记为

$$\int f(x)\mathrm{d}x,$$

其中,记号 $\int$ 称为**积分号**,$f(x)$ 称为**被积函数**,$f(x)\mathrm{d}x$ 称为**被积表达式**,x 称为**积分变量**。

由此定义及前面的两个结论可知,如果 $F(x)$ 为 $f(x)$ 在区间 I 上的一个原函数,则

$F(x)+C$ 就是 $f(x)$ 的不定积分，即

$$\int f(x)\mathrm{d}x = F(x)+C,\quad C\text{ 为任意常数。}$$

因而不定积分 $\int f(x)\mathrm{d}x$ 可以表示 $f(x)$ 的任意原函数。

例 4.1.1　求 $\int (x+1)\mathrm{d}x$。

解　因为 $\left(\frac{x^2}{2}+x\right)'=x+1$，所以 $\int (x+1)\mathrm{d}x=\frac{x^2}{2}+x+C$。

例 4.1.2　求 $\int \frac{1}{x}\mathrm{d}x$。

解　当 $x>0$ 时，$(\ln x)'=\frac{1}{x}$；当 $x<0$ 时，$[\ln(-x)]'=\frac{1}{-x}(-x)'=\frac{1}{x}$。故

$$(\ln|x|)'=\frac{1}{x},$$

因此有

$$\int \frac{1}{x}\mathrm{d}x=\ln|x|+C。$$

不定积分的几何意义：函数 $f(x)$ 的原函数的图形称为 $f(x)$ 的**积分曲线**，因此不定积分 $\int f(x)\mathrm{d}x$ 的图形是一个**积分曲线族**。因为 $[F(x)+C]'=f(x)$，所以 $f(x)$ 为积分曲线族的切线斜率，即各积分曲线上具有相同横坐标的点处的切线相互平行。积分曲线族可由一条积分曲线沿 y 轴上下移动而得到，如图 4-1 所示。

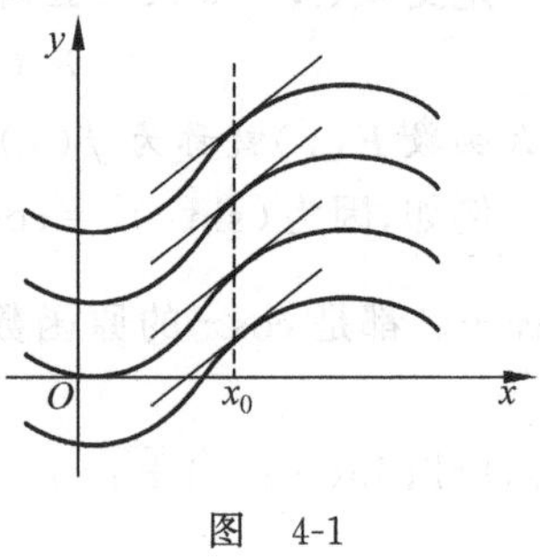

图　4-1

4.1.2　基本积分公式

为了有效地计算不定积分，必须掌握一些基本积分公式，正如在求函数导数时必须掌握基本初等函数的求导公式一样。由于不定积分法与微分法互为逆运算，所以由导数的基本求导公式可以得到下面的**基本积分公式表**。

(1) $\int k\mathrm{d}x=kx+C$，k 为常数；

(2) $\int x^{\mu}\mathrm{d}x=\frac{x^{\mu+1}}{\mu+1}+C$，$\mu\neq-1$；

(3) $\int \frac{\mathrm{d}x}{x}=\ln|x|+C$；

(4) $\int \frac{\mathrm{d}x}{1+x^2}=\arctan x+C$；

(5) $\int \frac{\mathrm{d}x}{\sqrt{1-x^2}}=\arcsin x+C$；

(6) $\int \cos x\mathrm{d}x=\sin x+C$；

(7) $\int \sin x\,\mathrm{d}x = -\cos x + C$；

(8) $\int \frac{\mathrm{d}x}{\cos^2 x} = \int \sec^2 x\,\mathrm{d}x = \tan x + C$；

(9) $\int \frac{\mathrm{d}x}{\sin^2 x} = \int \csc^2 x\,\mathrm{d}x = -\cot x + C$；

(10) $\int \sec x \tan x\,\mathrm{d}x = \sec x + C$；

(11) $\int \csc x \cot x\,\mathrm{d}x = -\csc x + C$；

(12) $\int \mathrm{e}^x\,\mathrm{d}x = \mathrm{e}^x + C$；

(13) $\int a^x\,\mathrm{d}x = \frac{a^x}{\ln a} + C$。

要验证这些公式，只需验证等式右端的导数等于左端不定积分的被积函数即可。这种方法是我们验证不定积分的计算是否正确的常用方法。

以上这 13 个基本积分公式是求不定积分的基础，必须要熟练记忆。

4.1.3 不定积分的性质

由不定积分的定义，容易推出如下性质：

性质 1 (1) $\frac{\mathrm{d}}{\mathrm{d}x}\int f(x)\,\mathrm{d}x = f(x)$ 或 $\mathrm{d}\int f(x)\,\mathrm{d}x = f(x)\,\mathrm{d}x$；

(2) $\int F'(x)\,\mathrm{d}x = F(x) + C$ 或 $\int \mathrm{d}F(x) = F(x) + C$。

该性质表明了积分运算与微分运算是互为逆运算。(1)说明先积分后微分，两种运算抵消；(2)说明先微分后积分，两种运算仅相差一个常数。

性质 2 设函数 $f(x)$ 及 $g(x)$ 的原函数存在，则

$$\int [f(x) + g(x)]\,\mathrm{d}x = \int f(x)\,\mathrm{d}x + \int g(x)\,\mathrm{d}x。$$

性质 3 设函数 $f(x)$ 的原函数存在，k 为非零常数，则

$$\int k f(x)\,\mathrm{d}x = k\int f(x)\,\mathrm{d}x。$$

下面我们通过一些具体例子来学习如何利用基本积分公式和不定积分的性质求不定积分。

例 4.1.3 求 $\int \frac{(x-1)^2}{\sqrt{x}}\,\mathrm{d}x$。

解 $\int \frac{(x-1)^2}{\sqrt{x}}\,\mathrm{d}x = \int \frac{1}{\sqrt{x}}(x^2 - 2x + 1)\,\mathrm{d}x = \int (x^{\frac{3}{2}} - 2x^{\frac{1}{2}} + x^{-\frac{1}{2}})\,\mathrm{d}x$

$$= \frac{2}{5}x^{\frac{5}{2}} - \frac{4}{3}x^{\frac{3}{2}} + 2x^{\frac{1}{2}} + C。$$

注 检验积分结果是否正确，只要对结果求导，看它的导数是否等于被积函数即可。如就例 4.1.3 的结果来看，由于

$$\left(\frac{2}{5}x^{\frac{5}{2}}-\frac{4}{3}x^{\frac{3}{2}}+2x^{\frac{1}{2}}+C\right)'=x^{\frac{3}{2}}-2x^{\frac{1}{2}}+x^{-\frac{1}{2}}=\frac{(x-1)^2}{\sqrt{x}},$$

所以结果是正确的。

例 4.1.4　求 $\int\frac{x^4+1}{1+x^2}\mathrm{d}x$。

解

$$\int\frac{x^4+1}{x^2+1}\mathrm{d}x=\int\frac{x^4-1+2}{x^2+1}\mathrm{d}x=\int\left(x^2-1+\frac{2}{1+x^2}\right)\mathrm{d}x$$

$$=\int x^2\mathrm{d}x-\int\mathrm{d}x+2\int\frac{1}{1+x^2}\mathrm{d}x=\frac{1}{3}x^3-x+2\arctan x+C。$$

例 4.1.5　求 $\int(\mathrm{e}^x-3\cos x+2^x\mathrm{e}^x)\mathrm{d}x$。

解

$$\int(\mathrm{e}^x-3\cos x+2^x\mathrm{e}^x)\mathrm{d}x=\int\mathrm{e}^x\mathrm{d}x-3\int\cos x\,\mathrm{d}x+\int(2\mathrm{e})^x\mathrm{d}x$$

$$=\mathrm{e}^x-3\sin x+\frac{(2\mathrm{e})^x}{\ln(2\mathrm{e})}+C=\mathrm{e}^x-3\sin x+\frac{(2\mathrm{e})^x}{1+\ln 2}+C。$$

例 4.1.6　求 $\int\frac{1+x+x^2}{x(1+x^2)}\mathrm{d}x$。

解

$$\int\frac{1+x+x^2}{x(1+x^2)}\mathrm{d}x=\int\frac{(1+x^2)+x}{x(1+x^2)}\mathrm{d}x=\int\frac{1}{x}\mathrm{d}x+\int\frac{1}{1+x^2}\mathrm{d}x$$

$$=\ln|x|+\arctan x+C。$$

例 4.1.7　求 $\int\tan^2x\,\mathrm{d}x$。

解

$$\int\tan^2x\,\mathrm{d}x=\int(\sec^2x-1)\mathrm{d}x=\int\sec^2x\,\mathrm{d}x-\int\mathrm{d}x=\tan x-x+C。$$

例 4.1.8　求 $\int\cos^2\frac{x}{2}\mathrm{d}x$。

解

$$\int\cos^2\frac{x}{2}\mathrm{d}x=\int\frac{1+\cos x}{2}\mathrm{d}x=\int\frac{1}{2}\mathrm{d}x+\frac{1}{2}\int\cos x\,\mathrm{d}x=\frac{1}{2}x+\frac{1}{2}\sin x+C。$$

从以上的例题中可以看出，在求不定积分时，我们总是先将被积函数进行必要的化简或运算，然后再利用不定积分的性质和基本积分公式来求出不定积分。

4.2　换元积分法

利用基本积分公式与积分性质所能计算的不定积分是非常有限的。因此本节介绍一种求不定积分的方法——换元积分法，简称换元法。换元积分法是把复合函数的微分法反过来用于求不定积分。这种方法是通过适当的中间变量代换得到复合函数的不定积分。换元法通常分成两类：第一类换元法和第二类换元法。

4.2.1　第一类换元积分法

设 $F(u)$ 为 $f(u)$ 的原函数，即

$$F'(u)=f(u)\quad 或\quad \int f(u)\mathrm{d}u=F(u)+C。$$

如果 u 是中间变量，$u=\varphi(x)$，且设 $\varphi(x)$ 可微，那么，根据复合函数微分法，有

$$\mathrm{d}F[\varphi(x)]=f[\varphi(x)]\varphi'(x)\mathrm{d}x,$$

这样 $F[\varphi(x)]$ 为 $f[\varphi(x)]\varphi'(x)$ 的原函数，从而

$$\int f[\varphi(x)]\varphi'(x)\mathrm{d}x=F[\varphi(x)]+C=[F(u)+C]_{u=\varphi(x)}=\left[\int f(u)\mathrm{d}u\right]_{u=\varphi(x)}。$$

于是有下面的定理：

定理 4.2.1 设 $f(u)$ 具有原函数，$u=\varphi(x)$ 可导，则有换元公式

$$\int f[\varphi(x)]\varphi'(x)\mathrm{d}x=\left[\int f(u)\mathrm{d}u\right]_{u=\varphi(x)}。\tag{4.2.1}$$

如何应用公式(4.2.1)来求不定积分？如要求 $\int g(x)\mathrm{d}x$，那么可将被积表达式 $g(x)\mathrm{d}x$ 凑成 $f[\varphi(x)]\varphi'(x)\mathrm{d}x=f[\varphi(x)]\mathrm{d}\varphi(x)$ 的形式，即

$$g(x)\mathrm{d}x=f[\varphi(x)]\varphi'(x)\mathrm{d}x=f[\varphi(x)]\mathrm{d}\varphi(x)。$$

令 $u=\varphi(x)$，那么

$$\int g(x)\mathrm{d}x=\int f[\varphi(x)]\varphi'(x)\mathrm{d}x=\int f[\varphi(x)]\mathrm{d}\varphi(x)=\left[\int f(u)\mathrm{d}u\right]_{u=\varphi(x)}。$$

如果能求出 $f(u)$ 的原函数 $F(u)$，再将 $u=\varphi(x)$ 代回去，就得到 $g(x)$ 的不定积分 $F[\varphi(x)]+C$。因此第一类换元积分法又称为**凑微分法**。

例 4.2.1 求 $\int x^2\cdot\sqrt[5]{x^3+4}\,\mathrm{d}x$。

解 设 $u=x^3+4$，则

$$\begin{aligned}\int x^2\cdot\sqrt[5]{x^3+4}\,\mathrm{d}x&=\frac{1}{3}\int(x^3+4)^{\frac{1}{5}}(x^3+4)'\mathrm{d}x\\&=\frac{1}{3}\int u^{\frac{1}{5}}\mathrm{d}u=\frac{1}{3}\cdot\frac{5}{6}\cdot u^{\frac{6}{5}}+C\\&=\frac{5}{18}(x^3+4)^{\frac{6}{5}}+C。\end{aligned}$$

例 4.2.2 求 $\int\sin(2x+3)\mathrm{d}x$。

解 设 $u=2x+3$，则

$$\begin{aligned}\int\sin(2x+3)\mathrm{d}x&=\frac{1}{2}\int\sin(2x+3)(2x+3)'\mathrm{d}x=\frac{1}{2}\int\sin(2x+3)\mathrm{d}(2x+3)\\&=\frac{1}{2}\int\sin u\,\mathrm{d}u=-\frac{1}{2}\cos u+C=-\frac{1}{2}\cos(2x+3)+C。\end{aligned}$$

例 4.2.3 求 $\int\tan x\,\mathrm{d}x$。

解 设 $u=\cos x$，则

$$\begin{aligned}\int\tan x\,\mathrm{d}x&=\int\frac{\sin x}{\cos x}\mathrm{d}x=-\int\frac{1}{\cos x}(\cos x)'\mathrm{d}x=-\int\frac{1}{u}\mathrm{d}u=-\ln|u|+C\\&=-\ln|\cos x|+C。\end{aligned}$$

例 4.2.4 求 $\int\frac{1}{x^2}\cos\frac{1}{x}\mathrm{d}x$。

解　设 $u=\dfrac{1}{x}$,则

$$\int \frac{1}{x^2}\cos\frac{1}{x}\mathrm{d}x=-\int\cos\frac{1}{x}\left(\frac{1}{x}\right)'\mathrm{d}x=-\int\cos u\,\mathrm{d}u=-\sin u+C=-\sin\frac{1}{x}+C。$$

在解题比较熟练后,可以不设中间变量 u。

例 4.2.5　求 $\int x^2\mathrm{e}^{-x^3}\mathrm{d}x$。

解　$\int x^2\mathrm{e}^{-x^3}\mathrm{d}x=-\dfrac{1}{3}\int\mathrm{e}^{-x^3}\mathrm{d}(-x^3)=-\dfrac{1}{3}\mathrm{e}^{-x^3}+C$。

例 4.2.6　求 $\int\dfrac{\mathrm{d}x}{\mathrm{e}^x+\mathrm{e}^{-x}}$。

解　$\int\dfrac{\mathrm{d}x}{\mathrm{e}^x+\mathrm{e}^{-x}}=\int\dfrac{\mathrm{e}^x}{\mathrm{e}^{2x}+1}\mathrm{d}x=\int\dfrac{\mathrm{d}\mathrm{e}^x}{\mathrm{e}^{2x}+1}=\arctan\mathrm{e}^x+C$。

例 4.2.7　求 $\int\dfrac{1}{a^2+x^2}\mathrm{d}x$。

解　$\int\dfrac{1}{a^2+x^2}\mathrm{d}x=\dfrac{1}{a^2}\int\dfrac{1}{1+\left(\dfrac{x}{a}\right)^2}\mathrm{d}x=\dfrac{1}{a}\int\dfrac{1}{1+\left(\dfrac{x}{a}\right)^2}\mathrm{d}\left(\dfrac{x}{a}\right)=\dfrac{1}{a}\arctan\dfrac{x}{a}+C$。

例 4.2.8　求 $\int\dfrac{1}{x^2-a^2}\mathrm{d}x\ (a\neq 0)$。

解

$$\begin{aligned}\int\frac{1}{x^2-a^2}\mathrm{d}x&=\frac{1}{2a}\int\left(\frac{1}{x-a}-\frac{1}{x+a}\right)\mathrm{d}x\\&=\frac{1}{2a}\left[\int\frac{1}{x-a}\mathrm{d}(x-a)-\int\frac{1}{x+a}\mathrm{d}(x+a)\right]\\&=\frac{1}{2a}[\ln|x-a|-\ln|x+a|]+C\\&=\frac{1}{2a}\ln\left|\frac{x-a}{x+a}\right|+C。\end{aligned}$$

例 4.2.9　求 $\int\dfrac{1}{x(1+2\ln x)}\mathrm{d}x$。

解　$\int\dfrac{1}{x(1+2\ln x)}\mathrm{d}x=\dfrac{1}{2}\int\dfrac{1}{1+2\ln x}\mathrm{d}(1+2\ln x)=\dfrac{1}{2}\ln|1+2\ln x|+C$。

例 4.2.10　求 $\int\sin^3x\cos^2x\,\mathrm{d}x$。

解

$$\begin{aligned}\int\sin^3x\cos^2x\,\mathrm{d}x&=-\int(1-\cos^2x)\cos^2x\,\mathrm{d}\cos x=-\int(\cos^2x-\cos^4x)\mathrm{d}\cos x\\&=-\left(\frac{\cos^3x}{3}-\frac{\cos^5x}{5}\right)+C=-\frac{\cos^3x}{3}+\frac{\cos^5x}{5}+C。\end{aligned}$$

例 4.2.11　求 $\int\cos^2x\,\mathrm{d}x$。

解　$\int\cos^2x\,\mathrm{d}x=\int\dfrac{1+\cos2x}{2}\mathrm{d}x=\dfrac{1}{2}\left[\int\mathrm{d}x+\int\cos2x\,\mathrm{d}x\right]$

$$=\frac{x}{2}+\frac{1}{4}\int\cos 2x\,\mathrm{d}2x=\frac{x}{2}+\frac{1}{4}\sin 2x+C。$$

例 4.2.12 求 $\int\csc x\,\mathrm{d}x$。

解 $\int\csc x\,\mathrm{d}x=\int\frac{1}{\sin x}\mathrm{d}x=\int\frac{\sin x}{\sin^2 x}\mathrm{d}x=-\int\frac{\mathrm{d}\cos x}{1-\cos^2 x}$

$$=-\frac{1}{2}\ln\frac{1+\cos x}{1-\cos x}+C=-\frac{1}{2}\ln\frac{(1+\cos x)^2}{\sin^2 x}+C$$

$$=-\ln|\csc x+\cot x|+C=\ln|\csc x-\cot x|+C。$$

例 4.2.13 求 $\int\sec x\,\mathrm{d}x$。

解 $\int\sec x\,\mathrm{d}x=\int\frac{\mathrm{d}x}{\cos x}=\int\frac{\mathrm{d}\left(x+\frac{\pi}{2}\right)}{\sin\left(x+\frac{\pi}{2}\right)}=\int\csc\left(x+\frac{\pi}{2}\right)\mathrm{d}\left(x+\frac{\pi}{2}\right)$

$$=\ln\left|\csc\left(x+\frac{\pi}{2}\right)-\cot\left(x+\frac{\pi}{2}\right)\right|+C$$

$$=\ln|\sec x+\tan x|+C。$$

例 4.2.14 求 $\int\tan^5 x\sec^3 x\,\mathrm{d}x$。

解 $\int\tan^5 x\sec^3 x\,\mathrm{d}x=\int\tan^4 x\sec^2 x\,\mathrm{d}\sec x=\int(\sec^2 x-1)^2\sec^2 x\,\mathrm{d}\sec x$

$$=\int(\sec^6 x-2\sec^4 x+\sec^2 x)\mathrm{d}\sec x$$

$$=\frac{1}{7}\sec^7 x-\frac{2}{5}\sec^5 x+\frac{1}{3}\sec^3 x+C。$$

通过以上例题,可以看到公式(4.2.1)在求不定积分中所起的作用。像复合函数的求导法则在微分学中一样,公式(4.2.1)在积分学中也经常使用。但利用公式(4.2.1)来求不定积分,一般要比利用复合函数求导法则求函数的导数来得困难。因为其中需要一定的技巧,需要针对被积函数的不同形式,适当选择变量代换 $u=\varphi(x)$,这一步通常要根据实际问题灵活选择,没有一般途径可循。因此要掌握第一类换元积分法,必须要对微分学的基本求导公式、复合函数的求导法则和一些典型例题非常熟悉,并做较多的练习才行。

运用第一类换元积分法求不定积分,在适当选择变量代换时,有时由于选择不同的变换,对同一个积分算出的结果在形式上可能会有所不同,但只要将结果求导能得出被积函数,运算就是正确的。这是求不定积分的一种自我检验的方法。

4.2.2 第二类换元积分法

第一类换元法是通过变量代换 $u=\varphi(x)$,将积分 $\int f[\varphi(x)]\varphi'(x)\mathrm{d}x$ 化为 $\int f(u)\mathrm{d}u$,而 $\int f(u)\mathrm{d}u$ 容易求出来。在计算积分的实际问题中,我们常常会遇到相反的情形,即适当选择变量代换 $x=\psi(t)$,将积分 $\int f(x)\mathrm{d}x$ 化为积分 $\int f[\psi(t)]\psi'(t)\mathrm{d}t$。这是另一种形式的

变量代换,写成公式形式为

$$\int f(x)\mathrm{d}x=\int f[\psi(t)]\psi'(t)\mathrm{d}t。$$

这个公式的成立需要满足两个条件。首先,等式右边的不定积分要存在,即 $f[\psi(t)]\psi'(t)$ 有原函数;其次,$\int f[\psi(t)]\psi'(t)\mathrm{d}t$ 求出后必须用 $x=\psi(t)$ 的反函数 $t=\psi^{-1}(x)$ 代回去,为了保证这反函数存在而且是可导的,我们假定直接函数 $x=\psi(t)$ 在 t 的某一个区间(这个区间和所考虑的 x 的积分区间相对应)上是单调的、可导的,并且 $\psi'(t)\neq0$。

定理 4.2.2 设 $x=\psi(t)$ 是单调的可导函数,且 $\psi'(t)\neq0$,又设 $f[\psi(t)]\psi'(t)$ 具有原函数,则

$$\int f(x)\mathrm{d}x=\left[\int f[\psi(t)]\psi'(t)\mathrm{d}t\right]_{t=\psi^{-1}(x)},\tag{4.2.2}$$

其中 $t=\psi^{-1}(x)$ 为 $x=\psi(t)$ 的反函数。

公式(4.2.2)称为**第二类换元积分公式**。

例 4.2.15 求 $\int\sqrt{a^2-x^2}\mathrm{d}x\quad(a>0)$。

解 求这个积分,困难在于根式 $\sqrt{a^2-x^2}$,我们可以利用三角恒等式

$$\sin^2t+\cos^2t=1$$

化去根式。

设 $x=a\sin t,-\frac{\pi}{2}<t<\frac{\pi}{2}$,则

$$\sqrt{a^2-x^2}=a\cos t,\quad \mathrm{d}x=a\cos t\mathrm{d}t,$$

因此有

$$\begin{aligned}\int\sqrt{a^2-x^2}\mathrm{d}x&=\int a\cos t\cdot a\cos t\mathrm{d}t=a^2\int\cos^2t\mathrm{d}t\\&=a^2\int\frac{1+\cos2t}{2}\mathrm{d}t=\frac{a^2}{2}t+\frac{a^2}{4}\sin2t+C\\&=\frac{a^2}{2}t+\frac{a^2}{2}\sin t\cos t+C。\end{aligned}$$

由于 $x=a\sin t,-\frac{\pi}{2}<t<\frac{\pi}{2}$,所以 $t=\arcsin\frac{x}{a}$,为了把 $\sin t$ 及 $\cos t$ 换成 x 的函数,可以根据 $\sin t=\frac{x}{a}$ 作辅助三角形,如图 4-2 所示,便有 $\cos t=\frac{\sqrt{a^2-x^2}}{a}$,于是所求积分为

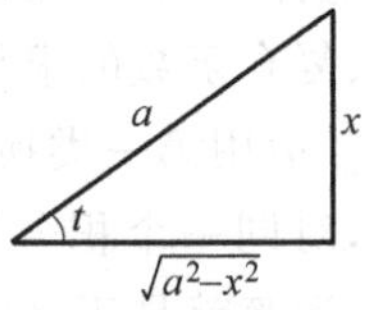

图 4-2

$$\int\sqrt{a^2-x^2}\mathrm{d}x=\frac{a^2}{2}\arcsin\frac{x}{a}+\frac{1}{2}x\sqrt{a^2-x^2}+C。$$

例 4.2.16 求 $\int\frac{\mathrm{d}x}{\sqrt{x^2+a^2}}\quad(a>0)$。

解 利用三角公式 $1+\tan^2t=\sec^2t$ 化去根式,设 $x=a\tan t,-\frac{\pi}{2}<t<\frac{\pi}{2}$,则

$$\sqrt{a^2+x^2}=a\sec t,\quad dx=a\sec^2 t\,dt,$$

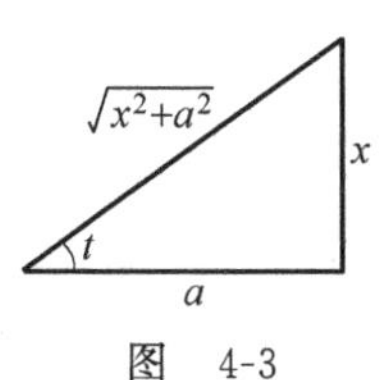

图 4-3

因此有

$$\int\frac{dx}{\sqrt{x^2+a^2}}=\int\frac{1}{a\sec t}a\sec^2 t\,dt=\int\sec t\,dt=\ln|\sec t+\tan t|+C。$$

为了把 $\sec t$ 及 $\tan t$ 换成 x 的函数，可以根据 $\tan t=\frac{x}{a}$ 作辅助三角形，如图 4-3 所示，便有

$$\sec t=\frac{\sqrt{x^2+a^2}}{a},$$

且 $\sec t+\tan t>0$，因此

$$\int\frac{dx}{\sqrt{x^2+a^2}}=\ln\left(\frac{x}{a}+\frac{\sqrt{x^2+a^2}}{a}\right)+C=\ln(x+\sqrt{x^2+a^2})+C_1,$$

其中 $C_1=C-\ln a$。

例 4.2.17 求 $\int\frac{dx}{\sqrt{x^2-a^2}}\quad(a>0)$。

解 利用公式 $\sec^2 t-1=\tan^2 t$ 化去根式，设 $x=a\sec t\left(0<t<\frac{\pi}{2}\right)$，则

$$\sqrt{x^2-a^2}=a\tan t,\qquad dx=a\sec t\tan t\,dt,$$

于是有

$$\int\frac{dx}{\sqrt{x^2-a^2}}=\int\frac{a\sec t\tan t\,dt}{a\tan t}=\int\sec t\,dt=\ln(\sec t+\tan t)+C。$$

由 $\sec t=\frac{x}{a}$ 作辅助三角形，如图 4-4 所示，于是有

$$\tan t=\frac{\sqrt{x^2-a^2}}{a},$$

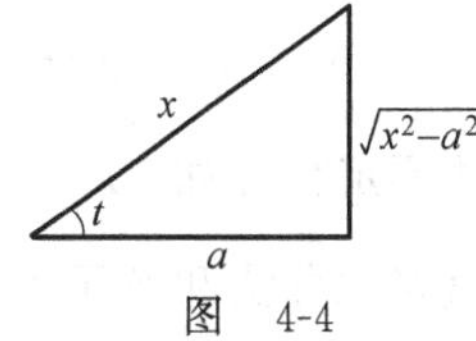

图 4-4

因此

$$\int\frac{dx}{\sqrt{x^2-a^2}}=\ln\left(\frac{x}{a}+\frac{\sqrt{x^2-a^2}}{a}\right)+C_1$$
$$=\ln(x+\sqrt{x^2-a^2})+C,\quad 其中\ C=\ln C_1-\ln a。$$

注 此题中做代换 $x=a\sec t$ 时，限定 $0<t<\frac{\pi}{2}$，即 $x>a$ 的情形，若 $x<-a$，可做代换 $x=-a\sec t\left(0<t<\frac{\pi}{2}\right)$，计算得

$$\int\frac{dx}{\sqrt{x^2-a^2}}=\ln(-x-\sqrt{x^2-a^2})+C。$$

把在 $x>a$ 及 $x<-a$ 内的结果合起来，可写作

$$\int\frac{dx}{\sqrt{x^2-a^2}}=\ln|x+\sqrt{x^2-a^2}|+C。$$

从上面 3 个例子，可以看出如果被积函数含有：

(1) $\sqrt{a^2-x^2}$,可做代换 $x=a\sin t$;

(2) $\sqrt{a^2+x^2}$,可做代换 $x=a\tan t$;

(3) $\sqrt{x^2-a^2}$,可做代换 $x=a\sec t$。

这种利用三角函数进行的代换,称为**三角代换**。

例 4.2.18 求 $\int \frac{x}{\sqrt{x-1}}dx$。

解 设 $t=\sqrt{x-1}$,即 $x=t^2+1$,则 $dx=2tdt$,于是有

$$\int \frac{x}{\sqrt{x-1}}dx=\int \frac{t^2+1}{t}2tdt=2\int(t^2+1)dt$$

$$=\frac{2}{3}t^3+2t+C=\frac{2}{3}\sqrt{(x-1)^3}+2\sqrt{x-1}+C。$$

例 4.2.19 求 $\int \frac{1}{\sqrt{x}-\sqrt[3]{x^2}}dx$。

解 设 $x=t^6$,则 $dx=6t^5dt$,于是有

$$\int \frac{1}{\sqrt{x}-\sqrt[3]{x^2}}dx=\int \frac{6t^5}{t^3-t^4}dt=-6\int \frac{t^2}{t-1}dt=-6\int\left(t+1+\frac{1}{t-1}\right)dt$$

$$=-3t^2-6t-6\ln|t-1|+C$$

$$=-3\sqrt[3]{x}-6\sqrt[6]{x}-6\ln|\sqrt[6]{x}-1|+C。$$

4.3　分部积分法

4.2 节我们将复合函数的求导法则反过来用于求不定积分,得到了换元积分法。但是,有些不定积分如 $\int xe^x dx$,$\int x\ln x dx$,$\int x\sin x dx$,$\int x\arctan x dx$ 等,虽然被积函数很简单,但用直接积分法和换元积分法都无法解决。这类积分所具有的共同点是被积函数都是两种不同类型函数的乘积,这就启发我们用两个函数乘积的微分法则反过来用于这种类型的不定积分,这种方法称为分部积分法。

设函数 $u=u(x)$ 及 $v=v(x)$ 具有连续导数,则有

$$(uv)'=u'v+uv'。$$

移项,得

$$uv'=(uv)'-u'v。$$

两端求不定积分,得

$$\int uv'dx=uv-\int u'vdx。\tag{4.3.1}$$

公式(4.3.1)称为**分部积分公式**。

此公式表明,如果 $\int uv'dx$ 不易求出,而 $\int u'vdx$ 比较容易求出,那么利用分部积分公式就能起到化难为易的作用。

为方便起见,也可把公式(4.3.1)写成下面的形式:

$$\int u\,\mathrm{d}v = uv - \int v\,\mathrm{d}u。$$

例 4.3.1 求 $\int x\cos x\,\mathrm{d}x$。

解 运用分部积分法将 $x\cos x\,\mathrm{d}x$ 看作 $u\,\mathrm{d}v$，如何选择 u 与 $\mathrm{d}v$ 呢？

如果设 $u=x$，$\mathrm{d}v=\cos x\,\mathrm{d}x$，则 $\mathrm{d}u=\mathrm{d}x$，$v=\sin x$，代入公式得

$$\int x\cos x\,\mathrm{d}x=\int x\,\mathrm{d}\sin x=x\sin x-\int \sin x\,\mathrm{d}x=x\sin x+\cos x+C。$$

如果设 $u=\cos x$，$\mathrm{d}v=x\,\mathrm{d}x$，则 $\mathrm{d}u=-\sin x\,\mathrm{d}x$，$v=\frac{x^2}{2}$，代入公式得

$$\int x\cos x\,\mathrm{d}x=\int \cos x\,\mathrm{d}\left(\frac{x^2}{2}\right)=\frac{x^2}{2}\cos x+\int \frac{x^2}{2}\sin x\,\mathrm{d}x。$$

上式右端的积分比原积分更不容易求出。由此可见，应用分部积分法时，恰当选取 u 和 $\mathrm{d}v$ 是一个关键问题。选择 u 和 $\mathrm{d}v$ 要遵循以下两个原则：

(1) v 要容易求得；

(2) $\int v\,\mathrm{d}u$ 要比 $\int u\,\mathrm{d}v$ 容易积出。

在解题比较熟练后，就不必特别写出假设的 u 与 $\mathrm{d}v$，可以直接凑成公式左端形式，即 $\int u\,\mathrm{d}v$，然后用公式求出不定积分。

例 4.3.2 求 $\int x^2\mathrm{e}^x\,\mathrm{d}x$。

解
$$\begin{aligned}\int x^2\mathrm{e}^x\,\mathrm{d}x&=\int x^2\,\mathrm{d}\mathrm{c}^x=x^2\mathrm{c}^x-\int \mathrm{c}^x\,\mathrm{d}(x^2)=x^2\mathrm{e}^x-2\int x\mathrm{e}^x\,\mathrm{d}x=x^2\mathrm{e}^x-2\int x\,\mathrm{d}\mathrm{e}^x\\&=x^2\mathrm{e}^x-2\left(x\mathrm{e}^x-\int \mathrm{e}^x\,\mathrm{d}x\right)=x^2\mathrm{e}^x-2x\mathrm{e}^x+2\mathrm{e}^x+C。\end{aligned}$$

由例 4.3.1 和例 4.3.2 可以看出，当被积函数是幂函数与正弦(余弦)函数乘积或是幂函数与指数函数乘积，做分部积分时，取幂函数为 u，其余部分取为 $\mathrm{d}v$。这样用一次分部积分公式就可以使幂函数的幂降低一次。即对于形如 $\int x^\mu \mathrm{e}^x\,\mathrm{d}x$，$\int x^\mu \sin x\,\mathrm{d}x$，$\int x^\mu \cos x\,\mathrm{d}x$（其中 μ 为正整数）的不定积分，选 $u=x^\mu$，其余部分取为 $\mathrm{d}v$。

例 4.3.3 求 $\int \ln x\,\mathrm{d}x$。

解 设 $u=\ln x$，$\mathrm{d}v=\mathrm{d}x$，则

$$\int \ln x\,\mathrm{d}x=x\ln x-\int x\,\mathrm{d}\ln x=x\ln x-\int x\cdot\frac{1}{x}\mathrm{d}x=x\ln x-x+C。$$

例 4.3.4 求 $\int \arcsin x\,\mathrm{d}x$。

解
$$\begin{aligned}\int \arcsin x\,\mathrm{d}x&=x\arcsin x-\int x\,\mathrm{d}\arcsin x=x\arcsin x-\int \frac{x}{\sqrt{1-x^2}}\mathrm{d}x\\&=x\arcsin x+\frac{1}{2}\int \frac{1}{\sqrt{1-x^2}}\mathrm{d}(1-x^2)=x\arcsin x+\sqrt{1-x^2}+C。\end{aligned}$$

例 4.3.5 求 $\int x\arctan x\,\mathrm{d}x$。

解　$\int x\arctan x\,\mathrm{d}x=\frac{1}{2}\int\arctan x\,\mathrm{d}x^2=\frac{1}{2}\left(x^2\arctan x-\int x^2\,\mathrm{d}\arctan x\right)$

$$=\frac{1}{2}\left(x^2\arctan x-\int\frac{x^2}{1+x^2}\mathrm{d}x\right)$$

$$=\frac{1}{2}\left[x^2\arctan x-\int\left(1-\frac{1}{1+x^2}\right)\mathrm{d}x\right]$$

$$=\frac{1}{2}(x^2\arctan x-x+\arctan x)+C。$$

由例4.3.3～例4.3.5可以看出，当被积函数是幂函数与对数函数乘积或是幂函数与反三角函数乘积时，取对数函数或反三角函数为u，其余部分取为$\mathrm{d}v$。即对于形如$\int x^\mu\ln x\,\mathrm{d}x$，$\int x^\mu\arcsin x\,\mathrm{d}x$，$\int x^\mu\arctan x\,\mathrm{d}x$（其中$\mu$为正整数）的不定积分，选$x^\mu\mathrm{d}x=\mathrm{d}v$，其余部分取为$u$。

例4.3.6　求$\int \mathrm{e}^x\sin x\,\mathrm{d}x$。

解　$\int \mathrm{e}^x\sin x\,\mathrm{d}x=\int\sin x\,\mathrm{d}\mathrm{e}^x=\mathrm{e}^x\sin x-\int\mathrm{e}^x\,\mathrm{d}\sin x=\mathrm{e}^x\sin x-\int\mathrm{e}^x\cos x\,\mathrm{d}x$

$$=\mathrm{e}^x\sin x-\int\cos x\,\mathrm{d}\mathrm{e}^x=\mathrm{e}^x\sin x-\left(\mathrm{e}^x\cos x-\int\mathrm{e}^x\,\mathrm{d}\cos x\right)$$

$$=\mathrm{e}^x\sin x-\mathrm{e}^x\cos x-\int\mathrm{e}^x\sin x\,\mathrm{d}x,$$

因此得

$$2\int\mathrm{e}^x\sin x\,\mathrm{d}x=\mathrm{e}^x(\sin x-\cos x)+C_1,$$

即

$$\int\mathrm{e}^x\sin x\,\mathrm{d}x=\frac{1}{2}\mathrm{e}^x(\sin x-\cos x)+C。$$

例4.3.7　求$\int\sec^3x\,\mathrm{d}x$。

解　$\int\sec^3x\,\mathrm{d}x=\int\sec x\,\mathrm{d}\tan x=\sec x\tan x-\int\tan x\,\mathrm{d}(\sec x)$

$$=\sec x\tan x-\int\tan^2x\sec x\,\mathrm{d}x$$

$$=\sec x\tan x-\int(\sec^2x-1)\sec x\,\mathrm{d}x$$

$$=\sec x\tan x-\int\sec^3x\,\mathrm{d}x+\int\sec x\,\mathrm{d}x$$

$$=\sec x\tan x+\ln|\sec x+\tan x|-\int\sec^3x\,\mathrm{d}x,$$

故

$$\int\sec^3x\,\mathrm{d}x=\frac{1}{2}(\sec x\tan x+\ln|\sec x+\tan x|)+C。$$

上面两个例题是两次利用分部积分法后得到结果中有部分与原来积分一样，然后通过解代数方程的方法求出结果，这也是求不定积分常用的方法。

习 题 4

(A)

1. 填空题:

(1) 设 $df(x)=\dfrac{x}{\sqrt{1-x^2}}dx$,则 $f(x)=$________。

(2) 在$(-\infty,+\infty)$内,$\sin x$ 的原函数是________,$\dfrac{1}{1+x^2}$的原函数是________。

2. $\dfrac{1}{2}\sin^2 x,-\dfrac{1}{4}\cos 2x,-\dfrac{1}{2}\cos^2 x$ 是否是同一函数的原函数?说明理由。

3. 求下列不定积分:

(1) $\displaystyle\int(\sqrt{x}+1)\left(x-\frac{1}{\sqrt{x}}\right)dx$;

(2) $\displaystyle\int\frac{4\cos^3 x-1}{\cos^2 x}dx$;

(3) $\displaystyle\int\left(\cos\frac{x}{2}-\sin\frac{x}{2}\right)^2 dx$;

(4) $\displaystyle\int\csc x(\csc x-\cot x)dx$;

(5) $\displaystyle\int\left(\frac{2}{\sqrt{1-x^2}}-\frac{3}{1+x^2}+\frac{1}{2x}\right)dx$;

(6) $\displaystyle\int\sec x(\cos x-\tan x)dx$;

(7) $\displaystyle\int\sin^2\frac{x}{2}dx$。

4. 一曲线经过原点,且在每一点的切线斜率为 $2x$,试求该曲线方程。

5. 设 a,b 为常数,且 $a\neq 0$,则:

(1) $dx=$________ $d(ax+b)$;

(2) $x\,dx=$________ $d(ax^2+b)$;

(3) $\dfrac{1}{x}dx=$________ $d(a\ln|x|+b)$。

6. 求下列不定积分:

(1) $\displaystyle\int\frac{1}{(2x-3)^2}dx$;

(2) $\displaystyle\int\frac{3}{1-x}dx$;

(3) $\displaystyle\int\frac{1}{9+4x^2}dx$;

(4) $\displaystyle\int x\sqrt{1+x^2}\,dx$;

(5) $\displaystyle\int\cos x\,e^{\sin x}dx$;

(6) $\displaystyle\int\frac{\cos\sqrt{x}}{\sqrt{x}}dx$;

(7) $\displaystyle\int\frac{dx}{2x^2-1}$;

(8) $\displaystyle\int\sec^3 x\tan x\,dx$;

(9) $\displaystyle\int\frac{dx}{\arcsin x\cdot\sqrt{1-x^2}}$;

(10) $\displaystyle\int\frac{dx}{x^2\sqrt{a^2-x^2}}\ (a>0)$;

(11) $\displaystyle\int\frac{dx}{\sqrt{(a^2+x^2)^3}}\ (a>0)$;

(12) $\displaystyle\int\frac{x^2-5x+9}{x^2-5x+6}dx$。

7. 求下列不定积分:

(1) $\int x e^{2x} dx$；　(2) $\int t\sin(\omega t+\varphi)dt$；

(3) $\int x\sec^2 x dx$；　(4) $\int \ln(x+\sqrt{x^2-1})dx$；

(5) $\int x^2 \sin x dx$；　(6) $\int e^{\sqrt[3]{x}} dx$；

(7) $\int \arctan x dx$；　(8) $\int e^x \cos x dx$；

(9) $\int (\arcsin x)^2 dx$；　(10) $\int x\ln(x-1)dx$；

(11) $\int x^2 \arctan x dx$；　(12) $\int x\tan^2 x dx$。

(B)

1. 计算不定积分 $\int \ln\left(1+\sqrt{\dfrac{1+x}{x}}\right)dx\,(x>0)$。

2. 计算不定积分 $\int \dfrac{\arctan e^x}{e^{2x}}dx$。

3. 设 $F(x)$ 为 $f(x)$ 的一个原函数，且当 $x\geqslant 0$ 时，有 $f(x)F(x)=\dfrac{x e^x}{2(1+x)^2}$。已知 $F(0)=1$，$F(x)>0$，试求 $f(x)$。

4. 设函数 $f(x)$ 对一切实数都满足方程 $f(x+y)=f(x)f(y)$，且 $f'(0)=\ln a\,(a>0, a\neq 1)$，求 $f(x)$。

(提示：先求 $f(0)$，再应用导数定义得 $f'(x)=f(x)\ln a$，$\dfrac{f'(x)}{f(x)}=[\ln f(x)]'$)

第 5 章　定积分及其应用

本章将讨论一元函数积分学中的另一个基本问题——定积分问题。我们将从几何问题出发引出定积分的概念，进而讨论定积分的有关性质，揭示定积分与不定积分之间的内在联系，并在此基础上进一步解决定积分的计算问题，最后介绍定积分在几何方面的简单应用。

5.1　定积分的概念与性质

5.1.1　定积分问题的实例——曲边梯形的面积

设 $y=f(x)$ 在 $[a,b]$ 上非负、连续，由直线 $x=a$，$x=b$，$y=0$ 及曲线 $y=f(x)$ 所围成的图形，称为**曲边梯形**，其中曲线弧称为**曲边**。下面我们来考虑如何计算如图 5-1 所示的曲边梯形的面积。

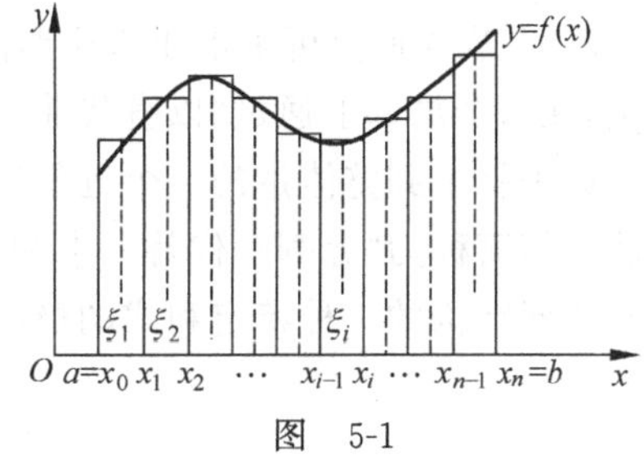

图　5-1

由于曲边梯形在底边上各点处的高 $f(x)$ 在区间 $[a,b]$ 上是变动的，因此是不规则图形，不能直接用规则图形的面积计算公式来进行计算。

尽管曲边梯形的高 $f(x)$ 在区间 $[a,b]$ 上是连续变化的，但在很小一段区间上它的变化很微小，近似于不变。因此，当把区间 $[a,b]$ 划分成一些小区间的并集时，相应的曲边梯形面积也被划分为一些窄曲边梯形面积的和。如果把每个窄曲边梯形的面积，都用相应区间上以某一点的函数值为高的窄矩形面积来近似表示，就可以得到曲边梯形面积的近似值，并且当对区间 $[a,b]$ 划分得越细时，用所有窄矩形面积的和代替曲边梯形面积的近似程度就越高。因此，当把区间 $[a,b]$ 无限细分下去（即使每个小区间的长度都趋于零）时，所有窄矩形面积之和的极限就可定义为**曲边梯形的面积**。这就是解决曲边梯形面积问题的基本思路。其具体做法如下：

在区间 $[a,b]$ 中任意插入 $n-1$ 个分点

$$a=x_0<x_1<x_2<\cdots<x_{n-1}<x_n=b,$$

把 $[a,b]$ 分成 n 个小区间

$$[x_0,x_1],[x_1,x_2],\cdots,[x_{n-1},x_n],$$

它们的长度依次为

$$\Delta x_1=x_1-x_0,\Delta x_2=x_2-x_1,\cdots,\Delta x_n=x_n-x_{n-1}。$$

经过每一个分点作平行于 y 轴的直线段，把曲边梯形分成 n 个窄曲边梯形，在每个小区间 $[x_{i-1},x_i]$ 上任取一点 ξ_i，以 $[x_{i-1},x_i]$ 为底、$f(\xi_i)$ 为高的窄矩形近似替代第 i 个窄曲边梯形 $(i=1,2,\cdots,n)$，把这样得到的 n 个窄矩形面积之和作为所求曲边梯形面积 A 的近似值，即

$$A \approx f(\xi_1)\Delta x_1 + f(\xi_2)\Delta x_2 + \cdots + f(\xi_n)\Delta x_n = \sum_{i=1}^{n} f(\xi_i)\Delta x_i。$$

显然，和式 $\sum_{i=1}^{n} f(\xi_i)\Delta x_i$ 不依赖于区间$[a,b]$的分法及点 $\xi_i(i=1,2,\cdots,n)$的取法，但当我们把区间$[a,b]$分得足够细时，不论 ξ_i 怎样取，和式 $\sum_{i=1}^{n} f(\xi_i)\Delta x_i$ 可以任意接近曲边梯形的面积 A。

为了保证把区间$[a,b]$分得足够细，记 $\lambda=\max\{\Delta x_1,\Delta x_2,\cdots,\Delta x_n\}$，则当 $\lambda\to 0$ 时（此时分段数 n 无限增多，即 $n\to\infty$，刻画了区间$[a,b]$的无限细分过程），取上述和式的极限，便可得曲边梯形的面积

$$A = \lim_{\lambda\to 0}\sum_{i=1}^{n} f(\xi_i)\Delta x_i。$$

这样，我们不仅给出了曲边梯形面积的定义，并且也提供了计算曲边梯形面积的方法。于是计算曲边梯形的面积，就归结为计算上式这样一个特定的和式的极限。

5.1.2 定积分的定义

5.1.1 节我们分析了求曲边梯形面积的几何问题，是先把整体的量通过“分割”化为局部的量，在每个局部上通过“以直代曲”或“以不变代变”做近似代替，再把所有局部量的近似值累加起来就得到整体量的一个近似值，然后再取极限，就得到了所求整体量的精确值。这个方法我们简称为“分割—代替—求和—取极限”。采用这种方法解决问题时，最后都归纳为具有相同结构的一种特定和式的极限，即面积

$$A = \lim_{\lambda\to 0}\sum_{i=1}^{n} f(\xi_i)\Delta x_i。$$

事实上，在许多实际问题的解决中，都需要这种数学方法。抛开这些问题的实际意义，抓住它们在数量关系上共同的本质与特性加以概括，我们就可以抽象出下述定积分的定义。

定义 5.1.1　设函数 $f(x)$在$[a,b]$上有界，在$[a,b]$中任意插入 $n-1$ 个分点

$$a = x_0 < x_1 < x_2 < \cdots < x_{n-1} < x_n = b,$$

把区间$[a,b]$分成 n 个小区间

$$[x_0,x_1],[x_1,x_2],\cdots,[x_{n-1},x_n],$$

各个小区间的长度依次为 $\Delta x_1 = x_1 - x_0, \Delta x_2 = x_2 - x_1, \cdots, \Delta x_n = x_n - x_{n-1}$。在每个小区间$[x_{i-1},x_i]$上任取一点 $\xi_i(x_{i-1}\leqslant\xi_i\leqslant x_i)$，作函数值 $f(\xi_i)$与小区间长度 Δx_i 的乘积 $f(\xi_i)\Delta x_i(i=1,2,\cdots,n)$，并作出和

$$S = \sum_{i=1}^{n} f(\xi_i)\Delta x_i。$$

记 $\lambda=\max\{\Delta x_1,\Delta x_2,\cdots,\Delta x_n\}$，如果不论对$[a,b]$怎样分法，也不论在小区间$[x_{i-1},x_i]$上点 ξ_i 怎样取法，只要当 $\lambda\to 0$ 时，和 S 总趋于确定的极限 I，这时我们称这个极限 I 为函数 $f(x)$在区间$[a,b]$上的定积分（简称积分），记作 $\int_a^b f(x)\mathrm{d}x$，即

$$\int_a^b f(x)\mathrm{d}x = I = \lim_{\lambda\to 0}\sum_{i=1}^{n} f(\xi_i)\Delta x_i。$$

其中 $f(x)$ 叫作被积函数，$f(x)\mathrm{d}x$ 叫作被积表达式，x 叫作积分变量，a 叫作积分下限，b 叫作积分上限，$[a,b]$ 叫作积分区间。和式 $\sum\limits_{i=1}^{n} f(\xi_i)\Delta x_i$ 通常称为 $f(x)$ 的积分和。如果 $f(x)$ 在 $[a,b]$ 上的定积分存在，我们就说 $f(x)$ 在 $[a,b]$ 上可积。

对于定积分，有这样一个重要问题：函数 $f(x)$ 在 $[a,b]$ 上满足怎样的条件时，$f(x)$ 在 $[a,b]$ 上一定可积？下面我们给出函数 $f(x)$ 在 $[a,b]$ 上可积的两个充分条件：

定理 5.1.1 设 $f(x)$ 在 $[a,b]$ 上连续，则 $f(x)$ 在 $[a,b]$ 上可积。

定理 5.1.2 设 $f(x)$ 在 $[a,b]$ 上有界，且只有有限个间断点，则 $f(x)$ 在 $[a,b]$ 上可积。

注 从定积分的定义可以看出，定积分 $\int_a^b f(x)\mathrm{d}x = \lim\limits_{\lambda\to 0}\sum\limits_{i=1}^{n} f(\xi_i)\Delta x_i$ 是个数值，它的大小只与被积函数 $f(x)$ 及积分区间 $[a,b]$ 有关，而与积分变量使用的符号无关，即

$$\int_a^b f(x)\mathrm{d}x = \int_a^b f(t)\mathrm{d}t = \int_a^b f(u)\mathrm{d}u。$$

根据定积分的定义，前面所讨论的曲边梯形的面积可以写成定积分的形式：

曲线 $y=f(x)(f(x)\geqslant 0)$、x 轴及两条直线 $x=a$、$x=b$ 所围成的曲边梯形的面积 A 等于函数 $f(x)$ 在区间 $[a,b]$ 上的定积分。即

$$A = \int_a^b f(x)\mathrm{d}x。$$

5.1.3 定积分的几何意义

定积分 $\int_a^b f(x)\mathrm{d}x$ 的几何意义可用曲边梯形的面积来说明。

如果在 $[a,b]$ 上 $f(x)\geqslant 0$，定积分 $\int_a^b f(x)\mathrm{d}x$ 在几何上表示由曲线 $y=f(x)$、两条直线 $x=a$、$x=b$ 与 x 轴所围成的曲边梯形的面积；如果在 $[a,b]$ 上 $f(x)\leqslant 0$，由曲线 $y=f(x)$、两条直线 $x=a$、$x=b$ 与 x 轴所围成的曲边梯形位于 x 轴的下方，定积分 $\int_a^b f(x)\mathrm{d}x$ 在几何上表示上述曲边梯形面积的负值。

如果 $f(x)$ 在 $[a,b]$ 上既取得正值又取得负值，函数 $f(x)$ 的图形某些部分在 x 轴的上方，而其余部分在 x 轴下方，如图 5-2 所示，此时定积分 $\int_a^b f(x)\mathrm{d}x$ 表示 x 轴上方图形面积减去 x 轴下方图形面积所得之差。

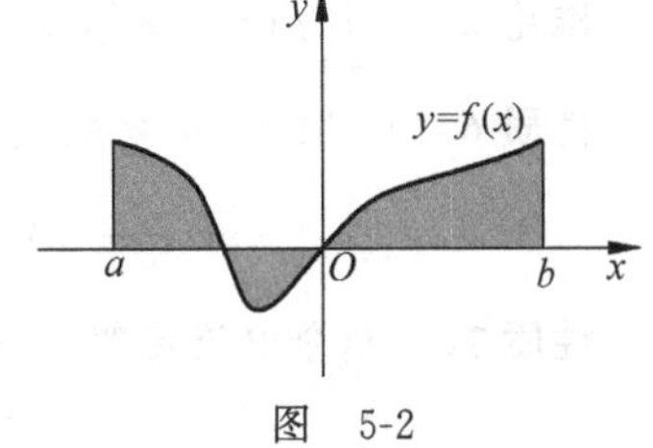

图 5-2

5.1.4 定积分的性质

为了以后计算及应用方便起见，我们对定积分作如下两点补充规定：

(1) 当 $a=b$ 时，$\int_a^b f(x)\mathrm{d}x = 0$；

(2) 当 $a>b$ 时，$\int_a^b f(x)\mathrm{d}x = -\int_b^a f(x)\mathrm{d}x$。

在下面的讨论中，假定各性质中所列出的定积分都是存在的，并且积分上下限的大小，如不特别指明，均不加限制。

性质1 函数和(差)的定积分等于它们的定积分的和(差),即

$$\int_a^b [f(x) \pm g(x)]\mathrm{d}x = \int_a^b f(x)\mathrm{d}x \pm \int_a^b g(x)\mathrm{d}x。$$

性质1对于任意有限个函数都是成立的。

性质2 被积函数的常数因子可以提到积分号外面,即

$$\int_a^b kf(x)\mathrm{d}x = k\int_a^b f(x)\mathrm{d}x \quad (k\text{ 是常数})。$$

性质3 如果将积分区间分成两部分,则在整个区间上的定积分等于这两个区间上定积分之和,即设 $a<c<b$,则

$$\int_a^b f(x)\mathrm{d}x = \int_a^c f(x)\mathrm{d}x + \int_c^b f(x)\mathrm{d}x。$$

这个性质表明定积分对于积分区间具有**可加性**。

注 按定积分的补充规定,无论 a,b,c 的相对位置如何,总有上述等式成立。例如,当 $a<b<c$ 时,由于

$$\int_a^c f(x)\mathrm{d}x = \int_a^b f(x)\mathrm{d}x + \int_b^c f(x)\mathrm{d}x,$$

于是

$$\int_a^b f(x)\mathrm{d}x = \int_a^c f(x)\mathrm{d}x - \int_b^c f(x)\mathrm{d}x = \int_a^c f(x)\mathrm{d}x + \int_c^b f(x)\mathrm{d}x。$$

性质4 如果在区间 $[a,b]$ 上,$f(x)\equiv 1$,则

$$\int_a^b f(x)\mathrm{d}x = \int_a^b \mathrm{d}x = b-a。$$

性质5 如果在区间 $[a,b]$ 上,$f(x)\geqslant 0$,则

$$\int_a^b f(x)\mathrm{d}x \geqslant 0, \quad a<b。$$

推论1 如果在 $[a,b]$ 上,$f(x)\leqslant g(x)$,则

$$\int_a^b f(x)\mathrm{d}x \leqslant \int_a^b g(x)\mathrm{d}x, \quad a<b。$$

推论2 $\left|\int_a^b f(x)\mathrm{d}x\right| \leqslant \int_a^b |f(x)|\mathrm{d}x \quad (a<b)$。

性质6 设 M 与 m 分别是函数 $f(x)$ 在 $[a,b]$ 上的最大值及最小值,则

$$m(b-a) \leqslant \int_a^b f(x)\mathrm{d}x \leqslant M(b-a), \quad a<b。$$

性质7(定积分中值定理) 如果函数 $f(x)$ 在闭区间 $[a,b]$ 上连续,则在积分区间 $[a,b]$ 上至少存在一点 ξ,使下式成立:

$$\int_a^b f(x)\mathrm{d}x = f(\xi)(b-a), \quad a\leqslant \xi \leqslant b。$$

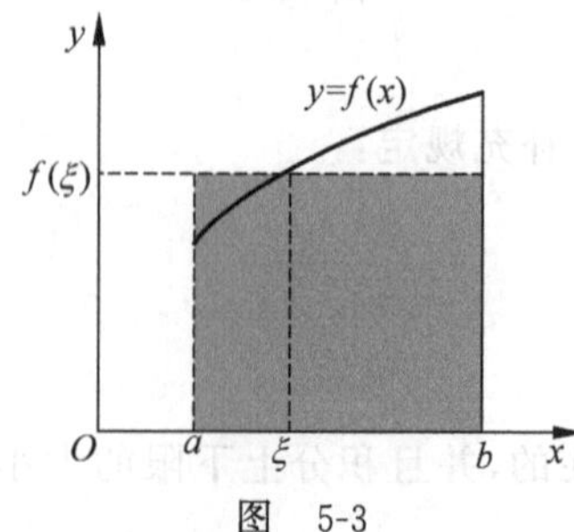

定积分中值定理的几何意义是:在区间 $[a,b]$ 上至少存在一个 ξ,使得以区间 $[a,b]$ 为底边,以曲线 $y=f(x)$ 为曲边的曲边梯形的面积等于同一底边而高为 $f(\xi)$ 的一个矩形的面积,如图5-3所示。

图 5-3

按定积分中值定理所得

$$f(\xi)=\frac{1}{b-a}\int_a^b f(x)\mathrm{d}x$$

称为**函数 $f(x)$ 在区间 $[a,b]$ 上的平均值**。其几何意义是：$f(\xi)$ 可看作是图中曲边梯形的平均高度。

5.2 定积分的计算

5.2.1 微积分基本公式

定理 5.2.1 如果函数 $F(x)$ 是连续函数 $f(x)$ 在区间 $[a,b]$ 上的一个原函数，则

$$\int_a^b f(x)\mathrm{d}x=F(b)-F(a)。$$

这个定理进一步提示了定积分与被积函数的原函数或不定积分之间的联系。它表明：一个连续函数在区间 $[a,b]$ 上的定积分等于它的任一原函数在区间 $[a,b]$ 上的增量。从而使我们能够把连续函数的定积分计算问题，转化为求被积函数的原函数或不定积分的问题。

上述公式叫作**微积分基本公式**，也称作**牛顿(Newton)-莱布尼茨(Leibniz)公式**。

为方便起见，把 $F(b)-F(a)$ 记作 $[F(x)]_a^b$ 或 $F(x)\Big|_a^b$，因此微积分基本公式也可以写成

$$\int_a^b f(x)\mathrm{d}x=[F(x)]_a^b \quad 或 \quad \int_a^b f(x)\mathrm{d}x=F(x)\Big|_a^b。$$

下面给出几个应用微积分基本公式计算定积分的例子。

例 5.2.1 求 $\int_{-1}^2 x^3\mathrm{d}x$。

解 由于 $\frac{x^4}{4}$ 是 x^3 的一个原函数，所以由牛顿-莱布尼茨公式，有

$$\int_{-1}^2 x^3\mathrm{d}x=\left[\frac{x^4}{4}\right]_{-1}^2=\frac{2^4}{4}-\frac{(-1)^4}{4}=\frac{15}{4}。$$

例 5.2.2 求 $\int_{-1}^{\sqrt{3}}\frac{1}{1+x^2}\mathrm{d}x$。

解 $\int_{-1}^{\sqrt{3}}\frac{1}{1+x^2}\mathrm{d}x=[\arctan x]_{-1}^{\sqrt{3}}=\frac{\pi}{3}+\frac{\pi}{4}=\frac{7}{12}\pi$。

例 5.2.3 求 $\int_{-4}^{-2}\frac{\mathrm{d}x}{x}$。

解 因为当 $x<0$，$\frac{1}{x}$ 的一个原函数是 $\ln|x|$，所以

$$\int_{-4}^{-2}\frac{1}{x}\mathrm{d}x=[\ln|x|]_{-4}^{-2}=\ln 2-2\ln 2=-\ln 2。$$

应当注意，微积分基本公式适用的条件是被积函数 $f(x)$ 连续，如果对于有间断点的函数 $f(x)$ 的积分，用微积分基本公式就会出现错误。即使 $f(x)$ 连续，但 $f(x)$ 是分段函数，其定积分也不能直接用微积分基本公式，而应当依 $f(x)$ 的不同表达式按段分成几个积分之和，再分别运用微积分基本公式进行计算。

例 5.2.4　设 $f(x)$ 为分段函数,在 $[0,2]$ 上连续,

$$f(x)=\begin{cases}2-x^2, & 0\leqslant x\leqslant 1,\\ x, & 1<x\leqslant 2,\end{cases}$$

求 $\int_0^2 f(x)\mathrm{d}x$。

解　$\int_0^2 f(x)\mathrm{d}x=\int_0^1(2-x^2)\mathrm{d}x+\int_1^2 x\,\mathrm{d}x=\left[2x-\frac{x^3}{3}\right]_0^1+\left[\frac{x^2}{2}\right]_1^2=\frac{5}{3}+\frac{3}{2}=\frac{19}{6}$。

5.2.2　定积分的换元积分法和分部积分法

微积分基本公式给出了计算定积分的方法,只要能求出被积函数的一个原函数,再将定积分的上、下限代入,计算其差即可。但在有些情况下,这样运算比较复杂。为此,我们根据不定积分的换元积分法和分部积分法类似地推导出定积分的换元积分法和分部积分法。

1. 定积分的换元积分法

定理 5.2.2　假设函数 $f(x)$ 在区间 $[a,b]$ 上连续,函数 $x=\varphi(t)$ 满足

(1) $\varphi(\alpha)=a,\varphi(\beta)=b$;

(2) $\varphi(t)$ 在 $[\alpha,\beta]$(或 $[\beta,\alpha]$)上具有连续导数,且其值域 $R_\varphi\subset[a,b]$,

则有 $\int_a^b f(x)\mathrm{d}x=\int_\alpha^\beta f[\varphi(t)]\varphi'(t)\mathrm{d}t$。

这个公式叫作**定积分的换元公式**。

在定积分 $\int_a^b f(x)\mathrm{d}x$ 中的 $\mathrm{d}x$,本来是整个定积分记号中不可分割的一部分,但由上述定理可知,在一定条件下,它确实可以作为微分记号来对待。这就是说,应用换元公式时,如果把 $\int_a^b f(x)\mathrm{d}x$ 中的 x 换成 $\varphi(t)$,则 $\mathrm{d}x$ 就换成 $\varphi'(t)\mathrm{d}t$,这正好是 $x=\varphi(t)$ 的微分 $\mathrm{d}x$。

应用换元公式时有两点值得注意:①用 $x=\varphi(t)$ 把原来的变量 x 换成新变量 t 时,积分限也要换成相应于新变量 t 的积分限;②求出 $f[\varphi(t)]\varphi'(t)$ 的一个原函数 $\Phi(t)$ 后,不必像不定积分那样再把 $\Phi(t)$ 变换成原来变量 x 的函数,而只要把新变量 t 的上、下限分别代入 $\Phi(t)$ 中然后相减即可。

换元公式有两种应用的形式。

第一种形式是从左边到右边,即求 $\int_a^b f(x)\mathrm{d}x$ 形式的积分。通过令 $x=\varphi(t)$,且当 $x=a$ 时,$t=\alpha$;当 $x=b$ 时,$t=\beta$。则

$$\int_a^b f(x)\mathrm{d}x=\int_\alpha^\beta f[\varphi(t)]\varphi'(t)\mathrm{d}t。$$

而 $\int_\alpha^\beta f[\varphi(t)]\varphi'(t)\mathrm{d}t$ 可以直接积分。

例 5.2.5　求 $\int_0^a\sqrt{a^2-x^2}\,\mathrm{d}x\quad(a>0)$。

解　设 $x=a\sin t$,则 $\mathrm{d}x=a\cos t\,\mathrm{d}t$,且当 $x=0$ 时,$t=0$;当 $x=a$ 时,$t=\frac{\pi}{2}$。于是

$$\int_0^a \sqrt{a^2-x^2}\,\mathrm{d}x = a^2\int_0^{\frac{\pi}{2}}\cos^2 t\,\mathrm{d}t = \frac{a^2}{2}\int_0^{\frac{\pi}{2}}(1+\cos 2t)\,\mathrm{d}t = \frac{a^2}{2}\left[t+\frac{1}{2}\sin 2t\right]_0^{\frac{\pi}{2}} = \frac{\pi a^2}{4}。$$

例 5.2.6 求 $\int_1^4 \frac{\mathrm{d}x}{x+\sqrt{x}}$。

解 设 $t=\sqrt{x}$，则 $x=t^2$，$\mathrm{d}x=2t\,\mathrm{d}t$，且当 $x=1$ 时，$t=1$；当 $x=4$ 时，$t=2$。于是

$$\int_1^4 \frac{\mathrm{d}x}{x+\sqrt{x}} = \int_1^2 \frac{2t}{t^2+t}\mathrm{d}t = 2\int_1^2 \frac{1}{t+1}\mathrm{d}t = 2[\ln(t+1)]_1^2 = 2(\ln 3-\ln 2)。$$

第二种形式是从右边到左边，即求 $\int_\alpha^\beta f[\varphi(x)]\varphi'(x)\mathrm{d}x$ 形式的积分。通过令 $t=\varphi(x)$，且当 $x=\alpha$ 时，$t=a$；当 $x=\beta$ 时，$t=b$。则

$$\int_\alpha^\beta f[\varphi(x)]\varphi'(x)\mathrm{d}x = \int_a^b f(t)\mathrm{d}t。$$

而 $\int_a^b f(t)\mathrm{d}t$ 可以直接积分。

例 5.2.7 求 $\int_0^{\frac{\pi}{2}} \cos^5 x\sin x\,\mathrm{d}x$。

解 设 $t=\cos x$，则 $\mathrm{d}t=-\sin x\,\mathrm{d}x$，且当 $x=0$ 时，$t=1$；当 $x=\frac{\pi}{2}$ 时，$t=0$。于是

$$\int_0^{\frac{\pi}{2}} \cos^5 x\sin x\,\mathrm{d}x = -\int_1^0 t^5\,\mathrm{d}t = \int_0^1 t^5\,\mathrm{d}t = \left[\frac{t^6}{6}\right]_0^1 = \frac{1}{6}。$$

在例 5.2.7 中，如果不明显地写出新变量 t，那么定积分的上、下限就不要变更。而直接采用凑微分的形式进行计算：

$$\int_0^{\frac{\pi}{2}} \cos^5 x\sin x\,\mathrm{d}x = -\int_0^{\frac{\pi}{2}} \cos^5 x\,\mathrm{d}(\cos x) = -\left[\frac{\cos^6 x}{6}\right]_0^{\frac{\pi}{2}} = -\left(0-\frac{1}{6}\right) = \frac{1}{6}。$$

例 5.2.8 求 $\int_0^2 \frac{x}{(1+x^2)^3}\mathrm{d}x$。

解
$$\int_0^2 \frac{x}{(1+x^2)^3}\mathrm{d}x = \frac{1}{2}\int_0^2 \frac{1}{(1+x^2)^3}\mathrm{d}(x^2) = \frac{1}{2}\int_0^2 \frac{1}{(1+x^2)^3}\mathrm{d}(1+x^2)$$
$$= \frac{1}{2}\left[-\frac{1}{2}(1+x^2)^{-2}\right]_0^2 = \frac{6}{25}。$$

例 5.2.9 设 $f(x)$ 在 $[-a,a]$ 上连续，证明：

(1) 当 $f(x)$ 是偶函数时，有 $\int_{-a}^a f(x)\mathrm{d}x = 2\int_0^a f(x)\mathrm{d}x$；

(2) 当 $f(x)$ 是奇函数时，有 $\int_{-a}^a f(x)\mathrm{d}x = 0$。

证 因为

$$\int_{-a}^a f(x)\mathrm{d}x = \int_{-a}^0 f(x)\mathrm{d}x + \int_0^a f(x)\mathrm{d}x，$$

在积分 $\int_{-a}^0 f(x)\mathrm{d}x$ 中作代换 $x=-t$，可得

$$\int_{-a}^0 f(x)\mathrm{d}x = -\int_a^0 f(-t)\mathrm{d}t = \int_0^a f(-t)\mathrm{d}t = \int_0^a f(-x)\mathrm{d}x，$$

于是

$$\int_{-a}^{a} f(x)\mathrm{d}x = \int_{0}^{a} f(-x)\mathrm{d}x + \int_{0}^{a} f(x)\mathrm{d}x = \int_{0}^{a}[f(x)+f(-x)]\mathrm{d}x。$$

（1）当 $f(x)$ 为偶函数时，$f(x)+f(-x)=2f(x)$，故

$$\int_{-a}^{a} f(x)\mathrm{d}x = 2\int_{0}^{a} f(x)\mathrm{d}x。$$

（2）当 $f(x)$ 为奇函数时，$f(x)+f(-x)=0$，故

$$\int_{-a}^{a} f(x)\mathrm{d}x = 0。$$

2. 定积分的分部积分法

定理 5.2.3　设函数 $u=u(x)$，$v=v(x)$ 在区间 $[a,b]$ 上具有连续导数，则

$$\int_{a}^{b} u(x)v'(x)\mathrm{d}x = [u(x)v(x)]_{a}^{b} - \int_{a}^{b} v(x)u'(x)\mathrm{d}x。$$

简记作

$$\int_{a}^{b} uv'\mathrm{d}x = [uv]_{a}^{b} - \int_{a}^{b} vu'\mathrm{d}x，$$

或

$$\int_{a}^{b} u\mathrm{d}v = [uv]_{a}^{b} - \int_{a}^{b} v\mathrm{d}u。$$

定理5.2.3给出的就是**定积分的分部积分公式**。

例 5.2.10　求 $\int_{0}^{\frac{1}{2}} \arcsin x\,\mathrm{d}x$。

解　设 $u=\arcsin x$，$\mathrm{d}v=\mathrm{d}x$，则 $\mathrm{d}u=\frac{1}{\sqrt{1-x^2}}\mathrm{d}x$，$v=x$，于是

$$\begin{aligned}\int_{0}^{\frac{1}{2}} \arcsin x\,\mathrm{d}x &= [x\arcsin x]_{0}^{\frac{1}{2}} - \int_{0}^{\frac{1}{2}} x\frac{1}{\sqrt{1-x^2}}\mathrm{d}x \\ &= \frac{1}{2}\arcsin\frac{1}{2} + \frac{1}{2}\int_{0}^{\frac{1}{2}} \frac{1}{\sqrt{1-x^2}}\mathrm{d}(1-x^2) \\ &= \frac{1}{2}\cdot\frac{\pi}{6} + [\sqrt{1-x^2}]_{0}^{\frac{1}{2}} = \frac{\pi}{12} + \frac{\sqrt{3}}{2} - 1。\end{aligned}$$

例 5.2.11　求 $\int_{1}^{\mathrm{e}} x\ln x\,\mathrm{d}x$。

解　设 $u=\ln x$，$\mathrm{d}v=x\mathrm{d}x$，则 $\mathrm{d}u=\frac{1}{x}\mathrm{d}x$，$v=\frac{x^2}{2}$，于是

$$\int_{1}^{\mathrm{e}} x\ln x\,\mathrm{d}x = \int_{1}^{\mathrm{e}} \ln x\,\mathrm{d}\frac{x^2}{2} = \left[\frac{x^2}{2}\ln x\right]_{1}^{\mathrm{e}} - \int_{1}^{\mathrm{e}} \frac{x^2}{2}\cdot\frac{1}{x}\mathrm{d}x = \frac{\mathrm{e}^2}{2} - \left[\frac{x^2}{4}\right]_{1}^{\mathrm{e}} = \frac{\mathrm{e}^2+1}{4}。$$

例 5.2.12　求 $\int_{0}^{1} \mathrm{e}^{\sqrt{x}}\mathrm{d}x$。

解　先用换元法。令 $\sqrt{x}=t$，则 $x=t^2$，$\mathrm{d}x=2t\mathrm{d}t$，且当 $x=0$ 时，$t=0$；当 $x=1$ 时，$t=1$。于是

$$\int_{0}^{1} \mathrm{e}^{\sqrt{x}}\mathrm{d}x = 2\int_{0}^{1} t\mathrm{e}^{t}\mathrm{d}t = 2\int_{0}^{1} t\,\mathrm{d}\mathrm{e}^{t} = 2[t\mathrm{e}^{t}]_{0}^{1} - 2\int_{0}^{1} \mathrm{e}^{t}\mathrm{d}t = 2\mathrm{e} - 2(\mathrm{e}-1) = 2。$$

5.3 定积分的几何应用

定积分在实际问题中有着广泛的应用，本节仅介绍它在几何方面的一些应用，其目的不仅仅在于建立计算这些几何量的公式，更重要的还在于介绍运用元素法将一个量表达成为定积分的分析方法。

5.3.1 定积分的元素法

一般地，如果某一实际问题中的所求量 U 符合下列条件：

(1) U 是一个与变量 x 的变化区间 $[a,b]$ 有关的量；

(2) U 对于区间 $[a,b]$ 具有可加性。就是说，如果把区间 $[a,b]$ 分成 n 个部分区间 $\Delta x_i(i=1,2,\cdots,n)$，则 U 相应地分成了 n 个部分量 $\Delta U_i(i=1,2,\cdots,n)$，并且有 $U=\sum\limits_{i=1}^{n}\Delta U_i$；

(3) 部分量 ΔU_i 可近似地表示成 $f(\xi_i)\Delta x_i$。

那么，就可考虑用定积分来表达和计算这个量 U。通常写出这个量 U 的积分表达式的步骤如下：

(1) 根据问题的具体情况，选取一个变量如 x 为积分变量，并确定它的变化区间 $[a,b]$。

(2) 设想将区间 $[a,b]$ 分成若干个小区间，取其中的任一小区间 $[x,x+\mathrm{d}x]$，求出它所对应的部分量 ΔU 的近似值。如果 ΔU 能够近似地表示为区间 $[a,b]$ 上的一个连续函数在 x 处的值 $f(x)$ 与 $\mathrm{d}x$ 的乘积，即

$$\Delta U\approx f(x)\mathrm{d}x,\quad \Delta U-f(x)\mathrm{d}x=o(\mathrm{d}x),$$

则称 $f(x)\mathrm{d}x$ 为量 U 的元素，记作 $\mathrm{d}U$，即

$$\mathrm{d}U=f(x)\mathrm{d}x。$$

(3) 以所求量 U 的元素 $f(x)\mathrm{d}x$ 作被积表达式，在区间 $[a,b]$ 上作定积分，得

$$U=\int_a^b f(x)\mathrm{d}x。$$

这个方法叫作**元素法**，其实质是找出 U 的元素 $\mathrm{d}U$ 的微分表达式

$$\mathrm{d}U=f(x)\mathrm{d}x,\quad a\leqslant x\leqslant b,$$

因此，这个方法也称为**微元法**。

5.3.2 平面图形的面积

前面我们已经解决了曲边梯形面积的计算问题，即由曲线 $y=f(x)(f(x)\geqslant 0)$ 及直线 $x=a,x=b(a<b)$ 与 x 轴所围成的曲边梯形面积为

$$A=\int_a^b f(x)\mathrm{d}x,$$

其中被积表达式 $f(x)\mathrm{d}x$ 就是直角坐标系下面的面积元素，记作 $\mathrm{d}A=f(x)\mathrm{d}x$。它表示高为 $f(x)$、底为 $\mathrm{d}x$ 的一个矩形面积，如图 5-4 所示。

下面讨论一般情形。

如果一个平面图形由连续曲线 $y=f(x)$、$y=g(x)$ 及直线 $x=a$、$x=b$ 所围成，并且在 $[a,b]$ 上 $f(x)\geqslant g(x)$，如图 5-5 所示，那么这块图形的面积为

$$A=\int_a^b f(x)\mathrm{d}x-\int_a^b g(x)\mathrm{d}x=\int_a^b [f(x)-g(x)]\mathrm{d}x,$$

其中 $[f(x)-g(x)]\mathrm{d}x$ 为面积元素。

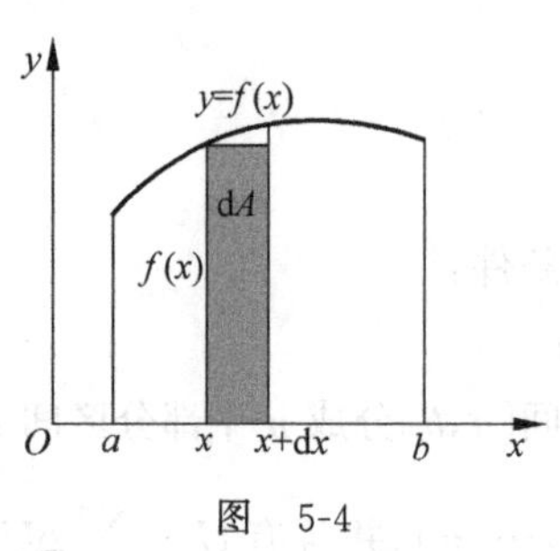

图　5-4

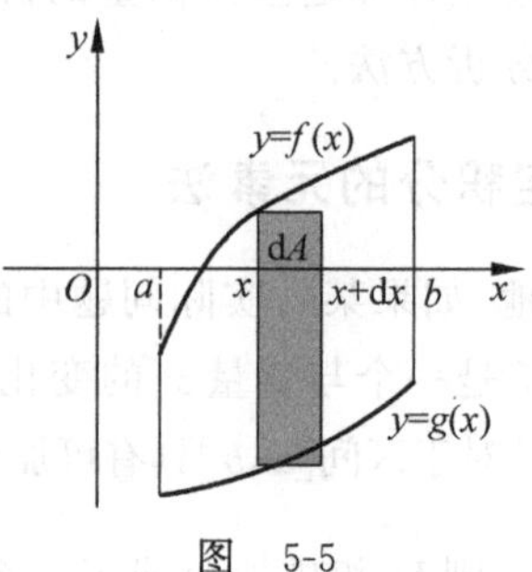

图　5-5

类似地，如果平面图形由连续曲线 $x=\varphi(y)$、$x=\psi(y)$ 及直线 $y=c$、$y=d$ 所围成，并且在 $[c,d]$ 上 $\varphi(y)\geqslant\psi(y)$，如图 5-6 所示，那么这块图形的面积为

$$A=\int_c^d [\varphi(y)-\psi(y)]\mathrm{d}y,$$

其中 $[\varphi(y)-\psi(y)]\mathrm{d}y$ 为面积元素。

例 5.3.1　计算由两条抛物线：$y^2=x$、$y=x^2$ 所围成图形的面积。

解　这两条抛物线所围成的图形如图 5-7 所示。解方程组

$$\begin{cases} y^2=x, \\ y=x^2 \end{cases}$$

得这两条曲线的交点 $(0,0)$ 和 $(1,1)$。

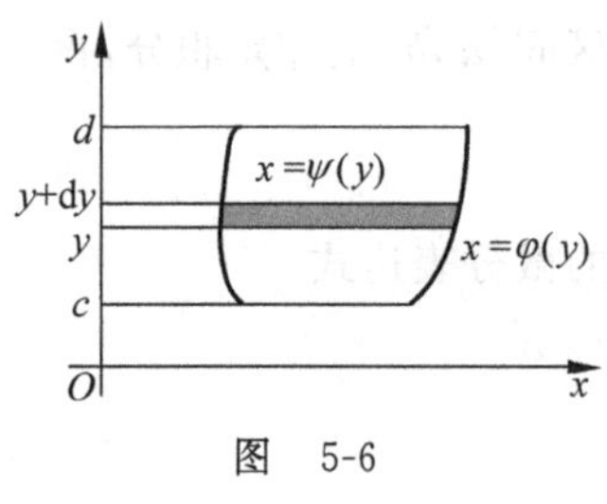

图　5-6

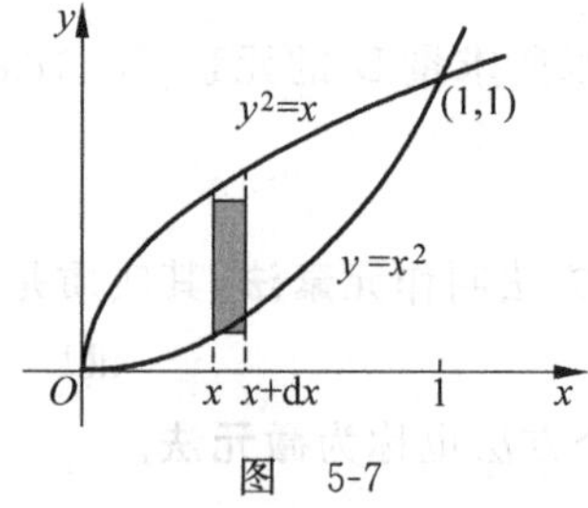

图　5-7

取 x 为积分变量，在区间 $[0,1]$ 上曲线 $y=\sqrt{x}$ 在曲线 $y=x^2$ 上方。相应于 $[0,1]$ 上的任一小区间 $[x,x+\mathrm{d}x]$ 的窄曲边梯形的面积近似于高为 $\sqrt{x}-x^2$、底为 $\mathrm{d}x$ 的窄矩形的面积。从而得到面积元素

$$\mathrm{d}A=(\sqrt{x}-x^2)\mathrm{d}x。$$

故所求的面积为

$$A=\int_0^1 [\sqrt{x}-x^2]\mathrm{d}x=\left[\frac{2}{3}x^{\frac{3}{2}}-\frac{x^3}{3}\right]_0^1=\frac{1}{3}。$$

例 5.3.2　计算抛物线 $y^2=2x$ 与直线 $y=x-4$ 所围成的图形面积。

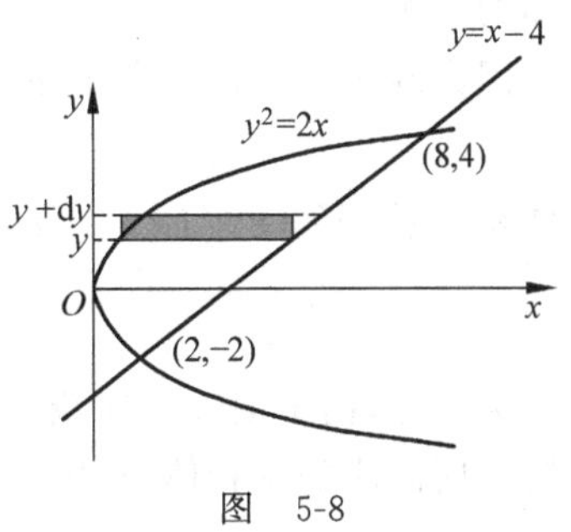

图　5-8

解　这两条曲线所围成的图形如图 5-8 所示。解方程组

$$\begin{cases} y^2=2x, \\ y=x-4 \end{cases}$$

得这两条曲线的交点(2,−2)和(8,4)。

方法 1　取 y 为积分变量，在区间[−2,4]上直线 $x=4+y$ 在抛物线 $x=\frac{y^2}{2}$ 的右边。相应于[−2,4]上的任一小区间$[y,y+\mathrm{d}y]$的窄曲边梯形的面积近似于高为 $y+4-\frac{y^2}{2}$、底为 $\mathrm{d}y$ 的窄矩形的面积。从而得到面积元素

$$\mathrm{d}A=\left(y+4-\frac{y^2}{2}\right)\mathrm{d}y。$$

故所求的面积为

$$A=\int_{-2}^{4}\left[y+4-\frac{y^2}{2}\right]\mathrm{d}y=\left[\frac{1}{2}y^2+4y-\frac{y^3}{6}\right]_{-2}^{4}=18。$$

方法 2　如果取 x 为积分变量，x 的变化区间为[0,8]。在 $0\leqslant x\leqslant 2$ 上，面积元素为

$$\mathrm{d}A=[\sqrt{2x}-(-\sqrt{2x})]\mathrm{d}x=2\sqrt{2x}\,\mathrm{d}x；$$

在 $2\leqslant x\leqslant 8$ 上，面积元素为

$$\mathrm{d}A=[\sqrt{2x}-(x-4)]\mathrm{d}x=(4+\sqrt{2x}-x)\mathrm{d}x。$$

故所求的面积为

$$A=\int_0^2 2\sqrt{2x}\,\mathrm{d}x+\int_2^8[4+\sqrt{2x}-x]\mathrm{d}x=\frac{4\sqrt{2}}{3}x^{\frac{3}{2}}\Bigg|_0^2+\left[4x+\frac{2\sqrt{2}}{3}x^{\frac{3}{2}}-\frac{1}{2}x^2\right]_2^8$$
$$=18。$$

显然，在同一问题中，有时可以选取不同的积分变量来进行计算，但选择的积分变量不同，计算积分的难易程度往往不同。因此在解决定积分应用问题时，应注意把积分变量选得合适，使列出的积分容易计算。

5.3.3　旋转体的体积

旋转体是由一个平面图形绕该平面内的一条定直线旋转一周而形成的立体。该定直线称为**旋转轴**。如圆柱、圆锥、圆台、球体它们分别可以看成是由矩形绕它的一条边、直角三角形绕它的直角边、直角梯形绕它的直角腰、半圆绕它的直径旋转一周而成的立体，所以它们都是旋转体。

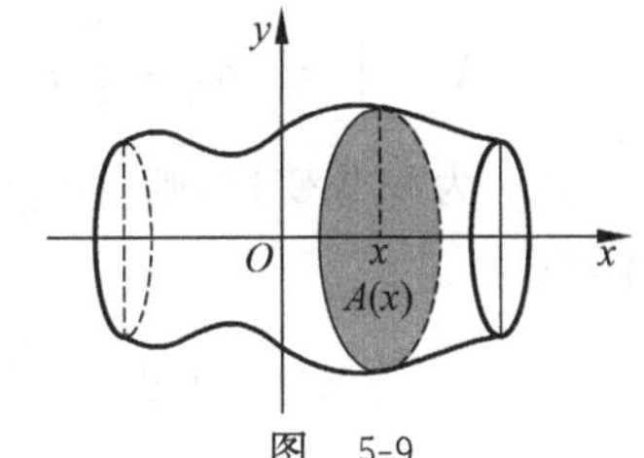

图　5-9

旋转体都可以看作是由连续曲线 $y=f(x)$、直线 $x=a$，$x=b$ 及 x 轴所围成的曲边梯形绕 x 轴旋转一周而生成的立体，如图 5-9 所示。下面我们就用定积分来计算这种旋

转体的体积。

因为旋转体在任一点 $x(a\leqslant x\leqslant b)$ 处垂直于 x 轴的截面面积为

$$A(x)=\pi y^2=\pi[f(x)]^2,$$

则体积元素 $\mathrm{d}V=\pi[f(x)]^2\mathrm{d}x$，于是所求旋转体的体积为

$$V=\int_a^b A(x)\mathrm{d}x=\int_a^b \pi[f(x)]^2\mathrm{d}x。$$

类似地，由平面连续曲线 $x=\varphi(y)$、直线 $y=c$，$y=d$ 及 y 轴所围成的曲边梯形绕 y 轴旋转一周而成的旋转体(见图 5-10)的体积为

$$V=\int_c^d \pi[\varphi(y)]^2\mathrm{d}y。$$

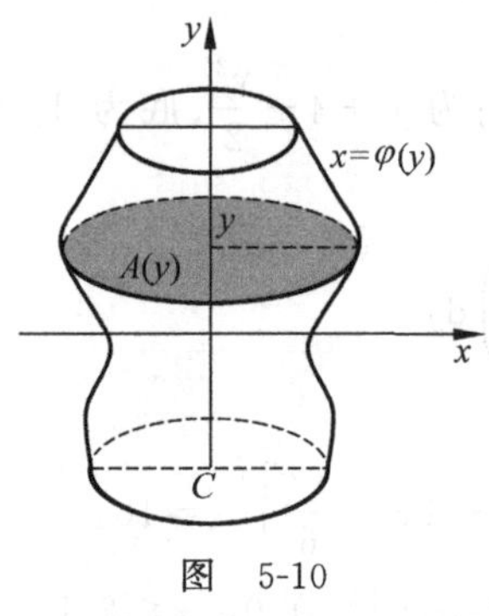

图　5-10

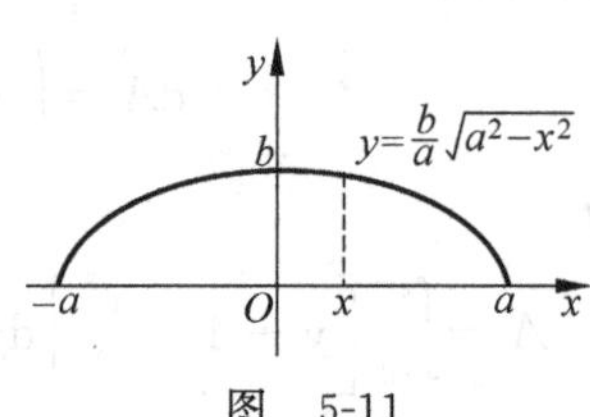

图　5-11

例 5.3.3　计算由椭圆 $\frac{x^2}{a^2}+\frac{y^2}{b^2}=1$ 所围成的图形绕 x 轴旋转一周而成的旋转体(叫作**旋转椭球体**)的体积。

解　这个旋转体可看作是由上半个椭圆

$$y=\frac{b}{a}\sqrt{a^2-x^2}$$

及 x 轴所围成的图形(见图 5-11)绕 x 轴旋转一周所生成的立体。于是所求旋转椭球体的体积为

$$V=\int_{-a}^{a}\pi y^2\mathrm{d}x=\frac{\pi b^2}{a^2}\int_{-a}^{a}(a^2-x^2)\mathrm{d}x=\frac{4}{3}\pi ab^2。$$

例 5.3.4　求由抛物线 $y=x^2$ 及直线 $y=x$ 所围成的平面图形分别绕 x 轴和 y 轴旋转一周所生成的立体的体积。

解　取 x 为积分变量，则 $x\in[0,1]$，如图 5-12 所示。于是图形绕 x 轴旋转一周所成旋转体的体积为

$$V=\int_0^1\pi x^2\mathrm{d}x-\int_0^1\pi(x^2)^2\mathrm{d}x=\pi\int_0^1(x^2-x^4)\mathrm{d}x=\pi\left[\frac{x^3}{3}-\frac{x^5}{5}\right]_0^1=\frac{2\pi}{15}。$$

取 y 为积分变量，则 $y\in[0,1]$，如图 5-13 所示。于是图形绕 y 轴旋转一周所成旋转体的体积为

$$V=\int_0^1\pi(\sqrt{y})^2\mathrm{d}y-\int_0^1\pi(y)^2\mathrm{d}y=\pi\int_0^1(y-y^2)\mathrm{d}y=\pi\left[\frac{y^2}{2}-\frac{y^3}{3}\right]_0^1=\frac{\pi}{6}。$$

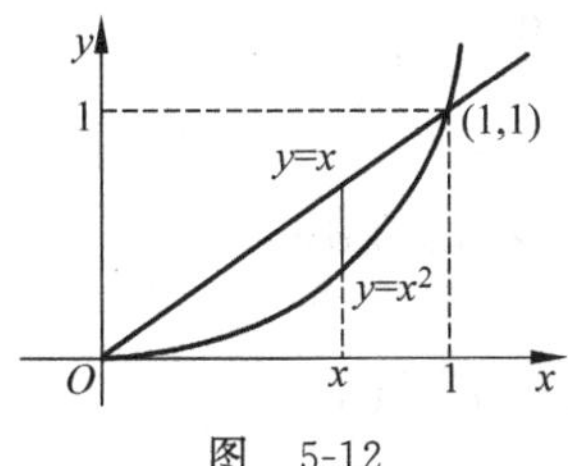

图　5-12

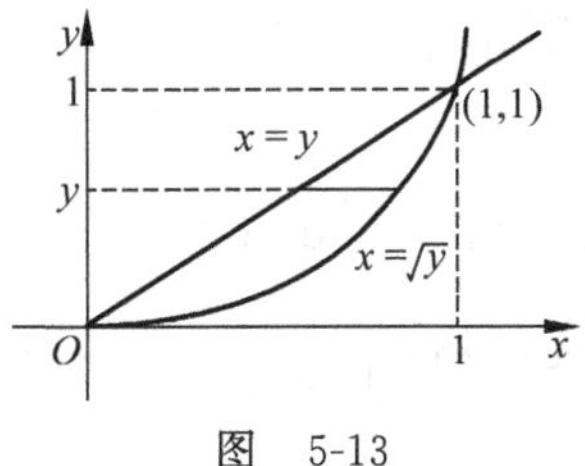

图　5-13

习　题　5

(A)

1. $f(x)$在$[a,b]$上有界是$\int_a^b f(x)\mathrm{d}x$ 存在的________条件，而 $f(x)$在$[a,b]$上连续是$\int_a^b f(x)\mathrm{d}x$ 存在的________条件。

2. 利用定积分的几何意义写出下列定积分的值：

(1) $\int_0^2 x\,\mathrm{d}x =$________；　　(2) $\int_0^a \sqrt{a^2-x^2}\,\mathrm{d}x =$________；

(3) $\int_{-\frac{\pi}{2}}^{\frac{\pi}{2}} \sin x\,\mathrm{d}x =$________；　　(4) $\int_{-1}^{1} \arctan x\,\mathrm{d}x =$________。

3. 比较下列积分值的大小(用等号或不等号表示)：

(1) $\int_0^1 x\,\mathrm{d}x$ ________ $\int_0^1 x^2\,\mathrm{d}x$；　　(2) $\int_2^3 x^2\,\mathrm{d}x$ ________ $\int_2^3 x^3\,\mathrm{d}x$；

(3) $\int_1^{\mathrm{e}} (\ln x)^2\,\mathrm{d}x$ ________ $\int_1^{\mathrm{e}} (\ln x)^3\,\mathrm{d}x$；　　(4) $\int_0^1 \mathrm{e}^x\,\mathrm{d}x$ ________ $\int_0^1 (1+x)\,\mathrm{d}x$。

4. 计算下列定积分：

(1) $\int_{-1}^{3} (3x^2-2x+1)\,\mathrm{d}x$；　　(2) $\int_1^2 \left(x^2+\frac{1}{x^4}\right)\mathrm{d}x$；

(3) $\int_{-\frac{1}{2}}^{\frac{1}{2}} \frac{1}{\sqrt{1-x^2}}\,\mathrm{d}x$；　　(4) $\int_0^{\frac{\pi}{4}} \tan^2\theta\,\mathrm{d}\theta$；

(5) $\int_0^{2\pi} |\sin x|\,\mathrm{d}x$；　　(6) $\int_0^2 |1-x|\,\mathrm{d}x$；

(7) $\int_{\frac{1}{\sqrt{3}}}^{\sqrt{3}} \frac{1}{1+x^2}\,\mathrm{d}x$；　　(8) $\int_{-\mathrm{e}^{-1}}^{-2} \frac{1}{1+x}\,\mathrm{d}x$。

5. 计算下列定积分：

(1) $\int_{\frac{\pi}{3}}^{\pi} \sin\left(x-\frac{\pi}{3}\right)\mathrm{d}x$；　　(2) $\int_{\frac{\pi}{6}}^{\frac{\pi}{2}} \cos^2 x\,\mathrm{d}x$；

(3) $\int_1^4 \frac{1}{1+\sqrt{x}}\,\mathrm{d}x$；　　(4) $\int_0^{\pi} (1-\sin^3\theta)\,\mathrm{d}\theta$；

(5) $\int_1^2 \frac{e^{\frac{1}{x}}}{x^2}dx$；　(6) $\int_{-1}^1 \frac{x\,dx}{\sqrt{5-4x}}$；

(7) $\int_0^2 x^2\sqrt{4-x^2}\,dx$；　(8) $\int_0^{\frac{\pi}{2}} \sin^3 x\cdot\cos^3 x\,dx$；

(9) $\int_1^e \frac{1+\ln x}{x}dx$；　(10) $\int_0^{\sqrt{2}} \sqrt{2-x^2}\,dx$；

(11) $\int_{-1}^1 (x+|x|)^2 dx$；　(12) $\int_1^e \ln x\,dx$；

(13) $\int_0^{\sqrt{\ln 2}} x^3 e^{x^2} dx$；　(14) $\int_{\frac{1}{e}}^e |\ln x|\,dx$。

6. 求下列平面图形的面积：

(1) 求曲线 $y=\frac{1}{x}$ 与直线 $y=x$ 及 $x=2$ 所围图形的面积；

(2) 求曲线 $y=\ln x$，y 轴与直线 $y=\ln a$，$y=\ln b(b>a>0)$ 所围图形的面积；

(3) 求抛物线 $y^2=2px$ 及其在 $\left(\frac{p}{2},p\right)(p>0)$ 的法线所围图形的面积；

(4) 求抛物线 $y=-x^2+4x-3$ 及其在点 $(0,-3)$ 和 $(3,0)$ 处的切线所围图形的面积。

7. 过点 $P(1,0)$ 作抛物线 $y=\sqrt{x-2}$ 的切线，该切线与上述抛物线及 x 轴围成一平面图形，求此图形绕 x 轴旋转一周所成旋转体的体积。

8. 求曲线 $y=x^2-2x$，$y=0$，$x=1$，$x=3$ 所围成的平面图形的面积 S，并求该平面图形绕 y 轴旋转一周所得的旋转体的体积 V。

(B)

1. 设 $f\left(x+\frac{1}{x}\right)=\frac{x+x^3}{1+x^4}$，计算定积分 $\int_2^{2\sqrt{2}} f(x)dx$。

2. 设 $f(x)$ 是周期为 2 的连续函数。

(1) 证明对任意实数 t，有 $\int_t^{t+2} f(x)dx=\int_0^2 f(x)dx$；

(2) 证明 $G(x)=\int_0^x\left[2f(t)-\int_t^{t+2} f(s)ds\right]dt$ 是周期为 2 的周期函数。

3. 使不等式 $\int_1^x \frac{\sin x}{t}dt>\ln x$ 成立的 x 的范围是(　　)。

A. $(0,1)$　　B. $(1,\frac{\pi}{2})$　　C. $(\frac{\pi}{2},\pi)$　　D. $(\pi,+\infty)$

4. 设可导函数 $y=y(x)$ 由方程 $\int_0^{x+y} e^{-t^2}dt=\int_0^x x\sin t^2 dt$ 确定，计算 $\left.\frac{dy}{dx}\right|_{x=0}$。

5. 设位于曲线 $y=\frac{1}{\sqrt{x(1+\ln^2 x)}}(e\leqslant x<+\infty)$ 下方，x 轴上方的无界区域为 G，计算 G 绕 x 轴旋转一周所得空间区域的体积。

第 6 章 微 分 方 程

由牛顿和莱布尼茨创立的微积分，是人类科学史上划时代的重大发现。微积分研究的对象是函数关系，但在实际问题中，往往很难直接得到所研究的变量之间的函数关系，却比较容易建立起这些变量与它们的导数或微分之间的联系，从而得到一个关于未知函数的导数或微分的方程，即微分方程。物理、化学、生物、工程、航空航天、医学、经济和金融领域中的许多问题一旦加以精确的数学描述，往往会出现微分方程，如牛顿运动定律、万有引力定律、能量守恒定律、人口发展规律、生态种群竞争、疾病传染、遗传基因变异、股票的涨幅趋势、利率的浮动、市场均衡价格的变化等，对这些规律的描述、认识和分析就归结为对相应的微分方程描述的数学模型的研究。本章我们主要介绍微分方程的一些基本概念，几种常用的微分方程的求解方法以及线性微分方程解的理论。

6.1 微分方程的基本概念

一般地，含有未知函数及未知函数的导数或微分的方程称为**微分方程**。未知函数是一元函数的微分方程称为**常微分方程**。方程中出现的未知函数导数的最高阶数，称为该**微分方程的阶**。

例如，$\frac{\mathrm{d}y}{\mathrm{d}x}=2xy$ 就是一个一阶的常微分方程；而方程 $\frac{\mathrm{d}^2 y}{\mathrm{d}x^2}+3\frac{\mathrm{d}y}{\mathrm{d}x}+5y=0$ 则是二阶的常微分方程。

为了介绍微分方程解的相关概念，让我们一起先看下面的几个例子。

例 6.1.1 一条曲线通过点(0,1)，且在该曲线上任一点 $M(x,y)$ 处的切线的斜率为 x^2，求这条曲线的方程。

解 设曲线方程为 $y=y(x)$。由导数的几何意义可知函数 $y=y(x)$ 满足

$$\frac{\mathrm{d}y}{\mathrm{d}x}=x^2, \tag{6.1.1}$$

同时还满足以下条件：

$$x=0 \text{ 时}, \quad y=1。 \tag{6.1.2}$$

把式(6.1.1)两端积分，得

$$y=\int x^2\mathrm{d}x, \quad \text{即} \quad y=\frac{1}{3}x^3+C。 \tag{6.1.3}$$

其中 C 是任意常数。

把条件式(6.1.2)代入式(6.1.3)，得

$$C=1,$$

由此解出 C 并代入式(6.1.3)，得到所求曲线方程：

$$y=\frac{1}{3}x^3+1。 \tag{6.1.4}$$

由前面的例子我们看到，在研究某些实际问题时，首先要建立微分方程，然后找出满足微分方程的函数，就是说，找出这样的函数，把函数代入微分方程能使该方程成为恒等式。这个函数就叫作该**微分方程的解**。例如，函数(6.1.3)和函数(6.1.4)都是微分方程(6.1.1)的解。

如果微分方程的解中含有任意常数，且任意常数的个数与微分方程的阶数相同，这样的解叫作**微分方程的通解**。例如，函数(6.1.3)是方程(6.1.1)的解，它含有一个任意常数，而方程(6.1.1)是一阶的，所以函数(6.1.3)是方程(6.1.1)的通解。

由于通解中含有任意常数，所以它还不能完全确定地反映某一客观事物的规律性，必须确定这些常数的值。为此，要根据问题的实际情况提出确定这些常数的条件。例如例 6.1.1 中的条件(6.1.2)。这类附加条件称为**初始条件**，也称为**定解条件**。

一般地，一阶微分方程 $y'=f(x,y)$ 的初始条件为

$$y\Big|_{x=x_0}=y_0,$$

其中，x_0，y_0 都是给定的值。

如果微分方程是二阶的，通常用来确定任意常数的条件是：

$$y\Big|_{x=x_0}=y_0,\quad y'\Big|_{x=x_0}=y_1,$$

其中，x_0，y_0 和 y_1 都是给定的值。

确定了通解中的任意常数以后，就得到了**微分方程的特解**。例如，式(6.1.4)就是方程(6.1.1)满足条件(6.1.2)的特解。

求微分方程 $y'=f(x,y)$ 满足初始条件 $y|_{x=x_0}=y_0$ 的特解这样一个问题，叫作一阶微分方程的**初值问题**，记作

$$\begin{cases}y'=f(x,y),\\ y\Big|_{x=x_0}=y_0。\end{cases}\tag{6.1.5}$$

微分方程的解的图形是一条曲线，叫作**微分方程的积分曲线**。初值问题(6.1.5)的几何意义是求微分方程的通过点(x_0,y_0)的那条积分曲线。

例 6.1.2　验证：函数

$$y=C_1\mathrm{e}^{\lambda_1 x}+C_2\mathrm{e}^{\lambda_2 x}\tag{6.1.6}$$

是微分方程

$$y''-(\lambda_1+\lambda_2)y'+\lambda_1\lambda_2 y=0\tag{6.1.7}$$

的解。

解　求出所给函数(6.1.6)的导数

$$y'=C_1\lambda_1\mathrm{e}^{\lambda_1 x}+C_2\lambda_2\mathrm{e}^{\lambda_2 x},$$
$$y''=C_1\lambda_1^2\mathrm{e}^{\lambda_1 x}+C_2\lambda_2^2\mathrm{e}^{\lambda_2 x}。$$

把 y，y'及 y''的表达式代入方程(6。1。7)得

$$(C_1\lambda_1^2\mathrm{e}^{\lambda_1 x}+C_2\lambda_2^2\mathrm{e}^{\lambda_2 x})-(\lambda_1+\lambda_2)(C_1\lambda_1\mathrm{e}^{\lambda_1 x}+C_2\lambda_2\mathrm{e}^{\lambda_2 x})+\lambda_1\lambda_2(C_1\mathrm{e}^{\lambda_1 x}+C_2\mathrm{e}^{\lambda_2 x})\equiv 0。$$

函数(6.1.6)及其导数代入方程(6.1.7)后成为一个恒等式，因此函数(6.1.6)是微分方程(6.1.7)的解。

6.2 一阶微分方程

在本节中，我们将讨论一阶常微分方程

$$F(x,y,y')=0$$

的解法。如果方程中的函数比较复杂，那么通常情况下没办法写出其解 $y(x)$ 的表达式，只有一些特殊形式的一阶常微分方程才可以写出解的表达式。下面介绍其中的两类。

6.2.1 可分离变量的微分方程

如果一个一阶微分方程能化成

$$\frac{dy}{dx}=f(x)\varphi(y)$$

的形式，即

$$\frac{1}{\varphi(y)}dy=f(x)dx, \quad \varphi(y)\neq 0, \tag{6.2.1}$$

也就是说，若原方程可以化成一端是 y 的函数乘以 dy，另一端是 x 的函数乘以 dx 的形式，则原方程就称为**可分离变量的微分方程**，其中 $f(x)$ 和 $\varphi(y)$ 都是连续函数，根据这种方程的特点，我们可以通过积分来求解，即对式(6.2.1)两端积分，可得

$$\int\frac{1}{\varphi(y)}dy=\int f(x)dx。$$

如果 $\varphi(y_0)=0$，则易知 $y=y_0$ 也是方程(6.2.1)的解。

上述求解可分离变量的方程的方法称为**分离变量法**。

例 6.2.1 求微分方程 $\frac{dy}{dx}=2xy$ 的通解。

解 该方程是可分离变量的微分方程，当 $y\neq 0$ 时，分离变量得

$$\frac{1}{y}dy=2x\,dx,$$

两端积分得

$$\int\frac{1}{y}dy=\int 2x\,dx,$$

$$\ln|y|=x^2+C_1,$$

即

$$y=\pm e^{x^2+C_1}=\pm e^{C_1}\cdot e^{x^2}=Ce^{x^2},$$

其中 $C=\pm e^{C_1}$。可以验证函数 $y=Ce^{x^2}$ 即是所求方程的通解(C 可以看作任意常数，$C=0$ 时对应解 $y=0$)。

以后为了运算方便，把 $\ln|y|$ 写成 $\ln y$，于是以上解答过程可以简写为

$$\ln y=x^2+\ln C,$$

这里 $\ln C$ 是一个形式记号，化简得

$$y=Ce^{x^2},$$

其中 C 为任意常数。

例 6.2.2 求微分方程 $(1+y^2)\mathrm{d}x-xy(1+x^2)\mathrm{d}y=0$ 满足初始条件 $y(1)=2$ 的特解。

解 分离变量得

$$\frac{y}{1+y^2}\mathrm{d}y=\frac{1}{x(1+x^2)}\mathrm{d}x,$$

即

$$\frac{y}{1+y^2}\mathrm{d}y=\left(\frac{1}{x}-\frac{x}{1+x^2}\right)\mathrm{d}x。$$

两端积分得

$$\frac{1}{2}\ln(1+y^2)=\ln x-\frac{1}{2}\ln(1+x^2)+\frac{1}{2}\ln C,$$

$$\ln[(1+x^2)(1+y^2)]=\ln(Cx^2)。$$

因此,通解为

$$(1+x^2)(1+y^2)=Cx^2,$$

其中 C 为任意常数。

把初始条件 $y(1)=2$ 代入通解,可得 $C=10$。故所求特解为

$$(1+x^2)(1+y^2)=10x^2。$$

例 6.2.3 求微分方程 $\dfrac{\mathrm{d}y}{\mathrm{d}x}=\dfrac{\sqrt{1-y^2}}{\sqrt{1-x^2}}$ 的通解。

解 这是可分离变量的微分方程,分离变量得

$$\frac{\mathrm{d}y}{\sqrt{1-y^2}}=\frac{\mathrm{d}x}{\sqrt{1-x^2}}。$$

两端积分得所求通解为 $\arcsin y=\arcsin x+C$。

注 *以后在解微分方程时,常用任意常数 C 代替任意常数 $\ln C,\pm \mathrm{e}^C,\cdots$,也常在开始时就把任意常数 C 记为 $\ln C,\pm \mathrm{e}^C,\cdots$,这样修改常数是为了使推导过程或结果更简洁。*

6.2.2 一阶线性微分方程

形如

$$\frac{\mathrm{d}y}{\mathrm{d}x}+P(x)y=Q(x) \tag{6.2.2}$$

的微分方程称为**一阶线性微分方程**。它的特点是:方程中出现的未知函数 y 及其导数都是一次的。当 $Q(x)\equiv 0$ 时,方程(6.2.2)变为

$$\frac{\mathrm{d}y}{\mathrm{d}x}+P(x)y=0, \tag{6.2.3}$$

称该方程为方程(6.2.2)对应的**齐次线性微分方程**。如果 $Q(x)$ 不恒为零,则称方程(6.2.2)为**非齐次线性微分方程**。显然,方程(6.2.3)是可分离变量的方程,分离变量后得

$$\frac{\mathrm{d}y}{y}=-P(x)\mathrm{d}x,$$

两端积分得

$$\ln y=-\int P(x)\mathrm{d}x+\ln C。$$

故方程(6.2.2)对应的齐次线性微分方程(6.2.3)的通解是

$$y=C\mathrm{e}^{-\int P(x)\mathrm{d}x}。\tag{6.2.4}$$

现在我们利用常数变易法来求非齐次线性微分方程(6.2.2)的通解,该方法是把齐次线性方程(6.2.3)的通解(6.2.4)中的任意常数 C 看作 x 的未知函数 $C(x)$,即设方程(6.2.2)的解为

$$y=C(x)\mathrm{e}^{-\int P(x)\mathrm{d}x},\tag{6.2.5}$$

于是可得

$$\frac{\mathrm{d}y}{\mathrm{d}x}=C'(x)\mathrm{e}^{-\int P(x)\mathrm{d}x}-C(x)P(x)\mathrm{e}^{-\int P(x)\mathrm{d}x}。$$

把以上两式代入方程(6.2.2)得到 $C'(x)\mathrm{e}^{-\int P(x)\mathrm{d}x}=Q(x)$,即

$$C'(x)=Q(x)\mathrm{e}^{\int P(x)\mathrm{d}x},$$

两端积分得

$$C(x)=\int Q(x)\mathrm{e}^{\int P(x)\mathrm{d}x}\mathrm{d}x+C。$$

把上式再代入式(6.2.5)得非齐次方程(6.2.2)的通解为

$$y=\mathrm{e}^{-\int P(x)\mathrm{d}x}\left(\int Q(x)\mathrm{e}^{\int P(x)\mathrm{d}x}\mathrm{d}x+C\right),\tag{6.2.6}$$

或

$$y=C\mathrm{e}^{-\int P(x)\mathrm{d}x}+\mathrm{e}^{-\int P(x)\mathrm{d}x}\int Q(x)\mathrm{e}^{\int P(x)\mathrm{d}x}\mathrm{d}x。$$

上式右端第一项(含有一个任意常数)是与式(6.2.2)对应的齐次线性微分方程(6.2.3)的通解;而第二项(不含任意常数)是非齐次线性微分方程(6.2.2)的一个特解($C=0$ 时)。由此可知:**一阶非齐次线性微分方程的通解等于对应的齐次线性微分方程的通解与非齐次线性微分方程的一个特解之和。**

例 6.2.4 求解微分方程

$$y'-y\cot x=2x\sin x。$$

解法 1(常数变易法) 对应齐次方程为

$$y'-y\cot x=0,$$

分离变量得

$$\frac{1}{y}\mathrm{d}y=\cot x\mathrm{d}x,$$

两端积分得齐次方程的通解

$$y=C\mathrm{e}^{\int\cot x\mathrm{d}x}=C\mathrm{e}^{\ln\sin x}=C\sin x。$$

用常数变易法,设原方程的解为 $y=C(x)\sin x$,则

$$y'=C'(x)\sin x+C(x)\cos x,$$

代入原非齐次方程,得 $C'(x)=2x$。两端积分,得

$$C(x)=x^2+C,$$

故所求通解为

$$y=(x^2+C)\sin x。$$

解法2(公式法)　由于

$$P(x)=-\cot x,\quad Q(x)=2x\sin x,$$

故由式(6.2.6)得

$$\begin{aligned}y&=\mathrm{e}^{\int\cot x\mathrm{d}x}\left(\int 2x\sin x\cdot\mathrm{e}^{-\int\cot x\mathrm{d}x}\mathrm{d}x+C\right)\\&=\mathrm{e}^{\ln\sin x}\left(\int 2x\sin x\cdot\mathrm{e}^{-\ln\sin x}\mathrm{d}x+C\right)\\&=\sin x\left(\int 2x\sin x\cdot\frac{1}{\sin x}\mathrm{d}x+C\right)\\&=(x^2+C)\sin x。\end{aligned}$$

例6.2.5　求方程 $xy'+y=\cos x$,满足初始条件 $y\big|_{x=\pi}=1$ 的特解。

解　利用常数变易法求解。将所给方程改写为

$$y'+\frac{1}{x}y=\frac{1}{x}\cos x,$$

求得与其对应的齐次线性方程的通解为 $y=\frac{C}{x}$。

设所给非齐次线性方程的通解为 $y=\frac{C(x)}{x}$,则有

$$y'=\frac{xC'(x)-C(x)}{x^2}。$$

将 y 及 y' 代入非齐次线性方程,得

$$\frac{C'(x)}{x}=\frac{1}{x}\cos x,$$

于是,有

$$C(x)=\int\cos x\,\mathrm{d}x=\sin x+C,$$

因此,原方程的通解为

$$y=\frac{C}{x}+\frac{\sin x}{x}。$$

另外,本题也可直接套用式(6.2.6),其中 $P(x)=\frac{1}{x}$,$Q(x)=\frac{1}{x}\cos x$,则方程的通解为

$$y=\mathrm{e}^{-\int\frac{1}{x}\mathrm{d}x}\left(\int\frac{1}{x}\cos x\,\mathrm{e}^{\int\frac{1}{x}\mathrm{d}x}\mathrm{d}x+C\right)=\frac{1}{x}(\sin x+C)。$$

将初始条件 $x=\pi$,$y=1$ 代入,得 $C=\pi$,故所求特解为

$$y=\frac{1}{x}(\pi+\sin x)。$$

6.3　微分方程的应用

应用微分方程解决实际问题其实就是建立微分方程数学模型。通过建立微分方程、确定定解条件、求解及对解的分析可以揭示许多自然界和科学技术中的规律。

应用微分方程解决具体问题通常按照下列步骤进行：

(1) 分析问题，将实际问题抽象，建立微分方程，并给出合理的定解条件；

(2) 求解微分方程的通解及满足定解条件的特解，或由方程讨论解的性质；

(3) 由所求得的解或解的性质，回到实际问题，解释该实际问题，得出客观规律。

本节将从几何、物理及现实生活几个方面介绍一些简单的微分方程模型。

6.3.1 几何问题的简单方程模型

利用微分方程处理有关几何问题时，导数与积分的几何意义常常是建立微分方程的依据，具体表现在：在解决问题过程中，常用到切线斜率、面积、体积、弧长等计算公式。

例 6.3.1 已知某曲线经过点(1,1)，它的切线在纵轴上的截距等于切点的横坐标，求该曲线的方程。

解 我们设曲线上任一点的坐标为(x,y)，则在这点曲线的切线方程为

$$Y-y=y'(X-x)。$$

令 $X=0$，可得此直线在纵轴上的截距为 $Y=y-y'x$，由题意可知微分方程为 $y-y'x=x$，即 $y'-\frac{1}{x}y=-1$，定解条件为 $y|_{x=1}=1$。

此方程为一阶线性微分方程，利用式(6.2.6)可求得方程的通解为

$$y=e^{\int\frac{1}{x}dx}\left(-\int e^{-\int\frac{1}{x}dx}dx+C\right)=x(-\ln x+C)。$$

由定解条件 $y\Big|_{x=1}=1$ 可知 $C=1$，故该曲线方程为

$$y=x(1-\ln x)。$$

例 6.3.2 一曲线过点(1,1)，且曲线上任意点 $M(x,y)$处的切线与过原点的直线 OM 垂直，求此曲线方程。

解 我们可设曲线方程为 $y=y(x)$，则在任意点 $M(x,y)$的斜率为$\frac{dy}{dx}$，而直线 OM 的斜率为$\frac{y}{x}$，由于切线与直线垂直，则有

$$\frac{dy}{dx}\cdot\frac{y}{x}=-1,\quad 即\quad \frac{dy}{dx}=-\frac{x}{y},$$

这是变量可分离方程，求得方程的通解为

$$y^2=-x^2+C。$$

由定解条件 $y\Big|_{x=1}=1$ 可知 $C=2$，故曲线方程为

$$y^2=-x^2+2。$$

6.3.2 物理问题的简单方程模型

除了在几何上的应用外，微分方程在物理的力学、运动学等方面也有着广泛的应用，我们在处理物理方面的问题时，经常会利用牛顿第二定律及力的平衡条件等理论来建立微分方程。

例 6.3.3 设降落伞从跳伞塔下落后，所受空气阻力与速度呈正比，并设降落伞离开跳

伞塔时($t=0$)速度为零,求降落伞下落速度与时间的函数关系。

解 设降落伞下落速度为 $v(t)$。降落伞在空中下落时,同时受到重力 P 与阻力 R 的作用。重力大小为 mg,方向与 v 一致;阻力大小为 kv(k 为比例系数),方向与 v 相反,从而降落伞所受的外力为

$$F=mg-kv,$$

根据牛顿第二运动定律

$$F=ma,$$

其中 a 为加速度,可得函数 $v(t)$ 应满足的方程为

$$m\frac{\mathrm{d}v}{\mathrm{d}t}=mg-kv。$$

按题意,初始条件为 $v\big|_{t=0}=0$。

该微分方程是可分离变量的方程。分离变量后得

$$\frac{\mathrm{d}v}{mg-kv}=\frac{\mathrm{d}t}{m},$$

两端积分,得

$$\int\frac{\mathrm{d}v}{mg-kv}=\int\frac{\mathrm{d}t}{m},$$

考虑到 $mg-kv>0$,得

$$-\frac{1}{k}\ln(mg-kv)=\frac{t}{m}+C_1,$$

方程的通解为

$$v=\frac{mg}{k}+C\mathrm{e}^{-\frac{k}{m}t}。$$

将初始条件 $v\big|_{t=0}=0$ 代入得 $C=-\frac{mg}{k}$,于是所求特解为

$$v=\frac{mg}{k}(1-\mathrm{e}^{-\frac{k}{m}t})。$$

从特解的关系式可以看出,降落伞的下落速度有如下规律:

(1) $0<v(t)<\frac{mg}{k}$;

(2) $v(t)$是时间 t 的单调增函数;

(3) 当 $t\to+\infty$时,$v(t)\to\frac{mg}{k}$,称为极限速度。

可见,跳伞后开始阶段是加速运动,但随着时间推移,以后会逐渐趋近于匀速运动。

例 6.3.4 汽艇以 12km/h 的速度在静水中行驶,现突然关闭发动机,让它在水中作直线滑行,若已知经过 20s 后,速度降为 6km/h,而水对汽艇的阻力与汽艇的速度成正比,求:

(1) 关闭发动机 40s 后,汽艇的速度。

(2) 关闭发动机后,汽艇在 1min 内滑行了多远?它最多能滑行多远?

解 (1) 设时刻为 t,汽艇的滑行距离为 $s(t)$,速度为 $v(t)$,汽艇的质量为 m,汽艇在滑行的过程中仅受到阻力的作用,阻力的大小为 $-kv$,则由牛顿第二运动定律建立微分方

程为

$$m\frac{\mathrm{d}v}{\mathrm{d}t}=-kv。$$

初始条件为 $v\big|_{t=0}=\frac{10}{3}\mathrm{m/s}$。

此方程为变量可分离方程,分离变量得

$$\frac{\mathrm{d}v}{v}=-\frac{k}{m}\mathrm{d}t。$$

两端积分,可得方程通解

$$v=C\mathrm{e}^{-\frac{k}{m}t}。$$

将初值条件 $v\big|_{t=0}=\frac{10}{3}$代入可得 $C=\frac{10}{3}$。

由题可知 $v(20)=\frac{5}{3}\mathrm{m/s}$,因此有

$$\frac{5}{3}=\frac{10}{3}\mathrm{e}^{-\frac{k}{m}\times 20},\quad 即\quad \frac{k}{m}=\frac{\ln 2}{20}。$$

则满足方程的特解为

$$v=\frac{10}{3}\mathrm{e}^{-\frac{\ln 2}{20}t}。$$

当关闭发动机 40s 后,汽艇的速度为

$$v(40)=\frac{10}{3}\mathrm{e}^{-2\ln 2}=\frac{5}{6}。$$

(2) 由于 $v=\frac{\mathrm{d}s}{\mathrm{d}t}$,则有$\frac{\mathrm{d}s}{\mathrm{d}t}=\frac{10}{3}\mathrm{e}^{-\frac{\ln 2}{20}t}$,$s(0)=0$,求解方程得

$$s(t)=\frac{200}{3\ln 2}(1-\mathrm{e}^{-\frac{\ln 2}{20}t}),$$

因此

$$s(60)=\frac{175}{3\ln 2}\mathrm{m}。$$

汽艇滑行的最远距离为

$$s=\lim_{t\to+\infty}s(t)=\lim_{t\to+\infty}\frac{200}{3\ln 2}(1-\mathrm{e}^{-\frac{\ln 2}{20}t})=\frac{200}{3\ln 2}\mathrm{m}。$$

6.3.3 其他问题模型

例 6.3.5(物质的衰变模型) 放射性元素铀由于不断地有原子放射出微粒子而变成其他元素,铀的含量就不断减少,这种现象叫作衰变。由原子物理学知道,铀的衰变速度与当时未衰变的原子的含量 M 成正比。已知 $t=0$ 时铀的含量为 M_0,求在衰变过程中含量 $M(t)$随时间变化的规律。

解 铀的衰变速度就是 $M(t)$对时间 t 的导数$\frac{\mathrm{d}M}{\mathrm{d}t}$。由于铀的衰变速度与其含量成正比,得到微分方程如下:

$$\frac{\mathrm{d}M}{\mathrm{d}t}=-\lambda M,$$

其中$\lambda(\lambda>0)$是常数，叫作衰变系数。λ前的负号是指由于当t增加时，M单调减少，即$\frac{\mathrm{d}M}{\mathrm{d}t}<0$的缘故。

由题意知，初始条件为

$$M\Big|_{t=0}=M_0,$$

方程是可以分离变量的，分离后得

$$\frac{\mathrm{d}M}{M}=-\lambda\,\mathrm{d}t。$$

两端积分得

$$\int\frac{\mathrm{d}M}{M}=\int(-\lambda)\,\mathrm{d}t,$$

以$\ln C$表示任意常数，因为$M>0$，得

$$\ln M=-\lambda t+\ln C,$$

即

$$M=C\mathrm{e}^{-\lambda t}$$

是方程的通解。以初始条件代入上式，解得

$$M_0=C\mathrm{e}^0=C,$$

故

$$M=M_0\mathrm{e}^{-\lambda t}。$$

由此可见，铀的含量随时间的增加而按指数规律衰减。

例 6.3.6(物体冷却模型)　当一次谋杀发生后，尸体的温度按牛顿冷却定律从原来的37℃开始下降。假设两个小时后尸体温度变为35℃，并假定周围空气的温度保持20℃不变，试求出尸体温度T随时间t的变化规律。又如果尸体被发现时的温度是30℃，时间是下午4点整，那么谋杀是何时发生的？

解　首先建立物体冷却模型。根据牛顿冷却定律：物体冷却速率正比于物体温度与周围介质温度之差。设尸体的温度函数为$T(t)$，则由牛顿冷却定律有

$$\begin{cases}\frac{\mathrm{d}T}{\mathrm{d}t}=-k(T-20),k>0,\\ T(0)=37,\end{cases}$$

其中k为比例系数。分离变量并求解得

$$T-20=C\mathrm{e}^{-kt}。$$

代入初值条件$T(0)=37$，可求得$C=17$。于是得该初值问题的解为

$$T=20+17\mathrm{e}^{-kt}。$$

为求出k值，根据两小时后尸体温度为35℃这一条件，有

$$35=20+17\mathrm{e}^{-2k},$$

求得$k\approx0.063$，于是温度函数为

$$T=20+17\mathrm{e}^{-0.063t}。$$

将 $T=30$ 代入上式中求解 t，有

$$\frac{10}{17}=\mathrm{e}^{-0.063t},$$

解得

$$t\approx 8.4\mathrm{h}。$$

于是，可以判定谋杀发生在下午 4 点尸体被发现前的 8.4h，即 8h24min，所以谋杀是在上午 7 点 36 分左右发生的。

例 6.3.7（经济学模型） 某商场的销售成本 y 和存储费用 S 均是时间 t 的函数，随时间 t 的增长，销售成本的变化率等于存储费用的倒数与常数 5 的和，而存储费用的变化率为存储费用的 $-\frac{1}{3}$ 倍。若当 $t=0$ 时，销售成本 $y=0$，存储费用 $S=10$。试求存储费用 S 与时间 t 的函数关系及销售成本 y 与时间 t 的函数关系。

解 由已知条件可得存储费用 S 所满足的方程为

$$\begin{cases}\dfrac{\mathrm{d}S}{\mathrm{d}t}=-\dfrac{1}{3}S,\\ S(0)=10。\end{cases}$$

方程为变量可分离的方程，通解为

$$S=C\mathrm{e}^{-\frac{1}{3}t}。$$

代入初值条件 $S(0)=10$，可求得 $C=10$。

因此存储费用 S 与时间 t 的函数关系为 $S=10\mathrm{e}^{-\frac{1}{3}t}$。

同时销售成本 y 所满足的方程为

$$\frac{\mathrm{d}y}{\mathrm{d}t}=\frac{1}{S}+5,\quad 即\quad \frac{\mathrm{d}y}{\mathrm{d}t}=\frac{1}{10}\mathrm{e}^{\frac{1}{3}t}+5,$$

解出

$$y=\frac{3}{10}\mathrm{e}^{\frac{1}{3}t}+5t+C_1。$$

代入初值条件 $y(0)=0$，可求得 $C_1=-\frac{3}{10}$。

从而销售成本与时间 t 的函数关系为

$$y=\frac{3}{10}\mathrm{e}^{\frac{1}{3}t}+5t-\frac{3}{10}。$$

*6.4 二阶常系数线性微分方程

二阶常系数线性微分方程的一般形式为

$$y''+py'+qy=f(x),\tag{6.4.1}$$

这里 p,q 是常数，$f(x)$是 x 的已知函数。当 $f(x)$恒等于零时，称为二阶常系数齐次线性微分方程，否则称为二阶常系数非齐次线性微分方程。

6.4.1 二阶常系数齐次线性微分方程

定理 6.4.1 设 $y=y_1(x)$ 与 $y=y_2(x)$ 为二阶常系数齐次线性微分方程

$$y''+py'+qy=0 \tag{6.4.2}$$

的线性无关的两个特解(即 $y_2(x)/y_1(x)$ 不恒等于常数),则 $y=C_1y_1(x)+C_2y_2(x)$ 为方程(6.4.2)的通解,这里 C_1 与 C_2 为任意常数。

注 此结论也可推广到一般二阶齐次线性微分方程。

由该定理可知,求方程(6.4.2)的通解问题,归结为求方程(6.4.2)的两个线性无关的特解。为了寻找这两个特解,注意到,当 r 为常数时,指数函数 $y=\mathrm{e}^{rx}$ 和它的各阶导数只相差一个常数因子,因此不妨用 $y=\mathrm{e}^{rx}$ 来尝试求解。

设 $y=\mathrm{e}^{rx}$ 为方程(6.4.2)的解,则 $y'=r\mathrm{e}^{rx}$,$y''=r^2\mathrm{e}^{rx}$,代入方程(6.4.2)得

$$(r^2+pr+q)\mathrm{e}^{rx}=0。$$

由于 $\mathrm{e}^{rx}\neq 0$,所以有

$$r^2+pr+q=0。 \tag{6.4.3}$$

只要 r 满足式(6.4.3),函数 $y=\mathrm{e}^{rx}$ 就是微分方程(6.4.2)的解。我们把代数方程(6.4.3)称为微分方程(6.4.2)的**特征方程**,特征方程的根称为**特征根**。由于特征方程是一元二次方程,故其特征根有3种不同的情况,相应地可得到微分方程(6.4.2)的3种不同形式的通解。

(1) 当 $p^2-4q>0$ 时,特征方程(6.4.3)有两个不相等的实根 r_1 和 r_2,此时可得方程(6.4.2)的两个特解

$$y_1=\mathrm{e}^{r_1x},\quad y_2=\mathrm{e}^{r_2x},$$

且 $y_2/y_1=\mathrm{e}^{(r_2-r_1)x}$ 不恒等于常数,故 $y=C_1\mathrm{e}^{r_1x}+C_2\mathrm{e}^{r_2x}$ 是方程(6.4.2)的通解。

(2) 当 $p^2-4q=0$ 时,特征方程(6.4.3)有两个相等的实根 $r_1=r_2$,此时得微分方程(6.4.2)的两个特解

$$y_1=\mathrm{e}^{r_1x},\quad y_2=x\mathrm{e}^{r_1x},$$

且 $y_2/y_1=x$ 不恒为常数,从而得到微分方程(6.4.2)的通解为

$$y=C_1\mathrm{e}^{r_1x}+C_2x\mathrm{e}^{r_1x},$$

即

$$y=\mathrm{e}^{r_1x}(C_1+C_2x)。$$

(3) 当 $p^2-4q<0$ 时,特征方程(6.4.3)有一对共轭复根

$$r_1=\alpha+\mathrm{i}\beta,\quad r_2=\alpha-\mathrm{i}\beta。$$

于是得到微分方程(6.4.2)的两个特解

$$y_1=\mathrm{e}^{\alpha x}\cos\beta x,\quad y_2=\mathrm{e}^{\alpha x}\sin\beta x。$$

且 $y_2/y_1=\tan\beta x$ 不恒为常数,故微分方程(6.4.2)的通解为

$$y=\mathrm{e}^{\alpha x}(C_1\cos\beta x+C_2\sin\beta x)。$$

综上所述,求微分方程(6.4.2)通解的步骤可归纳如下:

第一步 写出微分方程(6.4.2)的特征方程 $r^2+pr+q=0$,求出特征根;

第二步 根据特征根的不同形式,按照表6-1写出微分方程(6.4.2)的通解。

表 6-1

特征方程 $r^2+pr+q=0$ 的根 r_1,r_2	微分方程 $y''+py'+qy=0$ 的通解
两个不等实根 $r_1\neq r_2$	$y=C_1e^{r_1x}+C_2e^{r_2x}$
两个相等实根 $r_1=r_2$	$y=(C_1+C_2x)e^{r_1x}$
一对共轭复根 $r_{1,2}=\alpha\pm i\beta$	$y=e^{\alpha x}(C_1\cos\beta x+C_2\sin\beta x)$

例 6.4.1 求微分方程 $y''-4y'-5y=0$ 的通解。

解 所给微分方程的特征方程为

$$r^2-4r-5=0。$$

特征根为 $r_1=-1,r_2=5$。于是,所求微分方程的通解为

$$y=C_1e^{-x}+C_2e^{5x}。$$

例 6.4.2 求微分方程 $y''-4y'+4y=0$ 的满足初始条件 $y\Big|_{x=0}=1,y'\Big|_{x=0}=1$ 的特解。

解 所给微分方程的特征方程为

$$r^2-4r+4=0。$$

特征根 $r_1=r_2=2$。故所求微分方程的通解为

$$y=e^{2x}(C_1+C_2x)。$$

求导得

$$y'=2e^{2x}(C_1+C_2x)+C_2e^{2x}。$$

将初始条件 $y\Big|_{x=0}=1$ 及 $y'\Big|_{x=0}=1$ 代入以上两式求得 $C_1=1,C_2=-1$。故所求特解为

$$y=e^{2x}(1-x)。$$

例 6.4.3 求微分方程 $y''-2y'+10y=0$ 的通解。

解 所给微分方程的特征方程为

$$r^2-2r+10=0。$$

特征根 $r_{1,2}=1\pm 3i$。故所求微分方程的通解为

$$y=e^x(C_1\cos 3x+C_2\sin 3x)。$$

上面介绍的求二阶常系数齐次线性微分方程通解的原理和方法,也可以用于求解更高阶的常系数齐次线性方程。

6.4.2 二阶常系数非齐次线性微分方程

定理 6.4.2 设 $y^*=y^*(x)$是二阶常系数非齐次线性微分方程

$$y''+py'+qy=f(x) \tag{6.4.4}$$

的一个特解,而 Y 为对应于方程(6.4.4)的齐次线性微分方程的通解,则 $y=Y+y^*$ 为方程(6.4.4)的通解。

由此结论可知,二阶常系数非齐次线性微分方程的通解,可按下面 3 个步骤来求:

(1) 求其对应的齐次线性微分方程的通解 Y;

(2) 求非齐次线性微分方程的一个特解 y^*;

(3) 原方程的通解为 $y=Y+y^*$。

非齐次线性方程(6.4.4)的特解有时可用下述定理来帮助求出。

定理 6.4.3　设 y_1 是 $y''+py'+qy=f_1(x)$ 的一个特解，y_2 是 $y''+py'+qy=f_2(x)$ 的一个特解，则 y_1+y_2 是 $y''+py'+qy=f_1(x)+f_2(x)$ 的一个特解。

注　上述两个定理也可推广到一般二阶非齐次线性微分方程。

求齐次线性微分方程的通解 Y 的方法前面已讨论过，所以只要研究一下如何求非齐次方程(6.4.4)的一个特解就行。这里只讨论 $f(x)=P_m(x)e^{\lambda x}$ 的情形，其中 λ 是常数，$P_m(x)$ 是 x 的 m 次多项式：

$$P_m(x)=a_0x^m+a_1x^{m-1}+\cdots+a_{m-1}x+a_m。$$

假设原方程的特解为 $y^*=Q(x)e^{\lambda x}$(其中 $Q(x)$ 是某个多项式)，把 y^*，$(y^*)'$ 及 $(y^*)''$ 代入方程(6.4.4)，求出 $Q(x)$ 的系数，使 $y^*=Q(x)e^{\lambda x}$ 满足方程(6.4.4)即可。为此将

$$\begin{aligned}&y^*=Q(x)e^{\lambda x},\\&(y^*)'=e^{\lambda x}[\lambda Q(x)+Q'(x)],\\&(y^*)''=e^{\lambda x}[\lambda^2Q(x)+2\lambda Q'(x)+Q''(x)]\end{aligned}$$

代入方程(6.4.4)并消去 $e^{\lambda x}$，得

$$Q''(x)+(2\lambda+p)Q'(x)+(\lambda^2+p\lambda+q)Q(x)=P_m(x)。\tag{6.4.5}$$

(1) 如果 λ 不是方程(6.4.4)的特征方程 $r^2+pr+q=0$ 的根，由于 $P_m(x)$ 是一个 m 次多项式，要使方程(6.4.5)的两端恒等，可令 $Q(x)$ 为另一个 m 次多项式 $Q_m(x)$，即设 $Q_m(x)$ 为

$$Q_m(x)=b_0x^m+b_1x^{m-1}+\cdots+b_{m-1}x+b_m,$$

其中 $b_0,b_1,\cdots,b_m$ 为待定系数，将 $Q_m(x)$ 代入式(6.4.5)，比较等式两端 x 同次幂的系数，可得含有 $b_0,b_1,\cdots,b_m$ 的 $m+1$ 个方程的联立线性方程组，解出 $b_i(i=0,1,\cdots,m)$，得到所求特解

$$y^*=Q_m(x)e^{\lambda x}。$$

(2) 如果 λ 是特征方程 $r^2+pr+q=0$ 的单根，即 $\lambda^2+p\lambda+q=0$，但 $2\lambda+p\neq0$，要使式(6.4.5)的两端恒等，$Q'(x)$ 必须是 m 次多项式，此时可令

$$Q(x)=xQ_m(x),$$

并且可用同样的方法确定 $Q_m(x)$ 的系数 $b_i(i=0,1,\cdots,m)$。

(3) 如果 λ 是特征方程 $r^2+pr+q=0$ 的重根，即 $\lambda^2+p\lambda+q=0$ 且 $2\lambda+p=0$，要使式(6.4.5)的两端恒等，$Q''(x)$ 必须是 m 次多项式，此时可令

$$Q(x)=x^2Q_m(x),$$

并且利用同样的方法可以确定 $Q_m(x)$ 的系数 $b_i(i=0,1,\cdots,m)$。

综上所述，我们有以下结论：

如果 $f(x)=P_m(x)e^{\lambda x}$，则二阶常系数非齐次线性微分方程(6.4.4)具有形如

$$y^*=x^kQ_m(x)e^{\lambda x}$$

的特解，其中 $Q_m(x)$ 是与 $P_m(x)$ 同次(m 次)的多项式，而 k 按 λ 不是特征方程的根、是特征方程的单根或是特征方程的重根依次取为 0、1 或 2。

例 6.4.4　求方程 $y''-5y'+6y=6x^2-10x+2$ 的通解。

解　方程是二阶常系数非齐次线性微分方程，且右端函数形如 $P_m(x)e^{\lambda x}$，其中

$$\lambda=0,\quad P_m(x)=6x^2-10x+2。$$

先求对应齐次方程

$$y''-5y'+6y=0$$

的通解,其特征方程是

$$r^2-5r+6=0。$$

特征根 $r_1=2,r_2=3$,对应齐次方程的通解为

$$Y=C_1\mathrm{e}^{2x}+C_2\mathrm{e}^{3x}。$$

因为 $\lambda=0$ 不是特征根,因而所求方程有形如

$$y^*=Ax^2+Bx+C$$

的特解。由于 $(y^*)'=2Ax+B,(y^*)''=2A$,将它们代入原方程中得恒等式

$$6Ax^2+(6B-10A)x+2A-5B+6C=6x^2-10x+2。$$

比较上式两端 x 的同次幂的系数可得

$$\begin{cases}6A=6,\\6B-10A=-10,\\2A-5B+6C=2,\end{cases}$$

解线性方程组得 $A=1,B=0,C=0$。故所求方程的一个特解为

$$y^*=x^2。$$

从而所求方程的通解为

$$y=C_1\mathrm{e}^{2x}+C_2\mathrm{e}^{3x}+x^2。$$

例 6.4.5 求方程 $y''-4y'+4y=2x\mathrm{e}^{2x}$ 的通解。

解 方程是二阶常系数非齐次线性微分方程,且右端函数形如 $P_m(x)\mathrm{e}^{\lambda x}$,其中

$$\lambda=2,\quad P_m(x)=2x。$$

所求解的方程对应的齐次方程 $y''-4y'+4y=0$ 的通解为

$$Y=\mathrm{e}^{2x}(C_1+C_2x)。$$

由于 $r=2$ 是二重特征根,所以设所求方程有形如

$$y^*=x^2(Ax+B)\mathrm{e}^{2x}$$

的特解,代入原方程可得

$$6Ax+2B=2x。$$

比较等式两端 x 的同次幂的系数,得 $A=\dfrac{1}{3},B=0$。于是得所求方程的一个特解为

$$y^*=\frac{1}{3}x^3\mathrm{e}^{2x}。$$

最后得所求方程的通解为

$$y=\mathrm{e}^{2x}\left(C_1+C_2x+\frac{1}{3}x^3\right)。$$

习　题　6

(A)

1. 指出下列各微分方程的阶数:

(1) $xy'+y=\cos x$;　　(2) $xy'''+4y''+x^2y=0$;

(3) $(x-y)\mathrm{d}x+(3x+2y)\mathrm{d}y=0$；　　(4) $s+t\dfrac{\mathrm{d}s}{\mathrm{d}t}+t^2\dfrac{\mathrm{d}^2s}{\mathrm{d}t^2}=0$；

(5) $x^2(y')^2-2yy'+x=0$；　　(6) $x^2y''-xy'-y=0$。

2. 指出下列各函数是否为对应微分方程的解：

(1) $y'+y=x, y=\mathrm{e}^{-x}+x-1$；　　(2) $y'-y=\mathrm{e}^x, y(0)=1, y=(x+1)\mathrm{e}^x$；

(3) $y'-y=\mathrm{e}^{x+x^2}, y=\mathrm{e}^x\int_0^x \mathrm{e}^{t^2}\mathrm{d}t+C\mathrm{e}^x$；　　(4) $y''=x^2+y^2, y=\dfrac{1}{x}$。

3. 写出由下列条件确定的曲线所满足的微分方程：

(1) 曲线在点(x,y)处的切线的斜率等于该点横坐标的平方；

(2) 曲线上点$P(x,y)$处的法线与x轴的交点为Q，且线段PQ被y轴平分。

4. 求下列微分方程的通解：

(1) $xy'=y\ln y$；　　(2) $5y'-3x^2-5x=0$；

(3) $x\sqrt{1-y^2}\,\mathrm{d}x+y\sqrt{1-x^2}\,\mathrm{d}y=0$；　　(4) $y'+2xy=4x$；

(5) $y'+2xy=x\mathrm{e}^{-x^2}$；　　(6) $y'+\dfrac{2x}{x^2-1}y=\dfrac{\cos x}{x^2-1}$；

(7) $y''-4y=0$；　　(8) $y''-3y'-4y=0$；

(9) $y''+5y'+4y=3-4x$；　　(10) $y''+3y'+2y=3x\mathrm{e}^{-x}$。

5. 设$y=y(x)$可微，且$y(x)=\int_0^x y(t)\mathrm{d}t+x+1$，试求$y(x)$。

6. 求一条曲线的方程，这条曲线通过原点，且曲线每一点处的切线斜率都等于$2x+y$。

7. 已知曲线过点$\left(2,\dfrac{4}{3}\right)$，并且曲线上任何一点的切线斜率与该切点到原点连线的斜率之和等于切点处的横坐标，求此曲线方程。

8. 镭的衰变有如下的规律：镭的衰变速度与它的现存量R成正比，由经验材料得知，镭经过1600年后，只余原始量R_0的一半。试求镭的量R与时间t的函数关系。

9. 摩托艇以5m/s的速度在静水运动，全速时停止了发动机，过了20s后，艇的速度减至$v_1=3$m/s。确定发动机停止2min后艇的速度。假定水的阻力与艇的运动速度成正比。

10. 求下列微分方程满足所给初始条件的特解：

(1) $x\mathrm{d}y+2y\mathrm{d}x=0, y|_{x=2}=1$；　　(2) $y'-\mathrm{e}^{2x-y}=0, y|_{x=0}=0$；

(3) $\dfrac{x}{1+y}\mathrm{d}x-\dfrac{y}{1+x}\mathrm{d}y=0, y\Big|_{x=0}=1$；　　(4) $y'\sin x=y\ln y, y\Big|_{x=\frac{\pi}{2}}=\mathrm{e}$；

(5) $y'+3y=8, y\Big|_{x=0}=2$；　　(6) $y'+\dfrac{1}{x}y=\dfrac{\sin x}{x}, y\Big|_{x=\pi}=1$；

(7) $(1-x^2)y'+xy=1, y\Big|_{x=0}=1$；

(8) $y''-3y'+2y=0, y\Big|_{x=0}=2, y'\Big|_{x=0}=-3$；

(9) $4y''+4y'+y=0, y\Big|_{x=0}=2, y'\Big|_{x=0}=0$。

11. 一质点的加速度为

$$\frac{\mathrm{d}^2s}{\mathrm{d}t^2}=t^2-4s,$$

若质点在 $t=0$ 时从原点以速度 $v=2$ 开始运动，求它的运动方程。

12. 方程 $y''+9y=0$ 的一条积分曲线过点 $(\pi,-1)$，且在该点和直线 $y+1=x-\pi$ 相切，求这曲线的方程。

(B)

1. 求满足下述关系式且连续的函数 $y(x)$：

(1) $y(x)=2x+\int_0^x y(t)\mathrm{d}t$；　　(2) $\int_0^x (x-t)^2 y(t)\mathrm{d}t=x^3$；

(3) $y(x)+2x^2=4\int_0^x ty(t)\mathrm{d}t$；　　(4) $\int_0^x (x-t-1)y(t)\mathrm{d}t=x$。

2. 设函数 $\varphi(t)$ 于 $-\infty<t<+\infty$ 内连续，$\varphi'(0)$ 存在且满足关系式

$$\varphi(t+s)=\varphi(t)\varphi(s),$$

试求此函数。

3. 已知 $y_1=x\mathrm{e}^x+\mathrm{e}^{2x}$，$y_2=x\mathrm{e}^x+\mathrm{e}^{-x}$，$y_3=x\mathrm{e}^x+\mathrm{e}^{2x}-\mathrm{e}^{-x}$ 是某二阶线性非齐次微分方程的三个解，求此微分方程。

4. 求方程 $(y')^2-(x+y)y'+xy=0$ 的通解。

5. 一物体在液体中下沉，假设它所受到的液体阻力与下沉速度成正比。在初始时刻，如果物体在液面上，且其速度为零，求物体的运动方程。

6. 求满足微分方程 $y'=|y+1|+|y-1|$，$y(0)=0$ 的连续解。

7. 设 $f'(\ln x)=\begin{cases}1, & 0<x\leqslant 1,\\ x, & x>1,\end{cases}$ 且 $f(0)=0$，试求函数 $f(x)$。

8. 求 $u_1=\mathrm{e}^{2x}$，$u_2=x\mathrm{e}^{2x}$ 所满足的二阶常系数齐次线性微分方程。

9. 设函数 $y(x)$ 的二阶导函数连续，且 $y'(0)=0$，满足方程

$$y(x)=1+\frac{1}{3}\int_0^x [6t\mathrm{e}^{-t}-2y(t)-y''(t)]\,\mathrm{d}t,$$

确定函数 $y(x)$。

第 7 章　行列式与线性方程组

行列式是一个重要的数学工具，它实质上是由一些数值排列成的数表按一定的法则计算得到的一个数。由于其本身所具有的独特性质以及与矩阵、线性方程组之间的密切联系，使得它在科学技术的各个领域内不可或缺。如今，由于计算机和计算机软件的发展，在常见的高阶行列式计算中，行列式的数值意义已经不大。但是，行列式的公式依然可以给出构成行列式的数表的重要信息。在线性代数的某些应用中，行列式的知识依然很有用，特别是在本课程中，行列式是研究线性方程组以及矩阵的一种重要工具。本章先引入二阶行列式和三阶行列式，并把它推广到 n 阶行列式，然后给出行列式的性质和计算方法，最后介绍将 n 阶行列式应用于求解 n 元线性方程组的克莱姆(Cramer)法则。

7.1　行列式的定义

7.1.1　二阶行列式与二元线性方程组

在初等数学中，我们曾讨论过二元线性方程组和三元线性方程组的求解问题。

对于二元线性方程组

$$\begin{cases} a_{11}x_1 + a_{12}x_2 = b_1, \\ a_{21}x_1 + a_{22}x_2 = b_2, \end{cases} \tag{7.1.1}$$

用消元法，得

$$(a_{11}a_{22} - a_{12}a_{21})x_1 = b_1a_{22} - b_2a_{12},$$
$$(a_{11}a_{22} - a_{12}a_{21})x_2 = b_2a_{11} - b_1a_{21},$$

当 $a_{11}a_{22}-a_{12}a_{21}\neq 0$ 时，此方程组有唯一解，即

$$x_1 = \frac{b_1a_{22} - b_2a_{12}}{a_{11}a_{22} - a_{12}a_{21}}, \quad x_2 = \frac{a_{11}b_2 - b_1a_{21}}{a_{11}a_{22} - a_{12}a_{21}}。 \tag{7.1.2}$$

通过观察可以看到，这个二元线性方程组的解和方程组的系数有很大关系，并且式(7.1.2)中的分母完全相同，是由方程组(7.1.1)的 4 个系数确定的。为了今后运算方便，我们将方程组解中的分母 $a_{11}a_{22}-a_{12}a_{21}$ 用一个抽象的数学符号来表述，即在数学中称之为行列式。下面首先给出二阶行列式的定义。

定义 7.1.1　引入符号 $D=\begin{vmatrix} a_{11} & a_{12} \\ a_{21} & a_{22} \end{vmatrix}$ 表示 $a_{11}a_{22}-a_{12}a_{21}$，并称其为二阶行列式，即

$$a_{11}a_{22} - a_{12}a_{21} = \begin{vmatrix} a_{11} & a_{12} \\ a_{21} & a_{22} \end{vmatrix}。$$

其中数 a_{11}，a_{12}，a_{21}，a_{22} 称为行列式的元素，横排叫作行，竖排叫作列。a_{ij} 的下标表示该元素在行列式中的位置，第一个下标称为行下标，表示该元素所在的行；第二个下标称为列下标，

表示该元素所在的列。例如，a_{12}的下标表示它位于行列式的第一行与第二列的交汇处。常称 a_{ij} 为行列式的(i,j)元。

由上述定义可知，二阶行列式是由 4 个数按一定规律运算所得的代数和。

二阶行列式的计算规则可以用所谓对角线法则来记忆，即

$$\begin{vmatrix} a_{11} & a_{12} \\ a_{21} & a_{22} \end{vmatrix} = a_{11}a_{22} - a_{12}a_{21}, \tag{7.1.3}$$

其中，实线称为行列式的主对角线，虚线称为行列式的副对角线。主对角线上两个元素的乘积带正号，副对角线上两个元素的乘积带负号，所得两项的代数和就是二阶行列式的展开式。

若记

$$D = \begin{vmatrix} a_{11} & a_{12} \\ a_{21} & a_{22} \end{vmatrix}, \quad D_1 = \begin{vmatrix} b_1 & a_{12} \\ b_2 & a_{22} \end{vmatrix}, \quad D_2 = \begin{vmatrix} a_{11} & b_1 \\ a_{21} & b_2 \end{vmatrix},$$

则由上面的讨论可知，当 $D \neq 0$ 时，线性方程组(7.1.1)的唯一解(7.1.2)可表示为

$$x_1 = \frac{D_1}{D}, \quad x_2 = \frac{D_2}{D}。$$

通过上述表示，我们可以推知，对于一个二元线性方程组来说，其解完全可以由所定义的二阶行列式来得到。因此，对于线性方程组的求解问题就转化为求线性方程组的系数行列式的问题。

例 7.1.1 计算行列式$\begin{vmatrix} 4 & 0 \\ 1 & 2 \end{vmatrix}$，$\begin{vmatrix} 5 & 2 \\ 0 & 3 \end{vmatrix}$。

解 $\begin{vmatrix} 4 & 0 \\ 1 & 2 \end{vmatrix} = 4\times2-0\times1=8$；$\begin{vmatrix} 5 & 2 \\ 0 & 3 \end{vmatrix} = 5\times3-2\times0=15$。

例 7.1.2 用二阶行列式求解线性方程组

$$\begin{cases} x - y = 1, \\ 2x + 3y = 8。 \end{cases}$$

解 由于 $D = \begin{vmatrix} 1 & -1 \\ 2 & 3 \end{vmatrix} = 5 \neq 0$，$D_1 = \begin{vmatrix} 1 & -1 \\ 8 & 3 \end{vmatrix} = 11$，$D_2 = \begin{vmatrix} 1 & 1 \\ 2 & 8 \end{vmatrix} = 6$，则

$$x_1 = \frac{D_1}{D} = \frac{11}{5}, \quad x_2 = \frac{D_2}{D} = \frac{6}{5}。$$

7.1.2 三阶行列式与三元线性方程组

类似地，我们定义三阶行列式

$$\begin{vmatrix} a_{11} & a_{12} & a_{13} \\ a_{21} & a_{22} & a_{23} \\ a_{31} & a_{32} & a_{33} \end{vmatrix} = a_{11}a_{22}a_{33} + a_{12}a_{23}a_{31} + a_{13}a_{21}a_{32} - a_{13}a_{22}a_{31} - a_{12}a_{21}a_{33} - a_{11}a_{23}a_{32}。$$

将上式右端按第一行的元素提取公因子，可得

$$\begin{vmatrix} a_{11} & a_{12} & a_{13} \\ a_{21} & a_{22} & a_{23} \\ a_{31} & a_{32} & a_{33} \end{vmatrix} = a_{11}(a_{22}a_{33} - a_{23}a_{32}) + a_{12}(a_{23}a_{31} - a_{21}a_{33}) + a_{13}(a_{21}a_{32} - a_{22}a_{31})$$

$$=a_{11}\begin{vmatrix} a_{22} & a_{23} \\ a_{32} & a_{33} \end{vmatrix} - a_{12}\begin{vmatrix} a_{21} & a_{23} \\ a_{31} & a_{33} \end{vmatrix} + a_{13}\begin{vmatrix} a_{21} & a_{22} \\ a_{31} & a_{32} \end{vmatrix}。\tag{7.1.4}$$

表示式(7.1.4)具有两个特点：

(1) 三阶行列式可表示为第一行元素分别与一个二阶行列式乘积的代数和；

(2) 元素 a_{11},a_{12},a_{13} 后面的二阶行列式是从原三阶行列式中分别划去元素 a_{11},a_{12},a_{13} 所在的行与列后剩下的元素按原来顺序所组成的，分别称其为元素 a_{11},a_{12},a_{13} 的余子式，记为 M_{11},M_{12},M_{13}，即

$$M_{11}=\begin{vmatrix} a_{22} & a_{23} \\ a_{32} & a_{33} \end{vmatrix},\quad M_{12}=\begin{vmatrix} a_{21} & a_{23} \\ a_{31} & a_{33} \end{vmatrix},\quad M_{13}=\begin{vmatrix} a_{21} & a_{22} \\ a_{31} & a_{32} \end{vmatrix}。$$

在 a_{ij} 的余子式 M_{ij} 前添加符号 $(-1)^{i+j}$，称为元素 a_{ij} 的代数余子式，记为 A_{ij}，即

$$A_{ij}=(-1)^{i+j}M_{ij}。$$

例如，三阶行列式 $D=\begin{vmatrix} 1 & 2 & 3 \\ 2 & -1 & 2 \\ -1 & 1 & 1 \end{vmatrix}$ 第二行元素的余子式分别为

$$M_{21}=\begin{vmatrix} 2 & 3 \\ 1 & 1 \end{vmatrix}=-1,\quad M_{22}=\begin{vmatrix} 1 & 3 \\ -1 & 1 \end{vmatrix}=4,\quad M_{23}=\begin{vmatrix} 1 & 2 \\ -1 & 1 \end{vmatrix}=3。$$

对应的代数余子式分别为

$$A_{21}=(-1)^{2+1}\times(-1)=1,\quad A_{22}=(-1)^{2+2}\times 4=4,\quad A_{23}=(-1)^{2+3}\times 3=-3。$$

于是，表示式(7.1.4)也可以表示为

$$\begin{vmatrix} a_{11} & a_{12} & a_{13} \\ a_{21} & a_{22} & a_{23} \\ a_{31} & a_{32} & a_{33} \end{vmatrix}=a_{11}A_{11}+a_{12}A_{12}+a_{13}A_{13}=\sum_{j=1}^{3}a_{1j}A_{1j}。\tag{7.1.5}$$

表示式(7.1.5)称为三阶行列式按第一行展开的展开式。

注　根据上述推导过程，读者也可以得到三阶行列式按其他行或列展开的展开式，例如，三阶行列式按第一列展开的展开式为

$$\begin{vmatrix} a_{11} & a_{12} & a_{13} \\ a_{21} & a_{22} & a_{23} \\ a_{31} & a_{32} & a_{33} \end{vmatrix}=a_{11}A_{11}+a_{21}A_{21}+a_{31}A_{31}=\sum_{i=1}^{3}a_{i1}A_{i1}。\tag{7.1.6}$$

下面来看三阶行列式的计算。

例 7.1.3　计算三阶行列式 $D=\begin{vmatrix} 1 & 2 & 1 \\ 3 & 0 & 2 \\ -1 & 0 & 1 \end{vmatrix}$。

解　按第一行元素展开得

$$\begin{aligned} D&=1\cdot A_{11}+2\cdot A_{12}+1\cdot A_{13} \\ &=1\times(-1)^{1+1}\begin{vmatrix} 0 & 2 \\ 0 & 1 \end{vmatrix}+2\times(-1)^{1+2}\begin{vmatrix} 3 & 2 \\ -1 & 1 \end{vmatrix}+1\times(-1)^{1+3}\begin{vmatrix} 3 & 0 \\ -1 & 0 \end{vmatrix} \\ &=1\times 0+2\times(-5)+1\times 0=-10。\end{aligned}$$

注 读者可尝试将行列式按第二列展开进行计算。

类似于二元线性方程组的讨论，对三元线性方程组

$$\begin{cases}a_{11}x_1+a_{12}x_2+a_{13}x_3=b_1,\\a_{21}x_1+a_{22}x_2+a_{23}x_3=b_2,\\a_{31}x_1+a_{32}x_2+a_{33}x_3=b_3,\end{cases}\tag{7.1.7}$$

记

$$D=\begin{vmatrix}a_{11}&a_{12}&a_{13}\\a_{21}&a_{22}&a_{23}\\a_{31}&a_{32}&a_{33}\end{vmatrix},\quad D_1=\begin{vmatrix}b_1&a_{12}&a_{13}\\b_2&a_{22}&a_{23}\\b_3&a_{32}&a_{33}\end{vmatrix},$$

$$D_2=\begin{vmatrix}a_{11}&b_1&a_{13}\\a_{21}&b_2&a_{23}\\a_{31}&b_3&a_{33}\end{vmatrix},\quad D_3=\begin{vmatrix}a_{11}&a_{12}&b_1\\a_{21}&a_{22}&b_2\\a_{31}&a_{32}&b_3\end{vmatrix},$$

若系数行列式

$$D=\begin{vmatrix}a_{11}&a_{12}&a_{13}\\a_{21}&a_{22}&a_{23}\\a_{31}&a_{32}&a_{33}\end{vmatrix}\neq 0,$$

则上述三元线性方程组有唯一解

$$x_1=\frac{D_1}{D},\quad x_2=\frac{D_2}{D},\quad x_3=\frac{D_3}{D}。$$

此时三元线性方程组的解也可以由行列式的值来表示。此外，关于三阶行列式的上述概念也可以推广到更高阶的行列式中去。

7.1.3 *n* 阶行列式的定义

一般来说，低阶行列式的计算比高阶行列式的计算要简便，于是，我们自然地考虑用低阶行列式来表示高阶行列式的问题。前面，我们指出三阶行列式可表示为某一行元素分别与一个二阶行列式乘积的代数和的形式。一般地，可给出 n 阶行列式的一种归纳定义。

定义 7.1.2 由 n^2 个数组成的 n 阶行列式为

$$D=\begin{vmatrix}a_{11}&a_{12}&\cdots&a_{1n}\\a_{21}&a_{22}&\cdots&a_{2n}\\\vdots&\vdots&&\vdots\\a_{n1}&a_{n2}&\cdots&a_{nn}\end{vmatrix},$$

简记为 $\det(a_{ij})$，其中横排称为行，竖排称为列。它表示按照确定的运算关系得到的一个数。

当 $n=1$ 时，规定 $D_1=|a_{11}|=a_{11}$，称为一阶行列式；

当 $n=2$ 时，规定 $D_2=\begin{vmatrix}a_{11}&a_{12}\\a_{21}&a_{22}\end{vmatrix}=a_{11}a_{22}-a_{12}a_{21}$，称为二阶行列式；

当 $n>2$ 时，$D_n=a_{i1}A_{i1}+a_{i2}A_{i2}+\cdots+a_{in}A_{in}=\sum_{k=1}^{n}a_{ik}A_{ik}\ (i=1,2,\cdots,n)$ 或

$$D_n = a_{1j}A_{1j} + a_{2j}A_{2j} + \cdots + a_{nj}A_{nj} = \sum_{k=1}^{n} a_{kj}A_{kj} \quad (j=1,2,\cdots,n), \tag{7.1.8}$$

其中 A_{ij} 为元素 a_{ij} 的代数余子式，且 $A_{ij}=(-1)^{i+j}M_{ij}$，这里 M_{ij} 为元素 a_{ij} 的余子式，它是由去掉元素 a_{ij} 所在的行与列后余下的元素按原来的顺序构成的 $n-1$ 阶行列式。

例 7.1.4　计算四阶行列式 $D_4=\begin{vmatrix} -5 & 0 & -1 & 6 \\ 3 & 0 & 0 & 7 \\ 6 & -1 & 5 & -2 \\ 3 & 0 & 0 & 4 \end{vmatrix}$。

解　注意到该行列式的第二列有三个元素为0，便于降阶，故将行列式按照第二列元素展开。

将行列式按照第二列元素展开得

$$D_4 = -1\times(-1)^{3+2}\times\begin{vmatrix} -5 & -1 & 6 \\ 3 & 0 & 7 \\ 3 & 0 & 4 \end{vmatrix} = \begin{vmatrix} -5 & -1 & 6 \\ 3 & 0 & 7 \\ 3 & 0 & 4 \end{vmatrix},$$

继续按照第二列元素展开得

$$D_4 = -1\times(-1)^{1+2}\begin{vmatrix} 3 & 7 \\ 3 & 4 \end{vmatrix} = -9。$$

注　由此可见，计算行列式时，选择先按零元素多的行或列展开可大大简化行列式的计算，这是计算行列式常用的技巧之一。

7.1.4 几个常用的特殊行列式

形如

$$\begin{vmatrix} a_{11} & a_{12} & \cdots & a_{1n} \\ 0 & a_{22} & \cdots & a_{2n} \\ \vdots & \vdots & \ddots & \vdots \\ 0 & 0 & \cdots & a_{nn} \end{vmatrix} \quad 与 \quad \begin{vmatrix} a_{11} & 0 & \cdots & 0 \\ a_{21} & a_{22} & \cdots & 0 \\ \vdots & \vdots & \ddots & \vdots \\ a_{n1} & a_{n2} & \cdots & a_{nn} \end{vmatrix}$$

的行列式分别称为上三角行列式与下三角行列式，其特点是主对角线(由 $a_{ii}(i=1,2,\cdots,n)$ 所在位置构成的斜线)以下(上)的元素全为零。

我们先来计算下三角行列式的值。我们注意到，根据 n 阶行列式的定义，每次均通过按第一行展开的方法来降低行列式的阶数，而每次第一行除了第一个元素外其余元素都为零，故有

$$\begin{vmatrix} a_{11} & 0 & \cdots & 0 \\ a_{21} & a_{22} & \cdots & 0 \\ \vdots & \vdots & & \vdots \\ a_{n1} & a_{n2} & \cdots & a_{nn} \end{vmatrix} = a_{11}\times(-1)^{1+1}\begin{vmatrix} a_{22} & \cdots & 0 \\ \vdots & & \vdots \\ a_{n2} & \cdots & a_{nn} \end{vmatrix}$$

$$= a_{11}a_{22}\times(-1)^{1+1}\begin{vmatrix} a_{33} & \cdots & 0 \\ \vdots & & \vdots \\ a_{n3} & \cdots & a_{nn} \end{vmatrix}$$

$$= \cdots = a_{11}a_{22}\cdots a_{nn}。$$

显然,同理得到$\begin{vmatrix} a_{11} & a_{12} & \cdots & a_{1n} \\ 0 & a_{22} & \cdots & a_{2n} \\ \vdots & \vdots & & \vdots \\ 0 & 0 & \cdots & a_{nn} \end{vmatrix}=a_{11}a_{22}\cdots a_{nn}$。

特别地,非主对角线上的元素全为零的行列式称为对角行列式,其形如

$$\begin{vmatrix} a_{11} & 0 & \cdots & 0 \\ 0 & a_{22} & \cdots & 0 \\ \vdots & \vdots & \ddots & \vdots \\ 0 & 0 & \cdots & a_{nn} \end{vmatrix},$$

行列式的值为

$$\begin{vmatrix} a_{11} & 0 & \cdots & 0 \\ 0 & a_{22} & \cdots & 0 \\ \vdots & \vdots & \ddots & \vdots \\ 0 & 0 & \cdots & a_{nn} \end{vmatrix}=a_{11}a_{22}\cdots a_{nn}。$$

综上所述,上三角行列式、下三角行列式和对角行列式的值都等于其主对角线上元素的乘积。

7.2 行列式的性质

行列式的奥妙在于对行列式的行或列进行了某些变换(如行与列互换、交换两行(列)的位置、某行(列)乘以某个数、某行(列)乘以某个数后加到另一行(列)上等)后,行列式虽然会发生相应的变化,但变换前后两个行列式的值却仍保持着线性关系,这意味着,我们可以利用这些关系大大简化高阶行列式的计算。本节我们首先讨论行列式在这方面的重要性质,然后,进一步讨论如何利用这些性质计算高阶行列式的值。

将行列式 D 的行、列互换后得到的行列式,称为 D 的转置行列式,记为 D^{T}。如果

$$D=\begin{vmatrix} a_{11} & a_{12} & \cdots & a_{1n} \\ a_{21} & a_{22} & \cdots & a_{2n} \\ \vdots & \vdots & & \vdots \\ a_{n1} & a_{n2} & \cdots & a_{nn} \end{vmatrix},$$

则

$$D^{\mathrm{T}}=\begin{vmatrix} a_{11} & a_{21} & \cdots & a_{n1} \\ a_{12} & a_{22} & \cdots & a_{n2} \\ \vdots & \vdots & & \vdots \\ a_{1n} & a_{2n} & \cdots & a_{nn} \end{vmatrix}。$$

性质1 行列式与它的转置行列式相等,即

$$D^{\mathrm{T}}=D。$$

例如上三角行列式

$$\begin{vmatrix} a_{11} & a_{12} & \cdots & a_{1n} \\ 0 & a_{22} & \cdots & a_{2n} \\ \vdots & \vdots & \ddots & \vdots \\ 0 & 0 & \cdots & a_{nn} \end{vmatrix} = a_{11}a_{22}\cdots a_{nn},$$

而

$$D^{\mathrm{T}} = \begin{vmatrix} a_{11} & 0 & \cdots & 0 \\ a_{12} & a_{22} & \cdots & 0 \\ \vdots & \vdots & \ddots & \vdots \\ a_{1n} & a_{2n} & \cdots & a_{nn} \end{vmatrix} = a_{11}a_{22}\cdots a_{nn},$$

即 $D^{\mathrm{T}}=D$。

由此性质可以知道，行列式的行和列具有对等的地位，凡是行列式的行具有的性质，对列也成立；反之亦然。因此，以下行列式的性质，只对行的情形加以证明。

性质 2　互换行列式的任意两行(列)，行列式的值变号。

即若

$$D = \begin{vmatrix} a_{11} & a_{12} & \cdots & a_{1n} \\ \vdots & \vdots & & \vdots \\ a_{i1} & a_{i2} & \cdots & a_{in} \\ \vdots & \vdots & & \vdots \\ a_{s1} & a_{s2} & \cdots & a_{sn} \\ \vdots & \vdots & & \vdots \\ a_{n1} & a_{n2} & \cdots & a_{nn} \end{vmatrix},\quad D_1 = \begin{vmatrix} a_{11} & a_{12} & \cdots & a_{1n} \\ \vdots & \vdots & & \vdots \\ a_{s1} & a_{s2} & \cdots & a_{sn} \\ \vdots & \vdots & & \vdots \\ a_{i1} & a_{i2} & \cdots & a_{in} \\ \vdots & \vdots & & \vdots \\ a_{n1} & a_{n2} & \cdots & a_{nn} \end{vmatrix},$$

则有 $D_1=-D$，其中 D_1 是交换 D 的第 i 行与第 s 行得到的。

推论 1　如果行列式中有两行(列)对应的元素相同，则此行列式为零。

证　因为将行列式 D 中具有相同元素的两行互换其结果仍是 D，但是由性质 2 可知其结果应是 $-D$，即 $-D=D$，所以，$D=0$。

性质 3　如果行列式某行(列)的元素有公因子，则公因子可以提到行列式的外面。

如果 $D_1=\det(a_{ij})$，则

$$D = \begin{vmatrix} a_{11} & a_{12} & \cdots & a_{1n} \\ \vdots & \vdots & & \vdots \\ ka_{i1} & ka_{i2} & \cdots & ka_{in} \\ \vdots & \vdots & & \vdots \\ a_{n1} & a_{n2} & \cdots & a_{nn} \end{vmatrix} = k\begin{vmatrix} a_{11} & a_{12} & \cdots & a_{1n} \\ \vdots & \vdots & & \vdots \\ a_{i1} & a_{i2} & \cdots & a_{in} \\ \vdots & \vdots & & \vdots \\ a_{n1} & a_{n2} & \cdots & a_{nn} \end{vmatrix} = kD_1。$$

推论 2　如果行列式有一行(列)的元素全为零，则行列式等于零。

推论 3　如果行列式有两行(列)的对应元素成比例，则行列式等于零。

性质 4　如果行列式 D 中的某一行(列)的每一个元素都是两个数的和，则此行列式可以写成两个行列式的和。

如果

$$D=\begin{vmatrix} a_{11} & a_{12} & \cdots & a_{1n} \\ \vdots & \vdots & & \vdots \\ b_{i1}+c_{i1} & b_{i2}+c_{i2} & \cdots & b_{in}+c_{in} \\ \vdots & \vdots & & \vdots \\ a_{n1} & a_{n2} & \cdots & a_{nn} \end{vmatrix},$$

$$D_1=\begin{vmatrix} a_{11} & a_{12} & \cdots & a_{1n} \\ \vdots & \vdots & & \vdots \\ b_{i1} & b_{i2} & \cdots & b_{in} \\ \vdots & \vdots & & \vdots \\ a_{n1} & a_{n2} & \cdots & a_{nn} \end{vmatrix},\quad D_2=\begin{vmatrix} a_{11} & a_{12} & \cdots & a_{1n} \\ \vdots & \vdots & & \vdots \\ c_{i1} & c_{i2} & \cdots & c_{in} \\ \vdots & \vdots & & \vdots \\ a_{n1} & a_{n2} & \cdots & a_{nn} \end{vmatrix},$$

则

$$D=D_1+D_2。$$

性质 5 将行列式某一行(列)的所有元素同乘以数 k 后加到另一行(列)对应位置的元素上,行列式的值不变。

如果

$$D=\begin{vmatrix} a_{11} & a_{12} & \cdots & a_{1n} \\ \vdots & \vdots & & \vdots \\ a_{i1} & a_{i2} & \cdots & a_{in} \\ \vdots & \vdots & & \vdots \\ a_{s1} & a_{s2} & \cdots & a_{sn} \\ \vdots & \vdots & & \vdots \\ a_{n1} & a_{n2} & \cdots & a_{nn} \end{vmatrix},\quad D_1=\begin{vmatrix} a_{11} & a_{12} & \cdots & a_{1n} \\ \vdots & \vdots & & \vdots \\ a_{i1}+ka_{s1} & a_{i2}+ka_{s2} & \cdots & a_{in}+ka_{sn} \\ \vdots & \vdots & & \vdots \\ a_{s1} & a_{s2} & \cdots & a_{sn} \\ \vdots & \vdots & & \vdots \\ a_{n1} & a_{n2} & \cdots & a_{nn} \end{vmatrix},$$

则有 $D_1=D$,其中 D_1 是以数 k 乘 D 的第 s 行各元素后加到第 i 行的对应元素上所得。

证 由性质 4 以及性质 3 的推论 3 得

$$D_1=\begin{vmatrix} a_{11} & a_{12} & \cdots & a_{1n} \\ \vdots & \vdots & & \vdots \\ a_{i1} & a_{i2} & \cdots & a_{in} \\ \vdots & \vdots & & \vdots \\ a_{s1} & a_{s2} & \cdots & a_{sn} \\ \vdots & \vdots & & \vdots \\ a_{n1} & a_{n2} & \cdots & a_{nn} \end{vmatrix}+\begin{vmatrix} a_{11} & a_{12} & \cdots & a_{1n} \\ \vdots & \vdots & & \vdots \\ ka_{s1} & ka_{s2} & \cdots & ka_{sn} \\ \vdots & \vdots & & \vdots \\ a_{s1} & a_{s2} & \cdots & a_{sn} \\ \vdots & \vdots & & \vdots \\ a_{n1} & a_{n2} & \cdots & a_{nn} \end{vmatrix}=D+0=D。$$

对于高阶行列式,直接利用行列式的定义进行计算并不是一个可行的方法,为解决行列式的计算问题,应当利用行列式性质进行有效的化简,利用行列式的以上性质及推论,可以简化行列式计算,从而可以较容易地计算出行列式的值。化简的方法并不是唯一的,我们必须善于发现具体问题的特点。

例 7.2.1 计算四阶行列式

$$D=\begin{vmatrix}2&-5&1&2\\-3&7&-1&4\\5&-9&2&7\\4&-6&1&2\end{vmatrix}。$$

解 利用行列式性质，将 D 化为上三角形行列式。

交换第一、三列，行列式变号，得

$$D=-\begin{vmatrix}1&-5&2&2\\-1&7&-3&4\\2&-9&5&7\\1&-6&4&2\end{vmatrix},$$

第一行分别直接加到第二行，乘以(−2)加到第三行，乘以(−1)加到第四行，得

$$D=-\begin{vmatrix}1&-5&2&2\\0&2&-1&6\\0&1&1&3\\0&-1&2&0\end{vmatrix},$$

交换第二、三行，得

$$D=\begin{vmatrix}1&-5&2&2\\0&1&1&3\\0&2&-1&6\\0&-1&2&0\end{vmatrix},$$

第二行分别乘以(−2)加到第三行，直接加到第四行，得

$$D=\begin{vmatrix}1&-5&2&2\\0&1&1&3\\0&0&-3&0\\0&0&3&3\end{vmatrix},$$

第三行加到第四行，得

$$D=\begin{vmatrix}1&-5&2&2\\0&1&1&3\\0&0&-3&0\\0&0&0&3\end{vmatrix},$$

已化为上三角形行列式，可得

$$D=1\times1\times(-3)\times3=-9。$$

通常对元素之间有规律的行列式要经过观察发现其行列特点，灵活运用上述性质将其简化。

例 7.2.2 计算行列式 $D=\begin{vmatrix}4&a&a&a\\a&4&a&a\\a&a&4&a\\a&a&a&4\end{vmatrix}$。

解 将所有列加到第一列,有

$$D=\begin{vmatrix}3a+4 & a & a & a\\3a+4 & 4 & a & a\\3a+4 & a & 4 & a\\3a+4 & a & a & 4\end{vmatrix}=(3a+4)\begin{vmatrix}1 & a & a & a\\1 & 4 & a & a\\1 & a & 4 & a\\1 & a & a & 4\end{vmatrix},$$

将第一列乘以$(-a)$加到其余各列,有

$$D=(3a+4)\begin{vmatrix}1 & 0 & 0 & 0\\1 & 4-a & 0 & 0\\1 & 0 & 4-a & 0\\1 & 0 & 0 & 4-a\end{vmatrix}=(3a+4)(4-a)^3。$$

例 7.2.3 计算行列式 $D=\begin{vmatrix}-5 & 1 & -1 & 1 & 6\\3 & 0 & 0 & -1 & 7\\6 & -1 & 5 & -1 & -2\\7 & 0 & 4 & 2 & 7\\3 & 0 & 0 & 4 & -2\end{vmatrix}$。

解 该行列式的第二列有三个元素为 0,便于降阶,故先将第二列元素化简。

第一行加到第三行得

$$D=\begin{vmatrix}-5 & 1 & -1 & 1 & 6\\3 & 0 & 0 & -1 & 7\\1 & 0 & 4 & 0 & 4\\7 & 0 & 4 & 2 & 7\\3 & 0 & 0 & 4 & -2\end{vmatrix},$$

将行列式按第二列展开得

$$D=(-1)^{1+2}\times 1\times\begin{vmatrix}3 & 0 & -1 & 7\\1 & 4 & 0 & 4\\7 & 4 & 2 & 7\\3 & 0 & 4 & -2\end{vmatrix},$$

第三行减第二行得

$$D=-\begin{vmatrix}3 & 0 & -1 & 7\\1 & 4 & 0 & 4\\6 & 0 & 2 & 3\\3 & 0 & 4 & -2\end{vmatrix},$$

将行列式按第二列展开得

$$D=(-1)\times(-1)^{2+2}\times 4\times\begin{vmatrix}3 & -1 & 7\\6 & 2 & 3\\3 & 4 & -2\end{vmatrix}$$

$$=-4\begin{vmatrix}3 & -1 & 7\\0 & 4 & -11\\0 & 5 & -9\end{vmatrix}$$

$$=(-4)\times(-1)^{1+1}\times 3\times\begin{vmatrix}4 & -11\\5 & -9\end{vmatrix}$$

$$=-12\times 19=-228。$$

例 7.2.4　证明范德蒙德(Vandermonde)行列式

$$D_n=\begin{vmatrix}1 & 1 & \cdots & 1\\x_1 & x_2 & \cdots & x_n\\x_1^2 & x_2^2 & \cdots & x_n^2\\\vdots & \vdots & & \vdots\\x_1^{n-1} & x_2^{n-1} & \cdots & x_n^{n-1}\end{vmatrix}=\prod_{1\leqslant i<j\leqslant n}(x_j-x_i)\quad(n\geqslant 2)。$$

其中 $\prod$ 是连乘符号，$\prod\limits_{1\leqslant i<j\leqslant n}(x_j-x_i)$表示对所有满足 $1\leqslant i<j\leqslant n$ 的项 x_j-x_i 的连乘积，即

$$D_n=\prod_{1\leqslant i<j\leqslant n}(x_j-x_i)$$

$$=(x_2-x_1)(x_3-x_1)\cdots(x_n-x_1)(x_3-x_2)\cdots(x_n-x_2)\cdots(x_n-x_{n-1})。$$

证　用数学归纳法。

当 $n=2$ 时，$D_2=\begin{vmatrix}1 & 1\\x_1 & x_2\end{vmatrix}=x_2-x_1$，结论成立。

假设结论对 $n-1$ 阶行列式成立。

对于 D_n，从第 n 行开始，自下而上，依次将上一行的$(-x_1)$倍加到下一行，得

$$D_n=\begin{vmatrix}1 & 1 & 1 & \cdots & 1\\0 & x_2-x_1 & x_3-x_1 & \cdots & x_n-x_1\\0 & x_2(x_2-x_1) & x_3(x_3-x_1) & \cdots & x_n(x_n-x_1)\\\vdots & \vdots & \vdots & & \vdots\\0 & x_2^{n-2}(x_2-x_1) & x_3^{n-2}(x_3-x_1) & \cdots & x_n^{n-2}(x_n-x_1)\end{vmatrix},$$

上式按第1列展开，然后在所得的 $n-1$ 阶行列式中，提出公因子$(x_j-x_1)(j=2,3,\cdots,n)$，则

$$D_n=(x_2-x_1)(x_3-x_1)\cdots(x_n-x_1)\begin{vmatrix}1 & 1 & \cdots & 1\\x_2 & x_3 & \cdots & x_n\\x_2^2 & x_3^2 & \cdots & x_n^2\\\vdots & \vdots & & \vdots\\x_2^{n-2} & x_3^{n-2} & \cdots & x_n^{n-2}\end{vmatrix},$$

上式右端是一个 $n-1$ 阶范德蒙德行列式。由归纳假定，有

$$D_n=(x_2-x_1)(x_3-x_1)\cdots(x_n-x_1)\prod_{2\leqslant i<j\leqslant n}(x_j-x_i)$$

$$=\prod_{1\leqslant i<j\leqslant n}(x_j-x_i)。$$

由归纳法原理得知，本题的结论对任意正整数 n 都成立。

范德蒙德行列式不仅给出了一种计算行列式的方法，其结论也相当重要。

7.3 克莱姆法则

类似于二元、三元线性方程组的行列式解法，对于 n 元线性方程组有以下定理，称之为**克莱姆(Cramer)法则**。

定理 7.3.1(克莱姆法则) 如果 n 元线性方程组

$$\begin{cases} a_{11}x_1 + a_{12}x_2 + \cdots + a_{1n}x_n = b_1, \\ a_{21}x_1 + a_{22}x_2 + \cdots + a_{2n}x_n = b_2, \\ \qquad\vdots \\ a_{n1}x_1 + a_{n2}x_2 + \cdots + a_{nn}x_n = b_n \end{cases} \tag{7.3.1}$$

的系数行列式

$$D = \begin{vmatrix} a_{11} & a_{12} & \cdots & a_{1n} \\ a_{21} & a_{22} & \cdots & a_{2n} \\ \vdots & \vdots & & \vdots \\ a_{n1} & a_{n2} & \cdots & a_{nn} \end{vmatrix} \neq 0,$$

则该线性方程组有解，并且解是唯一的，解可以表示为

$$x_1 = \frac{D_1}{D}, x_2 = \frac{D_2}{D}, \cdots, x_n = \frac{D_n}{D}。 \tag{7.3.2}$$

其中 D_j 是行列式 D 的第 j 列换成线性方程组的常数项列 $b_1, b_2, \cdots, b_n$ 所成的行列式，即

$$D_j = \begin{vmatrix} a_{11} & \cdots & a_{1,j-1} & b_1 & a_{1,j+1} & \cdots & a_{1n} \\ a_{21} & \cdots & a_{2,j-1} & b_2 & a_{2,j+1} & \cdots & a_{2n} \\ \vdots & & \vdots & \vdots & \vdots & & \vdots \\ a_{n1} & \cdots & a_{n,j-1} & b_n & a_{n,j+1} & \cdots & a_{nn} \end{vmatrix}, \quad j = 1, 2, \cdots, n。$$

当方程组(7.3.1)的常数项 $b_i(i=1,2,\cdots,n)$ 不全为零时，称为非齐次线性方程组；当方程组(7.3.1)的常数项 $b_i=0(i=1,2,\cdots,n)$ 时，称为齐次线性方程组，这时 $D_j=0(j=1,2,\cdots,n)$。由此得到下面推论。

推论 如果齐次线性方程组

$$\begin{cases} a_{11}x_1 + a_{12}x_2 + \cdots + a_{1n}x_n = 0, \\ a_{21}x_1 + a_{22}x_2 + \cdots + a_{2n}x_n = 0, \\ \qquad\vdots \\ a_{n1}x_1 + a_{n2}x_2 + \cdots + a_{nn}x_n = 0 \end{cases} \tag{7.3.3}$$

的系数行列式

$$D = \begin{vmatrix} a_{11} & a_{12} & \cdots & a_{1n} \\ a_{21} & a_{22} & \cdots & a_{2n} \\ \vdots & \vdots & & \vdots \\ a_{n1} & a_{n2} & \cdots & a_{nn} \end{vmatrix} \neq 0,$$

则此方程组仅有零解；当方程组有非零解时，它的系数行列式必为零。

例 7.3.1 用克莱姆法则求解线性方程组

$$\begin{cases} x_1+x_2+x_3+x_4=4, \\ 2x_1+3x_2+4x_3+8x_4=17, \\ 2x_1-x_2+2x_3-x_4=2, \\ x_1+x_2-x_3-x_4=0. \end{cases}$$

解　线性方程组的系数行列式

$$D=\begin{vmatrix} 1 & 1 & 1 & 1 \\ 2 & 3 & 4 & 8 \\ 2 & -1 & 2 & -1 \\ 1 & 1 & -1 & -1 \end{vmatrix}=18\neq 0,$$

故方程组有唯一解。

又

$$D_1=\begin{vmatrix} 4 & 1 & 1 & 1 \\ 17 & 3 & 4 & 8 \\ 2 & -1 & 2 & -1 \\ 0 & 1 & -1 & -1 \end{vmatrix}=18,\quad D_2=\begin{vmatrix} 1 & 4 & 1 & 1 \\ 2 & 17 & 4 & 8 \\ 2 & 2 & 2 & -1 \\ 1 & 0 & -1 & -1 \end{vmatrix}=18,$$

$$D_3=\begin{vmatrix} 1 & 1 & 4 & 1 \\ 2 & 3 & 17 & 8 \\ 2 & -1 & 2 & -1 \\ 1 & 1 & 0 & -1 \end{vmatrix}=18,\quad D_4=\begin{vmatrix} 1 & 1 & 1 & 4 \\ 2 & 3 & 4 & 17 \\ 2 & -1 & 2 & 2 \\ 1 & 1 & -1 & 0 \end{vmatrix}=18,$$

从而 $x_1=x_2=x_3=x_4=1$。

例 7.3.2　一百货商店出售四种型号的T恤衫，包括小号、中号、大号和加大号，四种型号的T恤衫的售价分别为22元、24元、26元和30元。若商店某周共售出了13件T恤衫，毛收入为320元。已知大号的销售量为小号和加大号销售量的总和，大号的销售收入也为小号和加大号销售收入的总和，问各种型号的T恤衫各售出多少件？

解　设该T恤衫小号、中号、大号和加大号的销售量分别为 $x_i(i=1,2,3,4)$，由题意可得如下线性方程组

$$\begin{cases} x_1+x_2+x_3+x_4=13, \\ 22x_1+24x_2+26x_3+30x_4=320, \\ x_1-x_3+x_4=0, \\ 22x_1-26x_3+30x_4=0. \end{cases}$$

此线性方程组的系数行列式

$$D=\begin{vmatrix} 1 & 1 & 1 & 1 \\ 22 & 24 & 26 & 30 \\ 1 & 0 & -1 & 1 \\ 22 & 0 & -26 & 30 \end{vmatrix}=32\neq 0,$$

故此线性方程组有唯一解。

又 $D_1=\begin{vmatrix}13&1&1&1\\320&24&26&30\\0&0&-1&1\\0&0&-26&30\end{vmatrix}=32$，　$D_2=\begin{vmatrix}1&13&1&1\\22&320&26&30\\1&0&-1&1\\22&0&-26&30\end{vmatrix}=288$，

$D_3=\begin{vmatrix}1&1&13&1\\22&24&320&30\\1&0&0&1\\22&0&0&30\end{vmatrix}=64$，　$D_4=\begin{vmatrix}1&1&1&13\\22&24&26&320\\1&0&-1&0\\22&0&-26&0\end{vmatrix}=32$，

从而 $x_1=\dfrac{D_1}{D}=1,x_2=\dfrac{D_2}{D}=9,x_3=\dfrac{D_3}{D}=2,x_4=\dfrac{D_4}{D}=1$，即该商店售出了 T 恤衫小号 1 件、中号 9 件、大号 2 件和加大号 1 件。

习　题　7

（A）

1. 填空题：

(1) 若三阶行列式 D 的第三列元素为 $-1,2,0$，其对应的余子式分别为 3,1,3，则 $D=$________；

(2) 设 $\begin{vmatrix}a_{11}&a_{12}&a_{13}\\a_{21}&a_{22}&a_{23}\\a_{31}&a_{32}&a_{33}\end{vmatrix}=d$，则 $\begin{vmatrix}3a_{11}&3a_{12}&3a_{13}\\2a_{21}&2a_{22}&2a_{23}\\-a_{31}&-a_{32}&-a_{33}\end{vmatrix}=$________；

(3) 三阶行列式 $\begin{vmatrix}1&3&c\\c&2&0\\1&c&-1\end{vmatrix}=$________；

(4) $\begin{vmatrix}2&0&1\\1&-4&-1\\-1&8&3\end{vmatrix}=$________。

2. 单项选择题：

(1) $\begin{vmatrix}8&27&64&125\\4&9&16&25\\2&3&4&5\\1&1&1&1\end{vmatrix}=$________；

A. 12　　B. -12　　C. 16　　D. -16

(2) 已知 $D=\begin{vmatrix}a&x&y&d\\0&b&c&0\\0&c&b&0\\d&x&y&a\end{vmatrix}$，则 D 的值等于________；

A. $a^2b^2-c^2d^2$　　B. $(a^2-d^2)(b^2-c^2)$

C. $a^2b^2+c^2d^2$　　　　D. $a^2b^2x^2-c^2d^2y^2$

(3) 下列各式正确的是______；

A. $\begin{vmatrix} a+b & c+d \\ e+f & g+h \end{vmatrix}=\begin{vmatrix} a & c \\ e & g \end{vmatrix}+\begin{vmatrix} b & d \\ f & h \end{vmatrix}$

B. $\begin{vmatrix} a+b & c+d \\ e+f & g+h \end{vmatrix}=\begin{vmatrix} a & b \\ e & f \end{vmatrix}+\begin{vmatrix} c & d \\ g & h \end{vmatrix}$

C. $\begin{vmatrix} 2a & 2b \\ 2c & 2d \end{vmatrix}=2\begin{vmatrix} a & b \\ c & d \end{vmatrix}$

D. $\begin{vmatrix} 2a & 2b \\ 2c & 2d \end{vmatrix}=4\begin{vmatrix} a & b \\ c & d \end{vmatrix}$

(4) 行列式 $\begin{vmatrix} 0 & 0 & a_{13} & 0 \\ a_{21} & 0 & a_{23} & 0 \\ a_{31} & a_{32} & a_{33} & a_{34} \\ a_{41} & a_{42} & a_{43} & a_{44} \end{vmatrix}$ 的值为______；

A. 0　　　　B. $a_{31}a_{21}a_{32}a_{44}$

C. $a_{13}a_{21}(a_{32}a_{44}-a_{42}a_{34})$　　　　D. $a_{33}a_{21}(a_{42}a_{34}-a_{32}a_{44})$

(5) 如果 $\begin{vmatrix} a_{11} & a_{12} & a_{13} \\ a_{21} & a_{22} & a_{23} \\ a_{31} & a_{32} & a_{33} \end{vmatrix}=d$，则 $\begin{vmatrix} 3a_{11} & 3a_{12} & 3a_{13} \\ 2a_{21} & 2a_{22} & 2a_{23} \\ -a_{31} & -a_{32} & -a_{33} \end{vmatrix}=$______；

A. $-6d$　　B. $6d$　　C. $4d$　　D. $-4d$

(6) $\begin{vmatrix} 1 & -1 & 0 & 0 \\ 0 & 6 & 0 & 0 \\ 0 & 0 & 0 & 1 \\ 1 & 1 & 1 & 1 \end{vmatrix}$ 中6的余子式为(　　)。

A. 1　　B. -1　　C. 6　　D. -6

3. 计算下列行列式：

(1) $\begin{vmatrix} 1 & 0 & 3 & 2 \\ -1 & 4 & 1 & 0 \\ 3 & 0 & 4 & 1 \\ -2 & 1 & 0 & 1 \end{vmatrix}$；　　(2) $\begin{vmatrix} 5 & 6 & 5 & 2 \\ -5 & 3 & 1 & 7 \\ 6 & 5 & 4 & 3 \\ -2 & -8 & -5 & 1 \end{vmatrix}$；

(3) $\begin{vmatrix} a & b & c & d \\ a & d & c & b \\ c & d & a & b \\ c & b & a & d \end{vmatrix}$；　　(4) $\begin{vmatrix} 2 & 1 & 1 & 1 \\ 1 & 2 & 1 & 1 \\ 1 & 1 & 2 & 1 \\ 1 & 1 & 1 & 2 \end{vmatrix}$；

(5) $\begin{vmatrix} 1 & 1 & 1 & 1 \\ 1 & 2 & 1 & 1 \\ 1 & 1 & 3 & 1 \\ 1 & 1 & 1 & 4 \end{vmatrix}$；　　(6) $\begin{vmatrix} 1 & 1 & 1 & 1 \\ -1 & 1 & 1 & 1 \\ -1 & -1 & 1 & 1 \\ -1 & -1 & -1 & 1 \end{vmatrix}$；

(7) $\begin{vmatrix} 1 & 2 & 3 & 4 \\ 2 & 3 & 4 & 1 \\ 3 & 4 & 1 & 2 \\ 4 & 1 & 2 & 3 \end{vmatrix}$；　　(8) $\begin{vmatrix} 4 & 1 & 2 & 4 \\ 1 & 2 & 0 & 2 \\ 10 & 5 & 2 & 0 \\ 0 & 1 & 1 & 7 \end{vmatrix}$；

(9) $\begin{vmatrix} 2 & 1 & 4 & 1 \\ 3 & -1 & 2 & 1 \\ 1 & 2 & 3 & 2 \\ 5 & 0 & 6 & 2 \end{vmatrix}$。

4. 解答题：

(1) 问 λ 为何值时，齐次线性方程组

$$\begin{cases} (1+\lambda)x_1 + x_2 + 2x_3 = 0, \\ x_1 - x_2 + x_3 = 0, \\ x_1 + (1+\lambda)x_2 - x_3 = 0, \end{cases}$$

①只有零解；②有非零解。

(2) 设齐次线性方程组

$$\begin{cases} (\lambda+3)x_1 + x_2 + 2x_3 = 0, \\ \lambda x_1 + (\lambda-1)x_2 + x_3 = 0, \\ 3(\lambda+1)x_1 + \lambda x_2 + (\lambda+3)x_3 = 0 \end{cases}$$

有非零解，则 λ 为何值？

5. 解下列非齐次线性方程组：

(1) $\begin{cases} 3x_1 + x_2 - x_3 + x_4 = -3, \\ x_1 - x_2 + x_3 + 2x_4 = 4, \\ 2x_1 + x_2 + 2x_3 - x_4 = 7, \\ x_1 + 2x_3 + x_4 = 6; \end{cases}$　　(2) $\begin{cases} x_1 + x_2 + x_3 + 4x_4 = -1, \\ 3x_1 - x_2 - x_3 - 2x_4 = 9, \\ 2x_1 + 3x_2 - x_3 - x_4 = -4, \\ x_1 + 2x_2 - 3x_3 - x_4 = 1; \end{cases}$

(3) $\begin{cases} x_1 + x_2 + x_3 + x_4 = 5, \\ x_1 + 2x_2 - x_3 + 4x_4 = -2, \\ 2x_1 - 3x_2 - x_3 - 5x_4 = -2, \\ 3x_1 + x_2 + 2x_3 + 11x_4 = 0。 \end{cases}$

(B)

1. 填空题：

(1) 如果行列式 $\begin{vmatrix} 1 & 0 & a \\ 2 & -1 & 1 \\ a & a & 2 \end{vmatrix}$ 的代数余子式 $A_{12}=-3$，则代数余子式 $A_{21}=$________；

(2) 行列式 $\begin{vmatrix} a & 1 & 0 & 0 \\ -1 & b & 1 & 0 \\ 0 & -1 & c & 1 \\ 0 & 0 & -1 & d \end{vmatrix}$ 中 a 的代数余子式为________；

(3) $\begin{vmatrix} 0 & 1 & 0 & 0 \\ 1 & 0 & 0 & 0 \\ 1 & \pi & 1 & 0 \\ \mathrm{e} & 0 & 1 & -1 \end{vmatrix}=$________；

(4) 行列式 $\begin{vmatrix} 1 & 0 & 0 & 0 & 1 \\ 2 & 0 & 0 & 3 & 14 \\ 3 & -1 & 2 & 4 & 8 \\ 4 & 0 & 2 & 6 & 7 \\ 5 & 0 & 0 & 0 & 0 \end{vmatrix}$ 的值为________。

2. 计算下列行列式：

(1) $\begin{vmatrix} a & b & c \\ b & c & a \\ c & a & b \end{vmatrix}$；　(2) $\begin{vmatrix} 1 & 1 & 1 \\ a & b & c \\ a^2 & b^2 & c^2 \end{vmatrix}$；　(3) $\begin{vmatrix} x & y & x+y \\ y & x+y & x \\ x+y & x & y \end{vmatrix}$；

(4) $\begin{vmatrix} -ab & ac & ae \\ bd & -cd & de \\ bf & cf & -ef \end{vmatrix}$；　(5) $\begin{vmatrix} a^2 & ab & b^2 \\ 2a & a+b & 2b \\ 1 & 1 & 1 \end{vmatrix}$；　(6) $\begin{vmatrix} a & 1 & 0 & 0 \\ -1 & b & 1 & 0 \\ 0 & -1 & c & 1 \\ 0 & 0 & -1 & d \end{vmatrix}$。

3. 设四阶行列式为 $D=\begin{vmatrix} 3 & 0 & 1 & 2 \\ 3 & 3 & 3 & 3 \\ 0 & 2 & 0 & 2 \\ 0 & 1 & -1 & -2 \end{vmatrix}$，$a_{ij}$ 表示行列式 D 的第 i 行、第 j 列元素，M_{ij} 为元素 a_{ij} 的余子式，A_{ij} 为元素 a_{ij} 的代数余子式，求：

(1) $A_{11}+A_{12}+A_{13}+A_{14}$；　(2) $M_{11}+M_{12}+M_{13}+M_{14}$。

4. 问 λ,μ 取何值时，齐次线性方程组 $\begin{cases} \lambda x_1+x_2+x_3=0, \\ x_1+\mu x_2+x_3=0, \\ x_1+2\mu x_2+x_3=0 \end{cases}$ 有非零解？

第 8 章　矩阵与线性方程组

矩阵是研究线性变换及线性方程组的解法等有力且不可替代的工具，在线性代数中具有重要地位。本章将从线性方程组与矩阵的关系出发，主要介绍矩阵的概念、矩阵的运算、矩阵的变换、矩阵的某些内在特征及其在线性方程组求解中的应用。

8.1 矩　　阵

矩阵实质上就是一张长方形数表。矩阵的重要作用首先在于它不仅能把头绪纷繁的事物按一定的规则清晰地展现出来；其次在于它能恰当地刻画事物之间的内在联系，并通过矩阵的运算与变换来揭示事物之间的内在联系；最后在于它还是我们求解数学问题的一种特殊的“数形结合”的途径。本节中的几个例子展示了如何将某个数学问题或实际应用问题与一张数表——矩阵联系起来。

8.1.1 引例

例 8.1.1 线性方程组

$$\begin{cases} a_{11}x_1+a_{12}x_2+\cdots+a_{1n}x_n=b_1, \\ a_{21}x_1+a_{22}x_2+\cdots+a_{2n}x_n=b_2, \\ \qquad\qquad\qquad\vdots \\ a_{n1}x_1+a_{n2}x_2+\cdots+a_{nn}x_n=b_n \end{cases}$$

的系数 $a_{ij}(i,j=1,2,\cdots,n)$，$b_j(j=1,2,\cdots,n)$按原位置构成一张数表

$$\begin{pmatrix} a_{11} & a_{12} & \cdots & a_{1n} & b_1 \\ a_{21} & a_{22} & \cdots & a_{2n} & b_2 \\ \vdots & \vdots & & \vdots & \vdots \\ a_{n1} & a_{n2} & \cdots & a_{nn} & b_n \end{pmatrix}。$$

根据克莱姆法则，该数表决定着上述方程组是否有解，以及如果有解，解是什么等问题。因而研究这张数表就很有意义。

例 8.1.2 某企业第一季度各月份生产 4 种产品的数量如下表。

	产品 1	产品 2	产品 3	产品 4
1 月份	240	180	320	400
2 月份	200	170	360	420
3 月份	260	160	300	400

如果将该数表中的数据按原次序排列，并加上括号，表明它是一个用来比较分析的数据整体，可得

$$\begin{pmatrix} 240 & 180 & 320 & 400 \\ 200 & 170 & 360 & 420 \\ 260 & 160 & 300 & 400 \end{pmatrix}。$$

8.1.2　矩阵的概念

定义 8.1.1　由 $m\times n$ 个数 $a_{ij}(i=1,2,\cdots,m;j=1,2,\cdots,n)$ 排成的 m 行 n 列的数表

$$\boldsymbol{A}=\begin{pmatrix} a_{11} & a_{12} & \cdots & a_{1n} \\ a_{21} & a_{22} & \cdots & a_{2n} \\ \vdots & \vdots & & \vdots \\ a_{m1} & a_{m2} & \cdots & a_{mn} \end{pmatrix}$$

称为 m 行 n 列矩阵，简称 $m\times n$ 矩阵。用大写字母 $\boldsymbol{A}$ 或 $\boldsymbol{A}_{m\times n}$ 表示，有时也记为 (a_{ij}) 或 $(a_{ij})_{m\times n}$。

组成矩阵的数 a_{ij} 称为矩阵 $\boldsymbol{A}$ 的第 i 行第 j 列元素，简称为矩阵 $\boldsymbol{A}$ 的 (i,j) 元。元素为实数的矩阵称为实矩阵，元素为复数的矩阵称为复矩阵。本章中的矩阵，除特别声明外，都指实矩阵。一般情况下，用大写字母 $\boldsymbol{A},\boldsymbol{B},\boldsymbol{C},\cdots$ 来表示矩阵。

例如 $\begin{pmatrix} 1 & 0 & 3 & 5 \\ 2 & -1 & 6 & 3 \end{pmatrix}$ 是一个 2×4 实矩阵，$\begin{pmatrix} 13 & 6 & 2\mathrm{i} \\ 2 & 1 & 2 \\ 1 & 0 & -1 \end{pmatrix}$ 是一个 3×3 复矩阵。

如果两个矩阵的行数相等、列数也相等，就称它们是同型矩阵。

定义 8.1.2　如果矩阵 $\boldsymbol{A},\boldsymbol{B}$ 为同型矩阵，且对应元素均相等，则称矩阵 $\boldsymbol{A}$ 与矩阵 $\boldsymbol{B}$ 相等，记为 $\boldsymbol{A}=\boldsymbol{B}$。

例 8.1.3　设 $\boldsymbol{A}=\begin{pmatrix} 1 & 2-x & 3 \\ 2 & 6 & 5z \end{pmatrix}$，$\boldsymbol{B}=\begin{pmatrix} 1 & x & 3 \\ y & 6 & z-8 \end{pmatrix}$，已知 $\boldsymbol{A}=\boldsymbol{B}$，求 x,y,z。

解　因为

$$2-x=x,\quad 2=y,\quad 5z=z-8,$$

所以

$$x=1,\quad y=2,\quad z=-2。$$

矩阵概念的应用十分广泛，这里，我们先展示矩阵的概念在解决逻辑判断问题中的一个应用。某些逻辑判断问题的条件往往给得很多，看上去错综复杂，但如果我们能恰当地设计一些矩阵，则有助于我们把所给条件的头绪理清，在此基础上再进行推理，能达到化简问题的目的。

例 8.1.4　甲、乙、丙、丁四人各从图书馆借来一本小说，他们约定读完后互相交换，这四本书的厚度以及他们四人的阅读速度差不多，因此，四人总是同时交换书，经三次交换后，他们四人读完了这四本书，现已知：

(1) 乙读的最后一本书是甲读的第二本书；

(2) 丙读的第一本书是丁读的最后一本书。

试用矩阵表示各人的阅读顺序。

解　设甲、乙、丙、丁最后读的书代号依次为 A,B,C,D，则根据题设条件可以列出初始矩阵

$$\begin{array}{c} \\ 1 \\ 2 \\ 3 \\ 4 \end{array}\begin{array}{c} \begin{array}{cccc} 甲 & 乙 & 丙 & 丁 \end{array} \\ \begin{pmatrix} & & D & \\ B & & & \\ & & & \\ A & B & C & D \end{pmatrix} \end{array}。$$

下面我们来分析矩阵中各位置的书名代号。已知每个人都读完了所有的书，所以丙第二次读的书不可能是 C，D。又甲第二次读的书是 B，所以丙第二次读的也不可能是 B，从而丙第二次读的书是 A，同理可依次推出丙第三次读的书是 B，丁第二次读的书是 C，丁第三次读的书是 A，丁第一次读的书是 B，乙第二次读的书是 D，甲第一次读的书是 C，乙第一次读的书是 A，乙第三次读的书是 C，甲第三次读的书是 D。故各人阅读的顺序可用矩阵表示为

$$\begin{array}{c} \\ 1 \\ 2 \\ 3 \\ 4 \end{array}\begin{array}{c} \begin{array}{cccc} 甲 & 乙 & 丙 & 丁 \end{array} \\ \begin{pmatrix} C & A & D & B \\ B & D & A & C \\ D & C & B & A \\ A & B & C & D \end{pmatrix} \end{array}。$$

8.1.3 几种特殊矩阵

(1) 行数与列数都等于 n 的矩阵 $\boldsymbol{A}$，称为 n 阶方阵。例如 $\begin{pmatrix} 13 & 6 & 2 \\ 2 & 1 & 2 \\ 1 & 0 & -1 \end{pmatrix}$ 是一个三阶方阵。

(2) 只有一行的矩阵 $\boldsymbol{A}=(a_1,a_2,\cdots,a_n)$，称为行矩阵或行向量。

(3) 只有一列的矩阵 $\boldsymbol{B}=\begin{pmatrix} b_1 \\ b_2 \\ \vdots \\ b_n \end{pmatrix}$，称为列矩阵或列向量。

(4) n 阶方阵 $\boldsymbol{A}=\begin{pmatrix} \lambda_1 & 0 & \cdots & 0 \\ 0 & \lambda_2 & \cdots & 0 \\ \vdots & \vdots & \ddots & \vdots \\ 0 & 0 & \cdots & \lambda_n \end{pmatrix}$ 称为 n 阶对角矩阵，对角矩阵也可记为

$$\boldsymbol{A}=\operatorname{diag}(\lambda_1,\lambda_2,\cdots,\lambda_n)。$$

(5) n 阶方阵 $\begin{pmatrix} 1 & 0 & \cdots & 0 \\ 0 & 1 & \cdots & 0 \\ \vdots & \vdots & \ddots & \vdots \\ 0 & 0 & \cdots & 1 \end{pmatrix}$ 称为 n 阶单位矩阵，n 阶单位矩阵也可记为 $\boldsymbol{E}_n$ 或 $\boldsymbol{E}$（也可记为 $\boldsymbol{I}_n$ 或 $\boldsymbol{I}$），即

$$E=\begin{pmatrix}1 & 0 & \cdots & 0\\ 0 & 1 & \cdots & 0\\ \vdots & \vdots & \ddots & \vdots\\ 0 & 0 & \cdots & 1\end{pmatrix}。$$

(6) 零矩阵。

所有元素都是零的矩阵,称为零矩阵,记作$\boldsymbol{O}_{m\times n}$,常简记作$\boldsymbol{O}$,而不标明行列数$m\times n$。

注　只有同型的零矩阵才是相等的。如矩阵$\begin{pmatrix}0 & 0\\ 0 & 0\end{pmatrix}$与$\begin{pmatrix}0 & 0 & 0\\ 0 & 0 & 0\end{pmatrix}$均为零矩阵,但由于它们的列数不同,不是同型矩阵,所以它们不相等。

(7) 数量矩阵(纯量阵)。

n阶方阵

$$\begin{pmatrix}\lambda & 0 & \cdots & 0\\ 0 & \lambda & \cdots & 0\\ \vdots & \vdots & \ddots & \vdots\\ 0 & 0 & \cdots & \lambda\end{pmatrix}$$

称为数量矩阵。该方阵的特点是主对角线上元素全为同一个数λ,其余元素全为零。

(8) 三角形矩阵。

主对角线一侧所有元素都为零的方阵,称为三角形矩阵,三角形矩阵分上三角形矩阵与下三角形矩阵两种情形。

设$\boldsymbol{A}=(a_{ij})_{n\times n}$,如果当$i>j$时,$a_{ij}=0$,即

$$\boldsymbol{A}=\begin{pmatrix}a_{11} & a_{12} & \cdots & a_{1n}\\ 0 & a_{22} & \cdots & a_{2n}\\ \vdots & \vdots & \ddots & \vdots\\ 0 & 0 & \cdots & a_{nn}\end{pmatrix},$$

则称$\boldsymbol{A}$为上三角形矩阵。

设$\boldsymbol{B}=(b_{ij})_{n\times n}$,如果当$i<j$时,$b_{ij}=0$,即

$$\boldsymbol{B}=\begin{pmatrix}b_{11} & 0 & \cdots & 0\\ b_{21} & b_{22} & \cdots & 0\\ \vdots & \vdots & \ddots & \vdots\\ b_{n1} & b_{n2} & \cdots & b_{nn}\end{pmatrix},$$

则称$\boldsymbol{B}$为下三角形矩阵。

8.2　矩阵的运算

8.2.1　矩阵加法

定义 8.2.1　设有两个同型矩阵$\boldsymbol{A}=(a_{ij})_{m\times n}$和$\boldsymbol{B}=(b_{ij})_{m\times n}$,则矩阵$\boldsymbol{A}$与$\boldsymbol{B}$的和$\boldsymbol{A}+\boldsymbol{B}$规定为

$$
\boldsymbol{A}+\boldsymbol{B}=\begin{pmatrix} a_{11}+b_{11} & a_{12}+b_{12} & \cdots & a_{1n}+b_{1n} \\ a_{21}+b_{21} & a_{22}+b_{22} & \cdots & a_{2n}+b_{2n} \\ \vdots & \vdots & & \vdots \\ a_{m1}+b_{m1} & a_{m2}+b_{m2} & \cdots & a_{mn}+b_{mn} \end{pmatrix}。
$$

应该注意,并非任意两个矩阵都可以相加,只有同型矩阵才能相加。做加法时,把两矩阵中对应位置的元素相加,和数放在原位置处,$\boldsymbol{A}$,$\boldsymbol{B}$ 与 $\boldsymbol{A}+\boldsymbol{B}$ 为同型矩阵。

设矩阵 $\boldsymbol{A}=(a_{ij})_{m\times n}$,记 $-\boldsymbol{A}=(-a_{ij})$,称 $-\boldsymbol{A}$ 为矩阵 $\boldsymbol{A}$ 的负矩阵。

由此规定矩阵的减法为

$$
\boldsymbol{A}-\boldsymbol{B}=\boldsymbol{A}+(-\boldsymbol{B})。
$$

不难验证,矩阵加法满足下列运算规律(设 $\boldsymbol{A}$,$\boldsymbol{B}$,$\boldsymbol{C}$ 均为 $m\times n$ 矩阵)。

(1) $\boldsymbol{A}+\boldsymbol{B}=\boldsymbol{B}+\boldsymbol{A}$;

(2) $(\boldsymbol{A}+\boldsymbol{B})+\boldsymbol{C}=\boldsymbol{A}+(\boldsymbol{B}+\boldsymbol{C})$;

(3) $\boldsymbol{A}+\boldsymbol{O}=\boldsymbol{A}$;

(4) $\boldsymbol{A}+(-\boldsymbol{A})=\boldsymbol{O}$。

8.2.2 数乘运算

定义 8.2.2 数 λ 与矩阵 $\boldsymbol{A}=(a_{ij})_{m\times n}$ 的乘积记作 $\lambda\boldsymbol{A}$(或 $\boldsymbol{A}\lambda$),规定为

$$
\lambda\boldsymbol{A}=\boldsymbol{A}\lambda=\begin{pmatrix} \lambda a_{11} & \lambda a_{12} & \cdots & \lambda a_{1n} \\ \lambda a_{21} & \lambda a_{22} & \cdots & \lambda a_{2n} \\ \vdots & \vdots & & \vdots \\ \lambda a_{m1} & \lambda a_{m2} & \cdots & \lambda a_{mn} \end{pmatrix}。
$$

注 $\lambda\boldsymbol{A}$ 是与 $\boldsymbol{A}$ 同型的矩阵,且 λ 需与 $\boldsymbol{A}$ 的每个元素相乘。不难验证,数与矩阵的乘法满足下列运算规律。

设 $\boldsymbol{A}$,$\boldsymbol{B}$ 为 $m\times n$ 矩阵,λ,μ 为数,则有:

(1) $(\lambda\mu)\boldsymbol{A}=\lambda(\mu\boldsymbol{A})$;

(2) $(\lambda+\mu)\boldsymbol{A}=\lambda\boldsymbol{A}+\mu\boldsymbol{A}$;

(3) $\lambda(\boldsymbol{A}+\boldsymbol{B})=\lambda\boldsymbol{A}+\lambda\boldsymbol{B}$;

(4) $1\boldsymbol{A}=\boldsymbol{A}$,$0\boldsymbol{A}=\boldsymbol{O}$。

矩阵的加法与数乘运算合起来,称为矩阵的线性运算。

例 8.2.1 设两个同型矩阵分别为 $\boldsymbol{A}=\begin{pmatrix} 3 & 2 & 0 \\ 4 & 7 & 1 \end{pmatrix}$,$\boldsymbol{B}=\begin{pmatrix} 2 & -2 & 4 \\ 0 & 1 & -1 \end{pmatrix}$,求矩阵 $\boldsymbol{A}+2\boldsymbol{B}$。

解

$$
\begin{aligned}
\boldsymbol{A}+2\boldsymbol{B}&=\begin{pmatrix} 3 & 2 & 0 \\ 4 & 7 & 1 \end{pmatrix}+2\begin{pmatrix} 2 & -2 & 4 \\ 0 & 1 & -1 \end{pmatrix}=\begin{pmatrix} 3 & 2 & 0 \\ 4 & 7 & 1 \end{pmatrix}+\begin{pmatrix} 4 & -4 & 8 \\ 0 & 2 & -2 \end{pmatrix} \\
&=\begin{pmatrix} 7 & -2 & 8 \\ 4 & 9 & -1 \end{pmatrix}。
\end{aligned}
$$

8.2.3 矩阵的乘法

定义 8.2.3 设 $\boldsymbol{A}=(a_{ij})_{m\times s}$ 与 $\boldsymbol{B}=(b_{ij})_{s\times n}$,$\boldsymbol{A}$ 与 $\boldsymbol{B}$ 的乘积为

$$
\boldsymbol{C}_{m\times n}=\boldsymbol{A}_{m\times s}\boldsymbol{B}_{s\times n},
$$

其中

$$\begin{aligned}c_{ij} &= a_{i1}\times b_{1j}+a_{i2}\times b_{2j}+\cdots+a_{is}\times b_{sj}\\ &=\sum_{k=1}^{s}a_{ik}b_{kj}\quad (i=1,2,\cdots,m;j=1,2,\cdots,n)。\end{aligned}$$

上述定义表明，只有当矩阵 $\boldsymbol{A}$ 的列数等于矩阵 $\boldsymbol{B}$ 的行数时，$\boldsymbol{A}$ 与 $\boldsymbol{B}$ 才能相乘；当 $\boldsymbol{AB}=\boldsymbol{C}$ 时，$\boldsymbol{C}$ 的行数等于 $\boldsymbol{A}$ 的行数，$\boldsymbol{C}$ 的列数等于 $\boldsymbol{B}$ 的列数，c_{ij} 等于 $\boldsymbol{A}$ 的第 i 行与 $\boldsymbol{B}$ 的第 j 列对应元素乘积之和，即

$$c_{ij}=(a_{i1},a_{i2},\cdots,a_{is})\begin{pmatrix}b_{1j}\\ b_{2j}\\ \vdots\\ b_{sj}\end{pmatrix}=\sum_{k=1}^{s}a_{ik}b_{kj}。$$

例 8.2.2　若 $\boldsymbol{A}=\begin{pmatrix}-2 & 4\\ 1 & -2\end{pmatrix}$，$\boldsymbol{B}=\begin{pmatrix}2 & 4\\ -3 & -6\end{pmatrix}$，求 $\boldsymbol{AB}$。

解

$$\begin{aligned}\boldsymbol{AB} &= \begin{pmatrix}-2 & 4\\ 1 & -2\end{pmatrix}\begin{pmatrix}2 & 4\\ -3 & -6\end{pmatrix}\\ &=\begin{pmatrix}(-2)\times 2+4\times(-3) & (-2)\times 4+4\times(-6)\\ 1\times 2+(-2)\times(-3) & 1\times 4+(-2)\times(-6)\end{pmatrix}\\ &=\begin{pmatrix}-16 & -32\\ 8 & 16\end{pmatrix}。\end{aligned}$$

矩阵的乘法运算，满足下列运算规律(假设下列运算都是可行的)。

(1) $(\boldsymbol{AB})\boldsymbol{C}=\boldsymbol{A}(\boldsymbol{BC})$；

(2) $\boldsymbol{A}(\boldsymbol{B}+\boldsymbol{C})=\boldsymbol{AB}+\boldsymbol{AC}$，$(\boldsymbol{B}+\boldsymbol{C})\boldsymbol{A}=\boldsymbol{BA}+\boldsymbol{CA}$；

(3) $\lambda(\boldsymbol{AB})=(\lambda\boldsymbol{A})\boldsymbol{B}=\boldsymbol{A}(\lambda\boldsymbol{B})$；

(4) $\boldsymbol{E}_m\boldsymbol{A}_{m\times n}=\boldsymbol{A}$，$\boldsymbol{A}_{m\times n}\boldsymbol{E}_n=\boldsymbol{A}$；

(5) $\boldsymbol{AO}=\boldsymbol{O}$，$0\boldsymbol{A}=\boldsymbol{O}$。

有了矩阵的乘法，可以定义方阵的幂运算。设 $\boldsymbol{A}$ 是 n 阶方阵，定义 $\boldsymbol{A}^0=\boldsymbol{E}$，$\boldsymbol{A}^1=\boldsymbol{A}$，$\boldsymbol{A}^2=\boldsymbol{AA}$，$\cdots$，$\boldsymbol{A}^k=\overbrace{\boldsymbol{AA}\cdots\boldsymbol{A}}^{k}$。

显然，只有方阵才有幂运算，且满足以下运算规律：

$$\boldsymbol{A}^k\boldsymbol{A}^l=\boldsymbol{A}^{k+l},\quad (\boldsymbol{A}^k)^l=\boldsymbol{A}^{kl}。$$

要注意，一般地，$(\boldsymbol{AB})^k\neq\boldsymbol{A}^k\boldsymbol{B}^k$，这是方阵的幂运算与数的幂运算的不同之处。

例 8.2.3　设矩阵

$$\boldsymbol{A}=\begin{pmatrix}-1 & -1\\ 1 & 1\end{pmatrix},\quad \boldsymbol{B}=\begin{pmatrix}-1 & 1\\ 1 & -1\end{pmatrix},$$

求矩阵乘积 $\boldsymbol{AB}$ 及 $\boldsymbol{BA}$。

解　$\boldsymbol{AB}=\begin{pmatrix}-1 & -1\\ 1 & 1\end{pmatrix}\begin{pmatrix}-1 & 1\\ 1 & -1\end{pmatrix}=\begin{pmatrix}0 & 0\\ 0 & 0\end{pmatrix}$，

$$\boldsymbol{BA}=\begin{pmatrix}-1 & 1\\ 1 & -1\end{pmatrix}\begin{pmatrix}-1 & -1\\ 1 & 1\end{pmatrix}=\begin{pmatrix}2 & 2\\ -2 & -2\end{pmatrix}。$$

该例表明，一般地，矩阵乘法不满足交换律。两个非零矩阵的乘积可能是零矩阵，即在 $\boldsymbol{A}\neq\boldsymbol{O},\boldsymbol{B}\neq\boldsymbol{O}$ 的情况下，可能有 $\boldsymbol{AB}=\boldsymbol{O}$。由此可知矩阵的乘法不满足消去律，即若 $\boldsymbol{AB}=\boldsymbol{AC}$，或$\boldsymbol{A}(\boldsymbol{B}-\boldsymbol{C})=\boldsymbol{O}$，当 $\boldsymbol{A}\neq\boldsymbol{O}$ 时，不能推出 $\boldsymbol{B}=\boldsymbol{C}$ 或 $\boldsymbol{B}-\boldsymbol{C}=\boldsymbol{O}$。

定义 8.2.4 如果两矩阵相乘，有 $\boldsymbol{AB}=\boldsymbol{BA}$，则称矩阵 $\boldsymbol{A}$ 与矩阵 $\boldsymbol{B}$ 可交换。

注 对于单位矩阵，容易证明 $\boldsymbol{EA}=\boldsymbol{AE}=\boldsymbol{A}$，即单位矩阵与任意同阶矩阵都是可交换的。

8.2.4 线性方程组的矩阵表示

对线性方程组

$$\begin{cases}a_{11}x_1+a_{12}x_2+\cdots+a_{1n}x_n=b_1,\\ a_{21}x_1+a_{22}x_2+\cdots+a_{2n}x_n=b_2,\\ \qquad\qquad\vdots\\ a_{m1}x_1+a_{m2}x_2+\cdots+a_{mn}x_n=b_m,\end{cases}\tag{8.2.1}$$

若记 $\boldsymbol{A}=\begin{pmatrix}a_{11}&a_{12}&\cdots&a_{1n}\\a_{21}&a_{22}&\cdots&a_{2n}\\\vdots&\vdots&&\vdots\\a_{m1}&a_{m2}&\cdots&a_{mn}\end{pmatrix}$，$\boldsymbol{x}=\begin{pmatrix}x_1\\x_2\\\vdots\\x_n\end{pmatrix}$，$\boldsymbol{b}=\begin{pmatrix}b_1\\b_2\\\vdots\\b_m\end{pmatrix}$，则利用矩阵的乘法，线性方程组(8.2.1)可表示为矩阵形式：

$$\boldsymbol{Ax}=\boldsymbol{b}。\tag{8.2.2}$$

其中 $\boldsymbol{A}$ 称为线性方程组(8.2.1)的系数矩阵，线性方程组(8.2.2)称为矩阵方程。

注 对行(列)矩阵，常按行(列)向量的记法，采用小写字母$\boldsymbol{\alpha}$，$\boldsymbol{\beta}$，$\boldsymbol{a}$，$\boldsymbol{b}$，$\boldsymbol{x}$，$\boldsymbol{y}$，…表示。

将线性方程组写成矩阵方程的形式，不仅书写方便，而且可以把线性方程组的理论与矩阵理论联系起来，这给线性方程组的讨论带来很大的便利。

8.2.5 矩阵的转置

定义 8.2.5 对于 $m\times n$ 矩阵

$$\boldsymbol{A}=\begin{pmatrix}a_{11}&a_{12}&\cdots&a_{1n}\\a_{21}&a_{22}&\cdots&a_{2n}\\\vdots&\vdots&&\vdots\\a_{m1}&a_{m2}&\cdots&a_{mn}\end{pmatrix},$$

不改变每行元素的相互顺序，把 $\boldsymbol{A}$ 的行依次作为同序数的列，所得到的一个 $n\times m$ 矩阵，称为 $\boldsymbol{A}$ 的转置矩阵，记为 $\boldsymbol{A}^{\mathrm{T}}$ 或 $\boldsymbol{A}'$，即

$$\boldsymbol{A}^{\mathrm{T}}=\begin{pmatrix}a_{11}&a_{21}&\cdots&a_{m1}\\a_{12}&a_{22}&\cdots&a_{m2}\\\vdots&\vdots&&\vdots\\a_{1n}&a_{2n}&\cdots&a_{mn}\end{pmatrix}。$$

例如，$\boldsymbol{A}=\begin{pmatrix}1&0&2\\3&2&0\end{pmatrix}$，则 $\boldsymbol{A}^{\mathrm{T}}=\begin{pmatrix}1&3\\0&2\\2&0\end{pmatrix}$。

转置也是一种运算,有以下运算规律(设λ为数,$\boldsymbol{A},\boldsymbol{B}$为矩阵,且假设下列运算都是可行的):

(1) $(\boldsymbol{A}^{\mathrm{T}})^{\mathrm{T}}=\boldsymbol{A}$;

(2) $(\boldsymbol{A}+\boldsymbol{B})^{\mathrm{T}}=\boldsymbol{A}^{\mathrm{T}}+\boldsymbol{B}^{\mathrm{T}}$;

(3) $(\lambda\boldsymbol{A})^{\mathrm{T}}=\lambda\boldsymbol{A}^{\mathrm{T}}$;

(4) $(\boldsymbol{AB})^{\mathrm{T}}=\boldsymbol{B}^{\mathrm{T}}\boldsymbol{A}^{\mathrm{T}}$。

这里仅证明(4)。

设$\boldsymbol{A}=(a_{ij})_{m\times s},\boldsymbol{B}=(b_{ij})_{s\times n}$,记$\boldsymbol{AB}=\boldsymbol{C}=(c_{ij})_{m\times n},\boldsymbol{B}^{\mathrm{T}}_{n\times s}\boldsymbol{A}^{\mathrm{T}}_{s\times m}=\boldsymbol{D}=(d_{ij})_{n\times m},(\boldsymbol{AB})^{\mathrm{T}}=\boldsymbol{C}^{\mathrm{T}}$,$\boldsymbol{C}^{\mathrm{T}}$的$(i,j)$元为$\boldsymbol{C}$的$(j,i)$元,即

$$c_{ji}=\sum_{k=1}^{s}a_{jk}b_{ki}。$$

而$\boldsymbol{D}$的(i,j)元为$\boldsymbol{B}^{\mathrm{T}}$的第$i$行与$\boldsymbol{A}^{\mathrm{T}}$的第$j$列对应元素乘积之和,亦为$\boldsymbol{B}$的第$i$列与$\boldsymbol{A}$的第$j$行对应元素乘积之和

$$d_{ij}=\sum_{k=1}^{s}b_{ki}a_{jk}。$$

所以,$d_{ij}=c_{ji}(i=1,2,\cdots,n;j=1,2,\cdots,m)$。即$\boldsymbol{D}=\boldsymbol{C}^{\mathrm{T}}$,亦即$(\boldsymbol{AB})^{\mathrm{T}}=\boldsymbol{B}^{\mathrm{T}}\boldsymbol{A}^{\mathrm{T}}$。

把满足$\boldsymbol{A}^{\mathrm{T}}=\boldsymbol{A}$的矩阵$\boldsymbol{A}$称为对称矩阵,简称对称阵。

例如,矩阵$\begin{pmatrix}0&0\\0&0\end{pmatrix},\begin{pmatrix}5&1\\1&-1\end{pmatrix},\begin{pmatrix}3&2&4\\2&0&7\\4&7&5\end{pmatrix}$等都是对称矩阵。显然,对称矩阵必为方阵,而且位于对角线两侧对称位置的元素分别相等,即$a_{ij}=a_{ji}$。

若$\boldsymbol{A}^{\mathrm{T}}=-\boldsymbol{A}$,则称$\boldsymbol{A}$为反对称矩阵。

例如,矩阵$\begin{pmatrix}0&0\\0&0\end{pmatrix},\begin{pmatrix}0&2&4\\-2&0&-7\\-4&7&0\end{pmatrix}$等都是反对称矩阵。显然,反对称矩阵$\boldsymbol{A}$必为方阵,而且位于对角线上的元素$a_{ii}$全为零,且$a_{ij}=-a_{ji}(i\neq j)$。

例 8.2.4　某文具商店在一周内所售出的文具如下表,周末盘点结账,计算该店每天的售货收入及一周的售货总账。

文　具	星　期						单价(元)
	一	二	三	四	五	六	
橡皮/个	15	8	5	1	12	20	0.3
直尺/把	15	20	18	16	8	25	0.5
胶水/瓶	20	0	12	15	4	3	1

解　由表中数据整理出矩阵

$$\boldsymbol{A}=\begin{pmatrix}15&8&5&1&12&20\\15&20&18&16&8&25\\20&0&12&15&4&3\end{pmatrix},\quad \boldsymbol{B}=\begin{pmatrix}0.3\\0.5\\1\end{pmatrix},$$

则一周内各天的售货收入可由如下方法算出

$$\boldsymbol{A}^{\mathrm{T}}\boldsymbol{B}=\begin{pmatrix}15 & 15 & 20\\ 8 & 20 & 0\\ 5 & 18 & 12\\ 1 & 16 & 15\\ 12 & 8 & 4\\ 20 & 25 & 3\end{pmatrix}\begin{pmatrix}0.3\\ 0.5\\ 1\end{pmatrix}=\begin{pmatrix}32\\ 12.4\\ 22.5\\ 23.3\\ 11.6\\ 21.5\end{pmatrix}。$$

所以，将一周内各天的售货收入加在一起可得一周的售货总账，即

$$32+12.4+22.5+23.3+11.6+21.5=123.3(\text{元})。$$

8.2.6 方阵的行列式

定义 8.2.6 由方阵 $\boldsymbol{A}$ 的元素按原来次序所构成的行列式，称为方阵 $\boldsymbol{A}$ 的行列式，记作 $\det\boldsymbol{A}$ 或 $|\boldsymbol{A}|$。

显然，只有方阵才有行列式，方阵的行列式有以下运算规律。

设 $\boldsymbol{A},\boldsymbol{B}$ 为 n 阶方阵，λ 为数，则

(1) $|\boldsymbol{A}^{\mathrm{T}}|=|\boldsymbol{A}|$；

(2) $|\lambda\boldsymbol{A}|=\lambda^n|\boldsymbol{A}|$；

(3) $|\boldsymbol{A}\boldsymbol{B}|=|\boldsymbol{A}||\boldsymbol{B}|$。

对于 n 阶方阵 $\boldsymbol{A},\boldsymbol{B}$，一般来说，$\boldsymbol{A}\boldsymbol{B}\neq\boldsymbol{B}\boldsymbol{A}$，但总有 $|\boldsymbol{A}\boldsymbol{B}|=|\boldsymbol{B}\boldsymbol{A}|$ 成立。

值得注意的是，一般来说，$|\boldsymbol{A}+\boldsymbol{B}|\neq|\boldsymbol{A}|+|\boldsymbol{B}|$。

8.3 矩阵的初等变换及初等矩阵

在计算行列式时，利用行列式的性质可以将给定的行列式化为上(下)三角行列式，从而简化行列式的计算，把行列式的某些性质引用到矩阵上，会给我们研究矩阵带来很大的方便，这些性质反映到矩阵上就是矩阵的初等变换。矩阵的初等变换是矩阵的一种十分重要的运算。

8.3.1 矩阵的初等变换

定义 8.3.1 下面 3 种变换称为矩阵的初等行变换。

(1) 对调矩阵的两行(对调 i,j 两行，记作 $r_i\leftrightarrow r_j$)；

(2) 用一个不等于零的数乘某一行的每一个元素(λ 乘第 i 行，记作 λr_i)；

(3) 用某一数乘矩阵的某一行的所有元素，然后加到另一行的对应元素上(第 j 行的 λ 倍加到第 i 行上，记作 $r_i+\lambda r_j$)。

把定义中的"行"换成"列"，即得矩阵的初等列变换的定义(记号中把"r"换成"c")。矩阵的初等行变换与初等列变换统称为矩阵的初等变换。

矩阵的 3 种初等变换都可以通过反向的变换(逆变换)使其变回原来的矩阵，且逆变换是同一类型的初等变换。$r_i\leftrightarrow r_j$ 的逆变换就是其本身，变换 λr_i 的逆变换为 $\frac{1}{\lambda}r_i(\lambda\neq0)$，$r_i+\lambda r_j$ 的逆变换为 $r_i+(-\lambda)r_j$。

如果矩阵 $\boldsymbol{A}$ 经过有限次初等行变换变成矩阵 $\boldsymbol{B}$，就称矩阵 $\boldsymbol{A}$ 与 $\boldsymbol{B}$ 行等价，记作 $\boldsymbol{A}\overset{r}{\sim}\boldsymbol{B}$。如果矩阵 $\boldsymbol{A}$ 经过有限次初等列变换变成矩阵 $\boldsymbol{B}$，称矩阵 $\boldsymbol{A}$ 和 $\boldsymbol{B}$ 列等价，记作 $\boldsymbol{A}\overset{c}{\sim}\boldsymbol{B}$。如果矩阵 $\boldsymbol{A}$ 经过有限次初等变换变成矩阵 $\boldsymbol{B}$，就称矩阵 $\boldsymbol{A}$ 与 $\boldsymbol{B}$ 等价，记作 $\boldsymbol{A}\sim\boldsymbol{B}$。

矩阵之间的行等价、列等价及等价具有下列性质(以等价为例)：

(1) 反身性　$\boldsymbol{A}\sim\boldsymbol{A}$；

(2) 对称性　若 $\boldsymbol{A}\sim\boldsymbol{B}$，则 $\boldsymbol{B}\sim\boldsymbol{A}$；

(3) 传递性　若 $\boldsymbol{A}\sim\boldsymbol{B}$，$\boldsymbol{B}\sim\boldsymbol{C}$，则 $\boldsymbol{A}\sim\boldsymbol{C}$。

例 8.3.1　已知矩阵 $\boldsymbol{A}=\begin{pmatrix}1&1&1&1\\1&1&2&1\\2&3&3&2\\3&2&1&3\end{pmatrix}$，用初等行变换将其化为上三角矩阵。

解

$$\boldsymbol{A}=\begin{pmatrix}1&1&1&1\\1&1&2&1\\2&3&3&2\\3&2&1&3\end{pmatrix}\xrightarrow[r_4-3r_1]{\substack{r_2-r_1\\r_3-2r_1}}\begin{pmatrix}1&1&1&1\\0&0&1&0\\0&1&1&0\\0&-1&-2&0\end{pmatrix}\xrightarrow{r_2\leftrightarrow r_3}\begin{pmatrix}1&1&1&1\\0&1&1&0\\0&0&1&0\\0&-1&-2&0\end{pmatrix}$$

$$\xrightarrow{r_4+r_2}\begin{pmatrix}1&1&1&1\\0&1&1&0\\0&0&1&0\\0&0&-1&0\end{pmatrix}\xrightarrow{r_4+r_3}\begin{pmatrix}1&1&1&1\\0&1&1&0\\0&0&1&0\\0&0&0&0\end{pmatrix}=\boldsymbol{B}。$$

这里的矩阵依其形状的特征称为行阶梯形矩阵。

一般地，行阶梯形矩阵的特点是：

(1) 如果存在元素全为 0 的行，则全为 0 的行都集中在矩阵的下方；

(2) 每行左起第一个非零元素的下方元素全为 0。

形象地说，可以在该矩阵中画出一条阶梯线，线的下方全为 0，每个阶梯只有一行，阶梯数即是非零行的行数，阶梯竖线后即为每行左起第一个非零元素。

对例 8.3.1 中的矩阵 $\boldsymbol{B}=\begin{pmatrix}1&1&1&1\\0&1&1&0\\0&0&1&0\\0&0&0&0\end{pmatrix}$再作初等行变换：

$$\boldsymbol{B}=\begin{pmatrix}1&1&1&1\\0&1&1&0\\0&0&1&0\\0&0&0&0\end{pmatrix}\xrightarrow[r_2-r_3]{r_1-r_2}\begin{pmatrix}1&0&0&1\\0&1&0&0\\0&0&1&0\\0&0&0&0\end{pmatrix}=\boldsymbol{C},$$

称这种特殊形状的阶梯形矩阵 $\boldsymbol{C}$ 为行最简形矩阵。

行最简形矩阵的特点是：在满足行阶梯形矩阵的条件下，非零行首个非零元为 1，且这些首个非零元所在列的其他元素全为 0。

例如，下列 4 个矩阵中

$$\boldsymbol{A}_1=\begin{pmatrix}1&1&0&0\\0&0&1&0\\0&0&0&1\end{pmatrix},\quad \boldsymbol{A}_2=\begin{pmatrix}1&1&0&1\\0&1&1&1\\0&0&0&0\end{pmatrix},$$

$$\boldsymbol{A}_3=\begin{pmatrix}1&0&0&1\\0&1&0&1\\0&1&1&0\end{pmatrix},\quad \boldsymbol{A}_4=\begin{pmatrix}1&1&0&1\\0&0&1&1\\0&0&0&0\end{pmatrix}。$$

$\boldsymbol{A}_1,\boldsymbol{A}_2,\boldsymbol{A}_4$ 为行阶梯形矩阵；$\boldsymbol{A}_3$ 不是阶梯形矩阵；$\boldsymbol{A}_1,\boldsymbol{A}_4$ 是行最简形矩阵。

如对上述矩阵 $\boldsymbol{C}$ 再作初等列变换：

$$\boldsymbol{C}=\begin{pmatrix}1&0&0&1\\0&1&0&0\\0&0&1&0\\0&0&0&0\end{pmatrix}\overset{c_4-c_1}{\sim}\begin{pmatrix}1&0&0&0\\0&1&0&0\\0&0&1&0\\0&0&0&0\end{pmatrix}=\boldsymbol{D},$$

这里的矩阵 $\boldsymbol{D}$ 称为原矩阵 $\boldsymbol{A}$ 的标准形。其特点是左上角是一个适当阶数的单位阵，其余元素都为 0。可以证明如下定理：

定理 8.3.1 设 $\boldsymbol{A}$ 为 $m\times n$ 矩阵，则 $\boldsymbol{A}$ 必可经过有限次初等变换化为标准形：

$$\boldsymbol{G}=\begin{pmatrix}\boldsymbol{E}_r&\boldsymbol{O}\\\boldsymbol{O}&\boldsymbol{O}\end{pmatrix}=\begin{pmatrix}1&0&\cdots&0&\cdots&0\\0&1&\cdots&0&\cdots&0\\\vdots&\vdots&\ddots&\vdots&\ddots&\vdots\\0&0&\cdots&1&\cdots&0\\\vdots&\vdots&\ddots&\vdots&\ddots&\vdots\\0&0&\cdots&0&\cdots&0\end{pmatrix}。$$

其中 $0\leqslant r\leqslant\min\{m,n\}$。

注 定理 8.3.1 实质上给出了结论：任一矩阵总可以经过有限次初等行变换化为行阶梯形矩阵，并进而化为行最简形矩阵。

例 8.3.2 求矩阵 $\boldsymbol{A}=\begin{pmatrix}1&0&0&3\\2&1&-2&6\\-1&-1&2&-3\end{pmatrix}$ 的标准形。

解

$$\boldsymbol{A}=\begin{pmatrix}1&0&0&3\\2&1&-2&6\\-1&-1&2&-3\end{pmatrix}\underset{r_3+r_1}{\overset{r_2+(-2)r_1}{\sim}}\begin{pmatrix}1&0&0&3\\0&1&-2&0\\0&-1&2&0\end{pmatrix}$$

$$\overset{c_4+(-3)c_1}{\sim}\begin{pmatrix}1&0&0&0\\0&1&-2&0\\0&-1&2&0\end{pmatrix}\overset{r_3+r_2}{\sim}\begin{pmatrix}1&0&0&0\\0&1&-2&0\\0&0&0&0\end{pmatrix}$$

$$\overset{c_3+2c_2}{\sim}\begin{pmatrix}1&0&0&0\\0&1&0&0\\0&0&0&0\end{pmatrix}。$$

8.3.2 初等矩阵

定义 8.3.2　单位矩阵 $\boldsymbol{E}$ 经过一次初等变换得到的矩阵称为初等矩阵。具体分为如下 3 类：

(1) 把单位矩阵 $\boldsymbol{E}$ 的 i,j 两行(列)对调得到的初等矩阵，记为 $\boldsymbol{E}(i,j)$；

(2) 把单位矩阵 $\boldsymbol{E}$ 的第 i 行(列)乘以数 $k(\neq 0)$ 得到的初等矩阵，记为 $\boldsymbol{E}(i(k))$；

(3) 把单位矩阵 $\boldsymbol{E}$ 的第 j 行乘以数 k 加到第 i 行上，或 $\boldsymbol{E}$ 的第 i 列乘以数 k 加到第 j 列上得到的初等矩阵，记为 $\boldsymbol{E}(i,j(k))$。

以三阶矩阵为例，有

$$\boldsymbol{E}_3(1,2)=\begin{pmatrix}0&1&0\\1&0&0\\0&0&1\end{pmatrix},\quad \boldsymbol{E}_3(2(3))=\begin{pmatrix}1&0&0\\0&3&0\\0&0&1\end{pmatrix},\quad \boldsymbol{E}_3(3,1(2))=\begin{pmatrix}1&0&0\\0&1&0\\2&0&1\end{pmatrix}。$$

关于初等矩阵，可以证明如下定理：

定理 8.3.2　设 $\boldsymbol{A}$ 是 $m\times n$ 矩阵，对 $\boldsymbol{A}$ 作一次初等行变换，相当于 $\boldsymbol{A}$ 的左边乘以相应的 m 阶初等矩阵。对 $\boldsymbol{A}$ 作一次初等列变换，相当于在 $\boldsymbol{A}$ 的右边乘以相应的 n 阶初等矩阵。

例如设矩阵 $\boldsymbol{A}=\begin{pmatrix}1&2&3\\4&5&6\\7&8&9\end{pmatrix}$，则 $\boldsymbol{E}(1,3)\boldsymbol{A}=\begin{pmatrix}0&0&1\\0&1&0\\1&0&0\end{pmatrix}\begin{pmatrix}1&2&3\\4&5&6\\7&8&9\end{pmatrix}=\begin{pmatrix}7&8&9\\4&5&6\\1&2&3\end{pmatrix}$。即用 $\boldsymbol{E}(1,3)$ 左乘 $\boldsymbol{A}$，相当于交换 $\boldsymbol{A}$ 的第 1 行与第 3 行。

8.4 逆 矩 阵

8.4.1 逆矩阵的定义

我们知道，算术中乘法的逆运算是除法，那么两个矩阵是否可以相除呢？由于矩阵的乘法一般情况下不满足交换律与消去律，所以无法直接定义矩阵的除法。但是依照数的关系，$a\cdot\dfrac{1}{a}=1$，在矩阵的运算中，单位阵 $\boldsymbol{E}$ 相当于数的乘法运算中的 1，可以考虑定义一个矩阵 $\boldsymbol{A}$ 相当于数的倒数的矩阵 $\boldsymbol{A}^{-1}$，将 $\boldsymbol{A}^{-1}$ 称为 $\boldsymbol{A}$ 的逆矩阵。

定义 8.4.1　对于 n 阶方阵 $\boldsymbol{A}$，如果存在 n 阶方阵 $\boldsymbol{B}$，使 $\boldsymbol{AB}=\boldsymbol{BA}=\boldsymbol{E}$，则称方阵 $\boldsymbol{A}$ 是可逆的，并称方阵 $\boldsymbol{B}$ 为方阵 $\boldsymbol{A}$ 的逆矩阵，简称 $\boldsymbol{A}$ 的逆，记为 $\boldsymbol{A}^{-1}$。

应该注意，可逆矩阵一定是方阵，并且逆矩阵一定是其同阶方阵，非方阵在通常意义下不论及可逆性。定义中方阵 $\boldsymbol{A}$ 与 $\boldsymbol{B}$ 的地位是对称的，即 $\boldsymbol{A}$ 与 $\boldsymbol{B}$ 互为逆矩阵。

显然初等矩阵都是方阵，3 种初等方阵都是可逆的，且由逆变换可知其逆矩阵都是初等方阵：

$$\boldsymbol{E}(i,j)^{-1}=\boldsymbol{E}(i,j);\quad \boldsymbol{E}(i(k))^{-1}=\boldsymbol{E}\left(i\left(\frac{1}{k}\right)\right);\quad \boldsymbol{E}(i,j(k))^{-1}=\boldsymbol{E}(i,j(-k))。$$

8.4.2 逆矩阵的性质

性质 1　可逆矩阵的逆矩阵是唯一的。

证 设方阵 $\boldsymbol{A}$ 是可逆的,假设 $\boldsymbol{B},\boldsymbol{C}$ 都是 $\boldsymbol{A}$ 的逆矩阵,即有 $\boldsymbol{AB}=\boldsymbol{BA}=\boldsymbol{E},\boldsymbol{AC}=\boldsymbol{CA}=\boldsymbol{E}$,则有 $\boldsymbol{B}=\boldsymbol{BE}=\boldsymbol{B}(\boldsymbol{AC})=(\boldsymbol{BA})\boldsymbol{C}=\boldsymbol{EC}=\boldsymbol{C}$。

性质 2 若 $\boldsymbol{A}$ 可逆,则 $\boldsymbol{A}^{-1}$ 亦可逆,且 $(\boldsymbol{A}^{-1})^{-1}=\boldsymbol{A}$。

性质 3 若 $\boldsymbol{A}$ 可逆,数 $\lambda\neq 0$,则 $\lambda\boldsymbol{A}$ 可逆,且 $(\lambda\boldsymbol{A})^{-1}=\dfrac{1}{\lambda}\boldsymbol{A}^{-1}$。

性质 4 若 $\boldsymbol{A}$ 可逆,则 $\boldsymbol{A}^{\mathrm{T}}$ 亦可逆,且有 $(\boldsymbol{A}^{\mathrm{T}})^{-1}=(\boldsymbol{A}^{-1})^{\mathrm{T}}$。

证 由 $\boldsymbol{A}$ 可逆知,有 $\boldsymbol{AA}^{-1}=\boldsymbol{A}^{-1}\boldsymbol{A}=\boldsymbol{E}$。将上式转置,有 $(\boldsymbol{AA}^{-1})^{\mathrm{T}}=(\boldsymbol{A}^{-1}\boldsymbol{A})^{\mathrm{T}}=\boldsymbol{E}^{\mathrm{T}}$,即 $(\boldsymbol{A}^{-1})^{\mathrm{T}}\boldsymbol{A}^{\mathrm{T}}=\boldsymbol{A}^{\mathrm{T}}(\boldsymbol{A}^{-1})^{\mathrm{T}}=\boldsymbol{E}$,所以 $(\boldsymbol{A}^{\mathrm{T}})^{-1}=(\boldsymbol{A}^{-1})^{\mathrm{T}}$。

性质 5 若 $\boldsymbol{A}$、$\boldsymbol{B}$ 为同阶方阵且均可逆,则 $\boldsymbol{AB}$ 亦可逆,且 $(\boldsymbol{AB})^{-1}=\boldsymbol{B}^{-1}\boldsymbol{A}^{-1}$。

证

$$(\boldsymbol{AB})(\boldsymbol{B}^{-1}\boldsymbol{A}^{-1})=\boldsymbol{A}(\boldsymbol{BB}^{-1})\boldsymbol{A}^{-1}=\boldsymbol{AEA}^{-1}=\boldsymbol{AA}^{-1}=\boldsymbol{E},$$

同理可证 $(\boldsymbol{B}^{-1}\boldsymbol{A}^{-1})(\boldsymbol{AB})=\boldsymbol{E}$,故由定义知 $(\boldsymbol{AB})^{-1}=\boldsymbol{B}^{-1}\boldsymbol{A}^{-1}$。

8.4.3 逆矩阵的计算

1. 公式法

设 n 阶方阵 $\boldsymbol{A}=(a_{ij})$,元素 a_{ij} 在 $\boldsymbol{A}$ 的行列式 $|\boldsymbol{A}|$ 中的代数余子式为 $A_{ij}(i,j=1,2,\cdots,n)$,则 A_{ij} 构成如下矩阵

$$\boldsymbol{A}^{*}=\begin{pmatrix} A_{11} & A_{21} & \cdots & A_{n1} \\ A_{12} & A_{22} & \cdots & A_{n2} \\ \vdots & \vdots & & \vdots \\ A_{1n} & A_{2n} & \cdots & A_{nn} \end{pmatrix},$$

称为方阵 $\boldsymbol{A}$ 的伴随矩阵,简称伴随阵。

注意 $\boldsymbol{A}$ 的伴随矩阵 $\boldsymbol{A}^{*}$ 是把 $\boldsymbol{A}$ 的每个元素 a_{ij} 换成对应的代数余子式 A_{ij},然后转置得到的矩阵。$\boldsymbol{A}$ 的伴随矩阵 $\boldsymbol{A}^{*}$ 具有如下重要性质:$\boldsymbol{AA}^{*}=\boldsymbol{A}^{*}\boldsymbol{A}=|\boldsymbol{A}|\boldsymbol{E}$。

现证明如下:

设 $\boldsymbol{A}=\begin{pmatrix} a_{11} & a_{12} & \cdots & a_{1n} \\ a_{21} & a_{22} & \cdots & a_{2n} \\ \vdots & \vdots & & \vdots \\ a_{n1} & a_{n2} & \cdots & a_{nn} \end{pmatrix}$,由行列式的性质

$$\sum_{k=1}^{n} a_{ik}A_{jk}=\sum_{k=1}^{n} a_{ki}A_{kj}=\begin{cases} |\boldsymbol{A}|, & i=j \\ 0, & i\neq j \end{cases}$$

故得

$$\boldsymbol{AA}^{*}=\begin{pmatrix} a_{11} & a_{12} & \cdots & a_{1n} \\ a_{21} & a_{22} & \cdots & a_{2n} \\ \vdots & \vdots & & \vdots \\ a_{n1} & a_{n2} & \cdots & a_{nn} \end{pmatrix}\begin{pmatrix} A_{11} & A_{21} & \cdots & A_{n1} \\ A_{12} & A_{22} & \cdots & A_{n2} \\ \vdots & \vdots & & \vdots \\ A_{1n} & A_{2n} & \cdots & A_{nn} \end{pmatrix}$$

$$=\begin{pmatrix} |\boldsymbol{A}| & 0 & \cdots & 0 \\ 0 & |\boldsymbol{A}| & \cdots & 0 \\ \vdots & \vdots & & \vdots \\ 0 & 0 & \cdots & |\boldsymbol{A}| \end{pmatrix}=|\boldsymbol{A}|\boldsymbol{E}。$$

同样可证 $A^*A=|A|E$。

由此可得如下定理：

定理 8.4.1　方阵 A 可逆的充分必要条件是 $|A|\neq 0$。当 A 可逆时，有 $A^{-1}=\dfrac{1}{|A|}A^*$，其中 A^* 为 A 的伴随矩阵。

证　必要性。若 A 可逆，即存在 A^{-1}，使 $AA^{-1}=E$，故 $|AA^{-1}|=|E|=1$，即 $|A|\cdot|A^{-1}|=1$，所以 $|A|\neq 0$。

充分性。由 $AA^*=A^*A=|A|E$，因 $|A|\neq 0$，故有

$$A\left(\frac{1}{|A|}A^*\right)=\left(\frac{1}{|A|}A^*\right)A=E,$$

即 A 可逆，且有 $A^{-1}=\dfrac{1}{|A|}A^*$。

若方阵 A 的行列式 $|A|=0$，则称 A 为奇异矩阵；若 $|A|\neq 0$，则称 A 为非奇异矩阵。由定理 8.4.1 可知，可逆矩阵是非奇异矩阵，不可逆矩阵是奇异矩阵。

进一步还可证明，对于定义 8.4.1，设有 n 阶方阵 A,B，若 $AB=E$（或 $BA=E$），则 $B=A^{-1}$。

证　必要性。根据矩阵 A 可逆的定义，若 A 可逆，则存在 B，使 $AB=BA=E$，故 $AB=E$ 成立。

充分性。若 $AB=E$，等式两端取行列式，即有 $|A|\cdot|B|=|E|=1$，可知 $|A|\neq 0$。则 A 可逆，在 $AB=E$ 的两端同时左乘 A^{-1}，得 $B=A^{-1}$。对 $BA=E$ 的情形，同理可证。

这一结论说明，如果我们要验证矩阵 B 是矩阵 A 的逆矩阵，只要验证一个等式 $AB=E$（或 $BA=E$）即可，不必再按定义验证 $AB=E$，$BA=E$ 两个等式。

例 8.4.1　设 $A=\begin{pmatrix}1&2&0\\2&3&0\\3&1&1\end{pmatrix}$，判断 A 是否可逆，如果 A 可逆，求 A^{-1}。

解　$|A|=\begin{vmatrix}1&2&0\\2&3&0\\3&1&1\end{vmatrix}=1\times(-1)^{3+3}\begin{vmatrix}1&2\\2&3\end{vmatrix}=-1\neq 0$，所以 A 可逆。

$$A_{11}=\begin{vmatrix}3&0\\1&1\end{vmatrix}=3,\quad A_{12}=-\begin{vmatrix}2&0\\3&1\end{vmatrix}=-2,\quad A_{13}=\begin{vmatrix}2&3\\3&1\end{vmatrix}=-7;$$

$$A_{21}=-\begin{vmatrix}2&0\\1&1\end{vmatrix}=-2,\quad A_{22}=\begin{vmatrix}1&0\\3&1\end{vmatrix}=1,\quad A_{23}=-\begin{vmatrix}1&2\\3&1\end{vmatrix}=5;$$

$$A_{31}=\begin{vmatrix}2&0\\3&0\end{vmatrix}=0,\quad A_{32}=-\begin{vmatrix}1&0\\2&0\end{vmatrix}=0,\quad A_{33}=\begin{vmatrix}1&2\\2&3\end{vmatrix}=-1。$$

故

$$A^*=\begin{pmatrix}A_{11}&A_{21}&A_{31}\\A_{12}&A_{22}&A_{32}\\A_{13}&A_{23}&A_{33}\end{pmatrix}=\begin{pmatrix}3&-2&0\\-2&1&0\\-7&5&-1\end{pmatrix},$$

$$A^{-1}=\frac{1}{|A|}A^{*}=-\begin{pmatrix}3&-2&0\\-2&1&0\\-7&5&-1\end{pmatrix}=\begin{pmatrix}-3&2&0\\2&-1&0\\7&-5&1\end{pmatrix}。$$

2. 利用初等变换法求矩阵的逆

根据定理 8.3.1 的结论及初等变换的可逆性，我们得到，如果矩阵 $\boldsymbol{A}$ 可逆，则矩阵 $\boldsymbol{A}$ 可以经过有限次初等行变换化为单位矩阵 $\boldsymbol{E}$，即存在初等矩阵 $\boldsymbol{P}_1,\boldsymbol{P}_2,\cdots,\boldsymbol{P}_s$，使得

$$\boldsymbol{P}_s\cdots\boldsymbol{P}_2\boldsymbol{P}_1\boldsymbol{A}=\boldsymbol{E}。\tag{8.4.1}$$

在上式两边右乘矩阵 $\boldsymbol{A}^{-1}$，得到

$$\boldsymbol{P}_s\cdots\boldsymbol{P}_2\boldsymbol{P}_1\boldsymbol{A}\boldsymbol{A}^{-1}=\boldsymbol{E}\boldsymbol{A}^{-1}=\boldsymbol{A}^{-1},$$

即

$$\boldsymbol{A}^{-1}=\boldsymbol{P}_s\cdots\boldsymbol{P}_2\boldsymbol{P}_1\boldsymbol{E}。\tag{8.4.2}$$

式(8.4.1)表示对 $\boldsymbol{A}$ 施以若干次初等行变换可化为 $\boldsymbol{E}$；式(8.4.2)表示对 $\boldsymbol{E}$ 施以相同的初等行变换可化为 $\boldsymbol{A}^{-1}$。

因此，求矩阵 $\boldsymbol{A}$ 的逆矩阵时，可构造 $n\times 2n$ 矩阵$(\boldsymbol{A}\mid\boldsymbol{E})$，然后对其进行初等行变换，当把 $\boldsymbol{A}$ 变成单位矩阵 $\boldsymbol{E}$ 时，原来位置的 $\boldsymbol{E}$ 就变成 $\boldsymbol{A}^{-1}$，即

$$(\boldsymbol{A}\mid\boldsymbol{E})\overset{r}{\sim}(\boldsymbol{E}\mid\boldsymbol{A}^{-1})。$$

类似地，可逆矩阵 $\boldsymbol{A}$ 也可以只用初等列变换变为单位阵，且有

$$\begin{pmatrix}\boldsymbol{A}\\\hdashline\boldsymbol{E}\end{pmatrix}\overset{c}{\sim}\begin{pmatrix}\boldsymbol{E}\\\hdashline\boldsymbol{A}^{-1}\end{pmatrix},$$

这就是求逆矩阵的初等变换法。

例 8.4.2 求 $\boldsymbol{A}=\begin{pmatrix}0&1&2\\1&1&4\\2&-1&0\end{pmatrix}$的逆矩阵。

解 $(\boldsymbol{A}\mid\boldsymbol{E})=\left(\begin{array}{ccc:ccc}0&1&2&1&0&0\\1&1&4&0&1&0\\2&-1&0&0&0&1\end{array}\right)\overset{r_1\leftrightarrow r_2}{\sim}\left(\begin{array}{ccc:ccc}1&1&4&0&1&0\\0&1&2&1&0&0\\2&-1&0&0&0&1\end{array}\right)$

$$\overset{r_3-2r_1}{\sim}\left(\begin{array}{ccc:ccc}1&1&4&0&1&0\\0&1&2&1&0&0\\0&-3&-8&0&-2&1\end{array}\right)\overset{r_3+3r_2}{\sim}\left(\begin{array}{ccc:ccc}1&1&4&0&1&0\\0&1&2&1&0&0\\0&0&-2&3&-2&1\end{array}\right)$$

$$\overset{-\frac{1}{2}\cdot r_3}{\sim}\left(\begin{array}{ccc:ccc}1&1&4&0&1&0\\0&1&2&1&0&0\\0&0&1&-\frac{3}{2}&1&-\frac{1}{2}\end{array}\right)\underset{r_1-4r_3}{\overset{r_2-2r_3}{\sim}}\left(\begin{array}{ccc:ccc}1&1&0&6&-3&2\\0&1&0&4&-2&1\\0&0&1&-\frac{3}{2}&1&-\frac{1}{2}\end{array}\right)$$

$$\overset{r_1-r_2}{\sim}\left(\begin{array}{ccc:ccc}1&0&0&2&-1&1\\0&1&0&4&2&-1\\0&0&1&-\frac{3}{2}&1&-\frac{1}{2}\end{array}\right),$$

所以

$$A^{-1}=\begin{pmatrix}2&-1&1\\4&-2&1\\-\frac{3}{2}&1&-\frac{1}{2}\end{pmatrix}。$$

例 8.4.3　某工厂检验室有甲乙两种不同的化学原料，甲种原料分别含锌与镁 10%与 20%，乙种原料分别含锌与镁 10%与 30%，现在要用这两种原料分别配制 A，B 两种试剂，A 试剂需含锌镁各 2g、5g，B 试剂需含锌镁各 1g、2g。问配制 A，B 两种试剂分别需要甲乙两种化学原料各多少克？

解　设配制 A 试剂需甲乙两种化学原料分别为 x,y 克；配制 B 试剂需甲乙两种化学原料分别为 s,t 克；根据题意，得如下矩阵方程

$$\begin{pmatrix}0.1&0.1\\0.2&0.3\end{pmatrix}\begin{pmatrix}x&s\\y&t\end{pmatrix}=\begin{pmatrix}2&1\\5&2\end{pmatrix}。$$

设 $A=\begin{pmatrix}0.1&0.1\\0.2&0.3\end{pmatrix}$，$X=\begin{pmatrix}x&s\\y&t\end{pmatrix}$，$B=\begin{pmatrix}2&1\\5&2\end{pmatrix}$，　则 $X=A^{-1}B$。

下面用初等行变换求 A^{-1}，则有

$$\begin{pmatrix}0.1&0.1&1&0\\0.2&0.3&0&1\end{pmatrix}\overset{10r_1}{\underset{10r_2}{\sim}}\begin{pmatrix}1&1&10&0\\2&3&0&10\end{pmatrix}$$

$$\overset{r_2-2r_1}{\sim}\begin{pmatrix}1&1&10&0\\0&1&-20&10\end{pmatrix}\overset{r_1-r_2}{\sim}\begin{pmatrix}1&0&30&-10\\0&1&-20&10\end{pmatrix},$$

即 $A^{-1}=\begin{pmatrix}30&-10\\-20&10\end{pmatrix}$，所以 $X=\begin{pmatrix}x&s\\y&t\end{pmatrix}=\begin{pmatrix}30&-10\\-20&10\end{pmatrix}\begin{pmatrix}2&1\\5&2\end{pmatrix}=\begin{pmatrix}10&10\\10&0\end{pmatrix}$。

即配制 A 试剂分别需要甲乙两种化学原料各 10g，配制 B 试剂只需甲种化学原料 10g。

例 8.4.4　军事通讯中，需要将字符转化成数字，所以这就需要将字符与数字一一对应，如：

a	b	c	d	…	x	y	z
1	2	3	4	…	24	25	26

如 are 对应于数字序列(1　18　5)，如果直接按这种方式传输，则很容易被敌人破译而造成巨大的损失，这就需要加密，通常的做法是将数字序列等长分段表示为一些原信号矩阵，如一段信号矩阵 $B=(1\quad 18\quad 5)$，然后用一个约定的加密矩阵 A 乘以这些原信号矩阵 B。传输信号时，传输的不是矩阵 B，而是传输转换后的矩阵 $C=AB^{\mathrm{T}}$，收到信号时，再将信号还原。如果敌人不知道加密矩阵，则他们就很难弄明白传输信号的含义。设收到的信号为 $C=(21\quad 27\quad 31)^{\mathrm{T}}$，并且已知加密矩阵是 $A=\begin{pmatrix}-1&0&1\\0&1&1\\1&1&1\end{pmatrix}$，问原信号 B 是什么？

解　由加密原理知 $B^{\mathrm{T}}=A^{-1}C$，所以先求 A 的逆矩阵。由于

$$\left(\begin{array}{ccc:ccc}-1&0&1&1&0&0\\0&1&1&0&1&0\\1&1&1&0&0&1\end{array}\right)\overset{r_3+r_1}{\sim}\left(\begin{array}{ccc:ccc}-1&0&1&1&0&0\\0&1&1&0&1&0\\0&1&2&1&0&1\end{array}\right)$$

$$\overset{r_3-r_2}{\underset{r_1\times(-1)}{\sim}}\left(\begin{array}{ccc:ccc}1&0&-1&-1&0&0\\0&1&1&0&1&0\\0&0&1&1&-1&1\end{array}\right)\overset{r_1+r_3}{\underset{r_2-r_3}{\sim}}\left(\begin{array}{ccc:ccc}1&0&0&0&-1&1\\0&1&0&-1&2&-1\\0&0&1&1&-1&1\end{array}\right)$$

从而得到 $\boldsymbol{A}^{-1}=\begin{pmatrix}0&-1&1\\-1&2&-1\\1&-1&1\end{pmatrix}$,所以

$$\boldsymbol{B}^{\mathrm{T}}=\boldsymbol{A}^{-1}\boldsymbol{C}=\begin{pmatrix}0&-1&1\\-1&2&-1\\1&-1&1\end{pmatrix}\begin{pmatrix}21\\27\\31\end{pmatrix}=\begin{pmatrix}4\\2\\25\end{pmatrix},\quad 即\ \boldsymbol{B}=(4\quad 2\quad 25),$$

所以信号为 dby。

8.4.4 矩阵方程及其解法

有了逆矩阵的概念,我们可以讨论矩阵方程 $\boldsymbol{AX}=\boldsymbol{B}$ 的求解问题。事实上,如果 $\boldsymbol{A}$ 可逆,用 $\boldsymbol{A}^{-1}$左乘上式两端,得 $\boldsymbol{X}=\boldsymbol{A}^{-1}\boldsymbol{B}$。为此,可采用类似于用初等行变换求矩阵逆的方法,构造矩阵$(\boldsymbol{A}\ \vdots\ \boldsymbol{B})$,对其进行初等行变换,当把 $\boldsymbol{A}$ 变成单位矩阵 $\boldsymbol{E}$ 时,原来位置的 $\boldsymbol{B}$ 就变成 $\boldsymbol{A}^{-1}\boldsymbol{B}$,即

$$(\boldsymbol{A}\ \vdots\ \boldsymbol{B})\overset{r}{\sim}(\boldsymbol{E}\ \vdots\ \boldsymbol{A}^{-1}\boldsymbol{B})。$$

这样就给出了用初等行变换求解矩阵方程 $\boldsymbol{AX}=\boldsymbol{B}$ 的方法。

例 8.4.5 解矩阵方程 $\boldsymbol{AX}=\boldsymbol{B}$,其中 $\boldsymbol{A}=\begin{pmatrix}1&2&0\\2&3&0\\3&1&1\end{pmatrix}$,$\boldsymbol{B}=\begin{pmatrix}0&1\\1&0\\0&2\end{pmatrix}$,求未知矩阵 $\boldsymbol{X}$。

解 由于$|\boldsymbol{A}|=-1$,知 $\boldsymbol{A}$ 可逆。

分别用 $\boldsymbol{A}^{-1}$左乘所给方程的两端,得 $\boldsymbol{X}=\boldsymbol{A}^{-1}\boldsymbol{B}$。

$$(\boldsymbol{A}\ \vdots\ \boldsymbol{B})\overset{r}{\sim}(\boldsymbol{E}\ \vdots\ \boldsymbol{A}^{-1}\boldsymbol{B}),$$

$$(\boldsymbol{A}\ \vdots\ \boldsymbol{B})=\begin{pmatrix}1&2&0&0&1\\2&3&0&1&0\\3&1&1&0&2\end{pmatrix}\overset{\substack{r_2-2r_1\\r_3-3r_1}}{\sim}\begin{pmatrix}1&2&0&0&1\\0&-1&0&1&-2\\0&-5&1&0&-1\end{pmatrix}$$

$$\overset{(-1)r_2}{\sim}\begin{pmatrix}1&2&0&0&1\\0&1&0&-1&2\\0&-5&1&0&-1\end{pmatrix}\overset{r_3+5r_2}{\sim}\begin{pmatrix}1&2&0&0&1\\0&1&0&-1&2\\0&0&1&-5&9\end{pmatrix}$$

$$\overset{r_1-2r_2}{\sim}\begin{pmatrix}1&0&0&2&-3\\0&1&0&-1&2\\0&0&1&-5&9\end{pmatrix},$$

得

$$\boldsymbol{X}=\begin{pmatrix}2&-3\\-1&2\\-5&9\end{pmatrix}。$$

例 8.4.6　设 $\boldsymbol{AXB}=\boldsymbol{C}$，其中 $\boldsymbol{A}=\begin{pmatrix}1&2&0\\2&3&0\\3&1&1\end{pmatrix}$，$\boldsymbol{B}=\begin{pmatrix}2&1\\3&2\end{pmatrix}$，$\boldsymbol{C}=\begin{pmatrix}0&1\\1&0\\0&2\end{pmatrix}$，求未知矩阵 $\boldsymbol{X}$。

解　由例 8.4.5 知 $\boldsymbol{A}$ 可逆。又 $|\boldsymbol{B}|=\begin{vmatrix}2&1\\3&2\end{vmatrix}=1$，则 $\boldsymbol{B}$ 可逆。分别用 $\boldsymbol{A}^{-1}$ 与 $\boldsymbol{B}^{-1}$ 左乘、右乘所给方程的两端，得

$$\boldsymbol{A}^{-1}(\boldsymbol{AXB})\boldsymbol{B}^{-1}=\boldsymbol{A}^{-1}\boldsymbol{CB}^{-1},$$

$$\boldsymbol{X}=\boldsymbol{A}^{-1}\boldsymbol{CB}^{-1},$$

由于

$$\boldsymbol{A}^{-1}=\begin{pmatrix}-3&2&0\\2&-1&0\\7&-5&1\end{pmatrix},\quad \boldsymbol{B}^{-1}=\begin{pmatrix}2&-1\\-3&2\end{pmatrix},$$

则有

$$\boldsymbol{X}=\begin{pmatrix}-3&2&0\\2&-1&0\\7&-5&1\end{pmatrix}\begin{pmatrix}0&1\\1&0\\0&2\end{pmatrix}\begin{pmatrix}2&-1\\-3&2\end{pmatrix}=\begin{pmatrix}13&-8\\-8&5\\-37&23\end{pmatrix}。$$

8.5 矩阵的秩

矩阵的秩的概念是讨论线性方程组的解的存在性等问题的重要工具。我们已经知道，矩阵可经初等变换化为行阶梯形矩阵，且行阶梯形矩阵中所含非零行的行数是唯一确定的，这个数实质上就是所谓的矩阵的"秩"，下面我们首先给出矩阵的秩的定义，然后给出利用初等变换求矩阵的秩的方法。

8.5.1 矩阵的秩的定义

定义 8.5.1　在 $m\times n$ 矩阵 $\boldsymbol{A}$ 中，任取 k 行 k 列 $(1\leqslant k\leqslant\min\{m,n\})$，位于这些行列交叉处的 k^2 个元素，按照它们在 $\boldsymbol{A}$ 中所处的相对位置构成的 k 阶行列式叫作矩阵 $\boldsymbol{A}$ 的一个 k 阶子式。

注　$m\times n$ 矩阵 $\boldsymbol{A}$ 的 k 阶子式共有 $\mathrm{C}_m^k\cdot\mathrm{C}_n^k$ 个。

定义 8.5.2　如果在矩阵 $\boldsymbol{A}$ 中有一个 r 阶子式 D 的值不等于零，而所有 $r+1$ 阶子式(如果存在的话)的值都等于零，则称数 r 为矩阵 $\boldsymbol{A}$ 的秩，记作 $\mathrm{R}(\boldsymbol{A})$。规定零矩阵的秩为 0。

由行列式性质知，若在 $\boldsymbol{A}$ 中所有 $r+1$ 阶子式的值全等于零，则所有高于 $r+1$ 阶子式(如果存在的话)的值必然全等于零，因此 r 阶非零子式 D 为非零的最高阶子式，$\mathrm{R}(\boldsymbol{A})$ 就是 $\boldsymbol{A}$ 的非零子式的最高阶数。

例如，矩阵 $\boldsymbol{A}=\begin{pmatrix}1&2&0&3\\0&1&3&0\\0&0&0&2\\0&0&0&0\end{pmatrix}$ 的 4 阶子式 $|\boldsymbol{A}|=\begin{vmatrix}1&2&0&3\\0&1&3&0\\0&0&0&2\\0&0&0&0\end{vmatrix}=0$，而 3 阶子式

$\begin{vmatrix}1&2&3\\0&1&0\\0&0&2\end{vmatrix}\neq 0$,所以 $\mathrm{R}(\boldsymbol{A})=3$。要注意矩阵的最高阶非零子式可能不止一个,如本例中 $\begin{vmatrix}1&0&3\\0&3&0\\0&0&2\end{vmatrix}$ 也是 3 阶非零子式。

显然,矩阵的秩有如下性质:

(1) $\mathrm{R}(\boldsymbol{A})=\mathrm{R}(\boldsymbol{A}^{\mathrm{T}})$;

(2) $\mathrm{R}(\boldsymbol{A}_{m\times n})\leqslant\min\{m,n\}$。

对于 n 阶方阵 $\boldsymbol{A}$,若 $|\boldsymbol{A}|\neq 0$,有 $\mathrm{R}(\boldsymbol{A})=n$,则称 $\boldsymbol{A}$ 为满秩矩阵;若 $|\boldsymbol{A}|=0$,则 $\mathrm{R}(\boldsymbol{A})<n$,则称 $\boldsymbol{A}$ 为降秩矩阵。

显然,满秩矩阵是可逆矩阵,降秩矩阵是不可逆矩阵。

通过上面的例子可以看出,对行阶梯形矩阵,用每行左起第一个非零元素,作为子式的对角线上的元素,即可得到一个最高阶非零子式,所以行阶梯形的非零行的行数(即行阶梯形的阶数)就是矩阵的秩。

从矩阵的秩的定义可知,对于一般的矩阵,当行数与列数较高时,按定义求秩是很麻烦的,由于行阶梯形矩阵的秩很容易判断,而任意矩阵都可以经过有限次初等行变换化为行阶梯形矩阵,因而可考虑借助初等变换法来求矩阵的秩。

8.5.2 矩阵的秩的求法

定理 8.5.1 若矩阵 $\boldsymbol{A}\sim\boldsymbol{B}$,则 $\mathrm{R}(\boldsymbol{A})-\mathrm{R}(\boldsymbol{B})$。

根据这个定理,我们得到利用初等变换求矩阵的秩的方法:把矩阵用初等行变换变成行阶梯形矩阵,行阶梯形矩阵中非零行的行数就是矩阵的秩。

例 8.5.1 求矩阵 $\boldsymbol{A}=\begin{pmatrix}1&1&1&1\\1&1&2&1\\2&3&3&2\\3&2&1&3\end{pmatrix}$ 的秩。

解

$$\boldsymbol{A}=\begin{pmatrix}1&1&1&1\\1&1&2&1\\2&3&3&2\\3&2&1&3\end{pmatrix}\xrightarrow[r_4-3r_1]{\substack{r_2-r_1\\r_3-2r_1}}\begin{pmatrix}1&1&1&1\\0&0&1&0\\0&1&1&0\\0&-1&-2&0\end{pmatrix}\xrightarrow{r_2\leftrightarrow r_3}\begin{pmatrix}1&1&1&1\\0&1&1&0\\0&0&1&0\\0&-1&-2&0\end{pmatrix}$$

$$\xrightarrow{r_4+r_2}\begin{pmatrix}1&1&1&1\\0&1&1&0\\0&0&1&0\\0&0&-1&0\end{pmatrix}\xrightarrow{r_4+r_3}\begin{pmatrix}1&1&1&1\\0&1&1&0\\0&0&1&0\\0&0&0&0\end{pmatrix},$$

即矩阵 $\boldsymbol{A}$ 的秩为 3。

8.6 线性方程组的解法

设有 n 个未知数 m 个方程的线性方程组

$$\begin{cases} a_{11}x_1 + a_{12}x_2 + \cdots + a_{1n}x_n = b_1, \\ a_{21}x_1 + a_{22}x_2 + \cdots + a_{2n}x_n = b_2, \\ \quad\vdots \\ a_{m1}x_1 + a_{m2}x_2 + \cdots + a_{mn}x_n = b_m, \end{cases} \tag{8.6.1}$$

其中 $x_1,x_2,\cdots,x_n$ 是方程组的 n 个未知量，$a_{ij}(i=1,2,\cdots,m;j=1,2,\cdots,n)$ 是第 i 个方程中第 j 个未知量的系数，$b_i(i=1,2,\cdots,m)$ 是第 i 个方程的常数项，若记

$$\boldsymbol{A}=\begin{pmatrix} a_{11} & a_{12} & \cdots & a_{1n} \\ a_{21} & a_{22} & \cdots & a_{2n} \\ \vdots & \vdots & & \vdots \\ a_{m1} & a_{m2} & \cdots & a_{mn} \end{pmatrix},\quad \boldsymbol{x}=\begin{pmatrix} x_1 \\ x_2 \\ \vdots \\ x_n \end{pmatrix},\quad \boldsymbol{b}=\begin{pmatrix} b_1 \\ b_2 \\ \vdots \\ b_m \end{pmatrix},$$

则线性方程组(8.6.1)可以写成矩阵形式，$\boldsymbol{Ax}=\boldsymbol{b}$。称 $\boldsymbol{A}$ 为线性方程组(8.6.1)的系数矩阵，称$\boldsymbol{B}=(\boldsymbol{A}\mid\boldsymbol{b})$为线性方程组(8.6.1)的增广矩阵。本节将利用系数矩阵的秩与增广矩阵的秩，讨论线性方程组解的情况。

在线性方程组(8.6.1)中，若 $\boldsymbol{b}=\boldsymbol{O}$，则称线性方程组 $\boldsymbol{Ax}=\boldsymbol{O}$ 是齐次线性方程组，若 $\boldsymbol{b}\neq\boldsymbol{O}$，则称线性方程组 $\boldsymbol{Ax}=\boldsymbol{b}$ 为非齐次线性方程组。

定理 8.6.1 *n 元齐次线性方程组 $\boldsymbol{A}_{m\times n}\boldsymbol{x}=\boldsymbol{O}$ 有非零解的充分必要条件是系数矩阵的秩 $\mathrm{R}(\boldsymbol{A})<n$。*

证 必要性。设线性方程组 $\boldsymbol{A}_{m\times n}\boldsymbol{x}=\boldsymbol{O}$ 有非零解，设 $\mathrm{R}(\boldsymbol{A})=n$，则在 $\boldsymbol{A}$ 中应有一个非零子式 D_n。根据克莱姆法则，D_n 所对应的 n 个方程只有零解，与假设矛盾，故 $\mathrm{R}(\boldsymbol{A})<n$。

充分性。设 $\mathrm{R}(\boldsymbol{A})=s<n$，则 $\boldsymbol{A}$ 的行阶梯形矩阵只含有 s 个非零行，从而知其有 $n-s$ 个自由未知量(即可取任意实数的未知量)。任取一个自由未知量为 1，其余自由未知量全为 0，即可得到线性方程组的一个非零解。

定理 8.6.2 *n 元线性方程组 $\boldsymbol{Ax}=\boldsymbol{b}$ 有解的充分必要条件是系数矩阵 $\boldsymbol{A}$ 的秩等于增广矩阵 $\boldsymbol{B}=(\boldsymbol{A}\mid\boldsymbol{b})$ 的秩，即 $\mathrm{R}(\boldsymbol{A})=\mathrm{R}(\boldsymbol{B})$。*

证 先证必要性。

已知 $\boldsymbol{Ax}=\boldsymbol{b}$ 有解 $\boldsymbol{x}=\begin{pmatrix} x_1 \\ x_2 \\ \vdots \\ x_n \end{pmatrix}$，设

$$\boldsymbol{A}=\begin{pmatrix} a_{11} & a_{12} & \cdots & a_{1n} \\ a_{21} & a_{22} & \cdots & a_{2n} \\ \vdots & \vdots & \ddots & \vdots \\ a_{m1} & a_{m2} & \cdots & a_{mn} \end{pmatrix},\quad \boldsymbol{b}=\begin{pmatrix} b_1 \\ b_2 \\ \vdots \\ b_m \end{pmatrix},$$

那么有

$$\begin{pmatrix} a_{11} \\ a_{21} \\ \vdots \\ a_{m1} \end{pmatrix} x_1 + \begin{pmatrix} a_{12} \\ a_{22} \\ \vdots \\ a_{m2} \end{pmatrix} x_2 + \cdots + \begin{pmatrix} a_{1n} \\ a_{2n} \\ \vdots \\ a_{mn} \end{pmatrix} x_n = \begin{pmatrix} b_1 \\ b_2 \\ \vdots \\ b_m \end{pmatrix}。$$

则对增广矩阵 $\boldsymbol{B}=(\boldsymbol{A} \mid \boldsymbol{b})$作相应的列变换,可将 $\boldsymbol{b}$ 变为 $\boldsymbol{O}$,则 $\boldsymbol{B}\overset{c}{\sim}(\boldsymbol{A} \mid \boldsymbol{O})$,则有 $\mathrm{R}(\boldsymbol{A})=\mathrm{R}(\boldsymbol{B})$ 成立。

再证充分性。

设 $\mathrm{R}(\boldsymbol{A})=\mathrm{R}(\boldsymbol{B})=r$,要证 $\boldsymbol{Ax}=\boldsymbol{b}$ 有解,把增广矩阵 $\boldsymbol{B}$ 化成行最简形,则 $\boldsymbol{B}$ 的行最简形中含有 r 个非零行,把这 r 行的第一个非零元素所对应的未知量作为非自由未知量,其余 $n-r$ 个作为自由未知量,如将所有自由未知量取 0 值,即可得到线性方程组的一个解。

定理 8.6.3 设线性方程组 $\boldsymbol{Ax}=\boldsymbol{b}$ 的系数矩阵 $\boldsymbol{A}$ 与增广矩阵 $\boldsymbol{B}=(\boldsymbol{A} \mid \boldsymbol{b})$有相同的秩 r,那么当 r 等于线性方程组所含未知量的个数 n 时,线性方程组有唯一解;当 $r<n$ 时,线性方程组有无穷多解。

证 从定理 8.6.2 的证明中可以看出,当 $\mathrm{R}(\boldsymbol{A})=\mathrm{R}(\boldsymbol{B})=r=n$ 时,线性方程组没有自由未知量,故线性方程组只有唯一解;当 $\mathrm{R}(\boldsymbol{A})=\mathrm{R}(\boldsymbol{B})=r<n$ 时,线性方程组有 $n-r$ 个自由未知量,由于这 $n-r$ 个参数可以任意取值,因此这个线性方程组有无穷多个解,此时线性方程组的解通常称为线性方程组的通解。

例 8.6.1 求解齐次线性方程组$\begin{cases} x_1+2x_2+2x_3+x_4=0, \\ 2x_1+x_2-2x_3-2x_4=0, \\ x_1-x_2-4x_3-3x_4=0。\end{cases}$

解 对系数矩阵 $\boldsymbol{A}$ 施行初等行变换,得

$$\boldsymbol{A}=\begin{pmatrix} 1 & 2 & 2 & 1 \\ 2 & 1 & -2 & -2 \\ 1 & -1 & -4 & -3 \end{pmatrix} \underset{r_3-r_1}{\overset{r_2-2r_1}{\sim}} \begin{pmatrix} 1 & 2 & 2 & 1 \\ 0 & -3 & -6 & -4 \\ 0 & -3 & -6 & -4 \end{pmatrix}$$

$$\underset{r_2\div(-3)}{\overset{r_3-r_2}{\sim}} \begin{pmatrix} 1 & 2 & 2 & 1 \\ 0 & 1 & 2 & \frac{4}{3} \\ 0 & 0 & 0 & 0 \end{pmatrix} \overset{r_1-2r_2}{\sim} \begin{pmatrix} 1 & 0 & -2 & -\frac{5}{3} \\ 0 & 1 & 2 & \frac{4}{3} \\ 0 & 0 & 0 & 0 \end{pmatrix},$$

即得与原线性方程组同解的线性方程组

$$\begin{cases} x_1-2x_3-\frac{5}{3}x_4=0, \\ x_2+2x_3+\frac{4}{3}x_4=0, \end{cases}$$

由此可得

$$\begin{cases} x_1=2x_3+\frac{5}{3}x_4, \\ x_2=-2x_3-\frac{4}{3}x_4 \end{cases} \quad (x_3, x_4 \text{ 可任意取值})。$$

令 $x_3=c_1, x_4=c_2$,把它写成通常的参数形式

$$\begin{cases} x_1=2c_1+\dfrac{5}{3}c_2, \\ x_2=-2c_1-\dfrac{4}{3}c_2, \\ x_3=c_1, \\ x_4=c_2。\end{cases}$$

所以,齐次线性方程组的通解表示为

$$\begin{pmatrix} x_1 \\ x_2 \\ x_3 \\ x_4 \end{pmatrix}=c_1\begin{pmatrix} 2 \\ -2 \\ 1 \\ 0 \end{pmatrix}+c_2\begin{pmatrix} \dfrac{5}{3} \\ -\dfrac{4}{3} \\ 0 \\ 1 \end{pmatrix}\ (c_1, c_2 \text{ 为任意实数})。$$

例 8.6.2 一个牧场,12 头牛 4 周吃草 10/3 格尔,21 头牛 9 周吃草 10 格尔,问 24 格尔牧草需多少头牛 18 周吃完?(**注**:格尔——牧场的面积单位)

解 设每头牛每周吃草量为 x,每格尔草地每周的生长量(即草的生长量)为 y,每格尔草地的原有草量为 a,另外设 24 格尔牧草 z 头牛 18 周吃完。

根据题意得线性方程组

$$\begin{cases} 12\times 4x=10a/3+10/3\times 4y, \\ 21\times 9x=10a+10\times 9y, \\ z\times 18x=24a+24\times 18y, \end{cases}$$

其中 x, y, a 是线性方程组的未知量,则上述线性方程组可化简为

$$\begin{cases} 144x-40y-10a=0, \\ 189x-90y-10a=0, \\ 18zx-432y-24a=0。\end{cases}$$

记系数矩阵为 $\boldsymbol{A}$,根据题意知该齐次线性方程组必有非零解,故 $\mathrm{R}(\boldsymbol{A})<3$,即系数行列式 $\begin{vmatrix} 144 & -40 & -10 \\ 189 & -90 & -10 \\ 18z & -432 & -24 \end{vmatrix}=0$,计算得 $z=36$。所以 24 格尔牧草 36 头牛 18 周吃完。

例 8.6.3 求解线性方程组

$$\begin{cases} x_1-x_2-x_3+x_4=0, \\ x_1-x_2+x_3-3x_4=1, \\ x_1-x_2-2x_3+3x_4=-\dfrac{1}{2}。\end{cases}$$

解 对增广矩阵 $\boldsymbol{B}$ 进行初等行变换,得

$$\boldsymbol{B}=\left(\begin{array}{cccc|c} 1 & -1 & -1 & 1 & 0 \\ 1 & -1 & 1 & -3 & 1 \\ 1 & -1 & -2 & 3 & -\dfrac{1}{2} \end{array}\right)\underset{r_3-r_1}{\overset{r_2-r_1}{\sim}}\left(\begin{array}{cccc|c} 1 & -1 & -1 & 1 & 0 \\ 0 & 0 & 2 & -4 & 1 \\ 0 & 0 & -1 & 2 & -\dfrac{1}{2} \end{array}\right)$$

$$\overset{r_3+\frac{1}{2}r_2}{\sim}\left(\begin{array}{cccc|c}1&-1&-1&1&0\\0&0&2&-4&1\\0&0&0&0&0\end{array}\right)。$$

由 $R(\boldsymbol{A})=R(\boldsymbol{B})=2, n=4$,可知 $R(\boldsymbol{A})<n$,故该线性方程组有无穷多解。

$$\boldsymbol{B}\overset{r_2\times\frac{1}{2}}{\sim}\left(\begin{array}{cccc|c}1&-1&-1&1&0\\0&0&1&-2&\frac{1}{2}\\0&0&0&0&0\end{array}\right)\overset{r_1+r_2}{\sim}\left(\begin{array}{cccc|c}1&-1&0&-1&\frac{1}{2}\\0&0&1&-2&\frac{1}{2}\\0&0&0&0&0\end{array}\right),$$

选 x_2, x_4 作自由未知量,得

$$\begin{cases}x_1=\frac{1}{2}+x_2+x_4,\\x_3=\frac{1}{2}+2x_4,\end{cases}$$

故该线性方程组的解为

$$\begin{cases}x_1=\frac{1}{2}+x_2+x_4,\\x_2=x_2,\\x_3=\frac{1}{2}+2x_4,\\x_4=x_4。\end{cases}$$

令 $x_2=c_1, x_4=c_2$(c_1, c_2 为任意实数),把它写成通常的参数形式

$$\begin{cases}x_1=c_1+c_2+\frac{1}{2},\\x_2=c_1,\\x_3=2c_2+\frac{1}{2},\\x_4=c_2,\end{cases}$$

所以,该方程组的通解表示为

$$\begin{pmatrix}x_1\\x_2\\x_3\\x_4\end{pmatrix}=c_1\begin{pmatrix}1\\1\\0\\0\end{pmatrix}+c_2\begin{pmatrix}1\\0\\2\\1\end{pmatrix}+\begin{pmatrix}\frac{1}{2}\\0\\\frac{1}{2}\\0\end{pmatrix}。$$

例 8.6.4 λ 取何值时,非齐次线性方程组

$$\begin{cases}\lambda x_1+x_2+x_3=1,\\x_1+\lambda x_2+x_3=\lambda,\\x_1+x_2+\lambda x_3=\lambda^2\end{cases}$$

(1)有唯一解;(2)无解;(3)有无穷多解(不必求解)。

解　对增广矩阵 $\boldsymbol{B}=(\boldsymbol{A}\ \vdots\ \boldsymbol{b})$ 作初等行变换，把它变成阶梯形，得

$$\left(\begin{array}{ccc:c}\lambda & 1 & 1 & 1\\ 1 & \lambda & 1 & \lambda\\ 1 & 1 & \lambda & \lambda^2\end{array}\right)\xrightarrow{r_1\leftrightarrow r_3}\left(\begin{array}{ccc:c}1 & 1 & \lambda & \lambda^2\\ 1 & \lambda & 1 & \lambda\\ \lambda & 1 & 1 & 1\end{array}\right)\xrightarrow[r_3-\lambda r_1]{r_2-r_1}\left(\begin{array}{ccc:c}1 & 1 & \lambda & \lambda^2\\ 0 & \lambda-1 & 1-\lambda & \lambda-\lambda^2\\ 0 & 1-\lambda & 1-\lambda^2 & 1-\lambda^3\end{array}\right)$$

$$\xrightarrow{r_3+r_2}\left(\begin{array}{ccc:c}1 & 1 & \lambda & \lambda^2\\ 0 & \lambda-1 & 1-\lambda & \lambda-\lambda^2\\ 0 & 0 & 2-\lambda-\lambda^2 & 1+\lambda-\lambda^2-\lambda^3\end{array}\right)。$$

当 $\lambda=1$ 时，$\boldsymbol{B}\sim\begin{pmatrix}1 & 1 & 1 & 1\\ 0 & 0 & 0 & 0\\ 0 & 0 & 0 & 0\end{pmatrix}$，$\mathrm{R}(\boldsymbol{A})=\mathrm{R}(\boldsymbol{B})=1$，故此线性方程组有无穷多解；

当 $\lambda=-2$ 时，$\boldsymbol{B}\sim\begin{pmatrix}1 & 1 & -2 & 4\\ 0 & -3 & 3 & -6\\ 0 & 0 & 0 & 3\end{pmatrix}$，$\mathrm{R}(\boldsymbol{A})=2$，$\mathrm{R}(\boldsymbol{B})=3$，$\mathrm{R}(\boldsymbol{A})<\mathrm{R}(\boldsymbol{B})$，故此线性方程组无解；

当 $\lambda\neq1,-2$ 时，$\mathrm{R}(\boldsymbol{A})=\mathrm{R}(\boldsymbol{B})=3$，故此线性方程组有唯一解。

习　题　8

(A)

1. 填空题：

(1) 设 $\boldsymbol{A}=(a_{ij})_{5\times7}$，$\boldsymbol{B}=(b_{ij})_{m\times n}$。

① 当 $m=$________，$n=$________时 $\boldsymbol{A}+\boldsymbol{B}$ 有意义，$\boldsymbol{A}+\boldsymbol{B}$ 是________行________列矩阵。

② 当 $m=$________，$n=$________时 $\boldsymbol{AB}$ 有意义，$\boldsymbol{AB}$ 是________行________列矩阵。

③ 当 $m=$________，$n=$________时 $\boldsymbol{BA}$ 有意义，$\boldsymbol{AB}$ 是________行________列矩阵。

④ 当 $m=$________，$n=$________时 $\boldsymbol{B}^{\mathrm{T}}\boldsymbol{A}$ 有意义，$\boldsymbol{B}^{\mathrm{T}}\boldsymbol{A}$ 是________行________列矩阵。

⑤ 当 $m=$________，$n=$________时 $|\boldsymbol{AB}|$ 有意义。

(2) $(1,2)\begin{pmatrix}1\\2\end{pmatrix}=$________，$\begin{pmatrix}1\\2\end{pmatrix}(1,2)=$________。

(3) 若 $\boldsymbol{A}$ 是3阶方阵，$|\boldsymbol{A}|=5$，则 $|\boldsymbol{A}^2|=$________，$|4\boldsymbol{A}^2|=$________。

(4) 若 $\boldsymbol{A}$，$\boldsymbol{B}$ 为同阶方阵，若 $\boldsymbol{AB}=\boldsymbol{E}$，$|\boldsymbol{A}|=2$，则 $|\boldsymbol{B}|=$________，$|\boldsymbol{A}^{\mathrm{T}}|=$________。

(5) 若 $\boldsymbol{A}=\begin{pmatrix}a & 0 & 0\\ 0 & b & 0\\ 0 & 0 & c\end{pmatrix}$，$a,b,c$ 均不为零，则 $\boldsymbol{A}^{-1}=$________。

(6) 若 $\boldsymbol{A}^{-1}=\begin{pmatrix}2 & 4\\ 6 & 8\end{pmatrix}$，则 $\boldsymbol{A}=$________，$(4\boldsymbol{A})^{-1}=$________。

(7) 设矩阵 $\boldsymbol{A}=\begin{pmatrix}1 & 2\\ 3 & 4\end{pmatrix}$，则行列式 $|\boldsymbol{A}^{\mathrm{T}}\boldsymbol{A}|=$________。

(8) 设矩阵 $\boldsymbol{A}=(1,3,-1)$，$\boldsymbol{B}=(2,1)$，则 $\boldsymbol{A}^{\mathrm{T}}\boldsymbol{B}=$________。

(9) 已知矩阵方程 $\boldsymbol{XA}=\boldsymbol{B}$，其中 $\boldsymbol{A}=\begin{pmatrix}1&0\\2&1\end{pmatrix}$，$\boldsymbol{B}=\begin{pmatrix}1&-1\\1&0\end{pmatrix}$，则 $\boldsymbol{X}=$________。

(10) 设矩阵 $\boldsymbol{A}$，$\boldsymbol{B}$ 为 3 阶方阵，且 $|\boldsymbol{A}|=9$，$|\boldsymbol{B}|=3$，则 $|-2\boldsymbol{AB}^{-1}|=$________。

(11) 矩阵 $\begin{pmatrix}1\\1\\1\end{pmatrix}(1,-1,1)$ 的秩为________。

(12) 设矩阵 $\boldsymbol{A}=\begin{pmatrix}3&0&0\\1&4&0\\0&0&3\end{pmatrix}$，则 $(\boldsymbol{A}-2\boldsymbol{E})^{-1}=$________。

(13) 设 $\boldsymbol{A}$ 是 $m\times n$ 矩阵，齐次线性方程组 $\boldsymbol{Ax}=\boldsymbol{O}$ 有非零解的充要条件是________。

(14) 若以 x_1,x_2,x_3 为未知量的线性方程组 $\begin{cases}x_1+2x_2-x_3=\lambda-1,\\ 3x_2-x_3=\lambda-2,\\ \lambda x_2-x_3=(\lambda-3)(\lambda-4)+(\lambda-2)\end{cases}$ 有无穷多解，则 $\lambda=$________。

2. 单项选择题：

(1) 设矩阵 $\boldsymbol{A}$，$\boldsymbol{B}$ 是两个 n 阶方阵，若 $\boldsymbol{AB}=\boldsymbol{O}$，则必有(　　)。

A. $\boldsymbol{A}=\boldsymbol{O}$ 且 $\boldsymbol{B}=\boldsymbol{O}$　　B. $\boldsymbol{A}=\boldsymbol{O}$ 或 $\boldsymbol{B}=\boldsymbol{O}$

C. $|\boldsymbol{A}|=0$ 且 $|\boldsymbol{B}|=0$　　D. $|\boldsymbol{A}|=0$ 或 $|\boldsymbol{B}|=0$

(2) 设矩阵 $\boldsymbol{A}$，$\boldsymbol{B}$ 都是 n 阶方阵，且 $|\boldsymbol{A}|=-2$，$|\boldsymbol{B}|=1$，则 $|\boldsymbol{A}^{\mathrm{T}}\boldsymbol{B}^{-1}|=$(　　)。

A. -2　　B. $-\dfrac{1}{2}$　　C. $\dfrac{1}{2}$　　D. 2

(3) 设 $\boldsymbol{A}$ 为 $m\times n$ 矩阵，$\boldsymbol{B}$ 为 $n\times m$ 矩阵，$m\neq n$，则下列矩阵中为 n 阶矩阵的是(　　)。

A. $\boldsymbol{B}^{\mathrm{T}}\boldsymbol{A}^{\mathrm{T}}$　　B. $\boldsymbol{A}^{\mathrm{T}}\boldsymbol{B}^{\mathrm{T}}$　　C. $\boldsymbol{ABA}$　　D. $\boldsymbol{BAB}$

(4) 已知矩阵 $\boldsymbol{A}$ 满足 $\boldsymbol{A}^2+\boldsymbol{A}+\boldsymbol{E}=\boldsymbol{O}$，则矩阵 $\boldsymbol{A}^{-1}=$(　　)。

A. $\boldsymbol{A}+\boldsymbol{E}$　　B. $\boldsymbol{A}-\boldsymbol{E}$　　C. $-\boldsymbol{A}-\boldsymbol{E}$　　D. $-\boldsymbol{A}+\boldsymbol{E}$

(5) 设矩阵 $\boldsymbol{A}=\begin{pmatrix}3&-1&2\\1&0&-1\\-2&1&4\end{pmatrix}$，$\boldsymbol{A}^*$ 是 $\boldsymbol{A}$ 的伴随矩阵，则 $\boldsymbol{A}^*$ 中位于(1,2)的元素是(　　)。

A. -6　　B. 6　　C. 2　　D. -2

(6) 设 $\boldsymbol{A}$ 为 3 阶矩阵，$|\boldsymbol{A}|=a\neq0$，则其伴随矩阵 $\boldsymbol{A}^*$ 的行列式 $|\boldsymbol{A}^*|=$(　　)。

A. a　　B. a^2　　C. a^3　　D. a^4

(7) 下列等式中，正确的是(　　)。

A. $\begin{pmatrix}2&0&0\\0&0&1\end{pmatrix}=2\begin{pmatrix}1&0&0\\0&2&1\end{pmatrix}$　　B. $3\begin{pmatrix}1&2&3\\4&5&6\end{pmatrix}=\begin{pmatrix}3&6&9\\4&5&6\end{pmatrix}$

C. $5\begin{pmatrix}1&0\\0&2\end{pmatrix}=10$　　D. $-\begin{pmatrix}1&2&0\\0&-3&-5\end{pmatrix}=\begin{pmatrix}-1&-2&0\\0&3&5\end{pmatrix}$

(8) 若非齐次线性方程组 $\boldsymbol{Ax}=\boldsymbol{b}$ 中方程个数少于未知数个数，那么(　　)。

A. $\boldsymbol{Ax}=\boldsymbol{b}$ 必有无穷多解　　B. $\boldsymbol{Ax}=\boldsymbol{O}$ 必有非零解

C. $\boldsymbol{Ax}=\boldsymbol{O}$ 仅有零解　　D. $\boldsymbol{Ax}=\boldsymbol{O}$ 一定无解

3. 判断题：

(1) 可逆矩阵必是方阵。(　　)

(2) 非零方阵必存在逆矩阵。(　　)

(3) 若 $\boldsymbol{AB}=\boldsymbol{O}$，则 $\boldsymbol{A},\boldsymbol{B}$ 之中必有一个零矩阵。(　　)

(4) $(\boldsymbol{A}+\boldsymbol{B})^2=\boldsymbol{A}^2+2\boldsymbol{AB}+\boldsymbol{B}^2$。(　　)

(5) 设 $\boldsymbol{A},\boldsymbol{B}$ 是方阵，若 $|\boldsymbol{A}|=|\boldsymbol{B}|$，则 $\boldsymbol{A}=\boldsymbol{B}$。(　　)

(6) 若 $\boldsymbol{A}$ 是方阵，则 $|7\boldsymbol{A}|=7|\boldsymbol{A}|$。(　　)

(7) 若矩阵中有两行元素对应成比例，则矩阵必不可逆。(　　)

(8) 若 $\boldsymbol{A},\boldsymbol{B}$ 是不可逆的同阶方阵，则 $|\boldsymbol{A}|=|\boldsymbol{B}|$。(　　)

(9) 对角矩阵的逆矩阵仍是对角矩阵。(　　)

(10) $(\boldsymbol{AB})^{\mathrm{T}}=\boldsymbol{A}^{\mathrm{T}}\boldsymbol{B}^{\mathrm{T}}$。(　　)

(11) 上三角矩阵的逆矩阵仍是上三角矩阵。(　　)

(12) 若 $\boldsymbol{A},\boldsymbol{B}$ 均可逆，则 $\boldsymbol{A}+\boldsymbol{B}$ 可逆。(　　)

(13) 若 $\boldsymbol{A},\boldsymbol{B}$ 为同阶方阵，且 $\boldsymbol{AB}$ 可逆，则 $\boldsymbol{A},\boldsymbol{B}$ 均可逆。(　　)

(14) $(\boldsymbol{A}+\boldsymbol{B})(\boldsymbol{A}-\boldsymbol{B})=\boldsymbol{A}^2-\boldsymbol{B}^2$。(　　)

(15) 若 $\boldsymbol{A}^2=\boldsymbol{O}$，则 $\boldsymbol{A}=\boldsymbol{O}$。(　　)

(16) 若 $\boldsymbol{AX}=\boldsymbol{AY}$，且 $\boldsymbol{A}\neq\boldsymbol{O}$，则 $\boldsymbol{X}=\boldsymbol{Y}$。(　　)

4. 计算下列矩阵的乘积：

(1) $\begin{pmatrix}4 & 3 & 1\\ 1 & -2 & 3\\ 5 & 7 & 0\end{pmatrix}\begin{pmatrix}7\\ 2\\ 1\end{pmatrix}$；　　(2) $(1\quad 2\quad 3)\begin{pmatrix}3\\ 2\\ 1\end{pmatrix}$；

(3) $\begin{pmatrix}2\\ 1\\ 3\end{pmatrix}(-1\quad 2)$；　　(4) $\begin{pmatrix}2 & 1 & 4 & 0\\ 1 & -1 & 3 & 4\end{pmatrix}\begin{pmatrix}1 & 3 & 1\\ 0 & -1 & 2\\ 1 & -3 & 1\\ 4 & 0 & -2\end{pmatrix}$。

5. 设矩阵 $\boldsymbol{A}=\begin{pmatrix}\frac{1}{3} & 0 & 0\\ 0 & \frac{1}{4} & 0\\ 0 & 7 & \frac{1}{7}\end{pmatrix}$，$\boldsymbol{B}$ 为 3 阶矩阵，且它们满足 $\boldsymbol{A}^{-1}\boldsymbol{B}=6\boldsymbol{E}+\boldsymbol{B}$，求矩阵 $\boldsymbol{B}$。

6. 设 $\boldsymbol{A}=\begin{pmatrix}1 & 2 & 0\\ 3 & 4 & 0\\ -1 & 2 & 1\end{pmatrix}$，$\boldsymbol{B}=\begin{pmatrix}2 & 3 & -1\\ -2 & 4 & 0\end{pmatrix}$。求(1) $\boldsymbol{AB}^{\mathrm{T}}$；(2) $|4\boldsymbol{A}|$。

7. 求下列矩阵的逆矩阵：

(1) $\boldsymbol{A}=\begin{pmatrix}3&2&1\\3&1&5\\3&2&3\end{pmatrix}$；(2) $\boldsymbol{A}=\begin{pmatrix}1&1&2\\2&-1&-2\\2&-2&-3\end{pmatrix}$；(3) $\boldsymbol{A}=\begin{pmatrix}1&2&1\\3&4&-2\\5&-4&1\end{pmatrix}$。

8. 设矩阵 $\boldsymbol{A}=\begin{pmatrix}3&1&1\\0&3&1\\0&0&3\end{pmatrix}$，求矩阵 $\boldsymbol{X}$，使得 $\boldsymbol{AX}=2\boldsymbol{X}+\boldsymbol{A}$。

9. 利用初等变换求下列矩阵的秩：

(1) $\begin{pmatrix}1&0&0\\1&1&1\\0&1&0\end{pmatrix}$；　(2) $\begin{pmatrix}1&1&2\\4&5&5\\5&8&1\\-1&-2&2\end{pmatrix}$；　(3) $\begin{pmatrix}3&5&0&-3\\2&4&-2&-1\\1&2&-9&2\\2&1&-1&-3\end{pmatrix}$。

10. 利用矩阵初等行变换求线性方程组的解：

(1) 设 $\boldsymbol{A}=\begin{pmatrix}1&3&3&2&-1\\2&6&9&5&4\\-1&-3&3&1&13\\0&0&-3&1&-6\end{pmatrix}$，求 $\boldsymbol{Ax}=\boldsymbol{O}$ 的通解；

(2) 设 $\boldsymbol{A}=\begin{pmatrix}1&1&-1&-1&1\\2&2&1&0&1\\3&3&0&-1&2\\1&1&2&1&0\end{pmatrix}$，$\boldsymbol{b}=\begin{pmatrix}0\\1\\1\\1\end{pmatrix}$，求非齐次线性方程组 $\boldsymbol{Ax}=\boldsymbol{b}$ 的通解。

(B)

1. 填空题：

(1) 若矩阵 $\boldsymbol{A}=\begin{pmatrix}a&b\\c&d\end{pmatrix}$ 可逆，则 $\boldsymbol{A}^{-1}=$________。

(2) 当 $x=$________时，矩阵 $\begin{pmatrix}1&x-1&2\\1&1&1\\0&0&x^2-1\end{pmatrix}$ 不可逆。

(3) 若 $|\boldsymbol{A}|=a\neq0$，则 $|\boldsymbol{A}^*|=$________，$|\boldsymbol{A}^{-1}|=$________。

(4) $\boldsymbol{A},\boldsymbol{B},\boldsymbol{C}$ 为同阶方阵，若 $\boldsymbol{AB}=\boldsymbol{AC}$，当________时 $\boldsymbol{B}=\boldsymbol{C}$。

(5) 设矩阵 $\boldsymbol{A}=\begin{pmatrix}2&1\\-1&2\end{pmatrix}$，$\boldsymbol{E}$ 为 2 阶单位阵，若 $\boldsymbol{BA}=\boldsymbol{B}+2\boldsymbol{E}$，则 $|\boldsymbol{B}|$ 为________。

(6) 设矩阵 $\boldsymbol{A}=\begin{pmatrix}1&2&3\\0&1&2\\0&0&1\end{pmatrix}$，则 $(\boldsymbol{A}^*)^{-1}=$________，$(\boldsymbol{A}^*)^*=$________。

(7) 设矩阵 $\boldsymbol{A}=\begin{pmatrix}3&2\\0&1\end{pmatrix}$，矩阵 $\boldsymbol{B}$ 满足 $\boldsymbol{AB}=\boldsymbol{BA}$，则矩阵 $\boldsymbol{B}=$________。

(8) 设 $\boldsymbol{A}$ 为 3 阶方阵，$|3\boldsymbol{A}|=2$，则 $|2\boldsymbol{A}|=$________。

(9) 设 $\boldsymbol{A}$ 为 n 阶方阵，$|\boldsymbol{A}^{\mathrm{T}}|=2$，则 $|-\boldsymbol{A}|=$________。

(10) $(\boldsymbol{A}^{-1})^{\mathrm{T}}\boldsymbol{A}^{\mathrm{T}}=$________。

(11) 若 $\boldsymbol{A}^*=\boldsymbol{A}^{-1}$，则 $|\boldsymbol{A}|=$________。

(12) 设线性方程组 $\begin{pmatrix} a & 1 & 1 \\ 1 & a & 1 \\ 1 & 1 & a \end{pmatrix}\begin{pmatrix} x_1 \\ x_2 \\ x_3 \end{pmatrix}=\begin{pmatrix} 1 \\ 1 \\ -2 \end{pmatrix}$ 有无穷多个解，则 $a=$________。

(13) 若线性方程组 $\begin{cases} x_1+x_2=-a_1, \\ x_2+x_3=a_2, \\ x_3+x_4=-a_3, \\ x_4+x_1=a_4 \end{cases}$ 有解，则常数 a_1,a_2,a_3,a_4 应满足条件________。

2. 单项选择题：

(1) 设 $\boldsymbol{A}$ 为 n 阶可逆矩阵，则下式正确的是(　　)。

A. $(\boldsymbol{A}^*)^{-1}=\dfrac{\boldsymbol{A}^{-1}}{|\boldsymbol{A}|}$　　B. $[(\boldsymbol{A}^{-1})^{\mathrm{T}}]^{-1}=[(\boldsymbol{A}^{\mathrm{T}})^{-1}]^{\mathrm{T}}$

C. $|\boldsymbol{A}^*|=|\boldsymbol{A}^{-1}|$　　D. $|\boldsymbol{A}^*|=|\boldsymbol{A}|^{n-1}$

(2) 设 $\boldsymbol{A},\boldsymbol{B},\boldsymbol{C}$ 为 n 阶方阵，且 $\boldsymbol{ABC}=\boldsymbol{E}$，则下式成立的是(　　)。

A. $\boldsymbol{ACB}=\boldsymbol{E}$　　B. $\boldsymbol{CBA}=\boldsymbol{E}$

C. $\boldsymbol{BAC}=\boldsymbol{E}$　　D. $\boldsymbol{BCA}=\boldsymbol{E}$

(3) 设 $\boldsymbol{A},\boldsymbol{B}$ 均可逆，$\begin{pmatrix} \boldsymbol{O} & \boldsymbol{A} \\ \boldsymbol{B} & \boldsymbol{O} \end{pmatrix}$ 的逆为(　　)。

A. $\begin{pmatrix} \boldsymbol{A}^{-1} & \boldsymbol{O} \\ \boldsymbol{O} & \boldsymbol{B}^{-1} \end{pmatrix}$　　B. $\begin{pmatrix} \boldsymbol{O} & \boldsymbol{A}^{-1} \\ \boldsymbol{B}^{-1} & \boldsymbol{O} \end{pmatrix}$

C. $\begin{pmatrix} \boldsymbol{O} & \boldsymbol{B}^{-1} \\ \boldsymbol{A}^{-1} & \boldsymbol{O} \end{pmatrix}$　　D. $\begin{pmatrix} \boldsymbol{B}^{-1} & \boldsymbol{O} \\ \boldsymbol{O} & \boldsymbol{A}^{-1} \end{pmatrix}$

(4) 已知 $\boldsymbol{A}_{m\times n}$，$\boldsymbol{B}_{p\times q}$，$\boldsymbol{C}_{s\times t}$ 为矩阵且 $\boldsymbol{AB}$，$\boldsymbol{BC}$，$\boldsymbol{CA}$ 均有意义，则(　　)。

A. $n=p$，$q=s$　　B. $m=q$，$s=t$

C. $n=p,q=s,t=m$　　D. $m=n=p=q=s=t$

(5) 设 $\boldsymbol{A},\boldsymbol{B}$ 可逆，$\boldsymbol{AXB}=\boldsymbol{C}$，则 $\boldsymbol{X}=$(　　)。

A. $\boldsymbol{CA}^{-1}\boldsymbol{B}^{-1}$　　B. $\boldsymbol{A}^{-1}\boldsymbol{CB}^{-1}$

C. $\boldsymbol{B}^{-1}\boldsymbol{A}^{-1}\boldsymbol{C}$　　D. $\boldsymbol{B}^{-1}\boldsymbol{CA}^{-1}$

(6) 已知 $\boldsymbol{P}\begin{pmatrix} a_{11} & a_{12} & a_{13} & a_{14} \\ a_{21} & a_{22} & a_{23} & a_{24} \\ a_{31} & a_{32} & a_{33} & a_{34} \end{pmatrix}=\begin{pmatrix} a_{11}-3a_{31} & a_{12}-3a_{32} & a_{13}-3a_{33} & a_{14}-3a_{34} \\ a_{21} & a_{22} & a_{23} & a_{24} \\ a_{31} & a_{32} & a_{33} & a_{34} \end{pmatrix}$，则(　　)。

A. $\boldsymbol{P}=\begin{pmatrix} 1 & 0 & 0 \\ 0 & 1 & 0 \\ -3 & 0 & 1 \end{pmatrix}$　　B. $\boldsymbol{P}=\begin{pmatrix} 1 & 0 & -3 \\ 0 & 1 & 0 \\ 0 & 0 & 1 \end{pmatrix}$

C. $\boldsymbol{P}=\begin{pmatrix} 0 & 0 & -3 \\ 0 & 1 & 0 \\ 1 & 0 & 1 \end{pmatrix}$　　D. $\boldsymbol{P}=\begin{pmatrix} 1 & 0 & 0 \\ 0 & 1 & 0 \\ 0 & -3 & 1 \end{pmatrix}$

(7) 设矩阵 $\boldsymbol{A}=\begin{pmatrix} a_{11} & a_{12} & a_{13} \\ a_{21} & a_{22} & a_{23} \\ a_{31} & a_{32} & a_{33} \end{pmatrix}$，$\boldsymbol{B}=\begin{pmatrix} a_{21} & a_{22}+a_{23} & a_{23} \\ a_{11} & a_{12}+a_{13} & a_{13} \\ a_{31} & a_{32}+a_{33} & a_{33} \end{pmatrix}$，且 $\boldsymbol{P}=\begin{pmatrix} 0 & 1 & 0 \\ 1 & 0 & 0 \\ 0 & 0 & 1 \end{pmatrix}$，$\boldsymbol{Q}=\begin{pmatrix} 1 & 0 & 0 \\ 0 & 1 & 0 \\ 0 & 1 & 1 \end{pmatrix}$，则 $\boldsymbol{B}=$(　　)。

A. $\boldsymbol{PQA}$　　B. $\boldsymbol{PAQ}$　　C. $\boldsymbol{AQP}$　　D. $\boldsymbol{QAP}$

3. 求解矩阵方程：

(1) $\begin{pmatrix} 1 & 4 \\ -1 & 2 \end{pmatrix}\boldsymbol{A}\begin{pmatrix} 2 & 0 \\ -1 & 1 \end{pmatrix}=\begin{pmatrix} 3 & 1 \\ 0 & -1 \end{pmatrix}$；　(2) $\boldsymbol{X}\begin{pmatrix} 1 & 1 & -1 \\ 0 & 2 & 3 \\ 1 & -1 & 0 \end{pmatrix}=\begin{pmatrix} 1 & -1 & 1 \\ 1 & 1 & 0 \\ 0 & 0 & 1 \end{pmatrix}$。

4. 设 $\boldsymbol{A}=\begin{pmatrix} 4 & 2 & 3 \\ 1 & 1 & 0 \\ -1 & 2 & 3 \end{pmatrix}$，$\boldsymbol{AB}=\boldsymbol{A}+2\boldsymbol{B}$，求 $\boldsymbol{B}$。

5. 设矩阵 $\boldsymbol{A}=\begin{pmatrix} 1 & -1 & 1 \\ 2 & -2 & 2 \\ -2 & 2 & -2 \end{pmatrix}$，求 $\boldsymbol{A}^{50}$。

6. 求矩阵 $\boldsymbol{X}$，$\boldsymbol{X}$ 满足 $\begin{pmatrix} 1 & -1 & 1 \\ 0 & 2 & 3 \\ 1 & 2 & 5 \end{pmatrix}-\boldsymbol{X}+\begin{pmatrix} 1 \\ 2 \\ 3 \end{pmatrix}(1 \quad -1 \quad 1)=\boldsymbol{E}$，其中 $\boldsymbol{E}$ 为 3 阶单位阵。

7. 利用矩阵初等行变换将下列矩阵化为阶梯形、行最简形，再通过用矩阵初等列变换将其化成标准形：

(1) $\begin{pmatrix} 3 & 2 & -1 & -3 \\ 2 & -1 & 3 & 1 \\ 4 & 5 & -5 & -6 \end{pmatrix}$；　(2) $\begin{pmatrix} 1 & 0 & 0 & 0 \\ 2 & 1 & 0 & 0 \\ 0 & 2 & 1 & 1 \\ 0 & 0 & 2 & 1 \end{pmatrix}$；　(3) $\begin{pmatrix} 1 & 3 & -2 & 5 & 4 \\ 1 & 4 & 1 & 3 & 5 \\ 1 & 4 & 2 & 4 & 3 \\ 2 & 7 & -3 & 6 & 13 \end{pmatrix}$。

8. 已知线性方程组 $\begin{pmatrix} 1 & 2 & 1 \\ 2 & 3 & a \\ 1 & a & -8 \end{pmatrix}\begin{pmatrix} x_1 \\ x_2 \\ x_3 \end{pmatrix}=\begin{pmatrix} 1 \\ 3 \\ 0 \end{pmatrix}$ 无解，求 a。

9. 求矩阵 $\boldsymbol{A}=\begin{pmatrix} 1 & -2 & 3k \\ -1 & 2k & -3 \\ k & -2 & 3 \end{pmatrix}$ 的秩。问 k 为何值，可使：(1) $\mathrm{R}(\boldsymbol{A})=1$；(2) $\mathrm{R}(\boldsymbol{A})=2$；(3) $\mathrm{R}(\boldsymbol{A})=3$。

10. 设线性方程组中 a_1,a_2,a_3,a_4 互不相等，证明线性方程组

$$\begin{cases} x_1+a_1x_2+a_1^2x_3=a_1^3, \\ x_1+a_2x_2+a_2^2x_3=a_2^3, \\ x_1+a_3x_2+a_3^2x_3=a_3^3, \\ x_1+a_4x_2+a_4^2x_3=a_4^3 \end{cases}$$

无解。

11. 设

$$\begin{cases}(2-\lambda)x_1+2x_2-2x_3=1,\\ 2x_1+(5-\lambda)x_2-4x_3=2,\\ -2x_1-4x_2+(5-\lambda)x_3=-\lambda-1,\end{cases}$$

问 λ 为何值时，此以 x_1,x_2,x_3 为未知量的线性方程组有唯一解、无解或有无穷多解？并在有无穷多解时求解。

第 9 章　向量组的线性相关性

9.1　n 维向量及其线性运算

9.1.1　引例

例 9.1.1　线性方程组

$$\begin{cases}a_{11}x_1+a_{12}x_2+\cdots+a_{1n}x_n=b_1,\\ a_{21}x_1+a_{22}x_2+\cdots+a_{2n}x_n=b_2,\\ \qquad\vdots\\ a_{m1}x_1+a_{m2}x_2+\cdots+a_{mn}x_n=b_m\end{cases}$$

是由未知量的系数及常数项决定的。方程组中的每一个方程都有一个有序数组与它对应，不考虑未知量及运算符号得到一组有序数组

$$\begin{aligned}\boldsymbol{\alpha}_1&\xlongequal{\text{def}}(a_{11},a_{12},\cdots,a_{1n},b_1),\\ \boldsymbol{\alpha}_2&\xlongequal{\text{def}}(a_{21},a_{22},\cdots,a_{2n},b_2),\\ &\vdots\\ \boldsymbol{\alpha}_m&\xlongequal{\text{def}}(a_{m1},a_{m2},\cdots,a_{mn},b_m)。\end{aligned}$$

给定一个方程，总有唯一的一个数组与之对应；反之，如果给定一个数组，也有唯一的一个方程与之对应。在用初等变换解线性方程组的过程中，我们实行了三种变换：用一个非零数乘某个方程的两端；一个方程乘某个数加到另一个方程上；交换两个方程的位置。

上述变换实际操作对象是$\boldsymbol{\alpha}_1,\boldsymbol{\alpha}_2,\cdots,\boldsymbol{\alpha}_m$，为此，我们引进向量的概念以及向量的加法和数乘两种运算。

9.1.2　向量的概念

定义 9.1.1　由 n 个数 $a_1,a_2,\cdots,a_n$ 组成的有序数组$(a_1,a_2,\cdots,a_n)$称为一个 n 维向量，简称向量，用$\boldsymbol{\alpha}$ 表示，即

$$\boldsymbol{\alpha}^{\mathrm{T}}=\begin{pmatrix}a_1\\a_2\\\vdots\\a_n\end{pmatrix},$$

其中 $a_i(i=1,2,\cdots,n)$称为向量 $\boldsymbol{\alpha}$ 的第 i 个分量(或坐标)。

这里考虑的向量是有序数组。另外，n 维向量可以写成一行，也可以写成一列，分别称为行向量和列向量。本书中，所讨论的向量在没有指明是行向量还是列向量时，都当作列

向量。

在解析几何中，我们把“既有大小又有方向的量”叫作向量，并把可随意平行移动的有向线段作为向量的几何形象。在引进坐标系后，这种向量就有了坐标表示式——三个有次序的实数，也就是本书中的三维向量。因此，当 $n \leqslant 3$ 时，n 维向量可以把有向线段作为几何形象，但当 $n>3$ 时，n 维向量就不再有几何形象，只是沿用一些几何术语罢了。

按第 8 章中的规定，向量可以看成特殊的矩阵，n 维行向量可以看成 $1\times n$ 矩阵，n 维列向量可以看成 $n\times 1$ 矩阵，也就是行矩阵和列矩阵，并规定行向量和列向量都按照矩阵的运算规则进行运算。$m\times n$ 矩阵可以看成由 m 个行向量构成，即

$$\mathbf{A}=\begin{pmatrix}\boldsymbol{\alpha}_1\\\boldsymbol{\alpha}_2\\\vdots\\\boldsymbol{\alpha}_m\end{pmatrix}。$$

此时 $\boldsymbol{\alpha}_i\,(i=1,2,\cdots,m)$ 为 n 维行向量。$m\times n$ 矩阵也可以看成由 n 个列向量构成，即

$$\mathbf{A}=(\boldsymbol{\beta}_1,\boldsymbol{\beta}_2,\cdots,\boldsymbol{\beta}_n)。$$

此时 $\boldsymbol{\beta}_j\,(j=1,2,\cdots,n)$ 为 m 维列向量。

定义 9.1.2　一切 n 维行向量所构成的集合用 $\mathbf{R}^n$ 表示，称为 n 维向量空间，即

$$\mathbf{R}^n=\{(a_1,a_2,\cdots,a_n)\mid a_i\in\mathbf{R},i=1,2,\cdots,n\}。$$

我们定义，两个向量相等当且仅当它们对应的分量分别相等，即如果 $\boldsymbol{\alpha}=(a_1,a_2,\cdots,a_n)$，$\boldsymbol{\beta}=(b_1,b_2,\cdots,b_n)$，当且仅当 $a_i=b_i\,(i=1,2,\cdots,n)$ 时，$\boldsymbol{\alpha}=\boldsymbol{\beta}$。

特别地，分量都是零的向量称为零向量，记作 $\mathbf{0}$，即

$$\mathbf{0}=(0,0,\cdots,0)。$$

向量 $(-a_1,-a_2,\cdots,-a_n)$ 称为向量 $\boldsymbol{\alpha}=(a_1,a_2,\cdots,a_n)$ 的负向量，记作 $-\boldsymbol{\alpha}$，即

$$-\boldsymbol{\alpha}=(-a_1,-a_2,\cdots,-a_n)。$$

定义 9.1.3　设 $\boldsymbol{\alpha}=(a_1,a_2,\cdots,a_n)$，$\boldsymbol{\beta}=(b_1,b_2,\cdots,b_n)$。称向量

$$(a_1+b_1,a_2+b_2,\cdots,a_n+b_n)$$

为向量 $\boldsymbol{\alpha}$ 与向量 $\boldsymbol{\beta}$ 的和，记作 $\boldsymbol{\alpha}+\boldsymbol{\beta}$，即

$$\boldsymbol{\alpha}+\boldsymbol{\beta}=(a_1+b_1,a_2+b_2,\cdots,a_n+b_n)。$$

由负向量可定义向量的减法

$$\boldsymbol{\alpha}-\boldsymbol{\beta}=\boldsymbol{\alpha}+(-\boldsymbol{\beta})=(a_1-b_1,a_2-b_2,\cdots,a_n-b_n)。$$

定义 9.1.4　设 $\boldsymbol{\alpha}=(a_1,a_2,\cdots,a_n)$，$\lambda\in\mathbf{R}$。称向量

$$(\lambda a_1,\lambda a_2,\cdots,\lambda a_n)$$

为数 λ 与向量 $\boldsymbol{\alpha}$ 的乘积，记作 $\lambda\boldsymbol{\alpha}$，即

$$\lambda\boldsymbol{\alpha}=(\lambda a_1,\lambda a_2,\cdots,\lambda a_n)。$$

向量的加法及数乘两种运算统称为向量的**线性运算**。设 $\boldsymbol{\alpha},\boldsymbol{\beta},\boldsymbol{\gamma}\in\mathbf{R}^n$，$\lambda,\mu\in\mathbf{R}$，则满足下列运算规律：

(1) $\boldsymbol{\alpha}+\boldsymbol{\beta}=\boldsymbol{\beta}+\boldsymbol{\alpha}$；

(2) $(\boldsymbol{\alpha}+\boldsymbol{\beta})+\boldsymbol{\gamma}=\boldsymbol{\alpha}+(\boldsymbol{\beta}+\boldsymbol{\gamma})$；

(3) $\boldsymbol{\alpha}+\mathbf{0}=\boldsymbol{\alpha}$；

(4) $\boldsymbol{\alpha}+(-\boldsymbol{\alpha})=\mathbf{0}$；

(5) $1\cdot\boldsymbol{\alpha}=\boldsymbol{\alpha}$；

(6) $\lambda(\mu\boldsymbol{\alpha})=(\lambda\mu)\boldsymbol{\alpha}$；

(7) $\lambda(\boldsymbol{\alpha}+\boldsymbol{\beta})=\lambda\boldsymbol{\alpha}+\lambda\boldsymbol{\beta}$；

(8) $(\lambda+\mu)\boldsymbol{\alpha}=\lambda\boldsymbol{\alpha}+\mu\boldsymbol{\alpha}$。

说明 前面4条是关于向量加法的运算律，(3)和(4)保证了加法有逆运算，就是已知两个向量的和向量与其中一个向量，求另一个向量的运算。后面4条是关于向量数乘运算的运算律。

9.2 向量间的线性关系

用初等变换解线性方程组的过程中，有的方程是多余的方程，也就是经过初等变换最后被消去的方程，如解线性方程组

$$\begin{cases}x+2y-z+u=2,\\2x-y+z-3u=-1,\\4x+3y-z-u=3。\end{cases}$$

第三个方程可以被消去。事实上第一个方程乘以2加到第二个方程上，结果与第三个方程完全相同，用向量间的线性运算关系就是

$$2\times(1,2,-1,1,2)+(2,-1,1,-3,-1)=(4,3,-1,-1,3)。$$

向量间的这种线性运算关系对于讨论线性方程组的解十分重要。为此，引入以下定义。

定义 9.2.1 设$\boldsymbol{\alpha},\boldsymbol{\alpha}_i\in\mathbf{R}^n(i=1,2,\cdots,n)$，如果存在一组数$k_1,k_2,\cdots,k_n$使得

$$\boldsymbol{\alpha}=k_1\boldsymbol{\alpha}_1+k_2\boldsymbol{\alpha}_2+\cdots+k_n\boldsymbol{\alpha}_n,$$

则称向量$\boldsymbol{\alpha}$可以由向量组$\boldsymbol{\alpha}_1,\boldsymbol{\alpha}_2,\cdots,\boldsymbol{\alpha}_n$线性表示。或称向量$\boldsymbol{\alpha}$是向量组$\boldsymbol{\alpha}_1,\boldsymbol{\alpha}_2,\cdots,\boldsymbol{\alpha}_n$的线性组合。

注 定义9.2.1中的一组数$k_1,k_2,\cdots,k_n$可以全都是零。因此，n维零向量可以由任意一组n维向量线性表示。

对于线性方程组

$$\begin{cases}a_{11}x_1+a_{12}x_2+\cdots+a_{1n}x_n=b_1,\\a_{21}x_1+a_{22}x_2+\cdots+a_{2n}x_n=b_2,\\\qquad\vdots\\a_{m1}x_1+a_{m2}x_2+\cdots+a_{mn}x_n=b_m,\end{cases}$$

方程组的系数和常数项对应m个向量$\boldsymbol{\alpha}_i=(a_{i1},a_{i2},\cdots,a_{in},b_i)(i=1,2,\cdots,m)$，方程组中有没有多余的方程，相当于对应的$m$个向量$\boldsymbol{\alpha}_1,\boldsymbol{\alpha}_2,\cdots,\boldsymbol{\alpha}_m$中有没有一个向量能用其余的$m-1$个向量来线性表示。如果$\boldsymbol{\alpha}_1,\boldsymbol{\alpha}_2,\cdots,\boldsymbol{\alpha}_m$中有一个向量(不妨设$\boldsymbol{\alpha}_i$)能用其余向量线性表示，则存在一组数

$$k_1,k_2,\cdots,k_{i-1},k_{i+1},\cdots,k_m,$$

满足$\boldsymbol{\alpha}_i=k_1\boldsymbol{\alpha}_1+k_2\boldsymbol{\alpha}_2+\cdots+k_{i-1}\boldsymbol{\alpha}_{i-1}+k_{i+1}\boldsymbol{\alpha}_{i+1}+\cdots+k_m\boldsymbol{\alpha}_m$，即存在一组不全为零的数$k_1,k_2,\cdots,k_{i-1},(-1),k_{i+1},\cdots,k_m$，使得

$$k_1\boldsymbol{\alpha}_1+k_2\boldsymbol{\alpha}_2+\cdots+k_{i-1}\boldsymbol{\alpha}_{i-1}+(-1)\boldsymbol{\alpha}_i+k_{i+1}\boldsymbol{\alpha}_{i+1}+\cdots+k_m\boldsymbol{\alpha}_m=\mathbf{0}。$$

于是，在线性方程组中，第 i 个方程就是多余方程，就可以去掉，由于方程的个数有限，总有一时刻，剩下的方程中任何一个都不能由其余的方程表示，即线性方程组中没有多余方程，对于向量间的这种关系，给出以下的定义。

定义 9.2.2　设$\boldsymbol{\alpha}_i \in \mathbf{R}^n (i=1,2,\cdots,r)$，如果存在一组不全为零的数 $k_1,k_2,\cdots,k_r$，使得

$$k_1\boldsymbol{\alpha}_1+k_2\boldsymbol{\alpha}_2+\cdots+k_r\boldsymbol{\alpha}_r=\mathbf{0},$$

则称向量组$\boldsymbol{\alpha}_1,\boldsymbol{\alpha}_2,\cdots,\boldsymbol{\alpha}_r$**线性相关**，否则称它们**线性无关**。

由一些同维向量构成的集合称为向量组。向量组$\boldsymbol{\alpha}_1,\boldsymbol{\alpha}_2,\cdots,\boldsymbol{\alpha}_r$线性相关相当于以 k_1，$k_2,\cdots,k_r$ 为未知量的向量方程

$$k_1\boldsymbol{\alpha}_1+k_2\boldsymbol{\alpha}_2+\cdots+k_r\boldsymbol{\alpha}_r=\mathbf{0}$$

有非零解；而向量组$\boldsymbol{\alpha}_1,\boldsymbol{\alpha}_2,\cdots,\boldsymbol{\alpha}_r$线性无关则相当于以 $k_1,k_2,\cdots,k_r$ 为未知量的向量方程只有唯一的零解。

例 9.2.1　讨论 n 维向量组

$$\begin{aligned}\boldsymbol{\varepsilon}_1&=(1,0,0,\cdots,0),\\ \boldsymbol{\varepsilon}_2&=(0,1,0,\cdots,0),\\ &\vdots\\ \boldsymbol{\varepsilon}_n&=(0,0,0,\cdots,1)\end{aligned}$$

的线性相关性。

解　设有一组数 $x_1,x_2,\cdots,x_n$，使得

$$x_1\boldsymbol{\varepsilon}_1+x_2\boldsymbol{\varepsilon}_2+\cdots+x_n\boldsymbol{\varepsilon}_n=\mathbf{0}$$

写成分量形式为

$$(x_1,0,0,\cdots,0)+(0,x_2,0,\cdots,0)+\cdots+(0,0,0,\cdots,x_n)=(0,0,0,\cdots,0),$$

即

$$(x_1,x_2,\cdots,x_n)=(0,0,\cdots,0),$$

从而

$$x_1=x_2=\cdots=x_n=0。$$

因此向量组 $\boldsymbol{\varepsilon}_1,\boldsymbol{\varepsilon}_2,\cdots,\boldsymbol{\varepsilon}_n$ 线性无关。

通常称向量组 $\boldsymbol{\varepsilon}_1,\boldsymbol{\varepsilon}_2,\cdots,\boldsymbol{\varepsilon}_n$ 为 n 维单位坐标向量组。实际上，任何一个 n 维向量$\boldsymbol{\alpha}=(a_1,a_2,\cdots,a_n)$都可以表示成 $\boldsymbol{\varepsilon}_1,\boldsymbol{\varepsilon}_2,\cdots,\boldsymbol{\varepsilon}_n$ 的线性组合，即

$$(a_1,a_2,\cdots,a_n)=a_1(1,0,\cdots,0)+a_2(0,1,\cdots,0)+\cdots+a_n(0,0,\cdots,1)。$$

例 9.2.2　讨论向量组$\boldsymbol{\alpha}_1=(0,1,1)$，$\boldsymbol{\alpha}_2=(1,-1,2)$，$\boldsymbol{\alpha}_3=(1,2,-1)$的线性相关性。

解　设有一组数 x_1,x_2,x_3 使得

$$x_1\boldsymbol{\alpha}_1+x_2\boldsymbol{\alpha}_2+x_3\boldsymbol{\alpha}_3=\mathbf{0},$$

按分量形式相当于

$$\begin{cases}x_2+x_3=0,\\ x_1-x_2+2x_3=0,\\ x_1+2x_2-x_3=0。\end{cases}$$

齐次线性方程组的系数行列式

$$\begin{vmatrix}0&1&1\\1&-1&2\\1&2&-1\end{vmatrix}=\begin{vmatrix}0&1&1\\0&-3&3\\1&2&-1\end{vmatrix}=6\neq 0,$$

由克莱姆法则知该线性方程组只有唯一的零解,即 $x_1=x_2=x_3=0$,故向量组$\boldsymbol{\alpha}_1,\boldsymbol{\alpha}_2,\boldsymbol{\alpha}_3$线性无关。

例 9.2.3 设向量组$\boldsymbol{\alpha}_1,\boldsymbol{\alpha}_2,\boldsymbol{\alpha}_3$线性无关,试证向量组$\boldsymbol{\alpha}_1+\boldsymbol{\alpha}_2,\boldsymbol{\alpha}_2+\boldsymbol{\alpha}_3,\boldsymbol{\alpha}_3+\boldsymbol{\alpha}_1$也线性无关。

分析 要证明向量组$\boldsymbol{\alpha}_1+\boldsymbol{\alpha}_2,\boldsymbol{\alpha}_2+\boldsymbol{\alpha}_3,\boldsymbol{\alpha}_3+\boldsymbol{\alpha}_1$线性无关,只要证明向量方程

$$x_1(\boldsymbol{\alpha}_1+\boldsymbol{\alpha}_2)+x_2(\boldsymbol{\alpha}_2+\boldsymbol{\alpha}_3)+x_3(\boldsymbol{\alpha}_3+\boldsymbol{\alpha}_1)=\mathbf{0}$$

有唯一的零解即可。

证 由方程

$$x_1(\boldsymbol{\alpha}_1+\boldsymbol{\alpha}_2)+x_2(\boldsymbol{\alpha}_2+\boldsymbol{\alpha}_3)+x_3(\boldsymbol{\alpha}_3+\boldsymbol{\alpha}_1)=\mathbf{0},$$

可推得

$$(x_1+x_3)\boldsymbol{\alpha}_1+(x_1+x_2)\boldsymbol{\alpha}_2+(x_2+x_3)\boldsymbol{\alpha}_3=\mathbf{0}。$$

由于$\boldsymbol{\alpha}_1,\boldsymbol{\alpha}_2,\boldsymbol{\alpha}_3$线性无关,所以

$$\begin{cases}x_1+x_3=0,\\x_1+x_2=0,\\x_2+x_3=0。\end{cases}$$

而该线性方程组的系数行列式

$$\begin{vmatrix}1&0&1\\1&1&0\\0&1&1\end{vmatrix}=\begin{vmatrix}1&0&1\\0&1&-1\\0&1&1\end{vmatrix}=2\neq 0,$$

所以 $x_1=x_2=x_3=0$,即上述线性方程组只有唯一的零解,证毕。

例 9.2.4 设向量组$\boldsymbol{\alpha}_1,\boldsymbol{\alpha}_2,\boldsymbol{\alpha}_3$线性无关,又 $\boldsymbol{\beta}_1=\boldsymbol{\alpha}_1+\boldsymbol{\alpha}_2+2\boldsymbol{\alpha}_3,\boldsymbol{\beta}_2=\boldsymbol{\alpha}_1-\boldsymbol{\alpha}_2,\boldsymbol{\beta}_3=\boldsymbol{\alpha}_1+\boldsymbol{\alpha}_3$,试判别向量组$\boldsymbol{\beta}_1,\boldsymbol{\beta}_2,\boldsymbol{\beta}_3$ 线性相关性。

证 由 $x_1(\boldsymbol{\alpha}_1+\boldsymbol{\alpha}_2+2\boldsymbol{\alpha}_3)+x_2(\boldsymbol{\alpha}_1-\boldsymbol{\alpha}_2)+x_3(\boldsymbol{\alpha}_1+\boldsymbol{\alpha}_3)=\mathbf{0}$,整理得

$$(x_1+x_2+x_3)\boldsymbol{\alpha}_1+(x_1-x_2)\boldsymbol{\alpha}_2+(2x_1+x_3)\boldsymbol{\alpha}_3=\mathbf{0}。$$

由于$\boldsymbol{\alpha}_1,\boldsymbol{\alpha}_2,\boldsymbol{\alpha}_3$线性无关,所以

$$\begin{cases}x_1+x_2+x_3=0,\\x_1-x_2=0,\\2x_1+x_3=0。\end{cases}$$

当 $x_1=x_2=-1,x_3=2$ 时此线性方程组成立,从而向量组$\boldsymbol{\beta}_1,\boldsymbol{\beta}_2,\boldsymbol{\beta}_3$线性相关。

下面给出关于向量组线性相关性的两个定理。

定理 9.2.1 若向量组$\boldsymbol{\alpha}_1,\boldsymbol{\alpha}_2,\cdots,\boldsymbol{\alpha}_m$线性无关,而向量组$\boldsymbol{\alpha}_1,\boldsymbol{\alpha}_2,\cdots,\boldsymbol{\alpha}_m,\boldsymbol{\beta}$线性相关,则向量$\boldsymbol{\beta}$可以由向量组$\boldsymbol{\alpha}_1,\boldsymbol{\alpha}_2,\cdots,\boldsymbol{\alpha}_m$线性表示,且表示法唯一。

定理 9.2.2 向量组$\boldsymbol{\alpha}_1,\boldsymbol{\alpha}_2,\cdots,\boldsymbol{\alpha}_m(m\geqslant 2)$线性相关的充要条件是该向量组中至少有一个向量是其余向量的线性组合。

9.3 向量组的秩

定义 9.3.1 设有向量组 T,如果

(1) 在 T 中有 r 个向量$\boldsymbol{\alpha}_1,\boldsymbol{\alpha}_2,\cdots,\boldsymbol{\alpha}_r$线性无关,

(2) T 中任意 $r+1$ 个向量（如果有的话）都线性相关，

则称 $\boldsymbol{\alpha}_1,\boldsymbol{\alpha}_2,\cdots,\boldsymbol{\alpha}_r$ 是向量组 T 的一个**最大线性无关向量组**，简称**最大无关组**，数 r 称为向量组 T 的秩，记为 $\mathrm{R}(T)=r$。

定义 9.3.2　如果向量组 $\boldsymbol{\beta}_1,\boldsymbol{\beta}_2,\cdots,\boldsymbol{\beta}_s$ 中的每一个向量都可以由向量组 $\boldsymbol{\alpha}_1,\boldsymbol{\alpha}_2,\cdots,\boldsymbol{\alpha}_r$ 线性表示，则称向量组 $\boldsymbol{\beta}_1,\boldsymbol{\beta}_2,\cdots,\boldsymbol{\beta}_s$ 可以由向量组 $\boldsymbol{\alpha}_1,\boldsymbol{\alpha}_2,\cdots,\boldsymbol{\alpha}_r$ 线性表示。如果两个向量组可以相互线性表示，则称这两个向量组是等价的。

定理 9.3.1　任何向量组的最大无关组与原向量组等价。

定理 9.3.2　$m\times n$ 矩阵 $\boldsymbol{A}$ 的 m 个行向量线性相关的充要条件是 $\mathrm{R}(\boldsymbol{A})<m$；线性无关的充要条件是 $\mathrm{R}(\boldsymbol{A})=m$。

推论 1　m 个 n 维向量线性无关的充要条件是由它们组成的 $m\times n$ 矩阵的秩为 m；n 个 n 维向量线性无关的充要条件是由它们组成的矩阵所对应的行列式不等于零。

推论 2　m 个 n 维向量 $(m>n)$ 必线性相关。

例 9.3.1　讨论下列向量组的线性相关性：

(1) $\boldsymbol{\alpha}_1=(1,-1,1),\boldsymbol{\alpha}_2=(2,1,-1),\boldsymbol{\alpha}_3=(5,-2,2)$；

(2) $\boldsymbol{\alpha}_1=(4,-1,2),\boldsymbol{\alpha}_2=(2,3,4)$；

(3) $\boldsymbol{\alpha}_1=(9,-2,3),\boldsymbol{\alpha}_2=(0,-1,-7),\boldsymbol{\alpha}_3=(2,-6,1),\boldsymbol{\alpha}_4=(1,1,1)$。

解　(1) 设 $\boldsymbol{A}=\begin{pmatrix}1&-1&1\\2&1&-1\\5&-2&2\end{pmatrix}$，由于 $\boldsymbol{A}$ 只有一个3阶子式，即

$$|\boldsymbol{A}|=\begin{vmatrix}1&-1&1\\2&1&-1\\5&-2&2\end{vmatrix}=0,$$

因此 $\mathrm{R}(\boldsymbol{A})<3$，故 $\boldsymbol{\alpha}_1,\boldsymbol{\alpha}_2,\boldsymbol{\alpha}_3$ 线性相关。

(2) 设 $\boldsymbol{A}=\begin{pmatrix}4&-1&2\\2&3&4\end{pmatrix}$，由于矩阵 $\boldsymbol{A}$ 中有一个2阶子式 $\begin{vmatrix}4&-1\\2&3\end{vmatrix}=14\neq0$。所以 $\mathrm{R}(\boldsymbol{A})=2$，因此向量组 $\boldsymbol{\alpha}_1,\boldsymbol{\alpha}_2$ 线性无关。

(3) 由推论2知，向量组 $\boldsymbol{\alpha}_1,\boldsymbol{\alpha}_2,\boldsymbol{\alpha}_3,\boldsymbol{\alpha}_4$ 线性相关。

为了进一步讨论向量组的线性相关性，引入如下结论：

定理 9.3.3　设向量组 $\boldsymbol{\beta}_1,\boldsymbol{\beta}_2,\cdots,\boldsymbol{\beta}_s$ 可以由向量组 $\boldsymbol{\alpha}_1,\boldsymbol{\alpha}_2,\cdots,\boldsymbol{\alpha}_r$ 线性表示。如果 $s>r$，则 $\boldsymbol{\beta}_1,\boldsymbol{\beta}_2,\cdots,\boldsymbol{\beta}_s$ 线性相关。

推论 3　设向量组 $\boldsymbol{\beta}_1,\boldsymbol{\beta}_2,\cdots,\boldsymbol{\beta}_s$ 可以由向量组 $\boldsymbol{\alpha}_1,\boldsymbol{\alpha}_2,\cdots,\boldsymbol{\alpha}_r$ 线性表示，且 $\boldsymbol{\beta}_1,\boldsymbol{\beta}_2,\cdots,\boldsymbol{\beta}_s$ 线性无关，则 $s\leqslant r$。

定理 9.3.4　设有向量组 T，如果

(1) 在 T 中有 r 个向量 $\boldsymbol{\alpha}_1,\boldsymbol{\alpha}_2,\cdots,\boldsymbol{\alpha}_r$ 线性无关；

(2) T 中任意一个向量 $\boldsymbol{\alpha}$ 都可以由向量组 $\boldsymbol{\alpha}_1,\boldsymbol{\alpha}_2,\cdots,\boldsymbol{\alpha}_r$ 线性表示，

则 $\boldsymbol{\alpha}_1,\boldsymbol{\alpha}_2,\cdots,\boldsymbol{\alpha}_r$ 是向量组 T 的一个最大无关组。

一个向量组的最大无关组一般不是唯一的，但推论3可以保证它们都含有相同个数的向量。

下面的定理建立了矩阵秩和向量组秩之间的关系。

定理 9.3.5 矩阵 $\boldsymbol{A}$ 的秩等于 r 的充要条件是 $\boldsymbol{A}$ 中有 r 个行向量线性无关，但任意 $r+1$ 个行向量(如果存在)都线性相关。

对于向量组线性相关性的讨论，仅利用定义是不够的，现在我们借助于初等变换对此进行研究。

例 9.3.2 求下列向量组的秩和一个最大无关组，并将其余向量用此最大无关组线性表示。

$$\boldsymbol{\alpha}_1=(1,5,4,-1)^{\mathrm{T}},\quad \boldsymbol{\alpha}_2=(1,2,1,-1)^{\mathrm{T}},\quad \boldsymbol{\alpha}_3=(0,1,1,-1)^{\mathrm{T}},$$
$$\boldsymbol{\alpha}_4=(1,3,2,-1)^{\mathrm{T}},\quad \boldsymbol{\alpha}_5=(2,6,4,-1)^{\mathrm{T}}。$$

解 做矩阵 $\boldsymbol{A}=(\boldsymbol{\alpha}_1,\boldsymbol{\alpha}_2,\boldsymbol{\alpha}_3,\boldsymbol{\alpha}_4,\boldsymbol{\alpha}_5)$，对 $\boldsymbol{A}$ 进行初等行变换将其化为行阶梯形矩阵，有

$$\boldsymbol{A}=\begin{pmatrix}1&1&0&1&2\\5&2&1&3&6\\4&1&1&2&4\\-1&-1&-1&-1&-1\end{pmatrix}\xrightarrow[r_4+r_1]{\substack{r_2-5r_1\\ r_3-4r_1}}\begin{pmatrix}1&1&0&1&2\\0&-3&1&-2&-4\\0&-3&1&-2&-4\\0&0&-1&0&1\end{pmatrix}$$

$$\xrightarrow[r_4-r_2]{r_3\leftrightarrow r_4}\begin{pmatrix}1&1&0&1&2\\0&-3&1&-2&-4\\0&0&-1&0&1\\0&0&0&0&0\end{pmatrix}\xrightarrow[-r_3]{\substack{r_2+r_3\\ -\frac{1}{3}r_2}}\begin{pmatrix}1&1&0&1&2\\0&1&0&\frac{2}{3}&1\\0&0&1&0&-1\\0&0&0&0&0\end{pmatrix}$$

$$\xrightarrow{r_1-r_2}\begin{pmatrix}1&0&0&\frac{1}{3}&1\\0&1&0&\frac{2}{3}&1\\0&0&1&0&-1\\0&0&0&0&0\end{pmatrix}。$$

由此可知 $\mathrm{R}(\boldsymbol{A})=3$，从而列向量组的最大无关组有 3 个向量，取第 1,2,3 列，又由于 $(\boldsymbol{\alpha}_1,\boldsymbol{\alpha}_2,\boldsymbol{\alpha}_3)\xrightarrow{r}\begin{pmatrix}1&0&0\\0&1&0\\0&0&1\\0&0&0\end{pmatrix}$，故 $\boldsymbol{\alpha}_1,\boldsymbol{\alpha}_2,\boldsymbol{\alpha}_3$ 为列向量组的最大无关组，则有

$$\boldsymbol{B}=\begin{pmatrix}1&0&0&\frac{1}{3}&1\\0&1&0&\frac{2}{3}&1\\0&0&1&0&-1\\0&0&0&0&0\end{pmatrix}=(\boldsymbol{\beta}_1,\boldsymbol{\beta}_2,\boldsymbol{\beta}_3,\boldsymbol{\beta}_4,\boldsymbol{\beta}_5)。$$

由于 $\boldsymbol{B}$ 是 $\boldsymbol{A}$ 经过初等行变换得到，故矩阵方程 $\boldsymbol{AX}=\mathbf{0}$ 与 $\boldsymbol{BX}=\mathbf{0}$ 同解，由于 $\boldsymbol{\beta}_5=\boldsymbol{\beta}_1+\boldsymbol{\beta}_2-\boldsymbol{\beta}_3$，即 $\boldsymbol{\beta}_1+\boldsymbol{\beta}_2-\boldsymbol{\beta}_3-\boldsymbol{\beta}_5=\mathbf{0}$，从而 $\boldsymbol{\alpha}_1+\boldsymbol{\alpha}_2-\boldsymbol{\alpha}_3-\boldsymbol{\alpha}_5=\mathbf{0}$，进而 $\boldsymbol{\alpha}_5=\boldsymbol{\alpha}_1+\boldsymbol{\alpha}_2-\boldsymbol{\alpha}_3$。同理 $\boldsymbol{\alpha}_4=\frac{1}{3}\boldsymbol{\alpha}_1+\frac{2}{3}\boldsymbol{\alpha}_2$。

9.4　齐次线性方程组解的结构

齐次线性方程组

$$\begin{cases} a_{11}x_1+a_{12}x_2+\cdots+a_{1n}x_n=0, \\ a_{21}x_1+a_{22}x_2+\cdots+a_{2n}x_n=0, \\ \vdots \\ a_{m1}x_1+a_{m2}x_2+\cdots+a_{mn}x_n=0 \end{cases} \tag{9.4.1}$$

的系数矩阵为

$$\boldsymbol{A}=\begin{pmatrix} a_{11} & a_{12} & \cdots & a_{1n} \\ a_{21} & a_{22} & \cdots & a_{2n} \\ \vdots & \vdots & & \vdots \\ a_{m1} & a_{m2} & \cdots & a_{mn} \end{pmatrix}。$$

关于齐次线性方程组解的结构有如下定理。

定理 9.4.1　对于齐次线性方程组(9.4.1),当系数矩阵的秩 $\mathrm{R}(\boldsymbol{A})=n$ 时,有唯一的零解;当 $\mathrm{R}(\boldsymbol{A})<n$ 时有无穷多个解。

推论 4　齐次线性方程组 $\boldsymbol{Ax}=\boldsymbol{0}$,$\boldsymbol{A}$ 为 $m\times n$ 矩阵,若 $m<n$,则此线性方程组有非零解。

例 9.4.1　设有齐次线性方程组

$$\begin{cases} x_1+(\lambda-1)x_2+x_3=0, \\ (\lambda-1)x_1+x_2+x_3=0, \\ x_1+x_2+(\lambda-1)x_3=0。 \end{cases}$$

问:当 λ 取何值时,上述线性方程组有唯一的零解?有无穷多个解?并求出这些解。

解　线性方程组的系数行列式为

$$\begin{aligned} |\boldsymbol{A}| &= \begin{vmatrix} 1 & \lambda-1 & 1 \\ \lambda-1 & 1 & 1 \\ 1 & 1 & \lambda-1 \end{vmatrix} = \begin{vmatrix} \lambda+1 & \lambda+1 & \lambda+1 \\ \lambda-1 & 1 & 1 \\ 1 & 1 & \lambda-1 \end{vmatrix} \\ &=(\lambda+1)\begin{vmatrix} 1 & 1 & 1 \\ \lambda-1 & 1 & 1 \\ 1 & 1 & \lambda-1 \end{vmatrix}=(\lambda+1)\begin{vmatrix} 1 & 1 & 1 \\ \lambda-2 & 0 & 0 \\ 0 & 0 & \lambda-2 \end{vmatrix} \\ &=-(\lambda+1)(\lambda-2)^2。 \end{aligned}$$

(1) 当 $\lambda\neq-1,2$ 时,该线性方程组有唯一的零解;

(2) 当 $\lambda=-1$ 时,该线性方程组的系数矩阵为

$$\boldsymbol{A}=\begin{pmatrix} 1 & -2 & 1 \\ -2 & 1 & 1 \\ 1 & 1 & -2 \end{pmatrix}。$$

由于 $|\boldsymbol{A}|=0$,而 $\boldsymbol{A}$ 中有一个二阶子式 $D=\begin{vmatrix} 1 & -2 \\ -2 & 1 \end{vmatrix}=-3\neq0$。于是 $\mathrm{R}(\boldsymbol{A})=2<3$,故该

线性方程组有无穷多个解。线性方程组可变为

$$\begin{cases}x_1-2x_2=-x_3,\\-2x_1+x_2=-x_3。\end{cases}$$

由克莱姆法则知

$$x_1=\frac{\begin{vmatrix}-x_3 & -2\\-x_3 & 1\end{vmatrix}}{\begin{vmatrix}1 & -2\\-2 & 1\end{vmatrix}}=x_3,\quad x_2=\frac{\begin{vmatrix}1 & -x_3\\-2 & -x_3\end{vmatrix}}{\begin{vmatrix}1 & -2\\-2 & 1\end{vmatrix}}=x_3。$$

故该线性方程组的解为$\begin{cases}x_1=x_3\\x_2=x_3\\x_3=x_3\end{cases}$,其中 x_3 可取任意数。

(3) 当 $\lambda=2$ 时,该线性方程组的系数矩阵为

$$\boldsymbol{A}=\begin{pmatrix}1 & 1 & 1\\1 & 1 & 1\\1 & 1 & 1\end{pmatrix},$$

显然 $\mathrm{R}(\boldsymbol{A})=1<n$(这里 $n=3$),此线性方程组可变为

$$x_1=-x_2-x_3,$$

故可得该线性方程组的解为

$$\begin{cases}x_1=-x_2-x_3,\\x_2=x_2,\\x_3=x_3,\end{cases}\qquad \text{其中 } x_2,x_3 \text{ 可取任意数。}$$

将齐次线性方程组的一个解构成的**向量**,称为**解向量**,记为

$$\begin{pmatrix}x_1\\x_2\\\vdots\\x_n\end{pmatrix}=(x_1,x_2,\cdots,x_n)^{\mathrm{T}}。$$

解向量具有以下性质。

性质 9.4.1 若$\boldsymbol{\alpha}=(x_1,\ x_2,\ \cdots,\ x_n)^{\mathrm{T}}$,$\boldsymbol{\beta}=(y_1,\ y_2\ ,\cdots,\ y_n)^{\mathrm{T}}$都是齐次线性方程组(9.4.1)的解向量,$k$,$l$ 为常数,则 $k\boldsymbol{\alpha}+l\boldsymbol{\beta}$也是该线性方程组(9.4.1)的解向量。

性质 9.4.2 设$\boldsymbol{\alpha}_1,\boldsymbol{\alpha}_2,\cdots,\boldsymbol{\alpha}_r$是线性方程组(9.4.1)的解向量组的一个最大无关组,则$\boldsymbol{\alpha}_1,\boldsymbol{\alpha}_2,\cdots,\boldsymbol{\alpha}_r$的任意线性组合都是线性方程组(9.4.1)的解向量;反之,线性方程组(9.4.1)的任意解向量都可以表示成$\boldsymbol{\alpha}_1,\boldsymbol{\alpha}_2,\cdots,\boldsymbol{\alpha}_r$的线性组合。

将齐次线性方程组(9.4.1)的全部解构成的集合称为**解空间**。

定义 9.4.1 设$\boldsymbol{\alpha}_1,\boldsymbol{\alpha}_2,\cdots,\boldsymbol{\alpha}_r$是齐次线性方程组(9.4.1)的 r 个解向量,如果

(1) $\boldsymbol{\alpha}_1,\boldsymbol{\alpha}_2,\cdots,\boldsymbol{\alpha}_r$线性无关,

(2) 解空间中任意一个解向量都可以由$\boldsymbol{\alpha}_1,\boldsymbol{\alpha}_2,\cdots,\boldsymbol{\alpha}_r$线性表示,

则称$\boldsymbol{\alpha}_1,\boldsymbol{\alpha}_2,\cdots,\boldsymbol{\alpha}_r$是齐次线性方程组(9.4.1)的一个**基础解系**。

基础解系就是齐次线性方程组解空间所构成的向量组的最大无关组,而向量组的最大无关组是不唯一的,它们之间彼此等价。以下的讨论将得到每个基础解系所含解向量的个

数相同,并且与系数矩阵的秩有关的结论。

设齐次线性方程组(9.4.1)的系数矩阵 $\boldsymbol{A}$ 的秩 $\mathrm{R}(\boldsymbol{A})=r<n$。不妨设 r 阶子式 $D\neq 0$,将 $x_{r+1},x_{r+2},\cdots,x_n$ 看成常数,可以得到线性方程组(9.4.1)的解。

$$\begin{cases} x_1=c_{11}x_{r+1}+c_{12}x_{r+2}+\cdots+c_{1,n-r}x_n, \\ x_2=c_{21}x_{r+1}+c_{22}x_{r+2}+\cdots+c_{2,n-r}x_n, \\ \vdots \\ x_r=c_{r1}x_{r+1}+c_{r2}x_{r+2}+\cdots+c_{r,n-r}x_n, \\ x_{r+1}=x_{r+1}, \\ x_{r+2}=x_{r+2}, \\ \vdots \\ x_n=x_n, \end{cases} \tag{9.4.2}$$

其中 $x_{r+1},x_{r+2},\cdots,x_n$ 可取任意常数。线性方程组这种形式的解称为一般解。

为了保证解的线性无关性,$\begin{pmatrix} x_{r+1} \\ x_{r+2} \\ \vdots \\ x_n \end{pmatrix}$分别取$\begin{pmatrix} 1 \\ 0 \\ \vdots \\ 0 \end{pmatrix},\begin{pmatrix} 0 \\ 1 \\ \vdots \\ 0 \end{pmatrix},\cdots,\begin{pmatrix} 0 \\ 0 \\ \vdots \\ 1 \end{pmatrix}$,可以解出 $x_1,x_2,\cdots,x_r$,这样一来可以解出齐次线性方程组的 $n-r$ 个线性无关的解向量

$$\begin{cases} \boldsymbol{\alpha}_1=(c_{11}, & c_{21}, & \cdots, & c_{r1}, & 1, & 0, & \cdots, & 0)^{\mathrm{T}}, \\ \boldsymbol{\alpha}_2=(c_{12}, & c_{22}, & \cdots, & c_{r2}, & 0, & 1, & \cdots, & 0)^{\mathrm{T}}, \\ \vdots \\ \boldsymbol{\alpha}_{n-r}=(c_{1,n-r}, & c_{2,n-r}, & \cdots, & c_{r,n-r}, & 0, & 0, & \cdots, & 1)^{\mathrm{T}}。 \end{cases}$$

在$\boldsymbol{\alpha}_1,\boldsymbol{\alpha}_2,\cdots,\boldsymbol{\alpha}_{n-r}$作为列向量构成的矩阵中,有一个 $n-r$ 阶子式

$$\begin{vmatrix} 1 & 0 & \cdots & 0 \\ 0 & 1 & \cdots & 0 \\ \vdots & \vdots & & \vdots \\ 0 & 0 & \cdots & 1 \end{vmatrix}\neq 0,$$

因此向量组$\boldsymbol{\alpha}_1,\boldsymbol{\alpha}_2,\cdots,\boldsymbol{\alpha}_{n-r}$线性无关。式(9.4.2)可以表示为

$$\begin{pmatrix} x_1 \\ x_2 \\ \vdots \\ x_r \\ x_{r+1} \\ \vdots \\ x_n \end{pmatrix}=x_{r+1}\begin{pmatrix} c_{11} \\ c_{21} \\ \vdots \\ c_{r1} \\ 1 \\ 0 \\ \vdots \\ 0 \end{pmatrix}+x_{r+2}\begin{pmatrix} c_{12} \\ c_{22} \\ \vdots \\ c_{r2} \\ 0 \\ 1 \\ \vdots \\ 0 \end{pmatrix}+\cdots+x_n\begin{pmatrix} c_{1,n-r} \\ c_{2,n-r} \\ \vdots \\ c_{r,n-r} \\ 0 \\ 0 \\ \vdots \\ 1 \end{pmatrix}。$$

于是构造的解为$\boldsymbol{\gamma}=x_{r+1}\boldsymbol{\alpha}_1+x_{r+2}\boldsymbol{\alpha}_2+\cdots+x_n\boldsymbol{\alpha}_{n-r}$,其中 $x_{r+1},x_{r+2},\cdots,x_n$ 为任意数。由此可见,原线性方程组的任意一个解都可以表示为$\boldsymbol{\alpha}_1,\boldsymbol{\alpha}_2,\cdots,\boldsymbol{\alpha}_{n-r}$的线性组合。因此$\boldsymbol{\alpha}_1,\boldsymbol{\alpha}_2,\cdots,\boldsymbol{\alpha}_{n-r}$是一个基础解系。而$\boldsymbol{\gamma}=x_{r+1}\boldsymbol{\alpha}_1+x_{r+2}\boldsymbol{\alpha}_2+\cdots+x_n\boldsymbol{\alpha}_{n-r}$为齐次线性方程组的**通解**。

于是得到结论,对于齐次线性方程组 $\boldsymbol{Ax}=\boldsymbol{0}$,如果其系数矩阵的秩为 r,则其基础解系含有 $n-r$ 个解向量。

例 9.4.2 求下列齐次线性方程组的通解：

$$\begin{cases}5x_1-x_2+8x_3+x_4=0,\\2x_1-x_2+3x_3+x_4=0,\\x_1+x_2+2x_3-x_4=0。\end{cases}$$

解 此线性方程组的系数矩阵 $\boldsymbol{A}=\begin{pmatrix}5&-1&8&1\\2&-1&3&1\\1&1&2&-1\end{pmatrix}$，对 $\boldsymbol{A}$ 施行初等行变换，得

$$\begin{pmatrix}5&-1&8&1\\2&-1&3&1\\1&1&2&-1\end{pmatrix}\xrightarrow{r_1\leftrightarrow r_3}\begin{pmatrix}1&1&2&-1\\2&-1&3&1\\5&-1&8&1\end{pmatrix}$$

$$\xrightarrow[r_3-5r_1]{r_2-2r_1}\begin{pmatrix}1&1&2&-1\\0&-3&-1&3\\0&-6&-2&6\end{pmatrix}\xrightarrow{r_3-2r_2}\begin{pmatrix}1&1&2&-1\\0&-3&-1&3\\0&0&0&0\end{pmatrix}$$

$$\xrightarrow{-\frac{1}{3}r_2}\begin{pmatrix}1&1&2&-1\\0&1&\frac{1}{3}&-1\\0&0&0&0\end{pmatrix}\xrightarrow{r_1-r_2}\begin{pmatrix}1&0&\frac{5}{3}&0\\0&1&\frac{1}{3}&-1\\0&0&0&0\end{pmatrix}。$$

可得此线性方程组的一般解为

$$\begin{cases}x_1=-\dfrac{5}{3}x_3,\\x_2=-\dfrac{1}{3}x_3+x_4,\\x_3=x_3,\\x_4=x_4,\end{cases}\quad 其中\ x_3,x_4\ 可取任意常数。$$

分别取 $\begin{pmatrix}x_3\\x_4\end{pmatrix}$ 为 $\begin{pmatrix}3\\0\end{pmatrix}$ 和 $\begin{pmatrix}0\\1\end{pmatrix}$，得原线性方程组的两个线性无关的解向量

$$\boldsymbol{\alpha}_1=(-5,-1,3,0)^{\mathrm{T}},\quad \boldsymbol{\alpha}_2=(0,1,0,1)^{\mathrm{T}}。$$

因此，齐次线性方程组的通解为

$$\begin{pmatrix}x_1\\x_2\\x_3\\x_4\end{pmatrix}=c_1\begin{pmatrix}-5\\-1\\3\\0\end{pmatrix}+c_2\begin{pmatrix}0\\1\\0\\1\end{pmatrix},\quad 其中\ c_1,c_2\ 可取任意常数。$$

例 9.4.3 现有一个木工、一个电工、一个油漆工三人相互同意彼此装修他们自己的房子，在装修之前，他们约定：(1)每人总共工作 10 天(包括给自己家干活在内)；(2)每人的日工资根据一般的市价在 60～80 元之间；(3)每人的日工资数应使得每人的总收入与总支出相等，下面的表格是他们工作天数的分配方案，根据分配方案表，确定他们每人的日工资。

天数＼工种	木工	电工	油漆工
在木工家的工作天数	2	1	6
在电工家的工作天数	4	5	1
在油漆工家的工作天数	4	4	3

解　设 x_1,x_2,x_3 分别表示木工、电工、油漆工的日工资，根据总收入等于总支出，建立线性方程组

$$\begin{cases}2x_1+x_2+6x_3=10x_1,\\4x_1+5x_2+x_3=10x_2,\\4x_1+4x_2+3x_3=10x_3。\end{cases}$$

整理得如下齐次线性方程组

$$\begin{cases}-8x_1+x_2+6x_3=0,\\4x_1-5x_2+x_3=0,\\4x_1+4x_2-7x_3=0。\end{cases}$$

解出此齐次线性方程组的全部解为

$$\begin{pmatrix}x_1\\x_2\\x_3\end{pmatrix}=k\begin{pmatrix}\frac{31}{36}\\\frac{8}{9}\\1\end{pmatrix}\quad(\text{其中 } k \text{ 为任意实数})。$$

由于日工资在 60～80 元之间，故取 $k=72$，得日工资分别为

$$x_1=62,x_2=64,x_3=72。$$

9.5　非齐次线性方程组解的结构

设 n 个未知数 m 个方程的非齐次线性方程组为

$$\begin{cases}a_{11}x_1+a_{12}x_2+\cdots+a_{1n}x_n=b_1,\\a_{21}x_1+a_{22}x_2+\cdots+a_{2n}x_n=b_2,\\\vdots\\a_{m1}x_1+a_{m2}x_2+\cdots+a_{mn}x_n=b_m。\end{cases}\tag{9.5.1}$$

如果以向量 $\boldsymbol{x}$ 表示解向量，则此线性方程组可写为 $\boldsymbol{Ax}=\boldsymbol{b}$。

非齐次线性方程组与齐次线性方程组的不同点是齐次线性方程组一定有解，而非齐次线性方程组不一定总是有解，如方程$\begin{cases}x+y=1,\\x+y=2\end{cases}$就无解。

下面我们从几个等价条件入手讨论非齐次线性方程组有解的条件。

在线性方程组(9.5.1)中记

$$\boldsymbol{b}=(b_1,\ b_2,\ \cdots,\ b_m)^{\mathrm{T}},$$

$$\boldsymbol{\alpha}_i=(a_{1i},\quad a_{2i},\quad \cdots,\quad a_{mi})^{\mathrm{T}},\quad i=1,2,\cdots,n。$$

定理 9.5.1 非齐次线性方程组(9.5.1)有解的充分必要条件是非零向量 $\boldsymbol{b}$ 可由$\boldsymbol{\alpha}_1$，$\boldsymbol{\alpha}_2,\cdots,\boldsymbol{\alpha}_n$ 线性表示，即 $\boldsymbol{b}=x_1\boldsymbol{\alpha}_1+x_2\boldsymbol{\alpha}_2+\cdots+x_n\boldsymbol{\alpha}_n$。

定理 9.5.2 对于非齐次线性方程组 $\boldsymbol{Ax}=\boldsymbol{b}$，其增广矩阵 $\boldsymbol{B}=(\boldsymbol{A}\ \vdots\ \boldsymbol{b})$，则下列结论成立：

(1) 无解的充分必要条件是 $\mathrm{R}(\boldsymbol{A})<\mathrm{R}(\boldsymbol{B})$；

(2) 有唯一解的充分必要条件是 $\mathrm{R}(\boldsymbol{A})=\mathrm{R}(\boldsymbol{B})=n$；

(3) 有无穷多解的充分必要条件是 $\mathrm{R}(\boldsymbol{A})=\mathrm{R}(\boldsymbol{B})<n$。

例 9.5.1 解下列线性方程组：

(1) $\begin{cases}x_1+2x_2-x_3+x_4=2,\\2x_1-x_2+x_3-3x_4=-1,\\4x_1+3x_2-x_3-x_4=3;\end{cases}$ (2) $\begin{cases}2x_1+3x_2-x_3=2,\\3x_1-2x_2+x_3=2,\\x_1-5x_2+2x_3=1。\end{cases}$

解 (1) 对增广矩阵 $\boldsymbol{B}=\begin{pmatrix}1&2&-1&1&2\\2&-1&1&-3&-1\\4&3&-1&-1&3\end{pmatrix}$施行初等行变换，得

$$\boldsymbol{B}=\begin{pmatrix}1&2&-1&1&2\\2&-1&1&-3&-1\\4&3&-1&-1&3\end{pmatrix}\xrightarrow[r_3-4r_1]{r_2-2r_1}\begin{pmatrix}1&2&-1&1&2\\0&-5&3&-5&-5\\0&-5&3&-5&-5\end{pmatrix}$$

$$\xrightarrow{r_3-r_2}\begin{pmatrix}1&2&-1&1&2\\0&-5&3&-5&-5\\0&0&0&0&0\end{pmatrix}。$$

由最后一个行阶梯形矩阵可知该线性方程组的系数矩阵与增广矩阵的秩都等于 2，也就是说该线性方程组有解，继续对上述行阶梯形矩阵施行初等行变换得

$$\begin{pmatrix}1&2&-1&1&2\\0&-5&3&-5&-5\\0&0&0&0&0\end{pmatrix}\xrightarrow{-\frac{1}{5}r_2}\begin{pmatrix}1&2&-1&1&2\\0&1&-\frac{3}{5}&1&1\\0&0&0&0&0\end{pmatrix}\xrightarrow{r_1-2r_2}\begin{pmatrix}1&0&\frac{1}{5}&-1&0\\0&1&-\frac{3}{5}&1&1\\0&0&0&0&0\end{pmatrix},$$

由上面最后一个矩阵可得该线性方程组的一般解

$$\begin{cases}x_1=-\dfrac{1}{5}x_3+x_4,\\x_2=\dfrac{3}{5}x_3-x_4+1,\\x_3=x_3,\\x_4=x_4,\end{cases}\quad 其中\ x_3,x_4\ 可取任意数。$$

(2) 对增广矩阵施行初等行变换，得

$$\boldsymbol{B}=\begin{pmatrix}2&3&-1&2\\3&-2&1&2\\1&-5&2&1\end{pmatrix}\xrightarrow{r_1\leftrightarrow r_3}\begin{pmatrix}1&-5&2&1\\3&-2&1&2\\2&3&-1&2\end{pmatrix}$$

$$\xrightarrow[r_3-2r_1]{r_2-3r_1}\begin{pmatrix}1&-5&2&1\\0&13&-5&-1\\0&13&-5&0\end{pmatrix}\xrightarrow{r_3-r_2}\begin{pmatrix}1&-5&2&1\\0&13&-5&-1\\0&0&0&1\end{pmatrix}。$$

由上式的最后一个行阶梯形矩阵可知该线性方程组的系数矩阵的秩等于2，而增广矩阵的秩等于3，因此该线性方程组无解。

需要注意的是解线性方程组只能用初等行变换，否则会产生错误。

下面我们建立非齐次线性方程组通解和它所对应的齐次线性方程组通解的联系。

性质 9.5.1　设 $\boldsymbol{x}$ 和 $\boldsymbol{y}$ 是非齐次线性方程组 $\boldsymbol{Ax}=\boldsymbol{b}$ 的两个解向量，则 $\boldsymbol{x}-\boldsymbol{y}$ 是所对应的齐次线性方程组 $\boldsymbol{Ax}=\boldsymbol{0}$ 的解向量。

性质 9.5.2　设 $\boldsymbol{x}$ 是非齐次线性方程组 $\boldsymbol{Ax}=\boldsymbol{b}$ 的一个解向量，$\boldsymbol{y}$ 是所对应的齐次线性方程组 $\boldsymbol{Ax}=\boldsymbol{0}$ 的解向量，则 $\boldsymbol{x}+\boldsymbol{y}$ 是 $\boldsymbol{Ax}=\boldsymbol{b}$ 的解向量。

定理 9.5.3　设 $\boldsymbol{y}_0$ 是非齐次线性方程组 $\boldsymbol{Ax}=\boldsymbol{b}$ 的一个已知解(称为特解)，$\boldsymbol{\alpha}_1,\boldsymbol{\alpha}_2,\cdots,\boldsymbol{\alpha}_{n-r}$ 是 $\boldsymbol{Ax}=\boldsymbol{0}$ 的一个基础解系，则 $\boldsymbol{Ax}=\boldsymbol{b}$ 的通解可以表示为 $\boldsymbol{y}_0+x_{r+1}\boldsymbol{\alpha}_1+x_{r+2}\boldsymbol{\alpha}_2+\cdots+x_n\boldsymbol{\alpha}_{n-r}$。

这样例9.5.1中线性方程组(1)的一般解

$$\begin{cases}x_1=-\dfrac{1}{5}x_3+x_4,\\ x_2=\dfrac{3}{5}x_3-x_4+1,\\ x_3=x_3,\\ x_4=x_4,\end{cases}\quad \text{其中 } x_3,x_4 \text{ 可取任意数},$$

可以写为

$$\begin{pmatrix}x_1\\x_2\\x_3\\x_4\end{pmatrix}=\begin{pmatrix}-\dfrac{1}{5}\\ \dfrac{3}{5}\\ 1\\ 0\end{pmatrix}x_3+\begin{pmatrix}1\\-1\\0\\1\end{pmatrix}x_4+\begin{pmatrix}0\\1\\0\\0\end{pmatrix}。$$

其中 $\begin{pmatrix}-\dfrac{1}{5}\\ \dfrac{3}{5}\\ 1\\ 0\end{pmatrix}$，$\begin{pmatrix}1\\-1\\0\\1\end{pmatrix}$ 为对应齐次线性方程组的一个基础解系，$\begin{pmatrix}0\\1\\0\\0\end{pmatrix}$ 为非齐次线性方程组的一个特解。

例 9.5.2　已知 $\boldsymbol{A}$ 为 5×4 矩阵，$\mathrm{R}(\boldsymbol{A})=2$，$\boldsymbol{\alpha}_1=(1,2,0,1)^{\mathrm{T}}$，$\boldsymbol{\alpha}_2=(2,1,1,3)^{\mathrm{T}}$ 为线性方程组 $\boldsymbol{Ax}=\boldsymbol{b}$ 的两个解，$\boldsymbol{\alpha}_3=(1,0,1,0)^{\mathrm{T}}$ 为对应齐次线性方程组 $\boldsymbol{Ax}=\boldsymbol{0}$ 的解，求 $\boldsymbol{Ax}=\boldsymbol{b}$ 的通解。

解　$\boldsymbol{Ax}=\boldsymbol{0}$ 的基础解系含有 $4-2=2$ 个解向量，由性质9.5.1，$\boldsymbol{\alpha}_1-\boldsymbol{\alpha}_2$ 为对应齐次线性方程组 $\boldsymbol{Ax}=\boldsymbol{0}$ 的解，而 $\boldsymbol{\alpha}_1-\boldsymbol{\alpha}_2=(-1,1,-1,-2)^{\mathrm{T}}$ 与 $\boldsymbol{\alpha}_3=(1,0,1,0)^{\mathrm{T}}$ 线性无关，所以

$\boldsymbol{Ax}=\boldsymbol{b}$ 的通解为

$$\begin{aligned}\boldsymbol{x}&=k_1(\boldsymbol{\alpha}_1-\boldsymbol{\alpha}_2)+k_2\boldsymbol{\alpha}_3+\boldsymbol{\alpha}_1\\&=k_1(-1,1,-1,-2)^{\mathrm{T}}+k_2(1,0,1,0)^{\mathrm{T}}+(1,2,0,1)^{\mathrm{T}},\end{aligned}$$

其中 k_1,k_2 为任意常数。

习　题　9

(A)

1. 填空题：

(1) 设$\boldsymbol{\alpha}_1=(1,x,1),\boldsymbol{\alpha}_2=(2,-1,2),\boldsymbol{\alpha}_3=(0,1,2)$，当 $x=$________时，$\boldsymbol{\alpha}_1,\boldsymbol{\alpha}_2,\boldsymbol{\alpha}_3$线性相关；

(2) 当 $x=$________时，向量$(x,1,0)$能由向量组$\boldsymbol{\alpha}_1=(1,-1,0),\boldsymbol{\alpha}_2=(2,0,-1)$线性表示；

(3) 已知向量组$\boldsymbol{\alpha}_1=(2,-1,3,0),\boldsymbol{\alpha}_2=(3,-1,0,1),\boldsymbol{\alpha}_3=(x,0,-3,1)$的秩等于 2，则 $x=$________；

(4) 若三元线性方程组 $\boldsymbol{Ax}=\boldsymbol{b}$，满足 $\mathrm{R}(\boldsymbol{A})=\mathrm{R}(\boldsymbol{A},\boldsymbol{b})=2$，且 $\boldsymbol{\beta}_1,\boldsymbol{\beta}_2$ 是此线性方程组的两个解，则此线性方程组的通解为________；

(5) 含有 n 个未知量 n 个方程的齐次线性方程组有非零解的充分且必要条件是________；

(6) 设 n 阶方阵 $\boldsymbol{A}$ 的各行元素之和为零，且秩为 $n-1$，则线性方程组 $\boldsymbol{Ax}=\boldsymbol{0}$ 的通解为________；

(7) 设 $\eta_1,\eta_2,\cdots,\eta_n$ 是 $\boldsymbol{Ax}=\boldsymbol{b}$ 的 n 个解，则当 $k_1,k_2,\cdots,k_n$ 满足________时，$k_1\eta_1+k_2\eta_2+\cdots+k_n\eta_n$ 也是 $\boldsymbol{Ax}=\boldsymbol{b}$ 的解；

(8) 设 $\boldsymbol{A}$ 为 $m\times n$ 矩阵，齐次线性方程组 $\boldsymbol{Ax}=\boldsymbol{0}$ 只有零解的充要条件是矩阵 $\boldsymbol{A}$ 的________向量组线性无关；

(9) 若 $\boldsymbol{\alpha}_1,\boldsymbol{\alpha}_2,\boldsymbol{\alpha}_3$ 是某齐次线性方程组的一个基础解系，问 $\boldsymbol{\alpha}_1+\boldsymbol{\alpha}_2,\boldsymbol{\alpha}_2+\boldsymbol{\alpha}_3,\boldsymbol{\alpha}_3+\boldsymbol{\alpha}_1$是否也为它的基础解系，答________。

2. 判断题：

(1) $\boldsymbol{\alpha}_1,\boldsymbol{\alpha}_2,\cdots,\boldsymbol{\alpha}_m$ 线性相关充要条件是任意 $\boldsymbol{\alpha}_i$ 可由其余向量线性表示。　(　　)

(2) 若 $\boldsymbol{\alpha}_1,\boldsymbol{\alpha}_2,\cdots,\boldsymbol{\alpha}_m$ 线性相关，则有不全为零的数 $k_1,k_2,\cdots,k_m$，使 $k_1\boldsymbol{\alpha}_1+k_2\boldsymbol{\alpha}_2+\cdots+k_m\boldsymbol{\alpha}_m=\boldsymbol{0}$。　(　　)

(3) 若 $\boldsymbol{\alpha}_1,\boldsymbol{\alpha}_2,\cdots,\boldsymbol{\alpha}_m$ 线性相关，则不存在 $\boldsymbol{\alpha}_i$ 可由其他向量线性表示。　(　　)

(4) 任意 $n+1$ 个 n 维向量线性相关。　(　　)

3. 选择题：

(1) 设向量组$\boldsymbol{\alpha}_1,\boldsymbol{\alpha}_2,\boldsymbol{\alpha}_3$线性无关，则下列向量组线性相关的是(　　)。

A。$\boldsymbol{\alpha}_1,\boldsymbol{\alpha}_1+\boldsymbol{\alpha}_2,\boldsymbol{\alpha}_1+\boldsymbol{\alpha}_3$　　B. $\boldsymbol{\alpha}_1,\boldsymbol{\alpha}_1+\boldsymbol{\alpha}_2,\boldsymbol{\alpha}_1+\boldsymbol{\alpha}_2+\boldsymbol{\alpha}_3$

C. $\boldsymbol{\alpha}_1,\boldsymbol{\alpha}_2,\boldsymbol{\alpha}_1+\boldsymbol{\alpha}_2+\boldsymbol{\alpha}_3$　　D. $\boldsymbol{\alpha}_1+\boldsymbol{\alpha}_2,\boldsymbol{\alpha}_1+\boldsymbol{\alpha}_3,2\boldsymbol{\alpha}_1+\boldsymbol{\alpha}_2+\boldsymbol{\alpha}_3$

(2) 设向量组$\boldsymbol{\alpha}_1,\boldsymbol{\alpha}_2,\boldsymbol{\alpha}_3$线性无关，向量组$\boldsymbol{\alpha}_1,\boldsymbol{\alpha}_2,\boldsymbol{\alpha}_4$线性相关，则下列结论错误的是

(　　)。

A. $\boldsymbol{\alpha}_1,\boldsymbol{\alpha}_2$线性无关　　B. $\boldsymbol{\alpha}_4$可以表示为$\boldsymbol{\alpha}_1,\boldsymbol{\alpha}_2$线性组合

C. $\boldsymbol{\alpha}_1,\boldsymbol{\alpha}_2,\boldsymbol{\alpha}_3,\boldsymbol{\alpha}_4$线性相关　　D. $\boldsymbol{\alpha}_1,\boldsymbol{\alpha}_2,\boldsymbol{\alpha}_3,\boldsymbol{\alpha}_4$线性无关

(3) 若非齐次线性方程组$\boldsymbol{A}_{m\times n}\boldsymbol{x}=\boldsymbol{b}$有解，$\boldsymbol{\alpha}_1,\boldsymbol{\alpha}_2,\cdots,\boldsymbol{\alpha}_n$是$\boldsymbol{A}_{m\times n}$的$n$个列向量，下列结论正确的是(　　)。

A. $\boldsymbol{\alpha}_1,\boldsymbol{\alpha}_2,\cdots,\boldsymbol{\alpha}_n,\boldsymbol{b}$线性相关　　B. $\boldsymbol{\alpha}_1,\boldsymbol{\alpha}_2,\cdots,\boldsymbol{\alpha}_n$线性无关

C. $\boldsymbol{\alpha}_1,\boldsymbol{\alpha}_2,\cdots,\boldsymbol{\alpha}_n$线性相关　　D. $\boldsymbol{\alpha}_1,\boldsymbol{\alpha}_2,\cdots,\boldsymbol{\alpha}_n,\boldsymbol{b}$线性无关

(4) 已知$\boldsymbol{\beta}_1,\boldsymbol{\beta}_2$是非齐次线性方程组$\boldsymbol{Ax}=\boldsymbol{b}$的两个不同的解，$\boldsymbol{\alpha}_1,\boldsymbol{\alpha}_2$是对应的齐次线性方程组$\boldsymbol{Ax}=\boldsymbol{0}$的基础解系，$k_1,k_2$为任意常数，则方程组$\boldsymbol{Ax}=\boldsymbol{b}$的通解是(　　)。

A. $k_1\boldsymbol{\alpha}_2+k_2(\boldsymbol{\alpha}_1+\boldsymbol{\alpha}_2)+\dfrac{\boldsymbol{\beta}_1-\boldsymbol{\beta}_2}{2}$　　B. $k_1\boldsymbol{\alpha}_1+k_2(\boldsymbol{\alpha}_1-\boldsymbol{\alpha}_2)+\dfrac{\boldsymbol{\beta}_1+\boldsymbol{\beta}_2}{2}$

C. $k_1\boldsymbol{\alpha}_2+k_2(\boldsymbol{\beta}_1+\boldsymbol{\beta}_2)+\dfrac{\boldsymbol{\beta}_1-\boldsymbol{\beta}_2}{2}$　　D. $k_1\boldsymbol{\alpha}_1+k_2(\boldsymbol{\beta}_1-\boldsymbol{\beta}_2)+\dfrac{\boldsymbol{\beta}_1+\boldsymbol{\beta}_2}{2}$

(5) 齐次线性方程组$\boldsymbol{A}_{m\times n}\boldsymbol{x}=\boldsymbol{0}$，仅有零解的充要条件是(　　)。

A. $\boldsymbol{A}$的列向量组线性无关　　B. $\boldsymbol{A}$的行向量组线性无关

C. $\boldsymbol{A}$的列向量组线性相关　　D. $\boldsymbol{A}$的行向量组线性相关

(6) 设$\boldsymbol{\eta}_1,\boldsymbol{\eta}_2,\boldsymbol{\eta}_3$是$\boldsymbol{Ax}=\boldsymbol{b}(\boldsymbol{b}\neq\boldsymbol{0})$的解向量，则(　　)也是$\boldsymbol{Ax}=\boldsymbol{b}(\boldsymbol{b}\neq\boldsymbol{0})$的解向量。

A. $3\boldsymbol{\eta}_1+2\boldsymbol{\eta}_2+\boldsymbol{\eta}_3$　　B. $\boldsymbol{\eta}_1+2\boldsymbol{\eta}_2+\boldsymbol{\eta}_3$

C. $\boldsymbol{\eta}_1+\boldsymbol{\eta}_2-\boldsymbol{\eta}_3$　　D. $\boldsymbol{\eta}_1+\boldsymbol{\eta}_2-3\boldsymbol{\eta}_3$。

4. 讨论下列向量组的线性相关性：

(1) $\boldsymbol{\alpha}_1=(3,2,-5),\boldsymbol{\alpha}_2=(3,-1,3),\boldsymbol{\alpha}_3=(3,5,-13)$；

(2) $\boldsymbol{\alpha}_1=(3,-1,3),\boldsymbol{\alpha}_2=(-1,1,3),\boldsymbol{\alpha}_3=(1,0,3)$；

(3) $\boldsymbol{\alpha}_1=(1,9,4),\boldsymbol{\alpha}_2=(2,-1,8)$；

(4) $\boldsymbol{\alpha}_1=(8,1,10),\boldsymbol{\alpha}_2=(-5,6,2),\boldsymbol{\alpha}_3=(7,3,4),\boldsymbol{\alpha}_4=(0,-5,6)$；

(5) $\boldsymbol{\alpha}_1=(3,1,2,4),\boldsymbol{\alpha}_2=(3,-1,0,1),\boldsymbol{\alpha}_3=(2,-1,3,2),\boldsymbol{\alpha}_4=(1,0,-3,-1)$。

5. 求常数c使$\boldsymbol{\alpha}_1=(c,1,1)^{\mathrm{T}},\boldsymbol{\alpha}_2=(1,c,1)^{\mathrm{T}},\boldsymbol{\alpha}_3=(1,1,c)^{\mathrm{T}}$线性无关。

6. 试证：如果$\boldsymbol{\alpha}_1,\boldsymbol{\alpha}_2,\boldsymbol{\alpha}_3$线性无关，则$2\boldsymbol{\alpha}_1+\boldsymbol{\alpha}_2,\boldsymbol{\alpha}_2+5\boldsymbol{\alpha}_3,4\boldsymbol{\alpha}_3+3\boldsymbol{\alpha}_1$也线性无关。

7. (1) 设矩阵$\boldsymbol{A}=\begin{pmatrix}1&2&4&5\\1&3&5&6\\1&4&6&7\\1&5&7&8\end{pmatrix}$，求矩阵$\boldsymbol{A}$的秩，并分别给出矩阵$\boldsymbol{A}$所对应的行向量组、列向量组的一组极大无关组。

(2) 求$\boldsymbol{\alpha}_1=(1,2,3,4)^{\mathrm{T}},\boldsymbol{\alpha}_2=(1,1,1,1)^{\mathrm{T}},\boldsymbol{\alpha}_3=(3,4,5,6)^{\mathrm{T}},\boldsymbol{\alpha}_4=(0,1,0,2)^{\mathrm{T}},\boldsymbol{\alpha}_5=(1,1,0,6)^{\mathrm{T}},\boldsymbol{\alpha}_6=(-1,-1,2,3)^{\mathrm{T}}$的秩及一组最大无关组。

8. 求下列齐次线性方程组的基础解系：

(1) $\begin{cases}x_2+3x_3+x_4-x_5=0,\\x_1-x_2+3x_3-4x_4+2x_5=0,\\x_1+x_2-x_3+2x_4+x_5=0,\\x_1-x_3+x_5=0;\end{cases}$　　(2) $\begin{cases}x_1-8x_2+10x_3+2x_4=0,\\2x_1+4x_2+5x_3-x_4=0,\\3x_1+8x_2+6x_3-2x_4=0;\end{cases}$

(3) $\begin{cases}2x_1-3x_2-2x_3+x_4=0,\\3x_1+5x_2+4x_3-2x_4=0,\\8x_1+7x_2+6x_3-3x_4=0。\end{cases}$

9. 求下列非齐次线性方程组的一个解及对应的齐次线性方程组的基础解系：

(1) $\begin{cases}x_1+x_2=5,\\2x_1+x_2+x_3+2x_4=1,\\5x_1+3x_2+2x_3+2x_4=3;\end{cases}$　　(2) $\begin{cases}x_1-5x_2+2x_3-3x_4=11,\\5x_1+3x_2+6x_3-x_4=-1,\\2x_1+4x_2+2x_3+x_4=-6。\end{cases}$

10. 解下列线性方程组：

(1) $\begin{cases}4x_1+2x_2-x_3=2,\\3x_1-x_2+2x_3=10,\\11x_1+3x_2=14;\end{cases}$

(2) 求 λ 使 $\begin{cases}2x_1-x_2+x_3+x_4=1,\\x_1+2x_2-x_3+4x_4=2,\\x_1+7x_2-4x_3+11x_4=\lambda\end{cases}$

有解，并在有解情况下求出全部解。

(B)

1. 填空题：

(1) 若向量 $\boldsymbol{\alpha}=\begin{pmatrix}1\\a\\2\end{pmatrix},\boldsymbol{\beta}=\begin{pmatrix}2\\4\\b\end{pmatrix}$ 线性相关，则 $a=$________，$b=$________。

(2) 设向量组 $\begin{pmatrix}a\\1\\1\end{pmatrix},\begin{pmatrix}0\\b\\1\end{pmatrix},\begin{pmatrix}1\\0\\c\end{pmatrix}$ 线性无关，则 a,b,c 必满足关系式________。

(3) 设矩阵 $\boldsymbol{A}=\begin{pmatrix}1&2&-2\\2&1&2\\3&0&4\end{pmatrix}$，向量 $\boldsymbol{\alpha}=\begin{pmatrix}a\\1\\1\end{pmatrix}$，已知向量 $\boldsymbol{A\alpha}$ 与向量 $\boldsymbol{\alpha}$ 线性相关，则 $a=$________。

(4) 齐次线性方程 $x_1+2x_2+\cdots+nx_n=0$ 的基础解系含有解向量的个数为________。

(5) 已知 $\boldsymbol{\alpha}_1=(1,1,2,2,1)^{\mathrm{T}}$，$\boldsymbol{\alpha}_2=(0,2,1,5,-10)^{\mathrm{T}}$，$\boldsymbol{\alpha}_3=(2,0,3,-1,3)^{\mathrm{T}}$，$\boldsymbol{\alpha}_4=(1,1,0,4,-1)^{\mathrm{T}}$，则秩$(\boldsymbol{\alpha}_1,\boldsymbol{\alpha}_2,\boldsymbol{\alpha}_3,\boldsymbol{\alpha}_4)=$ ________。

(6) 设 $\boldsymbol{\alpha}_1,\boldsymbol{\alpha}_2,\boldsymbol{\alpha}_3$ 的秩为 3，$\boldsymbol{\beta}=\boldsymbol{\alpha}_1+\boldsymbol{\alpha}_2$，$\boldsymbol{\gamma}=\boldsymbol{\alpha}_1-\boldsymbol{\alpha}_2$，则向量组 $\boldsymbol{\beta},\boldsymbol{\gamma}$ 的秩为________。

2. 单项选择题：

(1) 向量组 $\boldsymbol{\alpha}_1,\boldsymbol{\alpha}_2,\cdots,\boldsymbol{\alpha}_m$ 线性无关的充要条件(　　)。

A. $\boldsymbol{\alpha}_1,\boldsymbol{\alpha}_2,\cdots,\boldsymbol{\alpha}_m$ 均不为零向量

B. $\boldsymbol{\alpha}_1,\boldsymbol{\alpha}_2,\cdots,\boldsymbol{\alpha}_m$ 任意两向量对应分量不成比例

C. $\boldsymbol{\alpha}_1,\boldsymbol{\alpha}_2,\cdots,\boldsymbol{\alpha}_m$ 中有一部分向量线性无关

D. $\boldsymbol{\alpha}_1,\boldsymbol{\alpha}_2,\cdots,\boldsymbol{\alpha}_m$ 其中任意向量不能由其余 $m-1$ 个向量线性表示

(2) 设 $\boldsymbol{\alpha}_1,\boldsymbol{\alpha}_2,\cdots,\boldsymbol{\alpha}_m$ 均为 n 维向量，下列结论正确的是(　　)。

A. 若向量组 $\boldsymbol{\alpha}_1,\boldsymbol{\alpha}_2,\cdots,\boldsymbol{\alpha}_m$ 线性相关，则 $\boldsymbol{\alpha}_1$ 可由 $\boldsymbol{\alpha}_1,\boldsymbol{\alpha}_2,\cdots,\boldsymbol{\alpha}_m$ 线性表示

B. 若对任意一组不全为零的数 $k_1,k_2,\cdots,k_m$ 都有 $k_1\boldsymbol{\alpha}_1+k_2\boldsymbol{\alpha}_2+\cdots+k_m\boldsymbol{\alpha}_m\neq\boldsymbol{0}$，则向量组 $\boldsymbol{\alpha}_1,\boldsymbol{\alpha}_2,\cdots,\boldsymbol{\alpha}_m$ 线性无关

C. 若 $\boldsymbol{\alpha}_1,\boldsymbol{\alpha}_2,\cdots,\boldsymbol{\alpha}_m$ 线性相关，则对任意一组不全为零的数 $k_1,k_2,\cdots,k_m$ 都有 $k_1\boldsymbol{\alpha}_1+k_2\boldsymbol{\alpha}_2+\cdots+k_m\boldsymbol{\alpha}_m=\boldsymbol{0}$

D. 若 $0\cdot\boldsymbol{\alpha}_1+0\cdot\boldsymbol{\alpha}_2+\cdots+0\cdot\boldsymbol{\alpha}_m=\boldsymbol{0}$，则向量组 $\boldsymbol{\alpha}_1,\boldsymbol{\alpha}_2,\cdots,\boldsymbol{\alpha}_m$ 线性无关

(3) 若 $\boldsymbol{\alpha}_1=(1,a,1)^{\mathrm{T}},\boldsymbol{\alpha}_2=(0,a,1)^{\mathrm{T}},\boldsymbol{\alpha}_3=(1,1,1)^{\mathrm{T}}$ 线性相关，则 $a=$ (　　)。

A. 1　　B. 0　　C. -1　　D. 2

(4) 已知向量组 $\boldsymbol{\alpha}_1,\boldsymbol{\alpha}_2,\boldsymbol{\alpha}_3,\boldsymbol{\alpha}_4$ 线性无关，则以下线性无关的向量组是(　　)。

A. $\boldsymbol{\alpha}_1+\boldsymbol{\alpha}_2,\boldsymbol{\alpha}_2+\boldsymbol{\alpha}_3,\boldsymbol{\alpha}_3+\boldsymbol{\alpha}_4,\boldsymbol{\alpha}_4+\boldsymbol{\alpha}_1$　　B. $\boldsymbol{\alpha}_1-\boldsymbol{\alpha}_2,\boldsymbol{\alpha}_2-\boldsymbol{\alpha}_3,\boldsymbol{\alpha}_3-\boldsymbol{\alpha}_4,\boldsymbol{\alpha}_4-\boldsymbol{\alpha}_1$

C. $\boldsymbol{\alpha}_1+\boldsymbol{\alpha}_2,\boldsymbol{\alpha}_2+\boldsymbol{\alpha}_3,\boldsymbol{\alpha}_3+\boldsymbol{\alpha}_4,\boldsymbol{\alpha}_4-\boldsymbol{\alpha}_1$　　D. $\boldsymbol{\alpha}_1+\boldsymbol{\alpha}_2,\boldsymbol{\alpha}_2+\boldsymbol{\alpha}_3,\boldsymbol{\alpha}_3-\boldsymbol{\alpha}_4,\boldsymbol{\alpha}_4-\boldsymbol{\alpha}_1$

(5) 若 n 元线性方程组 $\boldsymbol{Ax}=\boldsymbol{0}$ 的通解为 $k(1,1,\cdots,1)^{\mathrm{T}}$，则矩阵 $\boldsymbol{A}$ 的秩为(　　)。

A. 1　　B. $n-1$　　C. n　　D. 以上均不是

(6) 若 n 元线性方程组 $\boldsymbol{Ax}=\boldsymbol{b}$ 的增广矩阵的秩小于 n，则此线性方程组(　　)。

A. 有无穷多组解　　B. 有唯一解　　C. 无解　　D. 解不确定

3. 已知 $\boldsymbol{\alpha}_1=(1,2,0)^{\mathrm{T}}$，$\boldsymbol{\alpha}_2=(1,a+2,-3a)^{\mathrm{T}}$，$\boldsymbol{\alpha}_3=(-1,b+2,a+2b)^{\mathrm{T}}$ 及 $\boldsymbol{\beta}=(1,3,-3)^{\mathrm{T}}$。

(1) a,b 为何值时，$\boldsymbol{\beta}$ 不能表示成 $\boldsymbol{\alpha}_1,\boldsymbol{\alpha}_2,\boldsymbol{\alpha}_3$ 的线性组合：

(2) a,b 为何值时，$\boldsymbol{\beta}$ 由 $\boldsymbol{\alpha}_1,\boldsymbol{\alpha}_2,\boldsymbol{\alpha}_3$ 唯一线性表示，并写出该表示式。

4. 已知 4 元非齐次线性方程组的系数矩阵秩为 3，$\boldsymbol{\eta}_1,\boldsymbol{\eta}_2,\boldsymbol{\eta}_3$ 为 3 个解向量，且 $\boldsymbol{\eta}_1=\begin{pmatrix}1\\1\\1\\1\end{pmatrix}$，$2\boldsymbol{\eta}_2+\boldsymbol{\eta}_3=\begin{pmatrix}1\\0\\0\\0\end{pmatrix}$，求通解。

5. 已知向量 $\boldsymbol{\alpha}=(0,1,0)^{\mathrm{T}}$，$\boldsymbol{\beta}=(-3,2,2)^{\mathrm{T}}$ 是线性方程组 $\begin{cases}x_1-x_2+2x_3=-1,\\3x_1+x_2+4x_3=1,\\ax_1+bx_2+cx_3=d\end{cases}$ 的两个解，求此线性方程组的通解。

第 10 章　随机事件与概率

概率论是从数量化的角度来研究随机现象的统计规律的学科，是统计学的理论基础。本章重点介绍概率论的两个最基本的概念：随机事件及其概率。首先从客观普遍存在的随机现象出发，考察随机试验及其随机事件，建立了概率的公理化体系，研究了概率的基本性质；其次分析了随机事件的条件概率问题，从而形成了随机事件的独立性基础理论。本章内容是概率论与数理统计学科产生的实际来源和发展的理论基础。

10.1 随 机 事 件

10.1.1 随机现象

自然界与人类社会所能观察到的现象多种多样，若从结果能否预测的角度来分，大致可分为两类，一类是在一定条件下必然发生(或不发生)的现象，称为确定性现象。例如，上抛物体必然下落；太阳东升西落；三角形的内角和总是 180°等。另一类现象是在观测之前无法预知确切结果的现象，称为随机现象。例如，抛一枚硬币，结果可能正面(或反面)朝上；向同一目标射击，各次弹着点都不相同；掷一颗骰子，可能出现的点数；随便走到一个有交通灯的十字路口，可能会遇到红灯，也可能会遇到绿灯或黄灯；明天的气温等，其结果都带有偶然性。

由于随机现象的结果事先不能预知，初看起来，随机现象毫无规律可言。但是人们通过长期实践并深入研究之后，发现这类现象在大量重复试验或观察下，它的结果却呈现出某种规律性。

10.1.2 随机事件的定义

为揭示随机现象的统计规律性，进一步明确随机现象的含义，我们需要对随机现象进行大量重复的观察、测量或者试验。为了方便起见，将它们统称为**试验**。如果试验具有以下特点：

(1) 可重复性　试验在相同条件下可重复进行；

(2) 可观察性　所有可能结果是已知的且不止一个；

(3) 随机性　试验之前究竟出现哪个结果不能预知，

则称其为一个随机试验，简称试验，常用字母 E 表示。

例 10.1.1　E_1：掷一颗骰子，观察出现的点数；

E_2：将一枚硬币抛掷两次，观察正(H)反(T)面情况；

E_3：将一枚硬币抛掷三次，观察正面出现的次数；

E_4：从一批产品中抽取 n 件，观察次品出现的数量；

E_5：记录一城市一日中发生交通事故的次数。

对于随机试验,人们感兴趣的是随机试验的结果,为了便于叙述,我们给出了以下定义。

定义 10.1.1　随机试验 E 的每一个可能的结果称为随机试验 E 的一个样本点,记为 ω。随机试验 E 的所有样本点组成的集合称为随机试验 E 的样本空间,记为 S 或 Ω。

上述随机试验 E_1,E_2,E_3,E_4,E_5 对应的样本空间分别为

$$S_1=\{1,2,3,4,5,6\};\quad S_2=\{(\mathrm{H},\mathrm{H}),(\mathrm{H},\mathrm{T}),(\mathrm{T},\mathrm{H}),(\mathrm{T},\mathrm{T})\};$$

$$S_3=\{0,1,2,3\};\ S_4=\{0,1,2,\cdots,n\};S_5=\{0,1,2,\cdots\}。$$

在实际问题中,人们常常需要研究满足某些条件的样本点组成的集合,即关心那些满足某些条件的样本点在试验后是否出现。例如,在 E_1 中,设 $A=\{$偶数点$\}=\{2,4,6\}$;$B=\{$小于 3 的点$\}=\{1,2\}$等,这些都是样本空间的子集。

定义 10.1.2　随机试验 E 的样本空间 S 的子集称为随机事件,简称事件。一般用 A,B,C,…表示。若试验后的结果(样本点)属于随机事件 A,则称随机事件 A 发生,否则称 A 不发生。

特别地,由一个样本点组成的单点集称为随机试验 E 的基本事件。样本空间 S 作为它自己的子集,由于它是由全体样本点组成的事件,因此在每次试验中是必然发生的,我们把样本空间 S 称为必然事件。另外,空集$\varnothing$作为样本空间 S 的子集,也是一个事件,因为它不包含任何样本点,在每次试验中是绝不会发生的,我们把空集$\varnothing$称为不可能事件。

例如,在 E_1 中,$A=\{$出现点数$\leqslant 6\}$,则 A 是必然事件;$B=\{$出现 8 点$\}$,则 B 是不可能事件;$C=\{$出现 2 点$\}$,则 C 是基本事件;$D=\{$出现奇数点$\}$,则 $D=\{1,3,5\}$。若实际掷出“1 点”,我们便说事件 D 发生了。

注　将试验发生的每一个可能的结果即样本点看作集合的元素,所有的样本点(元素)构成样本空间(集合),某些样本点(元素)构成事件(子集),必然事件看作全集,不可能事件看作空集,将样本点属于集合表示该事件发生,这样集合论就和概率论联系起来了。

10.1.3　随机事件的关系和运算

在一个随机试验中,一般有很多随机事件。为了通过对简单事件的研究来掌握比较复杂事件的规律,需要研究事件的关系和运算。由于事件是样本空间的子集,因此事件的关系和运算与集合的关系和运算是一致的。

1. 事件间的运算

(1)并事件:称事件 A 与事件 B 至少有一个发生的事件为事件 A 与 B 的并事件,记为 $A\cup B$。即 $A\cup B=\{A$ 发生或 B 发生$\}=\{\omega|\omega\in A$ 或 $\omega\in B\}$。

显然,事件 $A\cup B$ 是由 A 和 B 的所有的样本点构成的事件,这样事件 $A\cup B$ 就是子集 A 与 B 的并集,如图 10-1 所示。

例如,甲、乙两人向目标射击,令 $A=\{$甲击中目标$\}$,$B=\{$乙击中目标$\}$,则 $A\cup B=\{$目标被击中$\}$。

(2) 积事件:称事件 A 与事件 B 同时发生的事件为事件 A 与 B 的积事件,记为 $A\cap B$ 或 AB。即 $A\cap B=\{A$ 发生且 B 发生$\}=\{\omega|\omega\in A$ 且 $\omega\in B\}$。

显然,事件 $A\cap B$ 是由 A 和 B 的共同的样本点构成的事件,这样事件 $A\cap B$ 就是子集 A 与 B 的交集,如图 10-2 所示。

例如，在 E_2 中，令 $A=\{$出现正面$\}$，$B=\{$至少一次反面$\}$，则 $A\cap B=\{(\mathrm{H},\mathrm{T}),(\mathrm{T},\mathrm{H})\}$。

(3) 差事件：称事件 A 发生但事件 B 不发生的事件为事件 A 与 B 的差事件，记为 $A-B$。即 $A-B=\{A$ 发生但 B 不发生$\}=\{\omega\mid\omega\in A$ 且 $\omega\notin B\}$，如图 10-3 所示。

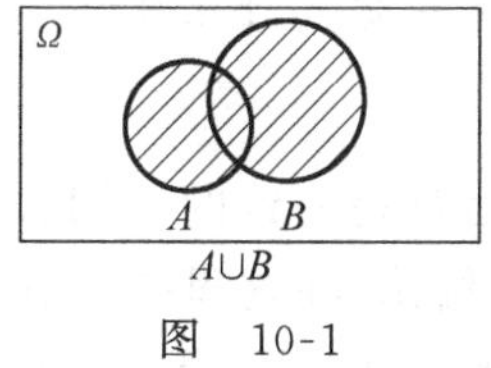

图 10-1

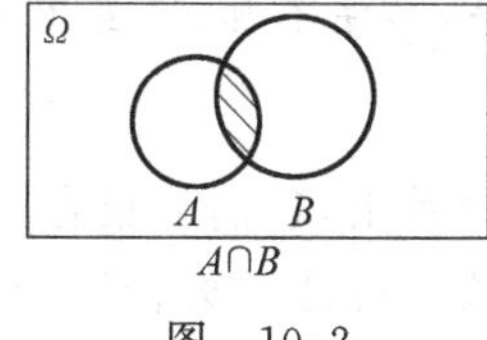

图 10-2

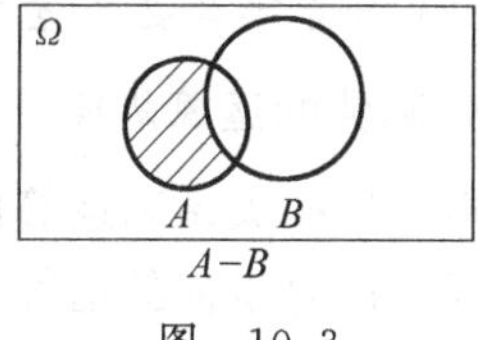

图 10-3

显然，$A-B=A-AB$。

2. 事件间的关系

(1) 事件的包含：若事件 A 发生必然导致事件 B 发生，则称事件 A 包含于事件 B，记为 $A\subset B$。即 A 的样本点都在 B 中。显然，事件 $A\subset B$ 的含义与集合论中的包含含义是一致的。

(2) 事件的相等：若 $A\subset B$ 且 $B\subset A$，则称 A 与 B 相等，记为 $A=B$。显然，事件 A 与事件 B 相等是指 A 和 B 所含的样本点完全相同，这等同于集合论中的相等。

(3) 互不相容：若事件 A 与事件 B 不能同时发生，则称 A 与 B 是互不相容的(或互斥的)。也就是说，AB 是一个不可能事件，即 $AB=\varnothing$。

显然，A 与 B 是互不相容的等价于它们没有公共的样本点。A 与 B 是互不相容即为 A 与 B 是不相交的，如图 10-4 所示。

例如，观察某十字路口在某时刻的红绿灯，若 $A=\{$红灯亮$\}$，$B=\{$绿灯亮$\}$，则 A 与 B 便是互不相容的。又如，任意事件 A 与 B，事件 B 与 $A-B$ 是互不相容的，如图 10-5 所示。

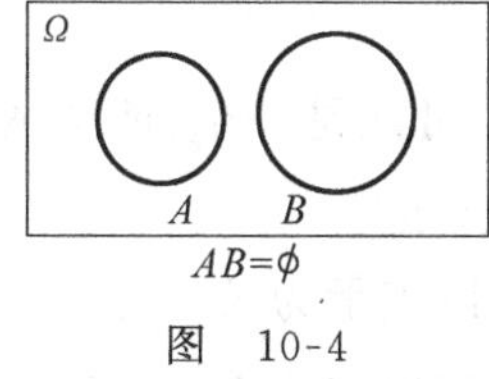

图 10-4

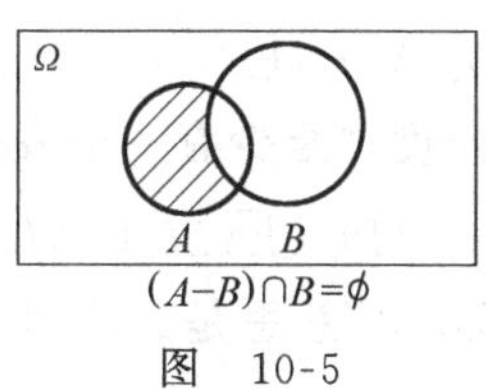

图 10-5

如果 n 个事件 $A_1,A_2,\cdots,A_n$ 中，任意两个事件都互不相容，则称 n 个事件 $A_1,A_2,\cdots,A_n$ 是互不相容的。即 $A_iA_j=\varnothing,i\neq j,i,j=1,2,\cdots,n$。

显然，任意一个随机试验中，基本事件是互不相容的。

(4) 对立事件(逆事件)：如果在每一次试验中事件 A 与事件 B 有且只有一个发生，则称事件 A 与事件 B 是对立的(互逆的)，并称其中的一个事件为另一个事件的对立事件(逆事件)，记作 $A=\overline{B}$ 或 $B=\overline{A}$。

根据定义，在一次试验中，如果 A 发生，则 $\overline{A}$ 不发生，反之亦然。显然，$A\cup\overline{A}=S,A\cap\overline{A}=\varnothing$。

也就是说，$\overline{A}$ 是由样本空间 S 中的所有不属于 A 的样本点构成的。若用集合表示事件，则 A 的对立事件 $\overline{A}$ 就是 A 的补集，如图 10-6 所示。

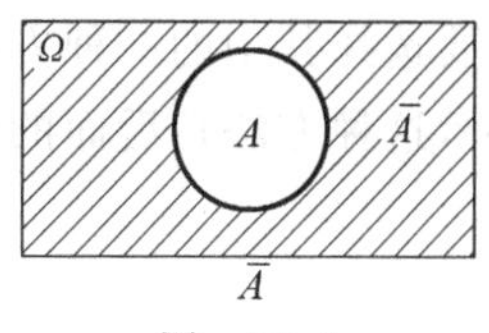

图 10-6

例如，从有 3 个次品、7 个正品的 10 个产品中任取 3 个，若令 $A=$｛取得的 3 个产品中至少有一个次品｝，则 $\overline{A}=$｛取得的 3 个产品均为正品｝。

注　(1) $A-B=A\overline{B}$。

(2) 对立事件必为互不相容事件，其逆不真，即互不相容事件不一定是对立事件。

3. 事件的运算规律

由事件的关系和运算的定义可以看出，它们与集合的关系和运算是一致的，因此，集合的运算规律对事件的运算也适用。读者可通过集合论的知识自行给出，在这里要注意对偶律：$\overline{A\cup B}=\overline{A}\cap\overline{B}$；$\overline{A\cap B}=\overline{A}\cup\overline{B}$。对偶律可推广到有限个和可数个事件的情形。对偶律通常也称为德摩根律，在涉及事件的和、积和对立事件三种关系时经常会用到。

对于一个具体事件，要学会用数学符号表示；反之，对于用数学符号表示的事件，要清楚其具体含义是什么。

例 10.1.2　设 A,B,C 为三个事件，用 A,B,C 的运算关系表示下列各事件。

(1) A 发生，B 与 C 不发生；

(2) A,B,C 中至少有一个发生；

(3) A,B,C 都发生；

(4) A,B,C 都不发生；

(5) A,B,C 中最多两个发生；

(6) A,B,C 中恰有一个发生。

分析　本题给出了随机事件的运算关系的文字描述，要求用数学符号来表示这些随机事件，用随机事件的运算和关系的定义来解决。

解　(1)“B 不发生”等价于 $\overline{B}$ 发生，所以可以表示为 $A\overline{B}\overline{C}$ 或 $A-B-C$。

(2)“至少有一个发生”是指三个事件中肯定有一个是发生，可能是其中的任何一个，所以可以表示为 $A\cup B\cup C$。

换一个角度，“至少有一个发生”意思是发生事件的个数可能是一个、两个或三个，所以又可以表示为 $A\overline{B}\overline{C}\cup\overline{A}B\overline{C}\cup\overline{A}\overline{B}C\cup AB\overline{C}\cup\overline{A}BC\cup A\overline{B}C\cup ABC$。

(3)“都发生”意思是 A 发生、B 发生且 C 发生，所以可以表示为 ABC。

(4)“都不发生”意思是 $\overline{A}$ 发生、$\overline{B}$ 发生且 $\overline{C}$ 发生，所以可以表示为 $\overline{A}\overline{B}\overline{C}$。

(5)“最多两个发生”的意思是发生事件的个数可能是一个、两个或 0 个事件发生，所以可以表示为 $A\overline{B}\overline{C}\cup\overline{A}B\overline{C}\cup\overline{A}\overline{B}C\cup AB\overline{C}\cup\overline{A}BC\cup A\overline{B}C\cup\overline{A}\overline{B}\overline{C}$。

换一个角度，“最多两个发生”是三个事件都发生的对立事件，所以又可以表示为 $\overline{ABC}$。

(6)“恰有一个发生”的意思是有两个事件不发生，剩余的一个事件发生，可能是三个事件中的任何一个，所以可以表示为 $A\overline{B}\overline{C}\cup\overline{A}B\overline{C}\cup\overline{A}\overline{B}C$。

用其他事件的运算来表示一个事件，方法往往不唯一。在解决具体问题时，往往要根据需要选择其中的一种方法。当正面分析问题较复杂时，常常考虑这个问题的反面“对立事件”，这种方法在后面的学习也会经常用到。

10.2　概率的定义及其性质

除必然事件和不可能事件外，任一个随机事件在一次试验中可能发生，也可能不发生。人们常常需要知道一个事件在试验中发生的可能性到底有多大，但在大量重复一随机试验时，会发现有些事件发生的次数多一些，有些事件发生的次数少一些。也就是说，有些事件发生的可能性大一些，有些事件发生的可能性小一些。例如，一个盒子中有 8 个黑球，2 个白球，从中任意取一个，则取到黑球的可能性比取到白球的可能性大。那如何度量事件发生的可能性呢？自然地，人们希望用一个数来表示事件在一次试验中发生的可能性的大小。为此，需要引入频率的概念。频率描述了事件所发生的频繁程度，进而引出表征事件在一次试验中发生的可能性大小的数——概率。

10.2.1　频率

定义 10.2.1　*若事件 A 在 n 次重复试验中出现 n_A 次，则比值 $\frac{n_A}{n}$ 称为事件 A 发生的频率，记为 $f_n(A)$，即 $f_n(A)=\frac{n_A}{n}$。*

由频率的定义易得出下列基本性质：

(1) $0\leqslant f_n(A)\leqslant 1$；

(2) $f_n(S)=1$；

(3) 若 $A_1,A_2,\cdots,A_n$ 是互不相容的事件，则

$$f_n(A_1\cup A_2\cup\cdots\cup A_n)=f_n(A_1)+f_n(A_2)+\cdots+f_n(A_n)。$$

事件 A 的频率反映了 A 发生的频繁程度。频率越大，事件 A 发生的越频繁，这意味着 A 在一次试验中发生的可能性越大。然而频率 $f_n(A)$ 依赖于试验次数以及每次试验的结果，而试验结果具有随机性，所以频率也具有随机性。但这种波动不是杂乱无章的，当 n 增大时，频率的波动幅度随之减小，随着 n 逐渐增大，频率 $f_n(A)$ 也就逐渐稳定于某个常数。

历史上著名的统计学家蒲丰和皮尔逊曾进行过大量掷硬币的试验，所得结果如下所示：

实 验 者	n	n_H	$f_n(H)$
德摩根	2048	1061	0.5181
蒲丰	4040	2048	0.5069
K.皮尔逊	12 000	6019	0.5016
K.皮尔逊	24 000	12 012	0.5005

注：$H=\{$正面向上$\}$

可见出现正面的频率总在 0.5 附近波动。而且随着试验次数的增加，它逐渐稳定于0.5。通过实践，人们发现，任何事件都有这样一个客观存在的常数与之对应。这种“频率稳定性”即通常所说的统计规律性，这种用频率的稳定值定义事件的概率的方法称之为概率的统计定义。

概率的统计定义虽然解决了不少问题，但它在理论上存在一定的缺陷。例如，在实际问

题中往往无法满足概率统计定义中要求的试验的次数充分大，也不清楚试验次数大到什么程度；再如"频率稳定地在某一数值的附近摆动"含义不清，因此概率的统计定义不能作为数学意义的定义。但我们注意到"频率"和"概率"都具有共同的属性，这些共同的属性，可以作为概率的数学定义的基础。1933年，苏联数学家科尔莫戈罗夫综合已有的大量成果，提出了概率的公理化结构，明确定义了基本概念，使得概率论成为严谨的数学分支，推动了概率论的发展。

10.2.2　概率的公理化定义及性质

定义 10.2.2　设 S 是随机试验 E 的样本空间，如果对于 E 的每一个事件 A，有唯一的实数 $P(A)$ 和它对应，并且这一事件的函数 $P(A)$ 满足以下公理：

(1) 非负性：$P(A)\geqslant 0$；

(2) 规范性：$P(S)=1$；

(3) 可列可加性：对于可列无穷多个互不相容的事件 $A_1,A_2,\cdots,A_n,\cdots$，有

$$P\left(\bigcup_{i=1}^{\infty} A_i\right)=\sum_{i=1}^{\infty} P(A_i),$$

则称 $P(A)$ 为事件 A 的概率。

特别要注意：

(1) 定义中的公理(3)要求对无限多个互斥事件也成立，这不同于通常的频率可加性。

(2) 概率是实数，它是事件的函数。

(3) 概率的公理化定义并没有给出如何求一个事件的概率，由定义只能解决由已知概率去求未知概率的问题，但它却从本质上明确了概率所必须满足的一些一般特征。

由概率的公理化定义可以推得概率的一些性质。

性质 1　$P(\varnothing)=0$。

证　令 $A_i=\varnothing(i=1,2,\cdots)$，则 $A_1,A_2,\cdots,A_n,\cdots$ 是互不相容的事件且 $\bigcup_{i=1}^{\infty} A_i=\varnothing$。根据概率的可列可加性有

$$P(\varnothing)=P\left(\bigcup_{i=1}^{\infty} A_i\right)=\sum_{i=1}^{\infty} P(A_i)=\sum_{i=1}^{\infty} P(\varnothing)。$$

由于实数 $P(\varnothing)\geqslant 0$，因此 $P(\varnothing)=0$。

性质 2(有限可加性)　设 $A_1,A_2,\cdots,A_n$ 是 n 个互不相容的事件，则

$$P(A_1\cup A_2\cup\cdots\cup A_n)=P(A_1)+P(A_2)+\cdots+P(A_n)。$$

证　令 $A_i=\varnothing(i=n+1,n+2,\cdots)$，根据概率的可列可加性有

$$P\left(\bigcup_{i=1}^{n} A_i\right)=P\left(\bigcup_{i=1}^{\infty} A_i\right)=\sum_{i=1}^{\infty} P(A_i)=\sum_{i=1}^{n} P(A_i)。$$

性质 3　$P(\overline{A})=1-P(A)$。

证　因为 $A\cup\overline{A}=S, A\overline{A}=\varnothing$，由规范性和有限可加性得

$$1=P(S)=P(A\cup\overline{A})=P(A)+P(\overline{A})。$$

移项得

$$P(\overline{A})=1-P(A)。$$

注 求某个事件的概率时，常遇到求“至少……”或“至多……”等事件概率的问题。常常考虑先求其对立事件的概率，然后由性质3再求原来事件的概率。

性质4(减法公式) $P(A-B)=P(A\overline{B})=P(A)-P(AB)$。

证 $A=AB\cup(A-B)$，其中$(AB)\cap(A-B)=\varnothing$，由概率的有限可加性公式得

$$P(A)=P(AB)+P(A-B),$$

移项，即得。

性质5(加法公式) $P(A\cup B)=P(A)+P(B)-P(AB)$。

证 因为$A\cup B=A\cup(B-AB)$，其中$A(B-AB)=\varnothing$，$AB\subset B$，由有限可加性和差事件概率公式得

$$P(A\cup B)=P(A)+P(B-AB)=P(A)+P(B)-P(AB)。$$

性质5可以用数学归纳法推广到任意有限多个事件的情形。例如，设A_1,A_2,A_3是三个事件，则

$$P(A_1\cup A_2\cup A_3)=P(A_1)+P(A_2)+P(A_3)-P(A_1A_2)-P(A_1A_3)-P(A_2A_3)+P(A_1A_2A_3)。$$

例 10.2.1 已知$P(\overline{A})=0.5$，$P(\overline{A}B)=0.1$，$P(B)=0.4$，求：(1)$P(AB)$；(2)$P(A-B)$；(3) $P(A\cup B)$；(4)$P(\overline{A}\overline{B})$。

解 (1) 因$P(\overline{A}B)=P(B-A)=P(B)-P(AB)$，所以$P(AB)=P(B)-P(\overline{A}B)=0.4-0.1=0.3$。

(2) $P(A)=1-P(\overline{A})=1-0.5=0.5$，$P(A-B)=P(A)-P(AB)=0.5-0.3=0.2$。

(3) $P(A\cup B)=P(A)+P(B)-P(AB)=0.5+0.4-0.3=0.6$。

(4) $P(\overline{A}\overline{B})=P(\overline{A\cup B})=1-P(A\cup B)=1-0.6=0.4$。

例 10.2.2 某人外出旅游两天，据天气预报，第一天下雨的概率为0.5，第二天下雨的概率为0.3，两天都下雨的概率为0.1，求下列事件的概率：

(1) 第一天下雨而第二天不下雨；

(2) 至少有一天下雨；

(3) 两天都不下雨；

(4) 至少有一天不下雨。

解 设$A_i=\{第\ i\ 天下雨\}(i=1,2)$。记(1)，(2)，(3)，(4)分别为B,C,D,E，则$P(A_1)=0.5$，$P(A_2)=0.3$，$P(A_1A_2)=0.1$，且$B=A_1\overline{A}_2$；$C=A_1\cup A_2$；$D=\overline{A}_1\overline{A}_2$；$E=\overline{A_1A_2}$。

(1) $P(B)=P(A_1\overline{A}_2)=P(A_1-A_2)=P(A_1)-P(A_1A_2)=0.5-0.1=0.4$。

(2) $P(C)=P(A_1\cup A_2)=P(A_1)+P(A_2)-P(A_1A_2)=0.5+0.3-0.1=0.7$。

(3) $P(D)=P(\overline{A}_1\overline{A}_2)=P(\overline{A_1\cup A_2})=1-P(A_1\cup A_2)=1-0.7=0.3$。

(4) $P(E)=P(\overline{A_1A_2})=1-P(A_1A_2)=1-0.1=0.9$。

以上例题都是在给定某些事件的概率的情况下，求与这些事件有关的另一些事件的概率。这并不是“真正”地求概率，而是运用概率的性质解题。这种类型一般可以分为下列几个步骤：

(1) 将所求事件和简单事件用字母表示；

(2) 分析所求事件与简单事件的关系和运算；

(3) 用概率的计算公式计算。

10.3　古典概型

概率的公理化定义只规定了概率必须满足的条件，并没有给出计算概率的方法和公式。在一般情形之下给出概率的计算方法和公式是困难的。下面我们讨论一类最简单也是最常见的随机试验，它曾经是概率论发展初期的主要研究对象。

定义 10.3.1　如果一个随机试验 E 具有以下特点：

(1) 样本空间的样本点只有有限个，

(2) 每个样本点出现的可能性相同，

则称该试验为古典概型，也称为等可能概型。

定理 10.3.1　在古典概型中，事件 A 发生的概率 $P(A)=\frac{k}{n}=\frac{A\text{ 中的样本点数}}{S\text{ 中的样本点总数}}$。

证　假设一个古典概型的样本空间中共有 n 个样本点，且 $S=\{\omega_1,\omega_2,\cdots,\omega_n\}$，则基本事件$\{\omega_1\},\{\omega_2\},\cdots,\{\omega_n\}$互不相容且 $S=\{\omega_1\}\cup\{\omega_2\}\cup\cdots\cup\{\omega_n\}$。由 $P(S)=1$ 和定义 10.3.1 的(2)可知

$$P(\{\omega_1\})=P(\{\omega_2\})=\cdots=P(\{\omega_n\})=\frac{1}{n}。$$

如果事件 $A\subset S$，A 中有 k 个样本点，$A=\{\omega_{i_1},\omega_{i_2},\cdots,\omega_{i_k}\}$，则

$$P(A)=P(\{\omega_{i_1}\})+P(\{\omega_{i_2}\})+\cdots+P(\{\omega_{i_k}\})=\frac{k}{n}。$$

古典概型的计算关键在于计算总的样本数和所求事件包含的样本数。由于样本空间的设计有各种不同的方法，因此古典概型的概率计算就变得五花八门、纷繁多样了，但在概率论的长期发展与实践中，人们发现实际生活中许多具体问题可以大致归纳为以下三类。

1. 摸球问题(产品的随机抽样问题)

例 10.3.1　一袋中有 5 个白球和 3 个黑球，从袋中每次任取一个球，取两次。

(1) 在有放回的情形下，求取到的两个球都是白球的概率；

(2) 在不放回的情形下，求取到的两个球都是白球的概率；

(3) 在不放回的情形下，求取到的两个球是一白和一黑的概率。

解　E：从 8 个球中等可能地依次取两球，观察颜色。记(1)，(2)，(3)的事件分别为 A,B,C。

(1) 先求样本点总数。由于是有放回的情形，因此每次取球都是从 8 个球中任取 1 个，连续取 2 次，所以 S 中的样本点数 $n=8\times8=8^2$。再求事件 A 中的样本点数。A 是从 5 个白球中任取 1 个，连续取 2 次，则 A 中的样本点数 $k=5\times5=5^2$。所以

$$P(A)=\frac{5^2}{8^2}=\frac{25}{64}。$$

(2) 由于是不放回的情形，S 中的样本点总数为 A_8^2。再求事件 B 中的样本点数，要求取到的两个球都是白球，显然这 2 个白球是从 5 个白球中依次取出，所以 B 中的样本点数为 A_5^2。于是

$$P(B)=\frac{\mathrm{A}_5^2}{\mathrm{A}_8^2}=\frac{5}{14}。$$

(3) 由于是不放回的情形,S 中的样本点总数为 A_8^2。再求事件 C 中的样本点数,由于与顺序有关,可以先从 5 个白球取一个白球再从 3 个黑球取一个黑球,或者先从 3 个黑球取一个黑球再从 5 个白球取一个白球,所以 C 中的样本点数为 $5\times3+3\times5=30$。于是

$$P(C)=\frac{5\times3+3\times5}{\mathrm{A}_8^2}=\frac{15}{28}。$$

例 10.3.2 有 10 件产品,其中 3 件次品,7 件正品。任取 2 件,求下列事件的概率:

(1) 取到两件都是正品;

(2) 取到两件产品中至少有一件是次品。

解 记(1),(2)的事件分别为 A,B。

(1) 先求样本点总数,S 中的样本点总数为 C_{10}^2。再求事件 A 中的样本点数,要求取到的两件是正品,显然是从 7 件正品中取 2 个,所以 A 中的样本点数为 C_7^2。于是

$$P(A)=\frac{\mathrm{C}_7^2}{\mathrm{C}_{10}^2}=\frac{7}{15}。$$

(2) "取到两件产品中至少有一件次品"的对立事件"取到两件都是正品",所以

$$P(B)=1-P(A)=1-\frac{\mathrm{C}_7^2}{\mathrm{C}_{10}^2}=\frac{8}{15}。$$

注 (1) 一项工作由几步联合完成的计算,用乘法原理。

(2) 理解抽样的两种方式"放回抽样"和"不放回抽样"。例如,有 N 个不同的球,要从中任取 n 个球($n\leqslant N$),"放回抽样",其含义是每次取一个球,观察后放回,再取下一个。每次都是从 N 个不同的球中取一个,所以样本点数为 $\underbrace{N\times N\times\cdots\times N}_{n}=N^n$。"不放回抽样",其含义是每次取一个球,但不放回。若与次序无关,也就是一次性地拿出 n 个球即可,此时样本点总数为 C_N^n;若与次序有关,连续取 n 个球,这样取球自然有一个排序,即次序。此时样本点总数为 $\mathrm{A}_N^n=\mathrm{C}_N^n\cdot n!$。

(3) 样本空间 S 和事件 A 的"有序"取法与"无序"取法必须保持一致。

例 10.3.3 袋中有 a 个白球和 b 个黑球,依次从中摸出 k 个球,取出后不放回,求第 k 次摸出白球的概率。

解 E:从 $a+b$ 个球中不放回地依次取 k 个球进行排列(与顺序有关)。记第 k 次摸出白球的事件为 A。

S 中含有 A_{a+b}^k个样本点。考察 A:第一步,从 a 个白球中任取一个排到最后一个位置上,有 A_a^1 种取法;第二步,从剩下的 $a+b-1$ 个球中任取 $k-1$ 个排到前面的 $k-1$ 个位置上,有 A_{a+b-1}^{k-1}种取法,由乘法原理得出 A 中含有 $\mathrm{A}_a^1\mathrm{A}_{a+b-1}^{k-1}$个样本点。所以

$$P(A)=\frac{\mathrm{A}_a^1\mathrm{A}_{a+b-1}^{k-1}}{\mathrm{A}_{a+b}^k}=\frac{a}{a+b}。$$

由例 10.3.3 可以看出,第 k 次摸出白球的概率与 k 无关,均为$\frac{a}{a+b}$。显然,这也等于第 1 次摸出白球的概率,这是抽签问题的模型,即抽签时各人的机会均等,与抽签的先后顺序无关。

2. 投球问题(分房问题)

例 10.3.4　将 n 个球等可能地放入 N 个箱子中($n\leqslant N$)，其中对箱子的容量没有限制，试求下列事件的概率：

(1) 每个箱子最多放入一球；

(2) 某指定的一个箱子恰好放入 $k(k\leqslant n)$ 个球。

解　E：将 n 个球等可能地放入 N 个箱子中。记(1)，(2)的事件分别为 A，B。S 中含有 N^n 个样本点(将每个球放入 N 个箱子中都有 N 种放法，因为没有限制每个箱子中有多少球)。

(1) 考察 A：第一个球有 N 种分法，分走一个箱子后，第二个球有 $N-1$ 种分法，…，最后一个球有 $N-n+1$ 种分法，故共有 $k=N(N-1)\cdots(N-n+1)=\mathrm{A}_N^n$，所以

$$P(A)=\frac{\mathrm{A}_N^n}{N^n}。$$

(2) 考察 B：注意到恰有 k 个球的箱子已被指定，但哪 k 个球分到此箱子是不确定。也就是说哪 k 个球分到此箱子都可以，那么我们就先从 n 个球中选出 k 个球，剩下的 $n-k$ 个球分到其他的 $N-1$ 个箱子中，所以事件 B 的样本点为 $\mathrm{C}_n^k(N-1)^{n-k}$，所以

$$P(B)=\frac{\mathrm{C}_n^k(N-1)^{n-k}}{N^n}。$$

上述问题称为球在盒中的分布问题，很多实际问题可以归结为球在盒中的分布问题，但必须分清问题中的"球"与"盒"。

3. 随机取数问题

例 10.3.5　从 0，1，2，3，4，5，6，7，8，9 中任取 3 个数字，求下列事件的概率：

(1) 取到的 3 个数字不含 0 和 5；

(2) 取到的 3 个数字不含 0 或 5。

解　记(1)，(2)的事件分别为 A，B。随机试验是从 10 个数字中任取 3 个，故样本空间 S 中的样本点总数为 C_{10}^3。

(1) 如果取到的 3 个数字不含 0 和 5，则这 3 个数字必须在其余的 8 个数字中取得，故事件 A 包含的样本点的个数为 C_8^3，所以

$$P(A)=\frac{\mathrm{C}_8^3}{\mathrm{C}_{10}^3}=\frac{7}{15}。$$

(2) 设 C 表示事件"取到的 3 个数字不含 0"，D 表示事件"取到的 3 个数字不含 5"，则

$$B=C\cup D,$$

所以，事件 B 发生的概率为

$$\begin{aligned}P(B)&=P(C\cup D)=P(C)+P(D)-P(CD)\\&=P(C)+P(D)-P(A)\\&=\frac{\mathrm{C}_9^3}{\mathrm{C}_{10}^3}+\frac{\mathrm{C}_9^3}{\mathrm{C}_{10}^3}-\frac{\mathrm{C}_8^3}{\mathrm{C}_{10}^3}=\frac{14}{15}。\end{aligned}$$

10.4 条件概率及条件概率三大公式

10.4.1 条件概率

在讨论事件发生的概率时，除了要分析事件 B 发生的概率 $P(B)$ 外，有时还要提出附加的限制条件，也就是在某个事件 A 已经发生的前提下事件 B 发生的概率，记为 $P(B|A)$，这就是条件概率问题。

下面举例引出条件概率的定义。

例 10.4.1 掷一颗质地均匀的骰子。

(1) 试求掷出的点数小于 4 的概率；

(2) 已知掷出的是奇数点，问掷出的点数小于 4 的概率是多少？

解 设 $A=\{$掷出的是奇数点$\}$，$B=\{$掷出的点数小于 4$\}$。

(1) 由于 6 个点中小于 4 的点是 3 个，所以 $P(B)=\frac{3}{6}=\frac{1}{2}$。

(2) 因为 3 个奇数点中小于 4 的点有 2 个，所以 $P(B|A)=\frac{2}{3}$。

另外，易知 $P(A)=\frac{3}{6}$，$P(AB)=\frac{2}{6}$。这里的 $P(A)$，$P(B)$，$P(AB)$ 都是在包含 6 个样本点的样本空间 S 中考虑的。而 $P(B|A)$ 是在已知事件 A 发生的条件下，再考虑事件 B 发生的概率，即在事件 A 所包含的全体样本点组成的集合上考虑的。显然，$P(B)\neq P(B|A)$。另外，$P(B|A)=\frac{2}{3}=\frac{2/6}{3/6}=\frac{P(AB)}{P(A)}$。这一结论并非偶然，它具有一般性。

定义 10.4.1 设 A，B 是两个事件，且 $P(A)>0$，称 $P(B|A)=\frac{P(AB)}{P(A)}$ 为 A 发生的条件下事件 B 发生的条件概率。

注 (1) 一般地，$P(B|A)\neq P(B)$。

(2) 同样在 $P(B)>0$ 的条件下，定义在 B 发生的条件下，事件 A 发生的条件概率为

$$P(A \mid B)=\frac{P(AB)}{P(B)}。$$

(3) 根据条件概率定义，不难验证 $P(\cdot|A)$ 符合概率定义中的 3 个条件，即

① 非负性：$P(B|A)\geqslant 0$；

② 规范性：$P(S|A)=1$；

③ 可列可加性：对于可列无穷多个互不相容的事件 $B_1,B_2,\cdots,B_n,\cdots$，有

$$P\left(\bigcup_{i=1}^{\infty} B_i \mid A\right)=\sum_{i=1}^{\infty} P(B_i \mid A)。$$

条件概率既然是一个概率，也就满足概率的其他性质。

例 10.4.2 箱中有 3 个黑球，7 个白球，不放回地依次取出两球，已知第一次取到的是白球，求第二次取到黑球的概率。

解 方法 1 设 $A_i=\{$第 i 次取到黑球$\}$，$i=1,2$，则 $P(\overline{A}_1)=\frac{7}{10}$，$P(\overline{A}_1A_2)=\frac{7\times 3}{10\times 9}$。

所以

$$P(A_2 \mid \overline{A}_1)=\frac{P(\overline{A}_1A_2)}{P(\overline{A}_1)}=\frac{7/30}{7/10}=\frac{1}{3}。$$

方法2　在已知 $\overline{A}_1$ 发生，即第一次取到的是白球的条件下，第二次取球就在剩余的3个黑球、6个白球共9个球中任取一个，根据古典概型的概率计算公式得

$$P(A_2 \mid \overline{A}_1)=\frac{C_3^1}{C_9^1}=\frac{1}{3}。$$

当题干中出现"如果""当""已知"的情况，则是条件概率。计算条件概率 $P(B|A)$ 有两种常用的方法：

(1) 在样本空间 S 的缩减样本空间中计算事件 B 发生的概率；

(2) 在样本空间 S 中，计算 $P(AB)$，$P(A)$，然后利用定义10.4.1计算。

10.4.2　乘法公式

条件概率表明了 $P(A)$，$P(AB)$，$P(B|A)$ 3个量之间的关系，由条件概率的定义可得如下定理。

乘法定理　对于任意的事件 A，B，

(1) 若 $P(A)>0$，则 $P(AB)=P(A)P(B|A)$；

(2) 若 $P(B)>0$，则 $P(AB)=P(B)P(A|B)$。

上面两个等式都称为概率乘法公式。

乘法公式可以推广到有限多个事件的情形。设 $A_1,A_2,\cdots,A_n$ 满足 $P(A_1A_2\cdots A_{n-1})>0$，则

$$P(A_1A_2\cdots A_n)=P(A_1)P(A_2 \mid A_1)P(A_3 \mid A_1A_2)\cdots P(A_n \mid A_1A_2\cdots A_{n-1})。$$

在上式中，由假设 $P(A_1A_2\cdots A_{n-1})>0$ 可推出

$$P(A_1)\geqslant P(A_1A_2)\geqslant P(A_1A_2A_3)\geqslant\cdots\geqslant P(A_1A_2\cdots A_{n-1})>0。$$

例10.4.3　有50张订货单，其中有5张是订购货物甲的，现从这些订货单中依次取3张，问第3张才取得订购货物甲的订货单的概率是多少？

解　设 $A_i=\{$第 i 次取得订购货物甲的订货单$\}$，$i=1,2,3$。显然要求的概率是 $P(\overline{A}_1\overline{A}_2A_3)$。

因为 $P(\overline{A}_1)=\frac{45}{50}$，$P(\overline{A}_2|\overline{A}_1)=\frac{44}{49}$，$P(A_3|\overline{A}_1\overline{A}_2)=\frac{5}{48}$。由乘法公式得

$$P(\overline{A}_1\overline{A}_2A_3)=P(\overline{A}_1)P(\overline{A}_2 \mid \overline{A}_1)P(A_3 \mid \overline{A}_1\overline{A}_2)=\frac{45}{50}\times\frac{44}{49}\times\frac{5}{48}\approx 0.084。$$

我们可以看到"每次取1张，依次取3张"意味着有先后条件，用到乘法公式，同时乘法公式求积事件的概率可避免复杂的排列组合计算，从而有利于问题的解决。

10.4.3　全概率公式和贝叶斯公式

在概率论中，经常利用已知的简单事件的概率，推算出未知的复杂事件的概率。为此，人们经常把一个复杂事件分解为若干个互不相容的简单事件的和，再应用概率的加法公式与乘法公式求得所需结果。

例 10.4.4 在例 10.4.2 中,问第二次取到的是黑球的概率。

解 设 $A=\{$第二次取到黑球$\}$,$B=\{$第一次取到白球$\}$,因为 $A=AB\cup A\bar{B}$ 且 $(AB)(A\bar{B})=\varnothing$,所以,由概率加法和概率乘法公式得

$$P(A)=P(AB\cup A\bar{B})=P(AB)+P(A\bar{B})$$
$$=P(B)P(A\mid B)+P(\bar{B})P(A\mid\bar{B})。$$

由于

$$P(B)=\frac{7}{10},\quad P(A\mid B)=\frac{3}{9},\quad P(\bar{B})=\frac{3}{10},\quad P(A\mid\bar{B})=\frac{2}{9},$$

故

$$P(A)=\frac{7}{10}\times\frac{3}{9}+\frac{3}{10}\times\frac{2}{9}=\frac{3}{10}。$$

从例 10.4.4 看出,第二次摸到黑球与第一次摸到黑球的概率相等,依次类推,第 n 次摸到黑球与第一次摸到黑球的概率相等,这就是抓阄的科学性。再次说明抽签与先后次序无关。同时在计算事件 A 的概率,先将复杂事件 A 分解成两个互不相容的事件之和,再利用概率的加法公式和乘法公式得到所求的结果,所涉及的公式构成全概率公式。

定义 10.4.2 设 S 为试验 E 的样本空间,$B_1,B_2,\cdots,B_n$ 为 S 的一组事件,若

(1) $B_iB_j=\varnothing,i\neq j,i,j=1,2,\cdots,n$,

(2) $B_1\cup B_2\cup\cdots\cup B_n=S$,

则称 $B_1,B_2,\cdots,B_n$ 为 S 的一个完备事件组。

显然,任何事件 A 和 $\bar{A}$ 构成 S 的一个完备事件组。基本事件也构成 S 的一个完备事件组。

定理 10.4.1(全概率公式) 设 $B_1,B_2,\cdots,B_n$ 为 S 的一个完备事件组,且 $P(B_i)>0$ $(i=1,2,\cdots,n)$,则对任何事件 A 有

$$P(A)=P(B_1)P(A\mid B_1)+P(B_2)P(A\mid B_2)+\cdots+P(B_n)P(A\mid B_n)。$$

证 由于 $B_1,B_2,\cdots,B_n$ 为 S 的一个完备事件组,所以

$$A=A\cap S=A\cap(B_1\cup B_2\cup\cdots\cup B_n)=AB_1\cup AB_2\cup\cdots\cup AB_n,$$

其中 $AB_1,AB_2,\cdots,AB_n$ 互不相容。由概率的加法公式和乘法公式得

$$P(A)=P(AB_1)+P(AB_2)+\cdots+P(AB_n)$$
$$=P(B_1)P(A\mid B_1)+P(B_2)P(A\mid B_2)+\cdots+P(B_n)P(A\mid B_n)。$$

注 (1) 全概率公式实质是由加法公式和乘法公式推广得到的。

(2) 它表明若计算 $P(A)$ 比较困难,则可利用全概率公式转为求完备事件组 B_1, $B_2,\cdots,B_n$ 及计算 $P(B_i)$ 和 $P(A|B_i),i=1,2,\cdots,n$。

(3) 特别地,若 $n=2$,并将 B_1 记为 B,此时 B_2 就是 $\bar{B}$,那么全概率公式为

$$P(A)=P(B)P(A\mid B)+P(\bar{B})P(A\mid\bar{B})。$$

注意这个完备事件组虽然简单,但它是经常被使用的。

例 10.4.5 某工厂有三个车间生产同一产品,第一车间的次品率为 0.05,第二车间的次品率为 0.03,第三车间的次品率为 0.01,各车间的产品数量分别为 1500 件、2000 件、1500 件,出厂时,三车间的产品完全混合,现从中任取一产品,求该产品是次品的概率。

解　设 B_i 分别表示事件"产品是第 i 车间生产的"，$i=1,2,3$，A 表示事件"产品是次品"，则 B_1,B_2,B_3 是一个完备事件组，且

$$P(B_1)=\frac{1500}{5000}=0.3,\quad P(B_2)=\frac{2000}{5000}=0.4,\quad P(B_3)=\frac{1500}{5000}=0.3,$$

$$P(A\mid B_1)=0.05,\qquad P(A\mid B_2)=0.03,\qquad P(A\mid B_3)=0.01,$$

于是由全概率公式，有

$$\begin{aligned}P(A)&=P(B_1)P(A\mid B_1)+P(B_2)P(A\mid B_2)+P(B_3)P(A\mid B_3)\\&=0.3\times0.05+0.4\times0.03+0.3\times0.01=0.03。\end{aligned}$$

全概率公式是计算概率的一个很重要的公式，通常把 $B_1,B_2,\cdots,B_n$ 看成导致 A 发生的一组原因(或情形)。例如，若 A 是"产品是次品"，则必是 n 个车间生产了这种次品；若 A 是"某人患有某种疾病"，则必是几种病因导致了 A 发生等。

例 10.4.6　在例 10.4.5 中经检验发现取到的产品为次品，求该产品是第一车间生产的概率。

解　根据条件概率的定义，有

$$P(B_1\mid A)=\frac{P(B_1A)}{P(A)},$$

其中

$$P(B_1A)=P(B_1)P(A\mid B_1),$$

所以

$$\begin{aligned}P(B_1\mid A)&=\frac{P(B_1)P(A\mid B_1)}{P(B_1)P(A\mid B_1)+P(B_2)P(A\mid B_2)+P(B_3)P(A\mid B_3)}\\&=\frac{0.015}{0.03}=0.5。\end{aligned}\tag{10.4.1}$$

上述例 10.4.6 中的式(10.4.1)可以推广，我们将其表述为一个更一般的公式，称为贝叶斯公式，它是以英国数学家贝叶斯命名的。

定理 10.4.2(贝叶斯公式)　*设 $B_1,B_2,\cdots,B_n$ 为 S 的一个完备事件组，且 $P(B_i)>0$ $(i=1,2,\cdots,n)$，则对任何事件 A 有*

$$P(B_i\mid A)=\frac{P(B_i)P(A\mid B_i)}{\sum\limits_{i=1}^{n}P(B_i)P(A\mid B_i)},\quad i=1,2,\cdots,n。$$

此公式称为贝叶斯公式。

例 10.4.7　一项血液化验以概率 0.95 将某种疾病患者检出阳性，以概率 0.9 将没有患此种疾病的人检出阴性。若某地区此种疾病的发病率为 0.5%。求某人检验结果呈阳性时，他(她)确实患有此种疾病的概率。

解　设 A 表示事件"他(她)患有此种疾病"，$\overline{A}$ 表示事件"他(她)没有患此种疾病"，B 表示事件"他(她)检验结果呈阳性"，由题意可知

$$P(A)=0.5\%=0.005,\quad P(B\mid A)=0.95,\quad P(\overline{B}\mid\overline{A})=0.9,$$

于是

$$P(B\mid\overline{A})=1-P(\overline{B}\mid\overline{A})=1-0.9=0.1,$$

从而由贝叶斯公式计算得

$$P(A \mid B)=\frac{P(A)P(B \mid A)}{P(A)P(B \mid A)+P(\bar{A})P(B \mid \bar{A})}=\frac{0.005\times 0.95}{0.005\times 0.95+0.995\times 0.1}$$
$$\approx 0.0456。$$

在例 10.4.7 中，如果仅从条件 P(呈阳性|患病)$=0.95$ 和 P(呈阴性|不患病)$=0.9$ 来看，这项血液化检比较准确。但是经计算知 P(患病|呈阳性)$=0.0456$，这个概率是比较小的。可见仅凭这项化验结果确诊是否患病是不科学的。但另一方面，这个结果较之该地区的发病率 0.005 几乎扩大了 10 倍，所以该检验不失为一项辅助检验手段。

例 10.4.8 利用贝叶斯公式解释寓言故事“狼来了”，分析村民对小孩的信任度是如何下降的？

首先设事件 A 为“小孩说谎”，事件 B 为“小孩可信”，假设有 80%村民相信孩子是可信的，可信的孩子说谎的概率为 0.1，不可信的孩子说谎的概率为 0.5。

解 由已知得

$$P(B)=0.8, P(\bar{B})=0.2, P(A \mid B)=0.1, P(A \mid \bar{B})=0.5。$$

小孩第一次喊“狼来了”之后，村民对小孩的可信度改为

$$P(B \mid A)=\frac{P(A \mid B)P(B)}{P(A \mid B)P(B)+P(A \mid \bar{B})P(\bar{B})}$$
$$=\frac{0.8\times 0.1}{0.8\times 0.1+0.2\times 0.5}=0.444。$$

表明村民上了一次当后，对这个小孩的可信度由原来的 0.8 调整为 0.444。此时 $P(B)=0.444, P(\bar{B})=0.556$，当第二次说谎后，村民对小孩的可信度改为

$$P(B \mid A)=\frac{P(A \mid B)P(B)}{P(A \mid B)P(B)+P(A \mid \bar{B})P(\bar{B})}$$
$$=\frac{0.444\times 0.1}{0.444\times 0.1+0.556\times 0.5}=0.138。$$

表明村民经过两次上当后，对这个小孩的可信度由原来的 0.8 下降了 0.138。

通过此解释诠释了诚信的重要性，正如“人而无信，不知其可也”。

在全概率公式中，我们可以把事件 A 看成一个“结果”，而把完备事件组 $B_1, B_2, \cdots, B_n$ 理解成导致这一结果发生的不同原因(或决定“结果”A 发生的不同情形)。$P(B_i)(i=1, 2, \cdots, n)$是各种原因发生的概率，通常是在“结果”发生之前就已经明确的，有时可以从以往的经验中得到，因而称之为先验概率。当“结果”A 已经发生之后，再来考虑各种原因发生的概率 $P(B_i \mid A)(i=1,2,\cdots,n)$，它与先验概率相比得到了进一步的修正，称之为后验概率。贝叶斯公式反映了“因果”的概率规律，并作出了“由果溯因”的推断。

10.5 事件的独立性

10.5.1 两个事件的独立性

从 10.4 节可以看出，一般来说，$P(A \mid B)\neq P(A)(P(B)>0)$，这表明事件 B 的发生影响了事件 A 发生的概率。但是有些情况下，$P(A \mid B)=P(A)$，例如，投掷两颗质地均匀的

骰子一次，第一颗骰子出现的点数，不会影响第二颗骰子出现点数为5的概率。这说明事件B的发生对A的发生不产生任何影响，也就意味着$P(A|B)=P(A)$。此时由乘法公式自然有$P(AB)=P(B)P(A|B)=P(A)P(B)$。从概率上讲，这就是事件$A$与事件$B$相互独立。

定义 10.5.1　设A,B是同一试验E的两个事件，如果$P(AB)=P(A)P(B)$，则称事件A和事件B是相互独立的，简称A,B独立。

注　(1) 定义10.5.1中，当$P(A)=0$或$P(B)=0$时也适用。

(2) 若$P(B)>0$，事件A和事件B相互独立的充要条件是$P(A|B)=P(A)$。同理，若$P(A)>0$，事件A和事件B相互独立的充要条件是$P(B|A)=P(B)$。

定理 10.5.1　若事件A,B相互独立，则$\overline{A}$与B，A与$\overline{B}$，$\overline{A}$与$\overline{B}$也相互独立。

证　由$\overline{A}B=B-A=B-AB$，则

$$P(\overline{A}B)=P(B-AB)=P(B)-P(AB)=P(B)-P(A)P(B)$$
$$=[1-P(A)]P(B)=P(\overline{A})P(B),$$

故$\overline{A}$与B相互独立。其余可类推。

定理还可叙述为：若四对事件A与B，$\overline{A}$与B，A与$\overline{B}$，$\overline{A}$与$\overline{B}$中有一对相互独立，则另外三对也相互独立，即这四对事件或者相互独立，或者都不独立。

关于独立性还要注意：不要把两个事件的独立性与互斥混为一谈，独立与互斥事件之间没有必然的互推关系，一个是事件的概率属性，另一个是事件的集合属性。

在实际应用中，对于事件的独立性，我们常常不是根据定义来判断，而是根据实际的意义去判断。例如，放回抽样；甲乙两人分别工作；重复试验等均可认为独立。

例 10.5.1　甲、乙二人同时向同一目标射击一次，甲的命中率为0.8，乙的命中率为0.6，求在一次射击中，目标被击中的概率。

解　设$A=\{$甲击中目标$\}$，$B=\{$乙击中目标$\}$，$C=\{$目标被击中$\}$，则$C=A\cup B$。

$$P(C)=P(A\cup B)=P(A)+P(B)-P(AB)=P(A)+P(B)-P(A)P(B)$$
$$=0.8+0.6-0.8\times 0.6=0.92。$$

10.5.2　多个事件的独立性

事件的独立性概念，可以推广到3个和3个以上的事件的情形。

定义 10.5.2　设$A_1,A_2,\cdots,A_n$是$n(n\geqslant 2)$个事件，如果对于任意的两个不同事件A_i，A_j，有$P(A_iA_j)=P(A_i)P(A_j)$，$i\neq j$，$i,j=1,2,\cdots,n$，称这n个事件是两两独立的。

定义 10.5.3　设$A_1,A_2,\cdots,A_n$是$n(n\geqslant 2)$个事件，如果对于任意的k个不同事件A_{i_1}，$A_{i_2},\cdots,A_{i_k}$，有$P(A_{i_1}A_{i_2}\cdots A_{i_k})=P(A_{i_1})P(A_{i_2})\cdots P(A_{i_k})$，称这$n$个事件相互独立。

由定义10.5.2和定义10.5.3可以得到以下定理。

定理 10.5.2　若$A_1,A_2,\cdots,A_n$是$n(n\geqslant 2)$个相互独立的事件，则：

(1) 其中任意$k(2\leqslant k\leqslant n)$个事件也是相互独立的。

(2) 将它们中的任意$m\ (1\leqslant m\leqslant n)$个事件换成它们的对立事件，所得到的$m$个事件仍相互独立。

(3) $P(A_1\cup A_2\cup\cdots\cup A_n)=1-P(\overline{A}_1)P(\overline{A}_2)\cdots P(\overline{A}_n)$。

证　(1) 由独立性定义10.5.3可直接推出。

(2) 对于 $n=2$ 时，定理 10.5.1 已作了证明，一般的情况用数学归纳法即证。

(3) $P(A_1\cup A_2\cup\cdots\cup A_n)=1-P(\overline{A_1\cup A_2\cup\cdots\cup A_n})=1-P(\overline{A}_1\overline{A}_2\cdots\overline{A}_n)$

$$=1-P(\overline{A}_1)P(\overline{A}_2)\cdots P(\overline{A}_n)。$$

例 10.5.2　甲、乙、丙 3 人独立地破译一密码，他们能单独译出的概率分别为$\frac{1}{4}$、$\frac{1}{5}$、$\frac{1}{6}$，求下列事件的概率：

(1) 恰有 1 人译出密码的概率；

(2) 密码被译出的概率。

解　设 $A_1=\{$甲译出密码$\}$，$A_2=\{$乙译出密码$\}$，$A_3=\{$丙译出密码$\}$，记(1)，(2)分别为 A,B，则 $A=A_1\overline{A}_2\overline{A}_3\cup\overline{A}_1A_2\overline{A}_3\cup\overline{A}_1\overline{A}_2A_3$ 且 $A_1\overline{A}_2\overline{A}_3,\overline{A}_1A_2\overline{A}_3,\overline{A}_1\overline{A}_2A_3$ 互不相容，$B=A_1\cup A_2\cup A_3$。

(1) $P(A)=P(A_1\overline{A}_2\overline{A}_3)+P(\overline{A}_1A_2\overline{A}_3)+P(\overline{A}_1\overline{A}_2A_3)$

$$=P(A_1)P(\overline{A}_2)P(\overline{A}_3)+P(\overline{A}_1)P(A_2)P(\overline{A}_3)+P(\overline{A}_1)P(\overline{A}_2)P(A_3)$$

$$=\frac{47}{120}。$$

(2) $P(B)=1-P(\overline{B})=1-P(\overline{A}_1\overline{A}_2\overline{A}_3)=1-P(\overline{A}_1)P(\overline{A}_2)P(\overline{A}_3)=1-0.5=0.5$。

习　题　10

(A)

1. 填空题：

(1) 设随机事件 A,B 满足 $P(AB)=P(\overline{A}\overline{B})$，且 $P(A)=p$，则 $P(B)=$________；

(2) 已知事件 $\overline{A},\overline{B}$ 互斥，则 $P(\overline{A\cup B})=$________；

(3) 事件"甲种商品畅销，且乙种商品滞销"的对立事件是________；

(4) 若市场出售的灯泡中由甲厂生产的占 70%，乙厂生产的占 30%，甲、乙两厂的合格率分别为 95%、80%。现在从市场上买了一个灯泡，那么是由甲厂生产的合格品的概率为________；是由乙厂生产的不合格品的概率为________。

2. 选择题：

(1) 设 A,B 为随机事件，$A\overline{B}=\varnothing$，则下列说法正确的是(　　)。

A. A,B 不能同时发生　　B. $\overline{A},\overline{B}$ 不能同时发生

C. A 发生则 B 必发生　　D. B 发生则 A 必发生

(2) 设 A,B 为随机事件，则下列关系正确的是(　　)。

A. $P(A-B)=P(A)-P(B)$　　B. $P(A\cup B)=P(A)+P(B)$

C. $P(AB)=P(A)P(B)$　　D. $P(A)=P(AB)+P(A\overline{B})$

(3) 若两个事件 A,B 同时出现的概率 $P(AB)=0$，则下列结论正确的是(　　)。

A. A,B 互不相容　　B. $\overline{A},\overline{B}$ 互斥

C. AB 未必是不可能事件　　D. $P(A)=0$ 或 $P(B)=0$

(4) 若事件 A 与事件 B 互斥，且 $P(A)\neq 0, P(B)\neq 0$，则下列不等式成立的是(　　)。

A. $P(A\bar{B})=0$　　　　B. $P(B|\bar{A})=0$

C. $P(\bar{B}|A)=1$　　　　D. $P(AB)=P(A)P(B)$

(5) 设随机事件 A,B 满足 $P(A|B)=1$，则下列结论正确的是(　　)。

A. A 是必然事件　　　　B. B 是必然事件

C. $AB=B$　　　　D. $P(AB)=P(B)$

(6) 设事件 A 与事件 B 独立，则下面的说法中错误的是(　　)。

A. A 与 $\bar{B}$ 独立　　　　B. $\bar{A}$ 与 $\bar{B}$ 独立

C. $P(\bar{A}B)=P(\bar{A})P(B)$　　　　D. A 与 B 一定互斥

3. 解答题：

(1) 写出下列随机试验的样本空间。

① 一袋中有3只白球和2只黑球，不放回任意取两次球，每次取出1个，观察其颜色；

② 100件商品中次品的数量；

③ 生产产品直到有10件正品为止，记录生产产品的总件数；

④ 律师每天可能接到的案件数量。

(2) 任选一名学生，用 A 表示“选出的是男生”，B 表示“选出的是三年级学生”，C 表示“选出的学生是运动员”。

① 试说出事件 $AB\bar{C}, A-C, C-A, A\cup B$ 的含义。

② 在什么条件下，分别有 $ABC=C, C\subset B, \bar{A}=B$。

(3) 甲、乙、丙三人射击同一目标，令 A_1 表示事件“甲击中目标”，A_2 表示事件“乙击中目标”，A_3 表示事件“丙击中目标”。用 A_1, A_2, A_3 的运算表示下列事件：

① 三人都击中目标；

② 只有甲击中目标；

③ 只有一人击中目标；

④ 至少有一人击中目标；

⑤ 最多有一人击中目标。

(4) 为了安全生产，在矿井内设有两种报警系统，每种系统单独使用时，系统 A 有效的概率为0.92，系统 B 有效的概率为0.93，并知在 A 失灵的条件下，B 有效的概率为0.85。当发生意外事故时，试求下列事件的概率：

① A,B 都失灵；　② A,B 中至少有一个失灵；　③ A,B 都有效；

④ A,B 中至少有一个有效；　⑤ A,B 中正好有一个失灵，一个有效；

⑥ B 失灵的条件下 A 有效。

(5) 在1～1000的1000个整数中任取一个数，计算它能被2或者3整除的概率。

(6) 从由45件正品、5件次品组成的产品中任取3件。求：①恰有1件次品的概率；②恰有2件次品的概率；③至少有1件次品的概率；④至多有1件次品的概率；⑤至少有2件次品的概率。

(7) 将3个球随机地放入4个杯子中，求杯子中球的最大个数分别是1,2,3的概率。

(8) 一寝室住 4 个人,假定每个人的生日在 12 个月中的某一个月是等可能的,求至少有 2 个人的生日是在同一个月的概率。

(9) 从 52 张扑克牌中任意取 13 张,求有 5 张黑桃、3 张红心、3 张方块、2 张草花的概率。

(10) 已知 $P(A)=0.3, P(B)=0.4, P(A|B)=0.5$,求:

①$P(AB), P(A\cup B)$;②$P(B|A)$;③$P(B|A\cup B)$;④$P(\bar{A}\cup\bar{B}|A\cup B)$。

(11) 已知 $P(A)=0.4, P(B)=0.3, P(B|\bar{A})=0.4$,求:

①$P(\bar{A}B)$; ②$P(\bar{A}\bar{B})$;③$P(\bar{A}\cup B)$。

(12) 某批产品中,甲厂生产的产品占 60%,并且甲厂的产品的次品率为 10%。从这批产品中随机地抽取一件,求该产品是甲厂生产的次品的概率。

(13) 某人忘记了所要拨打的电话号码的最后 1 位数字,因而只能随意拨码。求他(她)拨码不超过 3 次接通电话的概率。

(14) 某仓库有同样的产品 10 箱,其中 5 箱是甲厂生产的,3 箱是乙厂生产的,2 箱是丙厂生产的。甲、乙、丙三厂的次品率分别是$\frac{1}{10}, \frac{1}{15}, \frac{1}{20}$。现在从这 10 箱中任取 1 箱,再从所取得的这箱中任取 1 件。

① 求所取得的 1 件产品是次品的概率;

② 如果已知取得的 1 件产品是次品,求它是丙厂生产的概率。

(15) 人们为了解一只股票未来一段时间内价格的变化,往往会分析影响股票价格的因素,比如利率的变化。假设利率下调的概率为 60%,利率不变的概率为 40%。根据经验,在利率下调的情况下,该股票价格上涨的概率为 80%,在利率不变的情况下,其价格上涨的概率为 40%。求该股票价格上涨的概率。

(16) 设甲袋中有 2 个白球、1 个黑球,乙袋中有 1 个白球、2 个黑球,现从甲袋中任取两球放入乙袋中,再从乙袋中任取一球,问取得白球的概率为多少?

(17) 有朋自远方来。他坐火车、轮船、汽车和飞机的概率分别为 0.3、0.2、0.1、0.4. 若坐火车,迟到的概率是 0.25;若坐轮船,迟到的概率是 0.3;若坐汽车,迟到的概率是 0.15;若坐飞机则不会迟到。求:

① 朋友可能迟到的概率;

② 如果他迟到了,试问他坐汽车来的概率是多少?

(18) 甲、乙两人射击,甲击中的概率为 0.8,乙击中的概率为 0.7,两人同时射击,并假定中靶与否是独立的。求:(1)两人都中靶的概率;(2)甲中乙不中的概率;(3)甲不中乙中的概率。

(19) 一个电子元件(或由电子元件构成的系统)正常工作的概率称为元件(或系统)的可靠性。现有 4 个独立工作的同种元件,可靠性都是 $r(0<r<1)$,按先串联后并联的方式联接(见图 10-7)。求这个系统的可靠性。

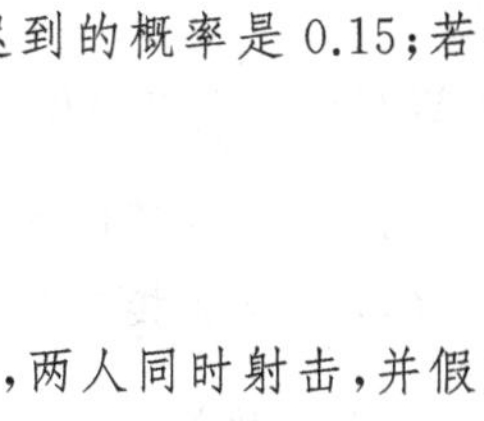

A_1 A_2
A_3 A_4

图 10-7

(20)甲、乙、丙三人向同一飞机射击,设他们击中飞机的概率分别为 0.4、0.5、0.7,如果只有一人击中,则飞机被击落的概率为 0.2,如果有两人击中,则飞机被击落的概率为 0.6。如果三人都击中,则飞机一定被击落。求飞机被击落的概率。

(B)

1. 填空题：

(1) 已知 $P(A)=0.9, P(B)=0.8, P(B|\overline{A})=0.75$，则 $P(A|\overline{B})=$________；

(2) 一次抛 3 枚质地均匀的硬币，恰好有两枚正面向上的概率为________；

(3) 一学生宿舍住有 6 名学生，则 6 个人的生日都在星期天的概率为________；6 个人的生日都不在星期天的概率为________；6 个人的生日不都在星期天的概率为________；

(4) 任意将 10 本书放在书架上。其中有两套书，一套 3 本，另一套 4 本，则两套书各自放在一起的概率为________；

(5) 设 A,B 是独立的随机事件，且 $P(A)=0.4, P(A\cup B)=0.7$，则 $P(B)=$________。

2. 选择题：

(1) 若 $B\subset A, C\subset A, P(A)=0.9, P(\overline{B}\cup\overline{C})=0.8$，则 $P(A-BC)=$(　　)。

A. 0.6　　B. 0.7　　C. 0.8　　D. 0.4

(2) 设 $P(A)=0.6, P(A\cup B)=0.84, P(\overline{B}|A)=0.4$，则 $P(B)=$(　　)。

A. 0.6　　B. 0.36　　C. 0.24　　D. 0.48

(3) 若 $P(A)+P(B)>1$，则事件 A 与事件 B 一定(　　)。

A. 不相互独立　　B. 相互独立　　C. 互斥　　D. 不互斥

(4) 设 A,B,C 是三个相互独立的随机事件，且 $0<P(C)<1$，则在下列给定的四对事件中不相互独立的是(　　)。

A. $\overline{A\cup B}$ 与 C　　B. $\overline{AC}$ 与 $\overline{C}$　　C. $\overline{A-B}$ 与 C　　D. $\overline{AB}$ 与 $\overline{C}$

3. 解答题：

(1) 事件 A_i 表示某射手第 i 次($i=1, 2, 3$)击中目标，试用文字叙述下列事件：

① $A_1\cup A_2$；　②$A_1\cup A_2\cup A_3$；　③$\overline{A}_3$；　④A_2-A_3；　⑤$\overline{A_2\cup A_3}$；　⑥$\overline{A_1A_2}$。

(2) 已知 $P(A)=\frac{1}{2}, P(B)=\frac{1}{3}, P(C)=\frac{1}{5}, P(AB)=\frac{1}{10}, P(BC)=\frac{1}{20}, P(AC)=\frac{1}{15}$, $P(ABC)=\frac{1}{30}$，求 $\overline{A}B, \overline{A}B\overline{C}, \overline{A}\overline{B}C, \overline{A}B\cup C$ 的概率。

(3) 从 5 双不同的手套中任取 4 只，求至少有两只配成一双的概率。

(4) 一学生接连参加同一课程的两次考试。第一次及格的概率为 p，若第一次及格则第二次及格的概率也为 p；若第一次不及格则第二次及格的概率为 $\frac{p}{2}$。①若至少有一次及格则他能取得某种资格，求他取得该资格的概率；②若已知他第二次已经及格，求他第一次及格的概率。

(5) 按以往概率论考试结果分析，努力学习的学生有 90% 的可能考试及格，不努力学习的学生有 90% 的可能考试不及格。据调查，学生中有 80% 的人是努力学习的，试问：

① 考试及格的学生有多大可能是不努力学习的人？

② 考试不及格的学生有多大可能是努力学习的人？

(6) 有两箱同种类的零件。第一箱装 50 只，其中 10 只一等品；第二箱装 30 只，其中 18 只一等品。今从两箱中任挑出一箱，然后从该箱中取零件两次，每次任取一只，做不放回抽样。试求：

① 第一次取到的零件是一等品的概率；

② 第一次取到的零件是一等品的条件下，第二次取到的也是一等品的概率。

(7) 某种仪器由三个部件组装而成，假设各部件质量互不影响且它们的优质品率分别为0.8，0.7，0.9. 已知如果三个部件都是优质品，则组装后仪器一定合格；如果有一个部件不是优质品，则组装后的仪器不合格率为0.2；如果有两个部件不是优质品，则仪器的不合格率为0.6；如果三个部件都不是优质品，则组装仪器的不合格率为0.9。

① 求仪器的不合格率；

② 如果已发现一台仪器不合格，问它有几个部件不是优质品的概率最大。

(8) 设考生的报名表来自三个地区，分别有10份，15份，25份，其中女生的分别为3份，7份，5份。随机地从一地区，先后任取两份报名表，求：

① 先取的那份报名表是女生的概率 p；

② 已知后取到的报名表是男生的，而先取的那份报名表是女生的概率 q。

(9) 设 A,B,C 两两相互独立，且 $ABC=\varnothing$，$P(A)=P(B)=P(C)$，A,B,C 至少有一个发生的概率为 $\frac{9}{16}$，求 $P(A)$。

(10) 某人想买某本书，决定到3个书店去买。设每个书店有无此书是等可能的，如果有，是否卖完也是等可能的，且3个书店有无此书、是否卖完是相互独立的，求此人买到此书的概率。

第 11 章 随机变量及其分布

在第 10 章里，我们主要研究了随机事件及其概率。在随机试验中，人们除了对某些特定事件发生的概率感兴趣外，往往还关心某个与随机试验的结果相联系的变量。由于这一变量的取值依赖于随机试验的结果，因而被称为随机变量。对于随机变量，人们无法事先预知其确切的取值，但可以研究其取值的统计规律性。本章将介绍两类随机变量及其描述随机变量统计规律性的分布。首先介绍离散型随机变量及其分布律，并给出了常用的离散型随机变量；其次给出了描述所有随机变量统计规律性的分布的分布函数，并讨论了分布律和分布函数的关系；接着介绍连续型随机变量及其概率密度函数；最后介绍随机变量的函数的分布。

11.1 随机变量

为了全面地研究随机试验的结果，揭示随机现象的统计规律性，我们将随机试验的结果与实数对应起来。

有些随机试验中，试验的结果本身就由数量来表示。例如，掷一枚骰子，出现的点数，则该试验的样本空间 $S=\{1,2,3,4,5,6\}$。我们以 X 记出现的点数，则 X 的可能取值为 1，2，3，4，5，6。

另一些随机试验中，试验结果看起来与数量无关，但可以指定一个数量来表示。比如，在投硬币问题中，每次试验出现的结果为正面或反面，与数值没有联系。若规定"出现正面"对应数"1"，"出现反面"对应数"0"，从而使这一随机试验的每一种可能结果，都有唯一确定的实数与之对应。

上述例子表明，随机试验的结果都可用一个实数来表示，这个数随着试验的结果不同而变化。因而，它是样本点的函数，这个函数就是我们要引入的随机变量。

定义 11.1.1 设随机试验的样本空间为 S，称定义在样本空间 S 上的实值单值函数 $X=X(\omega)$ 为随机变量，如图 11-1 所示。

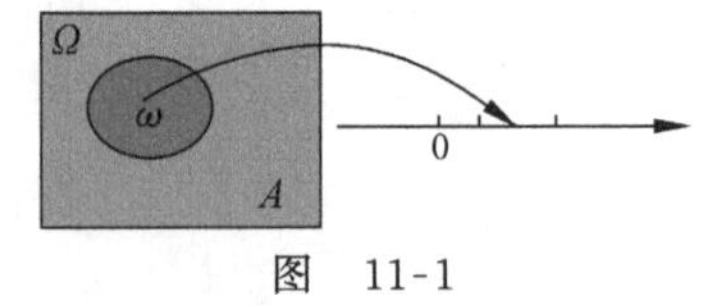

图 11-1

例 11.1.1 从一个装有编号为 0，1，2，…，9 的球的袋中任意摸一球，令 X 表示"摸到编号为 i 的球"，$i=0,1,2,\cdots,9$，则 X 的可能取值为 0，1，2，…，9。

例 11.1.2 掷两枚硬币，令 X 表示"正面出现的次数"，则 X 的可能取值为 0，1，2。即

$$X=X(\omega)=\begin{cases}0, & \omega=(T,T),\\ 1, & \omega=(H,T),(T,H),\\ 2, & \omega=(H,H)。\end{cases}$$

从例 11.1.1 和例 11.1.2 中，我们可以看到：

(1) 对应关系 X 的取值是随机的，也就是说，在试验之前，X 取什么值不能确定，而是由随机试验的可能结果决定的，但 X 的所有可能取值是事先可以预知的。

(2) X 是定义在 S 上而取值在 $\mathbf{R}$ 上的函数。

本书中，我们一般以大写字母 $X,Y,Z,W,\cdots$ 表示随机变量，而以小写字母 $x,y,z,w,\cdots$ 表示实数。

定义了随机变量后，就可以用随机变量的取值情况来刻画随机事件。例如，例 11.1.1 中 $\{X=2\}$ 表示取出球的编号是 2 这一事件；$\{X\geqslant 2\}$ 表示取出球的编号 2,3,…,9 这一事件等。

随机变量的引入，使概率论的研究由个别随机事件扩大为随机变量所表征的随机现象的研究。正因为随机变量可以描述各种随机事件，使我们摆脱只是孤立地去研究一个随机事件，而通过随机变量将各个事件联系起来，进而去研究其全部。今后，我们主要研究随机变量及其分布。

11.2 离散型随机变量

11.2.1 离散型随机变量及其分布律

定义 11.2.1 若随机变量 X 的所有可能取值为有限个或可列个，则称 X 为离散型随机变量。

例 11.2.1 盒中有 8 个白球、2 个黑球，每次取 1 球，直到取到白球为止(不放回)，用 X 表示抽取的次数，则 X 可能取值是 1,2,3，X 取每个值的概率为

$$P\{X=1\}=P\{\text{第 1 次取到白球}\}=\frac{8}{10}=\frac{4}{5},$$

$$P\{X=2\}=P\{\text{第 1 次取到黑球，第 2 次取到白球}\}=\frac{2}{10}\times\frac{8}{9}=\frac{8}{45},$$

$$P\{X=3\}=P\{\text{前 2 次都取到黑球，第 3 次取到白球}\}=\frac{2}{10}\times\frac{1}{9}\times\frac{8}{8}=\frac{1}{45}。$$

易知，当知道 X 的所有可能取的值以及每一个可能值的概率，则掌握了一个离散型随机变量 X 的统计规律。

定义 11.2.2 设离散型随机变量 X 的所有可能取值为 $x_1,x_2,\cdots,x_n,\cdots$，称函数

$$P\{X=x_i\}=p_i,\quad i=1,2,\cdots,n,\cdots$$

为 X 的概率函数或概率分布，简称分布律。

分布律也可以用表格形式来表示：

X	x_1	x_2	…	x_n	…
P	p_1	p_2	…	p_n	…

由定义 11.2.2 知，分布律满足下列两个性质：

(1) $p_i\geqslant 0$； (2) $\sum\limits_{i=1}^{\infty}p_i=1$。

反之也成立,即 p_i 只要满足上述两条性质,才能成为某个随机变量的分布律。此性质常用来判断一个函数关系是否是分布律或者来确定分布律中的待定参数。

例 11.2.2 设随机变量 X 的分布律为 $P\{X=k\}=c\left(\frac{1}{3}\right)^k, k=1,2,\cdots$,求 c。

解 由于 $1=\sum_{k=1}^{\infty}P\{X=k\}=\sum_{k=1}^{\infty}c\left(\frac{1}{3}\right)^k=c\cdot\frac{\frac{1}{3}}{1-\frac{1}{3}}=\frac{1}{2}c$,故 $c=2$。

分布律可以完整地刻画离散型随机变量的概率分布,利用分布律可求任意事件的概率。即

$$P\{X\in I\}=\sum_{x_k\in I}P\{X=x_k\},\quad 其中 I 为区间。$$

例 11.2.3 设随机变量 X 的分布律为

X	-1	2	3
p_k	0.25	0.5	0.25

求:$P\{X\leqslant 1\}, P\left\{\frac{3}{2}<X\leqslant\frac{5}{2}\right\}, P\{X\geqslant 2\}, P\{X>2\}$。

解 $P\{X\leqslant 1\}=P\{X=-1\}=0.25$。

$P\left\{\frac{3}{2}<X\leqslant\frac{5}{2}\right\}=P\{X=2\}=0.5$。

$P\{X\geqslant 2\}=P\{X=2\}+P\{X=3\}=0.5+0.25=0.75$。

$P\{X>2\}=P\{X=3\}=0.25$。

11.2.2 常用的离散型分布

概率论实践中总结出了重要的几类概率模型和与之相关的随机变量的概率分布。我们需要了解这些重要的概率分布及其产生的背景,从而指导决策。

1. 伯努利概型和二项分布

定义 11.2.3 我们做了 n 次试验,且满足

(1) 每次试验只有两种可能结果,即 A 发生或 A 不发生;

(2) n 次试验是重复进行的,即 A 发生的概率每次均一样;

(3) 每次试验是独立的,即每次试验 A 发生与否与其他次试验 A 发生与否是互不影响的。这种试验称为伯努利概型,或称为 n 重伯努利试验。

例如,(1) 将一骰子掷 4 次,观察出现 6 点的次数——4 重伯努利试验。

(2) 在装有 8 个正品、2 个次品的箱子中,有放回地取 5 次产品,每次取 1 个,观察取得次品的次数——5 重伯努利试验。

(3) 向目标独立地射击 n 次,每次击中目标的概率为 p,观察击中目标的次数——n 重伯努利试验等。

关于 n 重伯努利试验,有一个重要结论。

定理 11.2.1 在 n 重伯努利试验中,用 p 表示每次试验 A 发生的概率,记 X 表示在 n

次试验中事件 A 出现的次数，则 $P\{X=k\}=C_n^k p^k(1-p)^{n-k}, k=0,1,2,\cdots,n$。

证 $\{n$ 重伯努利试验中 A 出现 k 次$\}$

$$=\underbrace{AA\cdots A}_{k}\underbrace{\overline{A}\overline{A}\cdots\overline{A}}_{n-k}\cup\underbrace{AA\cdots A}_{k-1}\underbrace{\overline{A}A\overline{A}\cdots\overline{A}}_{n-k+1}\cup\cdots\cup\underbrace{\overline{A}\overline{A}\cdots\overline{A}}_{n-k}\underbrace{AA\cdots A}_{k},$$

上式右端为互不相容的事件的并，由独立性可知，每一项的概率均为 $p^k(1-p)^{n-k}$，共有 C_n^k 项，所以 $P\{X=k\}=C_n^k p^k(1-p)^{n-k}$。

容易验证，(1) $P\{X=k\}=C_n^k p^k(1-p)^{n-k}\geqslant 0$；

(2) $\sum\limits_{k=0}^{n}P\{X=k\}=\sum\limits_{k=0}^{n}C_n^k p^k(1-p)^{n-k}=(p+1-p)^n=1$。

所以 $P\{X=k\}=C_n^k p^k(1-p)^{n-k}, k=0,1,2,\cdots,n$ 为某一离散型随机变量的分布律。

定义 11.2.4 若随机变量 X 的分布律为

$$P\{X=k\}=C_n^k p^k(1-p)^{n-k},\quad k=0,1,2,\cdots,n,$$

则称随机变量 X 服从参数为 n,p 的二项分布。记为 $X\sim b(n,p)$。

注 (1) 二项分布的背景：n 重伯努利试验中“成功”(事件 A)的次数 $X\sim b(n,p)$，其中 $p=P(A)$，即一次试验成功的概率。

(2) “二项”名称的由来：$\sum\limits_{k=0}^{n}C_n^k p^k(1-p)^{n-k}=1$ 是二项展开式中的项。

(3) 当 $n=1$ 时的二项分布 $X\sim b(1,p)$，又称为 0-1 分布。0-1 分布的分布律为

$$P\{X=k\}=p^k(1-p)^{1-k},\quad k=0,1。$$

或

X	0	1
p_k	$1-p$	p

例 11.2.4 某人进行射击，设每次射击命中的概率为 0.03，独立射击 300 次。试求至少命中两次的概率。

解 由题意，命中次数 $X\sim b(300,0.03)$，即 X 的分布律为

$$P\{X=k\}=C_{300}^k(0.03)^k(0.97)^{300-k},\quad k=0,1,2,\cdots,300。$$

于是所求概率为

$$\begin{aligned}P\{X\geqslant 2\}&=1-P\{X<2\}=1-P\{X=0\}-P\{X=1\}\\&=1-(0.97)^{300}-300\times(0.03)\times(0.97)^{299}\\&\approx 0.9989。\end{aligned}$$

例 11.2.4 的结果说明这样的事实，即使每次射击的命中概率很小，但只要射击的次数较多，则其中至少命中两次几乎是可以肯定的。这个事实说明，一个事件尽管在一次试验中发生的概率很小，但在大量重复的独立试验中，这个事件的发生几乎是必然的。

关于小概率事件有这样的结论，小概率事件在一次试验中几乎是不可能发生的。这个事实称为实际推断原理或小概率事件原理。

2. 泊松分布

设随机变量 X 的分布律为

$$P\{X=k\}=\frac{\lambda^k}{k!}e^{-\lambda},\quad \lambda>0,\quad k=0,1,2,\cdots,$$

则称随机变量 X 服从参数为 λ 的泊松分布，记为 $X\sim\pi(\lambda)$ 或者 $P(\lambda)$。

泊松分布背景：一定时间或空间内稀有事件发生的次数服从泊松分布。如一段时间内电话交换台接到呼唤的次数；某一地区一个时间间隔内发生交通事故的次数等。

11.3　随机变量的分布函数

11.3.1　分布函数的定义

对于非离散型随机变量，由于其可能取值不能一一列举出来，且它们取某个确定值的概率可能是零。例如，在测试灯泡寿命时，可认为寿命 X 的取值为 $[0,+\infty)$，事件 $\{X=x_0\}$ 是指灯泡的寿命正好是 x_0。在实际中，测试数百万只灯泡的寿命，可能没有一只的寿命正好是 x_0，自然可认为 $P\{X=x_0\}=0$。对于类似灯泡寿命这样的随机变量，我们并不感兴趣其取某一个值的概率，而是感兴趣其落在某个区间的概率。因而转去研究随机变量所取值落在某一个区间的概率，如 $P\{x_1<X\leqslant x_2\}$ 等。实际上，只要知道取值落在区间 $(-\infty,x]$ 就够了。

定义 11.3.1　设 X 是一个随机变量(包括离散型和非离散型)，x 是任意实数，称函数 $F(x)=P\{X\leqslant x\}$ 为随机变量 X 的分布函数。

如果将 X 看成数轴上随机点的坐标，那么 $F(x)$ 是指 X 落在无穷区间 $(-\infty,x]$ 上的概率。

由定义 11.3.1 知，若 $F(x)$ 是 X 的分布函数，注意到差事件概率关系 $P\{a<X\leqslant b\}=P\{X\leqslant b\}-P\{X\leqslant a\}$，则 $P\{a<X\leqslant b\}=F(b)-F(a)$。

11.3.2　分布函数的性质

设 $F(x)$ 是 X 的分布函数，则：

(1) $F(x)$ 是单调不减的函数，即 $x_1<x_2$ 时，有 $F(x_1)\leqslant F(x_2)$；

(2) $0\leqslant F(x)\leqslant 1$ 且 $F(-\infty)=\lim\limits_{x\to-\infty}F(x)=0, F(+\infty)=\lim\limits_{x\to+\infty}F(x)=1$；

(3) $F(x+0)=F(x)$，即 $F(x)$ 是右连续的。

反之可证明，对于任意一个函数，若满足上述3条性质的话，则它一定是某随机变量的分布函数。

11.3.3　离散型随机变量的分布函数

若 X 是离散型随机变量，则分布函数为 $F(x)=P\{X\leqslant x\}=\sum\limits_{x_i\leqslant x}P\{X=x_i\}$。

例 11.3.1　设随机变量 X 的分布律为

X	0	1	2
p_k	0.1	0.2	0.7

求 X 的分布函数。

解 由分布函数的定义可知，当 $x<0$，$\{X\leqslant x\}$为空集，所以这时

$$F(x)=P\{X\leqslant x\}=P(\varnothing)=0;$$

当 $0\leqslant x<1$，$\{X\leqslant x\}$中包含一个样本点$\{0\}$，所以这时

$$F(x)=P\{X\leqslant x\}=P\{X=0\}=0.1;$$

当 $1\leqslant x<2$，$\{X\leqslant x\}$中包含两个样本点$\{0,1\}$，所以这时

$$F(x)=P\{X=0\}+P\{X=1\}=0.1+0.2=0.3;$$

当 $x\geqslant 2$，$\{X\leqslant x\}$中包含全部样本点$\{0,1,2\}$，所以这时

$$F(x)=P\{X=0\}+P\{X=1\}+P\{X=2\}=0.1+0.2+0.7=1。$$

综上，X 的分布函数为

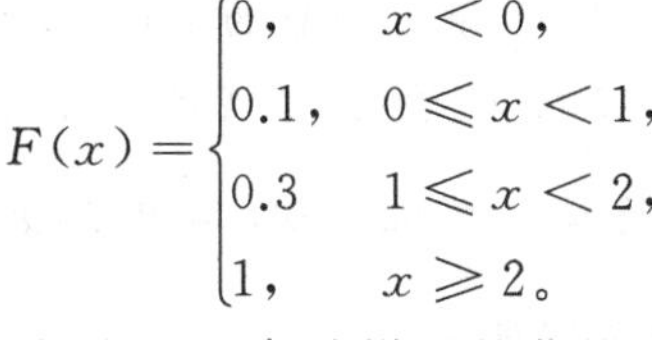

$$F(x)=\begin{cases}0, & x<0,\\ 0.1, & 0\leqslant x<1,\\ 0.3 & 1\leqslant x<2,\\ 1, & x\geqslant 2。\end{cases}$$

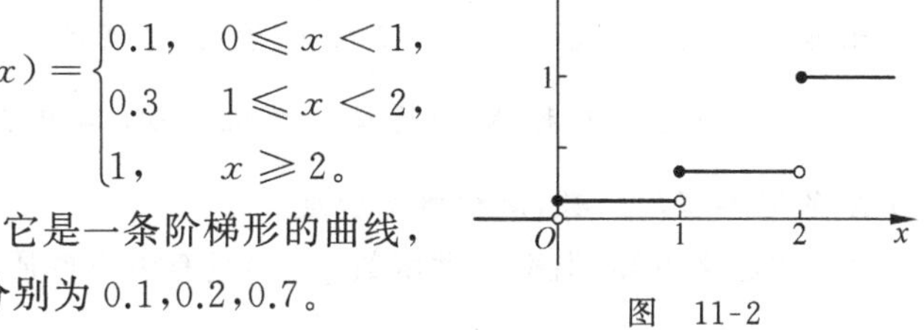

图 11-2

$F(x)$的图形，如图 11-2 所示，它是一条阶梯形的曲线，在 $x=0,1,2$ 处有跳跃点，跳跃值分别为 0.1,0.2,0.7。

一般地，离散型随机变量 X 的分布律为

X	x_1	x_2	…	x_n	…
P	p_1	p_2	…	p_n	…

其中，$x_1<x_2<\cdots<x_n<\cdots$，则其分布函数为

$$F(x)=\begin{cases}0, & x<x_1,\\ p_1, & x_1\leqslant x<x_2,\\ p_1+p_2, & x_2\leqslant x<x_3,\\ \vdots & \vdots\\ p_1+p_2+\cdots+p_{n-1}, & x_{n-1}\leqslant x<x_n,\\ \vdots & \vdots\end{cases}$$

不难看出，离散型随机变量的分布函数 $F(x)$实质上是概率值的累积函数，它的图形有如下特点：①阶梯型；②仅在 $x=x_k(k=1,2,\cdots)$处有跳跃点；③跳跃值分别为 $p_k=P\{X=x_k\}$。

可见，分布律与分布函数可以互相确定，所以分布函数可以完整刻画离散性随机变量的概率分布。但研究分布律远比研究分布函数要简单。

11.4　连续型随机变量

11.4.1　连续型随机变量的概率密度函数

例 11.4.1　已知分布函数 $F(x)=\begin{cases}0, & x<0,\\ x, & 0\leqslant x<1,\\ 1, & x\geqslant 1,\end{cases}$ 它的图形是一条连续曲线，如图 11-3 所示。

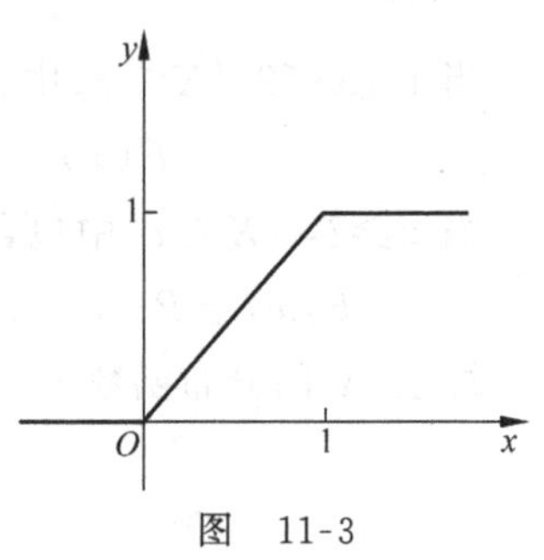

图　11-3

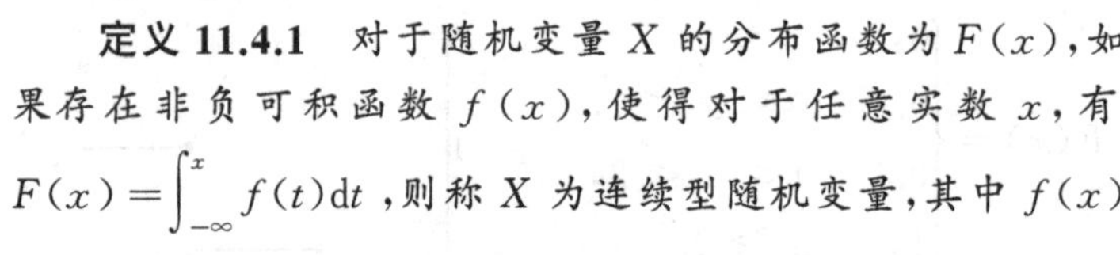
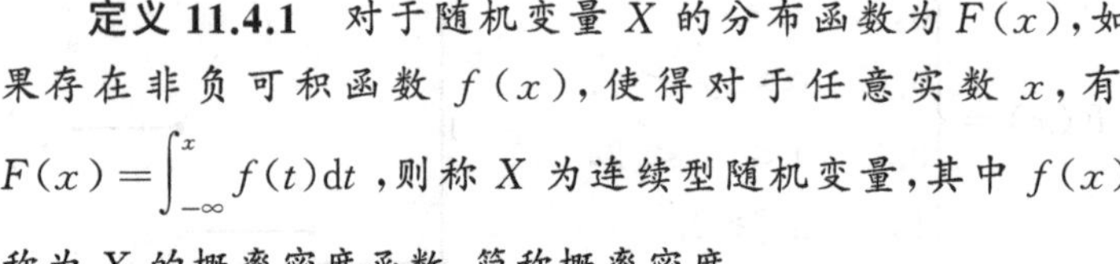

另外，对于任意 x，$F(x)=\int_{-\infty}^{x} f(t)\mathrm{d}t$，其中 $f(x)=\begin{cases}1, & 0<x<1,\\ 0, & 其他。\end{cases}$ 在这种情况下我们称 X 为连续型随机变量，下面给出连续型随机变量的一般定义。

定义 11.4.1　对于随机变量 X 的分布函数为 $F(x)$，如果存在非负可积函数 $f(x)$，使得对于任意实数 x，有 $F(x)=\int_{-\infty}^{x} f(t)\mathrm{d}t$，则称 X 为连续型随机变量，其中 $f(x)$ 称为 X 的概率密度函数，简称概率密度。

由上述定义可知，概率密度函数 $f(x)$ 具有以下性质：

(1) $f(x)\geqslant 0$；(2) $\int_{-\infty}^{+\infty} f(x)\mathrm{d}x=1$。

事实上(1) 由定义可知。

(2) 由于 $F(+\infty)=\int_{-\infty}^{+\infty} f(x)\mathrm{d}x$，而 $F(+\infty)=1$。

任意一个满足以上两条性质的函数，都可以作为某连续型随机变量的概率密度函数。概率密度函数 $f(x)$ 除了上述性质(1)，(2)外，常用的性质还有：

(3) 若 $f(x)$ 在 x 处是连续的，则 $F'(x)=f(x)$；

(4) 连续型随机变量取特定值的概率为 0，即 $P\{X=a\}=0$。这可以作为反例说明概率为零的事件不一定是不可能事件；

(5) $P\{a<x\leqslant b\}=P\{a<x<b\}=P\{a\leqslant x<b\}=P\{a\leqslant x\leqslant b\}=\int_{a}^{b} f(x)\mathrm{d}x$。

一般地，$P\{X\in I\}=\int_{x\in I} f(x)\mathrm{d}x$，其中 I 为区间，$f(x)$ 为 X 的概率密度函数。利用概率密度函数可以求任意事件的概率，所以概率密度函数可以完整刻画连续型随机变量的分布。

下面仅证(4)，(5)。

事实上(4) 对任意 $\Delta x>0$，有 $0\leqslant P\{X=a\}\leqslant P\{a-\Delta x<X\leqslant a\}=F(a)-F(a-\Delta x)$，由 $F(x)$ 的连续性知，$P\{X=a\}=0$。

(5) 由(4)知 $P\{a<x<b\}=P\{a\leqslant x<b\}=P\{a\leqslant x\leqslant b\}=P\{a<x\leqslant b\}$，而

$$P\{a<x\leqslant b\}=F(b)-F(a)=\int_{-\infty}^{b}f(x)\mathrm{d}x-\int_{-\infty}^{a}f(x)\mathrm{d}x=\int_{a}^{b}f(x)\mathrm{d}x。$$

例 11.4.2 已知 X 的概率密度为 $f(x)=\begin{cases}kx, & 0\leqslant x\leqslant 1,\\ 0, & 其他。\end{cases}$

(1) 求常数 k；(2) $P\left\{-1<x<\dfrac{1}{2}\right\}$。

解 (1) 由概率密度函数的性质(2)知

$$1=\int_{-\infty}^{+\infty}f(x)\mathrm{d}x=\int_{0}^{1}kx\,\mathrm{d}x=\frac{k}{2}x^2\Big|_0^1=\frac{k}{2},$$

所以 $k=2$。

(2) $$P\{-1<x<0.5\}=\int_{-1}^{0.5}f(x)\mathrm{d}x=\int_{-1}^{0}f(x)\mathrm{d}x+\int_{0}^{0.5}f(x)\mathrm{d}x=\int_{0}^{0.5}2x\,\mathrm{d}x$$
$$=0.25。$$

11.4.2 常用三种连续型随机变量的分布

1. 均匀分布

若连续型随机变量 X 的概率密度为

$$f(x)=\begin{cases}\dfrac{1}{b-a}, & a\leqslant x\leqslant b,\\ 0, & 其他,\end{cases}$$

则称随机变量 X 在区间 $[a,b]$ 上服从均匀分布，记为 $X\sim U(a,b)$。a,b 为分布参数，且 $a<b$。

当 $a\leqslant x_1<x_2\leqslant b$ 时，X 落在区间 (x_1,x_2) 内的概率为

$$P\{x_1<X<x_2\}=\frac{x_2-x_1}{b-a}。$$

可见，若随机变量 X 在区间 $[a,b]$ 上服从均匀分布，则 X 落入该区间中任一相等长度的子区间内的概率相同，即 X 落入任何子区间的概率仅与该区间的长度成正比，而与其位置无关。

均匀分布常见于下列情形：某一事件等可能地在某一时间段发生，如通过某站的地铁10min一趟，则乘客候车时间 X 就是在 $[0,10]$ 上服从均匀分布的随机变量；数值计算中的四舍五入引起的随机误差 X 是一个在 $[-0.5,0.5]$ 上服从均匀分布的随机变量。

2. 指数分布

若连续型随机变量 X 的概率密度为

$$f(x)=\begin{cases}\lambda \mathrm{e}^{-\lambda x}, & x\geqslant 0,\\ 0, & 其他,\end{cases}$$

则称 X 服从参数为 λ 的指数分布，记为 $X\sim e(\lambda)$。其中 $\lambda>0$ 是一常数。

指数分布常用于可靠性统计研究中，如元件的寿命、动植物的寿命、服务系统的服务时间等。

例 11.4.3 已知某种电子管的寿命 X(以 h 计)服从指数分布，其概率密度为

$$f(x)=\begin{cases}\dfrac{1}{1000}e^{-\frac{x}{1000}}, & x\geqslant 0,\\ 0, & \text{其他},\end{cases}$$

求这种电子管能使用 1000h 以上的概率。

解　$P\{X\geqslant 1000\}=\int_{1000}^{+\infty}f(x)\mathrm{d}x=\int_{1000}^{+\infty}\frac{1}{1000}e^{-\frac{x}{1000}}\mathrm{d}x=e^{-1}\approx 0.368$。

3. 正态分布

若连续型随机变量 X 的概率密度为 $f(x)=\frac{1}{\sqrt{2\pi}\sigma}e^{-\frac{(x-\mu)^2}{2\sigma^2}}$，$-\infty<x<+\infty$，则称 X 服从参数为 μ,σ 的正态分布或高斯分布，记为 $X\sim N(\mu,\sigma^2)$。其中 $\mu,\sigma(\sigma>0)$ 为常数，如图 11-4 所示。

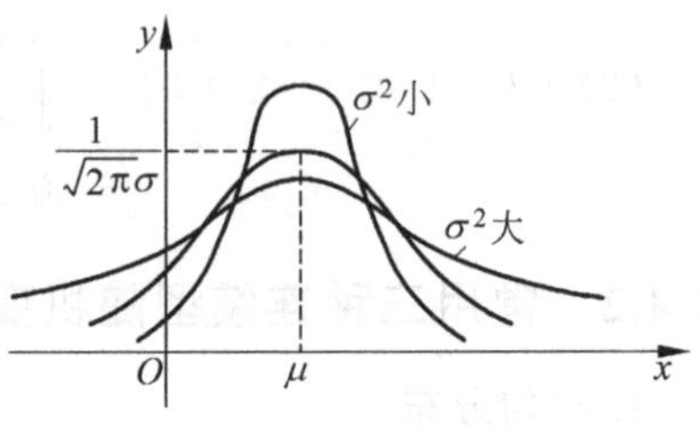

图　11-4

(1) 正态分布的概率密度函数有下列性质：

① $f(x)$的图形呈钟形，其特点是“两头小，中间大”。

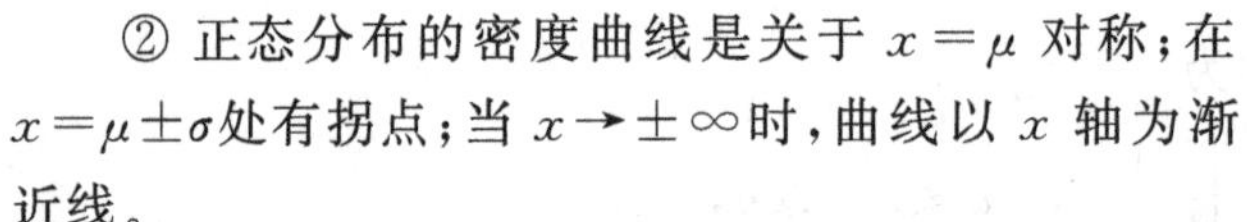

② 正态分布的密度曲线是关于 $x=\mu$ 对称；在 $x=\mu\pm\sigma$处有拐点；当 $x\to\pm\infty$时，曲线以 x 轴为渐近线。

③ μ 决定了图形的中心位置，当 μ 取不同值时，图形沿着 x 轴平移，而不改变其形状。

(2) 当 $\mu=0,\sigma=1$ 时的正态分布称为标准正态分布，记为 $X\sim N(0,1)$。其密度函数和分布函数分别用 $\varphi(x)$和 $\Phi(x)$表示，

$$\varphi(x)=\frac{1}{\sqrt{2\pi}}e^{-\frac{x^2}{2}},\quad -\infty<x<+\infty,$$

$$\Phi(x)=\int_{-\infty}^{x}\frac{1}{\sqrt{2\pi}}e^{-\frac{x^2}{2}}\mathrm{d}x,\quad -\infty<x<+\infty。$$

关于分布函数 $\Phi(x)$有以下性质：

① $\Phi(0)=0.5$；

② $\Phi(-x)=1-\Phi(x)$；

③ $\Phi(x)$是不能用初等函数表示的，即不可求积函数，其函数值已编制成表可供查用。书末附有标准正态分布表，表中给出的是当 $x\geqslant 0$ 时 $\Phi(x)$的值。对于 $x<0$ 时，用关系 $\Phi(x)=1-\Phi(-x)$计算。或者通过一些软件中的函数来获得，如 Excel 中的 Normdist 函数。

例 11.4.4　设 $X\sim N(0,1)$，求 $P\{|X|\leqslant 1\}$，$P\{-1<X\leqslant 2\}$，$P\{X>1.96\}$。

解　$P\{|X|\leqslant 1\}=P\{-1\leqslant X\leqslant 1\}=P\{X\leqslant 1\}-P\{X\leqslant -1\}$

$=\Phi(1)-\Phi(-1)=2\Phi(1)-1=0.6826$。

$P\{-1<X\leqslant 2\}=\Phi(2)-\Phi(-1)=\Phi(2)-1+\Phi(1)$

$=0.97725-1+0.8413=0.8185$。

$P\{X>1.96\}=1-P\{X\leqslant 1.96\}=1-\Phi(1.96)=1-0.975=0.025$。

(3) 一般正态分布与标准正态分布的关系：

标准正态分布的重要性在于，任何一个一般的正态分布都可以通过线性变换转化为标

准正态分布。

定理 11.4.1 如果 $X\sim N(\mu,\sigma^2)$，则 $Z=\dfrac{X-\mu}{\sigma}\sim N(0,1)$。

证 设 $Z=\dfrac{X-\mu}{\sigma}$的分布函数，密度函数分别为 $F_Z(x)$和 $f_Z(x)$，则

$$F_Z(x)=P\{Z\leqslant x\}=P\left\{\frac{X-\mu}{\sigma}\leqslant x\right\}=P\{X\leqslant \mu+\sigma x\}$$
$$=\int_{-\infty}^{\mu+\sigma x}\frac{1}{\sqrt{2\pi}\sigma}\mathrm{e}^{-\frac{(t-\mu)^2}{2\sigma^2}}\mathrm{d}t。$$

上式两边同时求导得

$$f_Z(x)=\frac{1}{\sqrt{2\pi}\sigma}\mathrm{e}^{-\frac{(\mu+\sigma x-\mu)^2}{2\sigma^2}}(\mu+\sigma x)'=\frac{1}{\sqrt{2\pi}}\mathrm{e}^{-\frac{x^2}{2}},$$

由此知 $Z=\dfrac{X-\mu}{\sigma}\sim N(0,1)$。

根据定理 11.4.1，一般的正态分布的概率计算问题，先转化成标准正态分布，再查表。

(4) 一般的正态分布的概率计算：

若 $X\sim N(\mu,\sigma^2)$，则它的分布函数

$$F(x)=P\{X\leqslant x\}=P\left\{\frac{X-\mu}{\sigma}\leqslant\frac{x-\mu}{\sigma}\right\}=\Phi\left(\frac{x-\mu}{\sigma}\right)。$$

由此可见，标准正态分布函数 $\Phi(x)$与一般正态分布函数 $F(x)$的关系为 $F(x)=\Phi\left(\dfrac{x-\mu}{\sigma}\right)$。

例如，若 $X\sim N(\mu,\sigma^2)$，则

$$P\{x_1<X\leqslant x_2\}=F(x_2)-F(x_1)=\Phi\left(\frac{x_2-\mu}{\sigma}\right)-\Phi\left(\frac{x_1-\mu}{\sigma}\right)。$$

例 11.4.5 已知 $X\sim N(2,4)$，求：

(1) $P\{|X|<3\}$，$P\{X>1\}$，$P\{2<X\leqslant 5\}$；

(2) 确定 c 的值，使 $P\{|X-2|<c\}=0.95$。

解 (1) $P\{|X|<3\}=P\{-3<X<3\}=P\left\{\dfrac{-3-2}{2}<\dfrac{X-2}{2}<\dfrac{3-2}{2}\right\}=\Phi\left(\dfrac{1}{2}\right)-\Phi\left(-\dfrac{5}{2}\right)$

$$=\Phi\left(\frac{1}{2}\right)+\Phi\left(\frac{5}{2}\right)-1=0.6915+0.9938-1=0.6853。$$

$$P\{X>1\}=1-P\{X\leqslant 1\}=1-F(1)=1-\Phi\left(\frac{1-2}{2}\right)=\Phi\left(\frac{1}{2}\right)=0.6915。$$

$$P\{2<X\leqslant 5\}=F(5)-F(2)=\Phi\left(\frac{5-2}{2}\right)-\Phi\left(\frac{2-2}{2}\right)=\Phi(1.5)-\Phi(0)$$
$$=0.9332-0.5=0.4332。$$

(2) $P\{|X-2|<c\}=P\left\{-\dfrac{c}{2}<\dfrac{X-2}{2}<\dfrac{c}{2}\right\}=\Phi\left(\dfrac{c}{2}\right)-\Phi\left(-\dfrac{c}{2}\right)=2\Phi\left(\dfrac{c}{2}\right)-1=0.95$，

所以 $\Phi\left(\dfrac{c}{2}\right)=0.975$，查表得 $c=3.92$。

例 11.4.6　公共汽车车门的高度是按男子与车门碰头的机会在 0.01 以下来设计的，设男子的身高(单位：cm)$X\sim N(168,7^2)$，问车门的高度应如何确定？

解　设车门的高度为 h，根据题意有 $P\{X>h\}\leqslant 0.01$，即 $P\{X\leqslant h\}>0.99$，从而得

$$P\{X\leqslant h\}=P\{\frac{X-\mu}{\sigma}\leqslant\frac{h-\mu}{\sigma}\}=\Phi(\frac{h-\mu}{\sigma})>0.99,$$

查标准正态分布表知 $\frac{h-\mu}{\sigma}=2.35$，计算得 184.45，即，车门高度在 184.45cm 的情况下男子与车门碰头的机会在 0.01 以下。

11.5　随机变量的函数的分布

在实际中，我们常对某些随机变量的函数更感兴趣。例如，在讨论正态分布与标准正态分布的关系时，若 $X\sim N(\mu,\sigma^2)$，则 $Y=\frac{X-\mu}{\sigma}\sim N(0,1)$，其中 Y 是随机变量 X 的函数。由于 X 是随机变量，所以 Y 也是随机变量。本节讨论如何利用随机变量 X 的分布去求 $Y=g(X)$ 的分布(其中 $g(x)$ 是已知的连续函数)。

11.5.1　离散型随机变量的函数的分布

例 11.5.1　已知随机变量 X 的分布律如下表所示：

X	-1	1	2
p_k	0.1	0.2	0.7

求 $Y=X+1,Z=X^2$ 的分布律。

解　当 X 取值为 $-1,1,2$ 时，随机变量 Y 对应取值为 0,2,3。

$$P\{Y=0\}=P\{X+1=0\}=P\{X=-1\}=0.1;$$
$$P\{Y=2\}=P\{X+1=2\}=P\{X=1\}=0.2;$$
$$P\{Y=3\}=P\{X+1=3\}=P\{X=2\}=0.7。$$

所以随机变量 Y 的分布律为

Y	0	2	3
p_k	0.1	0.2	0.7

当 X 取值为 $-1,1,2$ 时，随机变量 Z 对应取值为 1,4。

$$P\{Z=4\}=P\{X^2=4\}=P\{X=2\}=0.7;$$
$$P\{Z=1\}=P\{X^2=1\}=P\{X=1\text{ 或 }X=-1\}$$
$$=P\{X=1\}+P\{X=-1\}=0.3。$$

所以随机变量 Z 的分布律为

Z	1	4
p_k	0.3	0.7

一般地，$Y=g(X)$是离散型随机变量 X 的概率函数，X 的分布律为

X	x_1	x_2	…	x_n	…
p_k	p_1	p_2	…	p_n	…

则随机变量 X 的函数 $Y=g(X)$的分布律为

Y	$g(x_1)$	$g(x_2)$	…	$g(x_n)$	…
p_k	p_1	p_2	…	p_n	…

注 求离散型随机变量函数的分布律的关键点在于保持"概率行"不变，改变"取值行"的值；若 $g(x_k)$有一些相同的，将它们的概率合并相加。

11.5.2 连续型随机变量的函数的分布

设 X 为连续型随机变量，其概率密度已知，又 $Y=g(X)$，且 Y 也是连续型随机变量，现在来讨论如何求 Y 的概率密度。

例 11.5.2 设随机变量 X 具有概率密度 $f(x)=\begin{cases}\dfrac{x}{2}, & 0<x<2,\\ 0, & \text{其他},\end{cases}$ 求随机变量 $Y=2X+4$ 的概率密度。

解 设随机变量 Y 的分布函数、概率密度分别为 $F_Y(y)$，$f_Y(y)$，则

$$F_Y(y)=P\{Y\leqslant y\}=P\{2X+4\leqslant y\}=P\left\{X\leqslant\frac{y-4}{2}\right\}=\int_{-\infty}^{\frac{y-4}{2}}f(x)\mathrm{d}x,$$

上式两边对 y 求导，得

$$f_Y(y)=f\left(\frac{y-4}{2}\right)\left(\frac{y-4}{2}\right)'=\frac{1}{2}f\left(\frac{y-4}{2}\right)=\begin{cases}\dfrac{y-4}{8}, & 0<\dfrac{y-4}{2}<2\\ 0, & \text{其他}\end{cases}$$

$$=\begin{cases}\dfrac{y-4}{8}, & 4<y<8,\\ 0, & \text{其他}。\end{cases}$$

通过例 11.5.2 知，可以先求 Y 的分布函数 $F_Y(y)$，即

$$F_Y(y)=P\{Y\leqslant y\}=P\{g(X)\leqslant y\}=P\{X\in S\},$$

其中 $S=\{x\,|\,g(x)\leqslant y\}$；再把 $F_Y(y)$对 y 求导。

例 11.5.3 设 $X\sim N(0,1)$，求 $Y=X^2$ 的概率密度函数。

解 先求 Y 的分布函数 $F_Y(y)$。

当 $y<0$ 时，$F_Y(y)=P\{Y\leqslant y\}=P\{X^2\leqslant y\}=P(\varnothing)=0$。

当 $y\geqslant 0$ 时，

$$F_Y(y)=P\{Y\leqslant y\}=P\{X^2\leqslant y\}=P\{-\sqrt{y}\leqslant X\leqslant\sqrt{y}\}=\int_{-\sqrt{y}}^{\sqrt{y}}\varphi(x)\mathrm{d}x。$$

上式两边对 y 求导，得

$$f_Y(y)=\varphi(\sqrt{y})\frac{1}{2\sqrt{y}}-\varphi(-\sqrt{y})\frac{1}{-2\sqrt{y}}=\frac{1}{2\sqrt{y}}[\varphi(\sqrt{y})+\varphi(-\sqrt{y})]。$$

于是 $Y=X^2$ 的概率密度为

$$f_Y(y)=\begin{cases}\dfrac{1}{\sqrt{2\pi y}}\mathrm{e}^{-\frac{y}{2}}, & y>0,\\ 0, & y\leqslant 0。\end{cases}$$

此时称 Y 服从自由度为 1 的 χ^2 分布。

通过例 11.5.2 和例 11.5.3 可看出求 Y 的概率密度，关键点有两个：(1)从 $g(X)\leqslant y$ 中反解出 X；(2)利用积分变限函数的导数公式。

定理 11.5.1　设 X 为连续型随机变量，其概率密度为 $f_X(x)$，又函数 $y=g(x)$ 处处可导且严格单调，其反函数 $h(y)$ 有连续导数，则 $Y=g(X)$ 的概率密度为

$$f_Y(y)=\begin{cases}f_X[h(y)]\,|h'(y)|, & y\in h(x)\text{ 的值域},\\ 0, & \text{其他}。\end{cases}$$

例 11.5.4　设 $X\sim N(\mu,\sigma^2)$，证明 $Y=aX+b\sim N(a\mu+b,a^2\sigma^2)(a\neq 0)$。

证　设 $f_Y(y)$是 Y 的概率密度。已知 $X\sim N(\mu,\sigma^2)$，它的概率密度为

$$f(x)=\frac{1}{\sqrt{2\pi}\sigma}\mathrm{e}^{-\frac{(x-\mu)^2}{2\sigma^2}}。$$

$y=ax+b$ 单调函数，且值域为$(-\infty,+\infty)$，它的反函数为 $x=\dfrac{y-b}{a}$，所以

$$f_Y(y)=f_X\left(\frac{y-b}{a}\right)\left|\left(\frac{y-b}{a}\right)'\right|=\frac{1}{\sqrt{2\pi}\sigma\,|a|}\mathrm{e}^{-\frac{(y-a\mu-b)^2}{2\sigma^2a^2}}。$$

于是 $Y=aX+b\sim N(a\mu+b,a^2\sigma^2)$。

正态分布随机变量的线性函数仍是服从正态分布的。特别地，当 $a=\dfrac{1}{\sigma},b=-\dfrac{\mu}{\sigma}$时，有 $Y=\dfrac{X-\mu}{\sigma}\sim N(0,1)$。

习　题　11

(A)

1. 填空题：

(1) 有 10 件产品，其中有 2 件次品，X 表示取得的产品中的次品数，

① 不放回地任取 2 件，则 X 的分布律为________；

② 有放回地任取 2 件，则 X 的分布律为________。

(2) 设随机变量 X 的分布律 $P\{X=k\}=\dfrac{a}{N},k=1,2,\cdots,N$，则常数 $a=$________。

(3) 设随机变量 X 的分布律为

X	1	2	3
$P\{X=k\}$	0.3	0.4	0.3

则：① $P\{2\leqslant X<4\}=$________；②分布函数 $F(x)=$________。

(4) 掷 4 颗骰子，X 为出现点数 1 的骰子数，则 X 的分布律为________。

(5) 已知随机变量 X 的概率密度为 $f(x)=\dfrac{c}{1+x^2}$，则常数 $c=$________。

(6) 若随机变量 $X\sim N(\mu,1)$ 且 $P\{|X-\mu|<d\}=0.95$，则 $d=$________。

(7) 设 $X\sim N(2,4)$，则(不用查表计算)$P\{X>2\}=$________；(查表计算)$P\{|X|<3\}=$________；若 $P\{|X-2|<c\}=0.95$，则 $c=$________。

(8) 设随机变量 X 的分布律为

X	-1	0	1	2
P	$\frac{1}{8}$	$\frac{2}{8}$	$\frac{3}{8}$	$\frac{2}{8}$

则 $Y=X^2$ 的分布律为

Y	
P	

则 $Y=2X+1$ 的分布律为

Y	
P	

(9) 设 $X\sim N(\mu,\sigma^2)$ 则 $Y=aX+b$ 的概率密度为________；特别地 $Y=\dfrac{X-\mu}{\sigma}$ 的概率密度为________。

2. 选择题：

(1) 若 $X\sim\pi(2)$，则下述命题成立的是(　　)。

A. X 只取非负整数　B. $P\{X=0\}=e^{-2}$　C. $F(0)=e^{-2}$

D. $P\{X=0\}=P\{X=1\}$　E. $P\{X\leqslant 1\}=2e^{-2}$

(2) 在下列函数中，可作为随机变量分布函数的是(　　)。

A. $F(x)=\dfrac{1}{1+x^2}$　B. $F(x)=\dfrac{3}{4}+\dfrac{1}{2\pi}\arctan x$

C. $F(x)=\begin{cases}0, & x<0\\ x^2, & x\geqslant 0\end{cases}$　D. $F(x)=\begin{cases}0, & x<0\\ \dfrac{x}{1+x}, & x\geqslant 0\end{cases}$

(3) 设 $f(x)=\begin{cases}2x, & x\in[0,c],\\ 0, & x\notin[0,c]。\end{cases}$ 如果 $c=$(　　)，则 $f(x)$是某一随机变量的概率密

度函数。

A. $\frac{1}{3}$　　B. $\frac{1}{2}$　　C. 1　　D. $\frac{3}{2}$

(4) 设 $X \sim N(0,1)$，又常数 c 满足 $P\{X \geqslant c\} = P\{X < c\}$，则 c 等于(　　)。

A. 1　　B. 0　　C. $\frac{1}{2}$　　D. -1

(5) 下列函数中可以作为某一随机变量的概率密度的是(　　)。

A. $f(x)=\begin{cases}\cos x, & x\in[0,\pi]\\ 0, & \text{其他}\end{cases}$　　B. $f(x)=\begin{cases}\frac{1}{2}, & |x|<2\\ 0, & \text{其他}\end{cases}$

C. $f(x)=\begin{cases}\frac{1}{\sqrt{2\pi}\sigma}e^{-\frac{(x-\mu)^2}{2\sigma^2}}, & x\geqslant 0\\ 0, & x<0\end{cases}$　　D. $f(x)=\begin{cases}e^{-x}, & x\geqslant 0\\ 0, & x<0\end{cases}$

(6) 设随机变量 $X \sim N(\mu,4^2)$，$Y \sim N(\mu,5^2)$，$P_1 = P\{X \leqslant \mu-4\}$，$P_2 = P\{Y \geqslant \mu+5\}$，则(　　)。

A. 对任意的实数 μ，$P_1 = P_2$。　　B. 对任意的实数 μ，$P_1 < P_2$

C. 只对实数 μ 的个别值，有 $P_1 = P_2$　　D. 对任意的实数 μ，$P_1 > P_2$

(7) 设随机变量 X 服从正态分布 $N(0,1)$，对给定的 $\alpha(0<\alpha<1)$，数 z_α 满足 $P\{X > z_\alpha\} = \alpha$。若 $P\{|X| < x\} = \alpha$，则 x 等于(　　)。

A. $z_{\frac{\alpha}{2}}$　　B. $z_{1-\frac{\alpha}{2}}$　　C. $z_{\frac{1-\alpha}{2}}$　　D. $z_{1-\alpha}$

3. 解答题：

(1) 一口袋中有 6 个球，在这 6 个球上分别标有 $-3,-3,1,1,1,2$ 这样的数字，从这袋中任取一球，设各个球被取到的可能性相同，求取得的球上标明的数字 X 的分布律。

(2) 对同一目标作 3 次独立射击，设每次射击命中目标的概率为 p，求

① 3 次射击恰好命中 2 次的概率；

② 目标至少被击中 1 次的概率。

(3) 某宾馆大楼有 4 部电梯，通过调查，知道在某时刻 T，各电梯正在运行的概率均为 0.8，求：

① 在此时刻至少有 1 台电梯在运行的概率；

② 在此时刻恰好有一半电梯在运行的概率；

③ 在此时刻所有电梯都在运行的概率。

(4) 设 X 服从参数为 λ 的泊松分布，且已知 $P\{X=1\} = P\{X=2\}$，求：①λ；②$P\{X<2\}$。

(5)设随机变量 X 的分布函数为

$$F(x)=\begin{cases}0, & x<0,\\ \frac{x}{2}, & 0\leqslant x<1,\\ 1, & x\geqslant 1,\end{cases}$$

求：$P\{X \leqslant -1\}$；$P\{0.3 < X < 0.7\}$；$P\{0 < X \leqslant 2\}$。

(6) 若随机变量 X 的分布函数 $F(x) = A + B\arctan x$，求：①A，B；②X 的分布密度；

③$P\{-1<X\leqslant 1\}$。

(7) 设随机变量 X 的分布律为

X	-1	2	3
p_k	1/6	1/2	1/3

求：①X 的分布函数；②$P\left\{X\leqslant\frac{1}{2}\right\}$，$P\left\{\frac{3}{2}<X\leqslant\frac{5}{2}\right\}$，$P\{2\leqslant X\leqslant 3\}$。

(8) 设随机变量 X 具有概率密度 $f(x)=\begin{cases}2x, & 0\leqslant x\leqslant 1,\\ 0, & \text{其他},\end{cases}$ 求：① $P\left\{X\leqslant\frac{1}{2}\right\}$；②$P\left\{\frac{1}{3}<X<2\right\}$。

(9) 设随机变量 X 服从 $\lambda=3$ 的指数分布，求 c，使 $P\{X>c\}=\frac{1}{2}$。

(10) 设随机变量 X 的分布函数为 $F(x)=\begin{cases}0, & x<0,\\ x^2, & 0\leqslant x\leqslant 1\\ 1, & x>1。\end{cases}$ 求：①X 取值在区间(0.3,0.7)的概率；②X 的概率密度。

(11) 设随机变量 X 的概率密度函数为 $f(x)=\begin{cases}x, & 0\leqslant x<1,\\ 2-x, & 1\leqslant x<2,\\ 0, & \text{其他}。\end{cases}$ 求 X 的分布函数 $F(x)$。

(12) 设随机变量 X 在[0,3]上服从均匀分布，求方程 $4t^2+4Xt+X+2=0$ 无实根的概率。

(13) 假设某地区成年男性的身高(单位：cm)$X\sim N(170,7.69^2)$，求该地区成年男性的身高超过 175cm 的概率。

(14) 设 $X\sim N(0,1)$，求：

① $P\{X<2.3\}$；　② $P\{X<-0.75\}$；

③ $P\{|X|<1.55\}$；　④ $P\{|X|>2.5\}$。

(15) 设 $X\sim N(10,2^2)$，求：①$P\{X<9\}$；②$P\{7\leqslant X<12\}$；③$P\{X>13\}$。

(16) 设测量误差 $X\sim N(0,10^2)$，现进行 3 次独立测量，求误差的绝对值超过 19.6 的次数不小于 1 的概率。

(17) 已知随机变量 X 的分布律为

X	-2	-1	0	1	2
p_k	0.1	0.2	0.25	0.3	0.15

求：① $Y=2X$ 的分布律；②$Z=X^2+1$ 的分布律。

(18) 设随机变量 X 的概率密度为 $f(x)=\begin{cases}\dfrac{1}{\pi(1+x^2)}, & x\geqslant 0,\\ 0, & x<0,\end{cases}$ 求随机变量 $Y=\ln X$ 的

概率密度。

(B)

1. 填空题:

(1) 在三次独立的重复试验中,每次试验成功的概率相同,已知至少成功一次的概率为$\frac{19}{27}$,则每次试验成功的概率为________。

(2) 将一枚骰子掷两次,以 X 表示两次中得到的小的点数,求 X 的分布律________。

(3) 设每分钟通过某交叉路口的汽车流量 X 服从泊松分布,且已知在一分钟内无车辆通过与恰有一辆车通过的概率相同,则在一分钟内至少有两辆车通过的概率为________。

(4) 某产品的某一质量指标 $X\sim N(160,\sigma^2)$,若要求 $P\{120\leqslant X\leqslant 200\}\geqslant 0.8$,问允许 σ 最大值为________。

(5) 已知随机变量 X 的密度为 $f(x)=\begin{cases}ax+b, & 0<x<1,\\ 0, & \text{其他},\end{cases}$ 且 $P\{X>1/2\}=5/8$,则 $a=$________,$b=$________。

(6) 设 $X\sim N(10,\sigma^2)$,$P\{10<X<20\}=0.3$,则 $P\{0<X<10\}$________。

2. 选择题:

(1) 设 X 是一个离散型随机变量,下述(　　)可以作为 X 的分布律。

A. p,p^2(p 为任意实数)　　B. $0.1,0.2,0.3,0.4$

C. $\{2^n/n!,n=1,2,\cdots\}$　　D. $\{(2^n/n!)\mathrm{e}^{-2},n=0,1,2,\cdots\}$

(2) 设随机变量 X 的概率密度函数为 $\varphi(x)$,且 $\varphi(-x)=\varphi(x)$,$F(x)$ 是 X 的分布函数,则对任意实数 a 有(　　)。

A. $F(-a)=1-\int_0^a\varphi(x)\mathrm{d}x$　　B. $F(-a)=\frac{1}{2}-\int_0^a\varphi(x)\mathrm{d}x$

C. $F(-a)=F(a)$　　D. $F(-a)=2F(a)-1$

(3) 设随机变量 X 服从正态分布 $N(\mu_1,\sigma_1{}^2)$,随机变量 Y 服从正态分布 $N(\mu_2,\sigma_2{}^2)$,且 $P\{|X-\mu_1|<1\}>P\{|Y-\mu_2|<1\}$,则(　　)。

A. $\sigma_1<\sigma_2$　　B. $\sigma_1>\sigma_2$　　C. $\mu_1<\mu_2$　　D. $\mu_1>\mu_2$

(4) 设 X 的分布函数为 $F(x)$,则 $Y=3X+1$ 的分布函数 $G(y)$ 为(　　)。

A. $F\left(\frac{1}{3}y-\frac{1}{3}\right)$　　B. $F(3y+1)$

C. $3F(y)+1$　　D. $\frac{1}{3}F(y)-\frac{1}{3}$

3. 解答题:

(1) 已知随机变量 X 只能取 $-1,0,1,2$ 四个值,且取这四个值的相应概率依次为$\frac{1}{2c}$,$\frac{3}{4c}$,$\frac{5}{8c}$,$\frac{7}{16c}$。试确定常数 c,并计算条件概率 $P\{X<1|X\neq 0\}$。

(2) 设甲乙击中目标的概率分别是 0.7 和 0.4,如果各射击 2 次。求:

①两人击中目标次数相同的概率;②甲击中的次数多的概率。

(3) 假设随机变量 X 的绝对值不大于 1；$P\{X=-1\}=\dfrac{1}{8}$，$P\{X=1\}=\dfrac{1}{4}$；在事件 $\{-1<X<1\}$ 出现的条件下，X 在 $(-1,1)$ 内任一子区间上取值的条件概率与该区间的长度成正比。求：①X 的分布函数 $F(x)=P\{X\leqslant x\}$；②X 取负值的概率 p。

(4) 设连续型随机变量 X 的分布函数为 $F(x)=\begin{cases}0, & x<1,\\ ax\ln x+bx+1, & 1\leqslant x\leqslant \mathrm{e},\\ 1, & x>\mathrm{e}。\end{cases}$求：

①确定常数 a,b；②求 X 的概率密度函数。

(5) 某机器生产的螺栓长度 $X\sim N(10.05,0.06^2)$，规定螺栓长度在 10.05 ± 0.12(cm)范围内合格品，求：①任取一螺栓为不合格品的概率；②任取三件螺栓恰有一件不合格品的概率。

(6) 设公共汽车站每隔 5min 有一辆汽车通过，又乘客到达汽车站在任一时刻是等可能的。求乘客候车时间不到 3min 的概率。(假设公共汽车一来，乘客必能上车)

(7) 设 $X\sim N(0,1)$，求 $Y=|X|$ 的概率密度。

第 12 章　随机变量的数字特征

第 11 章我们介绍了随机变量的分布，分布函数给出了随机变量的一种最完全的描述。但通过对许多实际问题的分析，人们发现对某些随机现象并不需要了解它的确切分布，而只要掌握它们的某些重要特征即可，这些特征往往更能集中地反映随机现象的特点。如评定某企业的经营能力时，只需知道该企业的人均赢利水平；研究水稻品种优劣时，我们关心的是稻穗的平均粒数及每粒的平均重量；检验棉花的质量时，既要注意纤维的平均长度，又要注意纤维长度与平均长度的偏离程度，平均长度越长、偏离程度越小，质量就越好；考察一射手的射击水平，既要看他的平均环数是否高，还要看他弹着点的范围是否小，即数据的波动是否小。这些与随机变量有关的数值，我们称之为随机变量的数字特征，在概率论与数理统计中起着重要的作用。本章主要介绍随机变量的数学期望和方差。

12.1　数学期望

12.1.1　数学期望的概念

在实际问题中，我们常常需要知道某一随机变量的平均值，怎样合理地规定随机变量的平均值呢？先看下面的一个实例。

例 12.1.1　经过长期观察积累，某射手在每次射击中命中的环数 ξ 服从分布：

ξ	5	6	7	8	9	10
p_k	0.05	0.05	0.1	0.1	0.2	0.5

一种很自然的考虑是：假定该射手进行了 100 次射击，那么约有 5 次命中 5 环，5 次命中 6 环，10 次命中 7 环，10 次命中 8 环，20 次命中 9 环，50 次命中 10 环。从而在一次射击中，该射手平均命中的环数为

$$\frac{1}{100}(10\times 50+9\times 20+8\times 10+7\times 10+6\times 5+5\times 5)=8.85\text{ 环。}$$

它是 ξ 的所有可能取值与对应概率的乘积之和。

从上例可以看出，对于一个离散型随机变量 X，其可能取值为 $x_1,x_2,\cdots,x_n$，如果将这 n 个数相加后除 n 作为“均值”是不对的。因为 X 取各个值的概率是不同的，对概率大的取值，该值出现的机会就大，也就是在计算取值的平均时其权数大。因此用概率作为一种“权数”做加权计算平均值是十分合理的。

经以上分析，我们可以给出离散型随机变量的数学期望的一般定义。

1. 离散型随机变量的数学期望

定义 12.1.1　设 X 为一离散型随机变量，其分布律为 $P\{X=x_k\}=p_k(k=1,2,\cdots)$，

若级数 $\sum_{k=1}^{\infty} x_k p_k$ 绝对收敛，则称此级数之和为随机变量 X 的**数学期望**，简称**期望**或**均值**。记为 $E(X)$，即

$$E(X)=\sum_{k=1}^{\infty} x_k p_k。 \tag{12.1.1}$$

在定义 12.1.1 中，要求 $\sum_{k=1}^{\infty} x_k p_k$ 绝对收敛是必需的，因为 X 的数学期望是一确定的量，不受 $x_k p_k$ 在级数中的排列次序的影响，这在数学上就要求级数绝对收敛。

X 的数学期望也称为数 x_k 以概率 p_k 为权的加权平均。

例 12.1.2 离散型随机变量 X 的分布律为

X	0	1	2
p_k	0.1	0.2	0.7

求随机变量 X 的数学期望 $E(X)$。

解 $E(X)=0\times 0.1+1\times 0.2+2\times 0.7=1.6.$

例 12.1.3 设随机变量 X 服从 0-1 分布，求 $E(X)$。

解 因为随机变量 X 服从 0-1 分布，其分布律为

$$P\{X=1\}=p,\quad P\{X=0\}=q,\quad p+q=1。$$

其数学期望为 $E(X)=1\cdot p+0\cdot q=p$。

例 12.1.4 设随机变量 $X\sim b(n,p)$，求 $E(X)$。

解 因为 $p_k=P\{X=k\}=\mathrm{C}_n^k p^k(1-p)^{n-k}(k=0,1,\cdots,n)$，则

$$\begin{aligned}E(X)&=\sum_{k=0}^{n} k p_k=\sum_{k=1}^{n} k\mathrm{C}_n^k p^k(1-p)^{n-k}=\sum_{k=1}^{n}\frac{n!}{(k-1)!\,(n-k)!}p^k(1-p)^{n-k}\\&=np\sum_{k=1}^{n}\frac{(n-1)!}{(k-1)!\,[n-1-(k-1)]!}p^{k-1}(1-p)^{n-1-(k-1)}\\&=np[p+(1-p)]^{n-1}=np。\end{aligned}$$

例 12.1.5 设随机变量 $X\sim\pi(\lambda)$，求 $E(X)$。

解 因为 $X\sim\pi(\lambda)$，所以

$$P\{X=k\}=\frac{\lambda^k}{k!}\mathrm{e}^{-\lambda},\quad k=0,1,2,\cdots,\lambda>0,$$

因此

$$E(X)=\sum_{k=0}^{\infty} k\frac{\lambda^k}{k!}\mathrm{e}^{-\lambda}=\lambda\mathrm{e}^{-\lambda}\sum_{k=1}^{\infty}\frac{\lambda^{k-1}}{(k-1)!}=\lambda\mathrm{e}^{-\lambda}\cdot\mathrm{e}^{\lambda}=\lambda。$$

例 12.1.6(一种验血新技术) 在一个很多人的团体中普查某种疾病，为此要抽验 N 个人的血，可以用两种方法进行：(1)将每个人的血分别去验，这就需验 N 次；(2)按 k 个人一组进行分组，把从 k 个人抽来的血混合在一起进行检验，如果这个混合血液呈阴性反应，就说明 k 个人的血都呈阴性反应，这样，这 k 个人的血就只需验一次。若呈阳性，则再对这 k 个人的血液分别进行化验。这样这 k 个人的血总共要化验 $k+1$ 次。假设每个人化验呈阳性的概率为 p，且这些人的试验反应是相互独立的。试说明当 p 较小时，选取适当的 k，按

第二种方法可以减少化验次数,并说明 k 取什么值最适宜。

解　各人的血呈阴性反应的概率为 $q=1-p$。因而 k 个人的混合血呈阴性反应的概率为 q^k,而呈阳性反应的概率为 $1-q^k$。设以 k 个人为一组时,组内每人化验的次数为 X,则 X 是一个随机变量,其分布律为

X	$\frac{1}{k}$	$\frac{k+1}{k}$
p	q^k	$1-q^k$

于是 X 的数学期望为

$$E(X)=\frac{1}{k}\times q^k+\frac{k+1}{k}\times(1-q^k)=1-q^k+\frac{1}{k}。$$

N 个人平均需化验的次数为 $N\left(1-q^k+\frac{1}{k}\right)$,由此可知,只要选择 k 使 $1-q^k+\frac{1}{k}<1$,则 N 个人平均需化验的次数就小于 N。当 p 固定时,我们选取 k 使得 $L=1-q^k+\frac{1}{k}$ 小于 1 且取得最小值,这时就能得到最好的分组方法。

例如,$p=0.1$,则 $q=0.9$,当 $k=4$ 时,$L=1-q^k+\frac{1}{k}$ 小于 1 且取得最小值,此时得到最好的分组方法。若 $N=1000$,此时以 $k=4$ 分组,则按第二方案平均只化验

$$1000\left(1-0.9^4+\frac{1}{4}\right)=594\text{ 次}。$$

这样平均来说,可以减少 40%的工作量。

2. 连续型随机变量的数学期望

定义 12.1.2　设 X 为一连续型随机变量,其概率密度为 $f(x)$,若广义积分 $\int_{-\infty}^{+\infty}xf(x)\mathrm{d}x$ 绝对收敛,则称广义积分 $\int_{-\infty}^{+\infty}xf(x)\mathrm{d}x$ 的值为连续型随机变量 X 的**数学期望或均值**,记为 $E(X)$,即

$$E(X)=\int_{-\infty}^{+\infty}xf(x)\mathrm{d}x。$$

例 12.1.7　设随机变量 X 的概率密度为 $f(x)=\begin{cases}2x, & 0<x<1,\\ 0, & \text{其他},\end{cases}$ 求 $E(X)$。

解　依题意,得

$$E(X)=\int_{-\infty}^{+\infty}xf(x)\mathrm{d}x=\int_0^1 x\cdot 2x\,\mathrm{d}x=\frac{2}{3}。$$

例 12.1.8　设随机变量 X 服从区间$[a,b]$上的均匀分布,求 $E(X)$。

解　依题意,X 的概率密度为

$$f(x)=\begin{cases}\dfrac{1}{b-a}, & a\leqslant x\leqslant b,\\ 0, & \text{其他},\end{cases}$$

因此

$$E(X)=\int_{-\infty}^{+\infty} xf(x)\mathrm{d}x=\int_a^b x\cdot\frac{1}{b-a}\mathrm{d}x=\frac{a+b}{2}。$$

例 12.1.9 设随机变量 X 服从参数为 λ 的指数分布，求 $E(X)$。

解 依题意，X 的概率密度为

$$f(x)=\begin{cases}\lambda \mathrm{e}^{-\lambda x}, & x\geqslant 0,\\ 0, & x<0,\end{cases}$$

因此

$$E(X)=\int_{-\infty}^{+\infty} xf(x)\mathrm{d}x=\int_0^{+\infty} x\cdot\lambda \mathrm{e}^{-\lambda x}\mathrm{d}x=\frac{1}{\lambda}。$$

12.1.2 随机变量函数的数学期望

定理 11.1.1 设随机变量 Y 是随机变量 X 的函数，$Y=g(X)$（其中 g 为一元连续函数）。

(1) X 是离散型随机变量，其分布律为

$$P\{X=x_k\}=p_k,\quad k=1,2,\cdots,$$

则当无穷级数 $\sum\limits_{k=1}^{\infty} g(x_k)p_k$ 绝对收敛时，随机变量 Y 的数学期望为

$$E(Y)=E[g(X)]=\sum_{k=1}^{\infty} g(x_k)p_k。\tag{12.1.2}$$

(2) X 是连续型随机变量，其概率密度为 $f(x)$，则当广义积分 $\int_{-\infty}^{+\infty} g(x)f(x)\mathrm{d}x$ 绝对收敛时，随机变量 Y 的数学期望为

$$E(Y)=E[g(X)]=\int_{-\infty}^{+\infty} g(x)f(x)\mathrm{d}x。\tag{12.1.3}$$

这一定理的重要意义在于：求随机变量 $Y=g(X)$ 的数学期望时，只需利用 X 的分布律或概率密度就可以了，无需求 Y 的分布，这给我们计算随机变量函数的数学期望提供了极大的方便。

例 12.1.10 设离散型随机变量 X 的分布律为

X	-1	0	1	2
p_k	0.1	0.3	0.4	0.2

求随机变量 $Y=X^2+1$ 的数学期望。

解 依题意，可得

$$E(Y)=[(-1)^2+1]\times 0.1+(0^2+1)\times 0.3+(1^2+1)\times 0.4+(2^2+1)\times 0.2=2.3。$$

例 12.1.11 设随机变量 X 服从区间$[0,2]$上的均匀分布，求 $E(3X+1)$。

解 由于 $X\sim U(0,2)$，因此随机变量 X 的概率密度为

$$f(x)=\begin{cases}\dfrac{1}{2}, & 0\leqslant x\leqslant 2,\\ 0, & \text{其他},\end{cases}$$

按式(12.1.3)，有

$$E(3X+1)=\int_{-\infty}^{+\infty}(3x+1)f(x)\mathrm{d}x=\int_0^2\frac{1}{2}(3x+1)\mathrm{d}x=4。$$

例 12.1.12　假定国际市场上每年对我国某种出口商品的需求量 X 是随机变量(单位：吨)，它服从[2000,4000]上的均匀分布。如果售出1吨，可获利3万元，而积压1吨，需支付保管费及其他各种损失费用1万元，问应怎样决策才能使收益最大？

解　设每年生产该种商品 t 吨，$2000\leqslant t\leqslant 4000$，收益 Y 万元，则

$$Y=g(X)=\begin{cases}3t, & X\geqslant t,\\ 3X-(t-X), & X<t,\end{cases}$$

即

$$Y=g(X)=\begin{cases}3t, & X\geqslant t,\\ 4X-t, & X<t。\end{cases}$$

又 X 服从[2000,4000]上的均匀分布，所以 X 的概率密度为

$$f(x)=\begin{cases}\dfrac{1}{2000}, & 2000\leqslant x\leqslant 4000,\\ 0, & \text{其他。}\end{cases}$$

按式(12.1.3)，有

$$\begin{aligned}E(Y)=E[g(X)]&=\int_{-\infty}^{+\infty}g(x)f(x)\mathrm{d}x=\frac{1}{2000}\int_{2000}^{t}(4x-t)\mathrm{d}x+\frac{1}{2000}\int_t^{4000}3t\mathrm{d}x\\ &=\frac{1}{1000}(-t^2+7000t-4\,000\,000)。\end{aligned}$$

于是，当 $t=3500$ 时 $E(Y)$ 达到最大值，也就是说组织货源3500吨时国家的期望受益最大。

12.1.3　数学期望的性质

设随机变量 X,Y 的数学期望都存在，C 为常数。关于数学期望有如下性质成立。

性质1　$E(C)=C$。

性质2　$E(CX)=CE(X)$。

性质3　$E(X+Y)=E(X)+E(Y)$。

这一性质可以推广到任意有限个随机变量之和的情况。

性质4　如果随机变量 X 和 Y 相互独立，则 $E(XY)=E(X)E(Y)$。

这一性质可以推广到任意有限个相互独立的随机变量之积的情况。

以上性质的证明从略。

例 12.1.13　设随机变量 X 和 Y 相互独立，且各自的概率密度为

$$f_X(x)=\begin{cases}3\mathrm{e}^{-3x}, & x>0,\\ 0, & \text{其他，}\end{cases}\qquad f_Y(y)=\begin{cases}4\mathrm{e}^{-4y}, & y>0,\\ 0, & \text{其他。}\end{cases}$$

求 $E(XY)$。

解　由性质4得

$$\begin{aligned}E(XY)=E(X)E(Y)&=\int_{-\infty}^{+\infty}xf_X(x)\mathrm{d}x\cdot\int_{-\infty}^{+\infty}yf_Y(y)\mathrm{d}y\\ &=\int_0^{+\infty}3x\mathrm{e}^{-3x}\mathrm{d}x\cdot\int_0^{+\infty}4y\mathrm{e}^{-4y}\mathrm{d}y=\frac{1}{3}\times\frac{1}{4}=\frac{1}{12}。\end{aligned}$$

12.2 方 差

12.2.1 方差及其计算公式

数学期望体现了随机变量所有可能取值的平均值，是随机变量重要的数字特征之一。在一些实际问题中，仅知道平均值是不够的，因为它有很大的局限性，还不能够完全反映问题的实质。例如，某厂生产两类不同手表，甲类手表日走时误差均匀分布在$-10\sim10$s之间；乙类手表日走时误差均匀分布在$-20\sim20$s之间，易知其数学期望均为0，即两类手表的日走时误差平均都是0。由此并不能比较出哪类手表走得好，但我们从直觉上易得出甲类手表比乙类手表走得较准，这是由于甲的日走时误差与其平均值偏离度较小，质量稳定。由此可见，我们有必要研究随机变量取值与其数学期望值的偏离程度——方差。

定义 12.2.1 设 X 为一随机变量，如果随机变量$[X-E(X)]^2$的数学期望存在，则称之为 X 的**方差**，记为 $D(X)$，即

$$D(X)=E\{[X-E(X)]^2\}。\tag{12.2.1}$$

称$\sqrt{D(X)}$为随机变量 X 的**标准差**或**均方差**，记作 $\sigma(X)$。

由定义 12.2.1 可知，随机变量 X 的方差反映了 X 与其数学期望$E(X)$的偏离程度，如果 X 取值集中在$E(X)$附近，则方差 $D(X)$较小；如果 X 取值比较分散，则方差 $D(X)$较大。不难看出，方差 $D(X)$实质上是随机变量 X 的函数$[X-E(X)]^2$的数学期望。

如果 X 是离散型随机变量，其分布律为

$$P\{X=x_k\}=p_k,\quad k=1,2,\cdots,$$

则有

$$D(X)=E\{[X-E(X)]^2\}=\sum_{k=1}^{\infty}[x_k-E(X)]^2p_k。$$

如果 X 是连续型随机变量，其概率密度为 $f(x)$，则有

$$D(X)=E\{[X-E(X)]^2\}=\int_{-\infty}^{+\infty}[x-E(X)]^2f(x)\mathrm{d}x。$$

根据数学期望的性质，可得

$$\begin{aligned}D(X)&=E\{[X-E(X)]^2\}=E\{X^2-2XE(X)+[E(X)]^2\}\\&=E(X^2)-2E(X)E(X)+[E(X)]^2\\&=E(X^2)-[E(X)]^2,\end{aligned}$$

即

$$D(X)=E(X^2)-[E(X)]^2。$$

这是计算方差的一个常用公式。

例 12.2.1 计算参数为 p 的 0-1 分布的方差。

解 根据 0-1 分布的分布律 $P\{X=k\}=p^k(1-p)^{1-k},k=0,1$。

由于

$$\begin{aligned}E(X)&=0\times(1-p)+1\times p=p,\\E(X^2)&=0^2\times(1-p)+1^2\times p=p,\end{aligned}$$

因此

$$D(X)=E(X^2)-[E(X)]^2=p-p^2=p(1-p)。$$

例 12.2.2　设随机变量 $X\sim\pi(\lambda)$，求 $D(X)$。

解　因为 $X\sim\pi(\lambda)$，有 $P\{X=k\}=\frac{\lambda^k}{k!}e^{-\lambda}, k=0, 1, 2, \cdots, \lambda>0$。

我们在例 12.1.5 中已算得 $E(X)=\lambda$，而

$$\begin{aligned}E(X^2)&=E[X(X-1)+X]=E[X(X-1)]+E(X)\\&=\sum_{k=0}^{\infty}k(k-1)\frac{\lambda^k e^{-\lambda}}{k!}+\lambda=\lambda^2 e^{-\lambda}\sum_{k=2}^{\infty}\frac{\lambda^{k-2}}{(k-2)!}+\lambda\\&=\lambda^2 e^{-\lambda}e^{\lambda}+\lambda=\lambda^2+\lambda,\end{aligned}$$

所以

$$D(X)=E(X^2)-[E(X)]^2=\lambda。$$

例 12.2.3　设随机变量 X 服从 $[a,b]$ 上的均匀分布，求 $D(X)$。

解　依题意，X 的概率密度为 $f(x)=\begin{cases}\frac{1}{b-a}, & a\leqslant x\leqslant b,\\ 0, & 其他,\end{cases}$ 已算得 $E(X)=\frac{a+b}{2}$，则

$$E(X^2)=\int_a^b x^2 f(x)dx=\int_a^b\frac{1}{b-a}x^2 dx=\frac{a^2+b^2+ab}{3}。$$

所以

$$D(X)=E(X^2)-[E(X)]^2=\frac{(b-a)^2}{12}。$$

例 12.2.4　某厂生产两类不同的手表，甲类手表日走时误差均匀分布在 $-10\sim10s$ 之间；乙类手表日走时误差均匀分布在 $-20\sim20s$ 之间，比较哪类手表走得好。

解　设 ξ_1,ξ_2 分别表示甲类、乙类手表的日走时误差，则其概率密度分别为

$$f_1(x)=\begin{cases}\frac{1}{20}, & -10\leqslant x\leqslant 10,\\ 0, & 其他,\end{cases}\qquad f_2(x)=\begin{cases}\frac{1}{40}, & -20\leqslant x\leqslant 20,\\ 0, & 其他。\end{cases}$$

因此有 $E(\xi_1)=\int_{-\infty}^{\infty}xf_1(x)dx=\frac{1}{20}\int_{-10}^{10}x\,dx=0$，同理 $E(\xi_2)=0$。

$$D(\xi_1)=E(\xi_1^2)-[E(\xi_1)]^2=E(\xi_1^2)=\int_{-\infty}^{+\infty}x^2 f_1(x)dx=\frac{1}{20}\int_{-10}^{10}x^2 dx=\frac{100}{3},$$

$$D(\xi_2)=E(\xi_2^2)-[E(\xi_2)]^2=E(\xi_2^2)=\int_{-\infty}^{+\infty}x^2 f_2(x)dx=\frac{1}{40}\int_{-20}^{20}x^2 dx=\frac{400}{3}。$$

因此 $D(\xi_1)<D(\xi_2)$，即 ξ_1 的偏离程度小，甲类手表走得较好。

12.2.2　方差的性质

设随机变量 X,Y 的方差都存在，C 为常数。关于方差有如下性质。

性质 1　$D(C)=0$。

证　$D(C)=E\{[C-E(C)]^2\}=0$。

性质 2　$D(CX)=C^2D(X)$。

证 $D(CX)=E\{[CX-E(CX)]^2\}=C^2E\{[X-E(X)]^2\}=C^2D(X)$。

性质 3 $D(X+C)=D(X)$。

证 $D(X+C)=E\{[(X+C)-E(X+C)]^2\}=E\{[X+C-E(X)-C]^2\}$
$=E\{[X-E(X)]^2\}=D(X)$。

性质 4 $D(X+Y)=D(X)+D(Y)+2E\{[X-E(X)][Y-E(Y)]\}$。

特别地，若 X,Y 相互独立，则有

$$D(X+Y)=D(X)+D(Y)。$$

证 $D(X+Y)=E\{[(X-E(X))+(Y-E(Y))]^2\}$
$=E\{[X-E(X)]^2\}+2E\{[X-E(X)][Y-E(Y)]\}+E\{[Y-E(Y)]^2\}$
$=D(X)+D(Y)+2E\{[X-E(X)][Y-E(Y)]\}$。

注意到，若 X 和 Y 相互独立，因此 $X-E(X)$ 和 $Y-E(Y)$ 也相互独立，由数学期望的性质，有

$$E\{[X-E(X)][Y-E(Y)]\}=E[X-E(X)]\cdot E[Y-E(Y)]=0。$$

于是

$$D(X+Y)=D(X)+D(Y)。$$

这一性质可以推广到任意有限多个相互独立的随机变量之和的情况。

性质 5 随机变量 X 的方差 $D(X)=0$ 的充分必要条件是：X 以概率 1 取值常数 C，即

$$P\{X=C\}=1。$$

证明从略。

例 12.2.5 设随机变量 $X\sim b(n,p)$，求 $D(X)$。

解 设 $X_i(i=1,2,\cdots,n)$ 为 n 重伯努利试验中第 i 次试验的随机变量，则 X_1，$X_2,\cdots,X_n$ 独立同分布，且 $X=X_1+X_2+\cdots+X_n$。而

$$P\{X_k=1\}=p,\quad P\{X_k=0\}=1-p,\quad k=1,2,\cdots,n,$$

则由性质 4，有

$$D(X)=\sum_{k=1}^{n}D(X_k)=nD(X_k);$$

而

$$D(X_k)=p(1-p),\quad k=1,2,\cdots,n,$$

因此

$$D(X)=np(1-p)。$$

本节最后，将几种常用分布的数字特征列表 12-1。

表 12-1 几种常用分布的数字特征

分　布	分布律或概率密度	期　望	方　差
0-1 分布 $b(1,p)$	$P\{X=k\}=p^k(1-p)^{1-k}$ $0<p<1$	p	$p(1-p)$
二项分布 $b(n,p)$	$P\{X=k\}=C_n^kp^k(1-p)^{n-k}$ $k=0,1,2,\cdots,n$ $0<p<1$	np	$np(1-p)$

续表

分　　布	分布律或概率密度	期　望	方　差
泊松分布 $\pi(\lambda)$	$P\{X=k\}=\frac{\lambda^k}{k!}e^{-\lambda}$ $k=0,1,2,\cdots,\lambda>0$	λ	λ
均匀分布 $U(a,b)$	$f(x)=\begin{cases}\frac{1}{b-a}, & a\leqslant x\leqslant b\\ 0, & \text{其他}\end{cases}$	$\frac{a+b}{2}$	$\frac{(b-a)^2}{12}$
指数分布 $e(\lambda)$	$f(x)=\begin{cases}\lambda e^{-\lambda x}, & x\geqslant 0\\ 0, & x<0\end{cases}$	$\frac{1}{\lambda}$	$\frac{1}{\lambda^2}$
正态分布 $N(\mu,\sigma^2)$	$f(x)=\frac{1}{\sqrt{2\pi}\sigma}e^{-\frac{(x-\mu)^2}{2\sigma^2}}$ $-\infty<x<+\infty$	μ	σ^2

习　题　12

(A)

1. 设随机变量 X 的分布律为

X	-2	0	2
p_k	0.4	0.3	0.3

求 $E(X)$,$E(X^2)$,$E(3X^2+5)$。

2. 设每张奖券中尾奖的概率为$\frac{1}{10}$,某人购买20张号码杂乱的奖券,则中尾奖的张数 X 为随机变量,求 $E(X)$。

3. 一批产品中有一、二、三等品、等外品及废品5种,响应的概率分别为0.7、0.1、0.1、0.06及0.04,若其产值分别为6元、5.4元、5元、4元及0元,求产品的平均产值。

4. 某汽车上有20位乘客,有10个车站可以下车,若1个站台没有乘客下车就不停车,记 X 表示停车的次数,求 $E(X)$(设每位乘客在各个车站下车是等可能的,并且各个乘客是否下车相互独立)。

5. 设 X 表示10次独立重复射击命中的次数,每次命中目标的概率为0.4,求 $E(X^2)$。

6. 某工厂生产的设备寿命(以年记)服从参数为$\frac{1}{4}$的指数分布,工厂规定出售设备一年内损坏可以调换,出售一台赢利100元,调换一台设备厂房需花费300元,求厂房出售一台设备净赢利的数学期望。

7. 某产品的次品率为0.1,检查员每天检查4次,每次随机抽取10件产品进行检查,若发现其中次品数多于1个,就去调整设备,以 X 表示1天调整设备的次数,求 $E(X)$。

8. 在某一项有奖销售中,每10万张奖券中有1个头奖,奖金10000元;2个二等奖,奖金各 5000 元;500 个三等奖,奖金各 100 元,10000 个四等奖,奖金各 5 元。试求每张奖券奖金的期望值。如果每张奖券 2 元,销售一张平均获利多少?(假设所有奖券全部售完)

9. 设随机变量 X 的概率密度为 $f(x)=\begin{cases}\dfrac{1}{\pi}, & 0\leqslant x\leqslant \pi,\\ 0, & 其他,\end{cases}$ 求 $E(X),E(X^2),E(\sin X)$。

10. 设随机变量 X 的概率密度为

$$f(x)=\begin{cases}1+x, & -1\leqslant x<0,\\ 1-x, & 0\leqslant x\leqslant 1,\\ 0, & 其他。\end{cases}$$

求 $E(2X),E(X^2),D(1-2X)$。

11. 连续型随机变量 X 的概率密度为

$$f(x)=\begin{cases}kx^a, & 0<x\leqslant 1(k,a>0),\\ 0, & 其他。\end{cases}$$

又知 $E(X)=0。75$,求 k 和 a 的值,并求 $D(X)$。

12. 设随机变量 X 的分布密度为

$$f(x)=\frac{1}{2}\mathrm{e}^{-|x|},\quad -\infty<x<+\infty,$$

求 $E(X),E(X^2),D(-3X+1)$。

13. 某车间生产的圆盘其直径在区间 $[a,b]$ 上服从均匀分布,试求圆盘面积的数学期望。

14. 若 X 服从参数为 1 的指数分布,求 $E(X+\mathrm{e}^{-2X})$。

15. 已知连续随机变量 X 的概率密度为

$$f(x)=\frac{1}{\sqrt{\pi}}\mathrm{e}^{-x^2+2x-1},$$

求 $E(X),D(X)$。

16. 设 X,Y 相互独立,$X\sim N(\mu_1,\sigma_1^2),Y\sim N(\mu_2,\sigma_2^2)$,求 $Z=a+bX+cY$ 的分布,并写出它的期望。

17. 设随机变量 X_1,X_2 相互独立,其概率密度分别为

$$f_1(x)=\begin{cases}2\mathrm{e}^{-2x}, & x>0,\\ 0, & x\leqslant 0\end{cases}\quad 和\quad f_2(x)=\begin{cases}4\mathrm{e}^{-4x}, & x>0,\\ 0, & x\leqslant 0。\end{cases}$$

求 $E(2X_1+X_2),E(X_1X_2)$。

18. 设随机变量 X,Y 相互独立,其概率密度分别为

$$f_X(x)=\begin{cases}1, & 0\leqslant x\leqslant 1,\\ 0, & 其他,\end{cases}\qquad f_Y(y)=\begin{cases}\mathrm{e}^{-y}, & y>0,\\ 0, & 其他。\end{cases}$$

求 $E(X+Y),D(X-Y)$。

19. 5 家商店联营,他们每两周售出的某种农产品的数量(单位: kg)分别为 X_1,X_2,X_3,X_4,X_5,已知 $X_1\sim N(200,225),X_2\sim N(240,240),X_3\sim N(180,225),X_{41}\sim N(260,265),X_5\sim N(320,270),X_1,X_2,X_3,X_4,X_5$ 相互独立。

(1) 求 5 家商店两周的总销售量的均值和方差。

(2) 商店每隔两周进货一次，为了使新的供货达到前商店不会脱销的概率大于 0.99，问商店的仓库至少应存储多少 kg 该产品？

20. 卡车装运水泥，设每袋水泥重量 X（单位：kg）服从 $N(50,2.5^2)$，问最多装多少袋水泥使总重量超过 2000kg 的概率不大于 0.05。

(B)

1. 设 X,Y 独立同分布，且都服从 $N\left(0,\frac{1}{2}\right)$，试求 $E|X-Y|$，$D|X-Y|$。

2. 设随机变量 X 服从参数为 λ 的泊松分布，且 $E[(X-1)(X-2)]=1$，求 λ 的值。

3. 设 X 的密度函数为 $f(x)=\begin{cases}\frac{1}{2}\cos\frac{x}{2}, & 0\leqslant x\leqslant\pi,\\ 0, & \text{其他},\end{cases}$ 对 X 独立重复观察 4 次，Y 表示观察值大于 $\frac{\pi}{3}$ 的次数，求 $E(Y^2)$。

4. 设随机变量 X 的分布函数为 $F(x)=\begin{cases}1-(1+x)\mathrm{e}^{-x}, & x\geqslant 0,\\ 0, & \text{其他}。\end{cases}$ 求 X 的概率密度和 $E(\mathrm{e}^{-X})$。

5. 设 X 为随机变量，C 是常数，证明：$D(X)\leqslant E\{(X-C)^2\}$，其中 $C\neq E(X)$。

6. X 为连续型随机变量，概率密度满足：当 $x\notin[a,b]$ 时，$f(x)=0$，证明：

$$a\leqslant E(X)\leqslant b,\quad D(X)\leqslant\left(\frac{b-a}{2}\right)^2。$$

7. 设长方形的高（以 m 记）$X\sim U(0,2)$，已知长方形的周长（以 n 记）为 20。求长方形面积 A 的数学期望和方差。

8. 设随机变量 X,Y 相互独立，且 $X\sim N(720,30^2)$，$Y\sim N(640,25^2)$，求 $Z_1=2X+Y$，$Z_2=X-Y$ 的分布。

第 13 章　数学实验

13.1　函数绘图

13.1.1　实验目的

了解函数曲线的几种表示方法;掌握 MATLAB 软件有关的绘图命令。

13.1.2　实验内容

MATLAB 软件为我们提供了众多功能强大的图形绘制函数,用于绘制平面曲线的 MATLAB 命令有 plot,ezplot,polar 等。

1. 函数 plot

plot 是 MATLAB 中最常用的画平面曲线的函数,它的主要功能是用于绘制显函数 $y=f(x)$和参数式函数 $x=x(t)$,$y=y(t)$的平面曲线。plot 函数的调用格式如下:

plot(x,y,'s'),

其中 x 是曲线上的横坐标,y 是曲线上的纵坐标,s 通常包含确定曲线颜色和线型等参数。

例 13.1.1　作函数 $y=\cos x$ 的图形,并观察它们的周期性

解　先作函数 $y=\cos x$ 在$[-4\pi,4\pi]$上的图形,用 MATLAB 作图的程序为

```
>>x=linspace(-4*pi, 4*pi, 300);
>>y=cos(x);
>>plot(x,y)。
```

运行结果如图 13-1 所示。

如果在同一坐标系下作出 $y=\sin x$ 和 $y=\cos x$ 在$[-2\pi,2\pi]$上的图形,相应的 MATLAB 程序为

```
>>x=-2*pi: 2*pi/30: 2*pi;
>>y1=sin(x);y2=cos(x);
>>plot(x, y1, x, y2, '*')。
```

运行结果如图 13-2 所示。其中实线是 $y=\sin x$ 的图形,星号线是 $y=\cos x$ 的图形。

2. 函数 ezplot

ezplot 的主要功能是用于绘制隐函数 $F(x,y)=0$ 和参数式函数 $x=x(t)$,$y=y(t)$的平面曲线。ezplot 函数的调用格式如下。

ezplot(F,[a,b]):用于绘制隐函数 $F(x,y)=0$ 在 $a\leqslant x\leqslant b$ 和 $a\leqslant y\leqslant b$ 上的平面曲线;

ezplot(F,[a,b,c,d]):用于绘制隐函数 $F(x,y)=0$ 在 $a\leqslant x\leqslant b$ 和 $c\leqslant y\leqslant d$ 上的平面曲线;

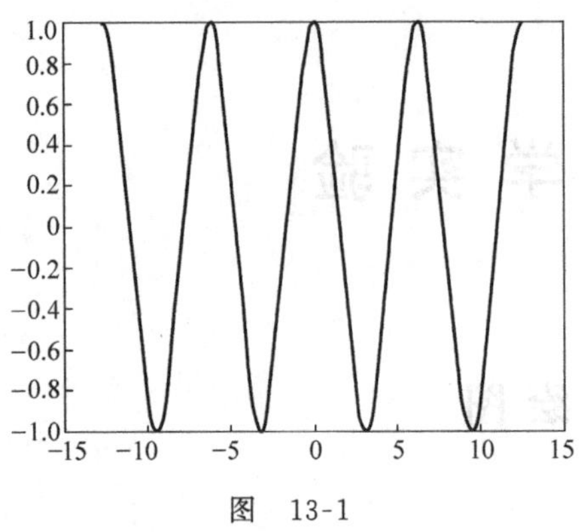

图　13-1

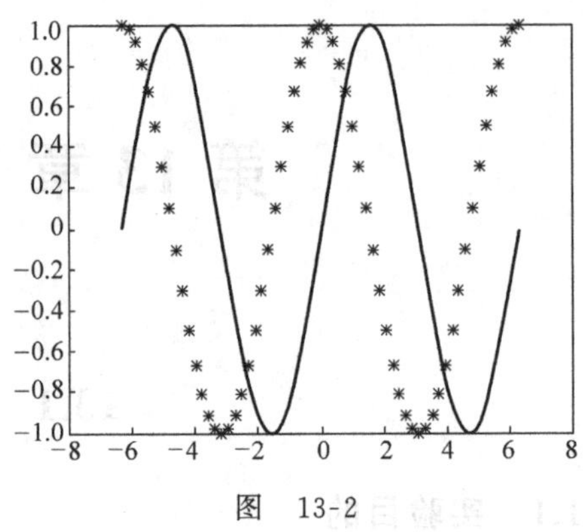

图　13-2

ezplot(x,y,[a,b])：用于绘制参数方程 $x=x(t)$，$y=y(t)$在 $a\leqslant t\leqslant b$ 上的平面曲线。

例 13.1.2　作隐函数$\dfrac{\sin\sqrt{x^2+y^2}}{\sqrt{x^2+y^2}}=0$ 在$-4\pi\leqslant x\leqslant 4\pi$，$-5.6\pi\leqslant y\leqslant 6.6\pi$ 上的图形。

解　相应的 MATLAB 程序为

```
>>ezplot('sin(sqrt(x^2+y^2))/sqrt(x^2+y^2)',[-4*pi,4*pi],[-5.6*pi,6.6*pi])。
```

运行后画出图形，见图 13-3。

3. 函数 polar

polar 主要是用于绘制极坐标函数 $\rho=\rho(\theta)$的平面曲线，它的调用格式如下：

polar(THETA,RHO,'s')，

其中，THETA 是极角(弧度值)，RHO 是极径，s 是可选项。

例 13.1.3　作极坐标函数 $\rho=\dfrac{100[2-\sin(at)-0.5\cos(bt)]}{100+(t-0.5\pi)^8}$在$\left[-\dfrac{\pi}{2},\dfrac{\pi}{2}\right]$上的图形，$a=7$，$b=30$。

解　相应的 MATLAB 程序为

```
>>t=-0.5*pi: pi/500: 0.5*pi;
>>r=100*(2-sin(7*t)-1/2*cos(30*t))./(100+(t-1/2*pi).^8);
>>polar(t, r,'p')。
```

运行后画出图形，见图 13-4，如果改变参数 a，b，将会得到很多有意思的图形。

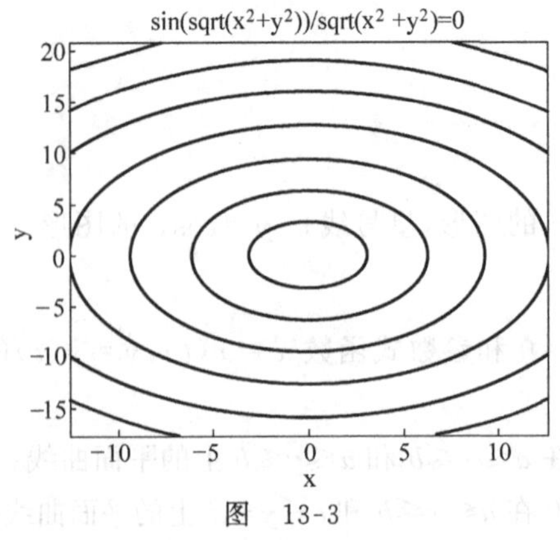

图　13-3

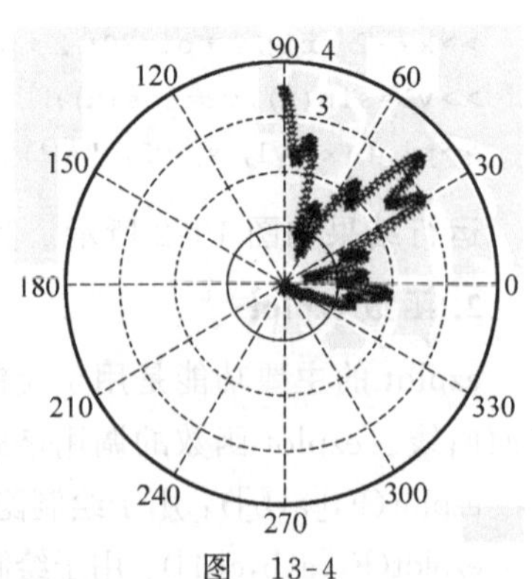

图　13-4

13.2 函数的极限与连续

13.2.1 实验目的

学习、掌握 MATLAB 软件有关极限运算和连续的常用命令。

13.2.2 实验内容

MATLAB也可以进行符号计算，在进行函数极限、积分、微分、公式推导、因式分解等这一类含有 x，y，z 等符号变量的符号表达式的抽象运算以及求解代数方程或微分方程的精确解等时，要使用 syms 这个函数命令来创建和定义基本的符号对象。其调用格式如下：

syms Var1 Var2 … Varn。

1. 函数的极限

limit(f, n, inf)：返回符号表达式当 n 趋于无穷大时表达式 f 的极限；

limit(f, x, a)：返回符号表达式当 x 趋于 a 时表达式 f 的极限；

limit(f, x, a, 'left ')：返回符号表达式当 x 趋于 a^- 时表达式 f 的左极限；

limit(f, x, a, 'right ')：返回符号表达式当 x 趋于 a^+ 时表达式 f 的右极限。

例 13.2.1 用 MATLAB 软件求 $\lim\limits_{x\to 1}\dfrac{x^2+1}{x-1}$。

解 用 limit 命令直接求极限，MATLAB 程序为

```
>>syms x;
>>limit((x^2+1)/(x-1), x, 1)。
```

运行结果为 ans=NaN，即原式极限不存在。

例 13.2.2 用 MATLAB 软件求 $\lim\limits_{x\to\infty}\dfrac{x-\sin x}{3x}$。

解 用 limit 命令直接求极限，MATLAB 程序为

```
>>syms x;
>>limit((x-sin(x))/(3*x), x, inf)。
```

运行结果为 ans $=\dfrac{1}{3}$，即 $\lim\limits_{x\to\infty}\dfrac{x-\sin x}{3x}=\dfrac{1}{3}$。

例 13.2.3 用 MATLAB 求 $\lim\limits_{x\to 0^+}(1-x)^{\frac{1}{x}}$。

解 用 limit 命令直接求极限，MATLAB 程序为

```
>>syms x;
>>limit((1-x)^(1/x), x, 0, 'right')。
```

运行结果为 ans=1/exp(1)，即 $\lim\limits_{x\to 0^+}(1-x)^{\frac{1}{x}}=\dfrac{1}{\mathrm{e}}$。

例 13.2.4　用 MATLAB 求$\lim\limits_{x\to 0}\dfrac{\cos 2x-\cos 3x}{\sqrt{1+x}-1}$。

解　用 limit 命令直接求极限，MATLAB 程序为

```
>>syms x;
>>limit((cos(2*x)-cos(3*x))/(sqrt(1+x)-1), x, 0)。
```

运行结果为 ans=0，即$\lim\limits_{x\to 0}\dfrac{\cos 2x-\cos 3x}{\sqrt{1+x^2}-1}=0$。

例 13.2.5　验证重要极限：$\lim\limits_{x\to 0}\dfrac{\sin x}{x}=1$。

解　先分别作出函数 $y=\dfrac{\sin x}{x}$ 在区间[-0.5,0.5]上的图形，观察图形在点 $x=0$ 附近的形状。在区间[-0.5,0.5]绘图的 MATLAB 程序为

```
>>x=(-0.5): 0.0001: 0.5; y=sin(x)./x;
>>plot(x, y)。
```

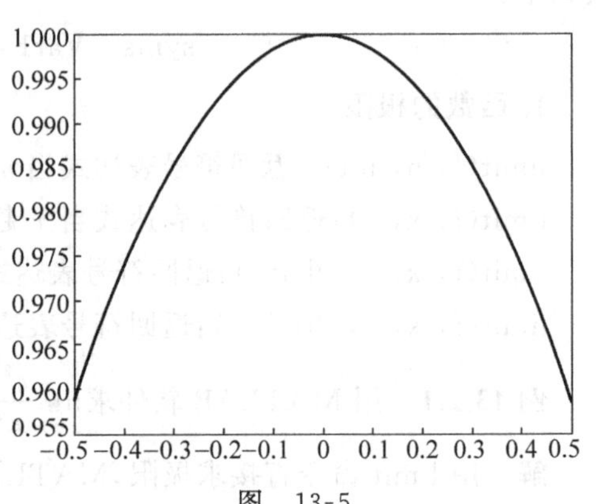

图　13-5

运行结果如图 13-5 所示。图像显示曲线 $y=\dfrac{\sin x}{x}$，当 $x\to 0$ 时，y 与直线 $y=1$ 无限接近。

当然，也可用 limit 命令直接求极限，MATLAB 程序结果为

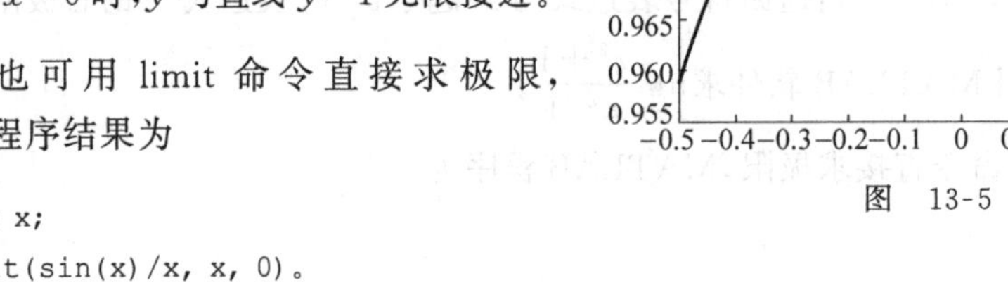

```
>>syms x;
>>limit(sin(x)/x, x, 0)。
```

运行结果为 ans=1。

2. 作图观察函数的连续性

例 13.2.6　验证下列函数在 $x=0$ 点的连续性。若是间断点，判断其类型。

$$f(x)=\begin{cases}2x^2, & x\leqslant 0,\\ 4, & x>0。\end{cases}$$

解　先作出分段函数在区间[-4,4]上的图形，观察图形在点 $x=0$ 附近的形状。MATLAB 程序为

```
>>x1=-4: 0.01: 0; y1=2*x1.'2;
>>x2=0: 0.01: 4; y2=4;
>>plot(x1, y1, x2, y2)。
```

图　13-6

运行结果如图 13-6 所示。从函数图像上可以明显看出 $x=0$ 的点是间断点，且在 $x=0$ 处左右极限存在但不相等，所以 $x=0$ 的点是第一类间断点中的跳跃间断点。

13.3　函数的导数与微分

13.3.1　实验目的

掌握 MATLAB 软件有关函数的导数和微分计算的常用命令。

13.3.2　实验内容

学习使用 MATLAB 求显函数、隐函数、参数方程确定的函数的导数和微分。

1. 求显函数导数的 MATLAB 命令

MATLAB 提供了显函数求导的符号计算函数 diff，可以调用此函数求符号导数，不但使用方便，而且计算准确、迅速，尤其是求结构复杂的高阶导数更显示出其优越性。用 diff 可以求显函数的各阶导数，具体求导函数命令如下。

diff(f(x), x)：求函数 $y=f(x)$ 对 x 的一阶导函数 $y'=f'(x)$；

diff(f(x), x, n)：求函数 $y=f(x)$ 对 x 的 n 阶导函数 $y^{(n)}=f^{(n)}(x)$。

例 13.3.1　设 $f(x)=\sin x$，用定义计算 $f'\left(\frac{\pi}{2}\right)$。

解　根据导数定义，$f(x)$ 在某一点 x_0 处的导数为 $f'(x_0)=\lim\limits_{h\to 0}\frac{f(x_0+h)-f(x_0)}{h}$，MATLAB 程序为

```
>>syms h;
>>limit((sin(pi/2+h)-sin(pi/2))/h, h, 0)。
```

运行结果为 ans=0，可知 $f'\left(\frac{\pi}{2}\right)=0$。

例 13.3.2　用 MATLAB 求下列函数的导数。

(1) $y=\tan\frac{x}{3}$；　(2) $y=\frac{1}{1+\sqrt{t}}-\frac{1}{1-\sqrt{t}}$；　(3) 求 $y=\cos x\,\mathrm{e}^x$ 的三阶导数 $y^{(3)}$。

解　(1) MATLAB 程序为

```
>>syms x;
>>diff(tan(x/3))。
```

运行结果为 ans=tan(x/3)^2/3 + 1/3，即 $y'=\frac{1}{3}\tan^2\frac{x}{3}+\frac{1}{3}$。

(2) MATLAB 程序为

```
>>syms t;
>>diff(1/(1+t^(1/2))-1/(1-t^(1/2)));
```

运行结果为 ans=−1/2/(1+t^(1/2))^2/t^(1/2)−1/2/(1−t^(1/2))^2/t^(1/2)，即

$$y'=\frac{-1}{2\sqrt{t}(1+\sqrt{t})^2}-\frac{1}{2\sqrt{t}(1-\sqrt{t})^2}。$$

(3) MATLAB程序为

```
>>syms x;
>>diff(cos(x) * exp(x), 3)。
```

运行结果为 ans＝－2 * exp(x) * cos(x)－2 * exp(x) * sin(x)，即 $y^{(3)}=-2e^x\cos x-2e^x\sin x$。

2. 求隐函数和参数方程所确定的函数的导数的MATLAB命令

接下来介绍用MATLAB中的函数diff间接求隐函数和参数方程所确定的函数的导数。

如果函数 $y=f(x)$ 由方程 $F(x,y)=0$ 确定，则 y 对 x 的导数为

$$\frac{dy}{dx}=-\frac{F_x}{F_y},$$

其中 F_x 和 F_y 分别为将 $F=F(x,y)$ 中的 y 和 x 视为常数所得到的关于 x 和 y 的一元函数后，对这两个一元函数求导所得的导函数。用MATLAB中的函数diff间接求隐函数 $F(x,y)=0$ 的符号导数的调用格式为

dy/dx＝－diff(F, x)/diff(F, y)。

如果函数 $y=f(x)$ 由参数方程 $\begin{cases}x=x(t),\\ y=y(t)\end{cases}$ 所确定，则 y 对 x 的导数为

$$\frac{dy}{dx}=\frac{\frac{dy}{dt}}{\frac{dx}{dt}}。$$

用MATLAB中的函数diff间接求参数方程的符号导数的调用格式如下：

dy/dx＝diff(y, t)/diff(x, t)。

例13.3.3　设函数 $y=y(x)$ 由方程 $x-e^{\frac{y}{x}}=e$ 确定，求 $\frac{dy}{dx}$。

解　令 $F(x,y)=x-e^{\frac{y}{x}}-e$，先求 F_x，再求 F_y，MATLAB程序为

```
>>syms x y;
>>Fx=diff(x-exp(y/x)-exp(1), x);
```

先得到 F_x：Fx＝(y * exp(y/x))/x^2＋1。

```
>>Fy=diff(x-exp(y/x)-exp(1), y);
```

再得到 F_y：Fy＝ －exp(y/x)/x。

```
>>yx=-Fx/Fy;
```

可得所求导数为 yx＝ (x * ((y * exp(y/x))/x^2 ＋ 1))/exp(y/x)，即

$$\frac{dy}{dx}=\frac{x\left(1+\frac{y}{x^2}e^{\frac{y}{x}}\right)}{e^{\frac{y}{x}}}=x\left(e^{-\frac{y}{x}}+\frac{y}{x^2}\right)。$$

例 13.3.4 设函数 $y=y(x)$ 由参数方程 $\begin{cases}x=t+\sin t,\\ y=1-\cos t\end{cases}$ 确定，求 $\frac{dy}{dx}$。

解 MATLAB 程序为

```
>>syms t ;
>>xt=diff(t+sin(t)); yt=diff(1-cos(t));
>>yx=yt/xt。
```

运行结果为 yx=sin(t)/(cos(t)+1)，即 $\frac{dy}{dx}=\frac{\sin t}{1+\cos t}$。

3. 求函数微分的 MATLAB 命令

下面介绍用 MATLAB 中的函数 diff 计算函数的微分。如果函数 $y=f(x)$ 可导，则 y 对 x 的微分为 $dy=f'(x)dx$，所以用 MATLAB 中的函数 diff 求 dy 的调用格式如下：

$$dy=\text{diff}(y,\ x)*dx。$$

如果函数 $y=f(x)$ 在 $x=x_0$ 处可导，则 y 在 $x=x_0$ 处对 x 的微分为 $dy\big|_{x=x_0}=f'(x_0)dx$，故用函数 diff 求 $y=f(x)$ 在 $x=x_0$ 处对 x 的微分的具体步骤如下。

步骤 1：求 yx=diff(y, x)；

步骤 2：用程序>>x=x0;yx=diff(y, x);求 $y'\big|_{x=x_0}=f'(x_0)$；

步骤 3：用程序>>syms dx;dy=yx * dx;求出 $dy\big|_{x=x_0}=f'(x_0)dx$。

例 13.3.5 求下列函数的微分：

(1) $y=\frac{x}{1-x^2}$； (2) 设函数 $y=y(x)$ 由方程 $xy-e^{-2x}+e^y=0$ 确定，求 $dy\big|_{x=0}$。

解 (1) MATLAB 程序为

```
>>syms x dx;
>>y=x/(1-x^2) ;
>>dy=diff(y, x) * dx;
dy=-dx * (1/(x^2 -1) - (2 * x^2)/(x^2 -1)^2),
>>dy=simple(dy);
dy=(dx * (x^2 +1))/(x^2 -1)^2。
```

(2) 因为当 $x=0$ 时，$y=0$。MATLAB 程序为

```
>>syms x y;
>>F=x * y-exp(-2 * x)+exp(y);
>>Fx=diff(F,x); Fy=diff(F,y); yx=-Fx/Fy;
```

运行后得 y 对 x 的一阶导数如下：

$$yx=-(y+2/\exp(2*x))/(x+\exp(y)),$$

再输入代码

```
>>syms dx;
>>x=0; y=0; dy=-(y+2/exp(2 * x))/(x+exp(y)) * dx;
```

运行后得到 $dy\Big|_{x=0}$为 dy=−2＊dx，即 $dy=-2dx$。

13.4 不定积分与定积分

13.4.1 实验目的

了解不定积分和定积分的基本概念；学习、掌握 MATLAB 软件有关积分计算的常用命令；掌握积分在几何学等问题中的应用。

13.4.2 实验内容

1. 用积分命令 int 求不定积分、定积分

采用 MATLAB 软件中的函数 int 对不定积分和定积分进行符号计算，其调用格式具体如下：

int(f)：求符号表达式 f 的不定积分；

int(f, x)：求符号表达式 f 关于变量 x 的不定积分；

int(f, a, b)：求符号表达式 f 的定积分，a，b 分别为积分的下、上限；

int(f, x, a, b)：求符号表达式 f 关于变量 x 的定积分，a，b 分别为积分的下、上限。

例 13.4.1 求 $\int x\cos x\,dx$。

解 用符号积分命令 int 计算此积分，MATLAB 程序为

```
>>syms x;
>>int(x * cos(x));
ans=cos(x)+x * sin(x)。
```

可以用微分命令 diff 验证积分的正确性，MATLAB 程序为

```
>>diff(cos(x)+x * sin(x));
ans=x * cos(x)。
```

例 13.4.2 设曲线通过点(0,1)，且其切线的斜率为 x^2+x-3，求此曲线的方程并绘制其曲线。

解 设所求的曲线方程为 $y=f(x)$，根据题意，$y'=x^2+x-3$，所以

$$y=\int y'\,dx=\int(x^2+x-3)\,dx。$$

MATLAB 程序为

```
>>syms x C;
>>f=x^2+x-3;
>>F=int(f)+C;
>>y=simple(F)。
```

运行结果为 y=x^3/3+x^2/2−3＊x+C。即斜率为 x^2+x-3 的曲线为 $y=\frac{x^3}{3}+\frac{x^2}{2}-$

$3x+C$。又因为曲线通过点(0,1),代入曲线表达式,得 $C=1$。于是,所求曲线为

$$y=\frac{x^3}{3}+\frac{x^2}{2}-3x+1。$$

作函数曲线图,MATLAB 程序为

```
>>x=-4: 0.1: 4; f=x.^2+x-3; y=x.^3/3+x.^2/2-3*x+1;
>>x0=0; y0=1;
>>plot(x0, y0, 'ro', x, f, 'r*', x, y, 'b-');
>>grid;
>>legend('点(0, 1)', '函数 f=x^2+x-3 的曲线', '函数 f=x^3/3+x^2/2-3*x+1 过点(0, 1)
的积分曲线');
```

运行结果如图 13-7 所示。

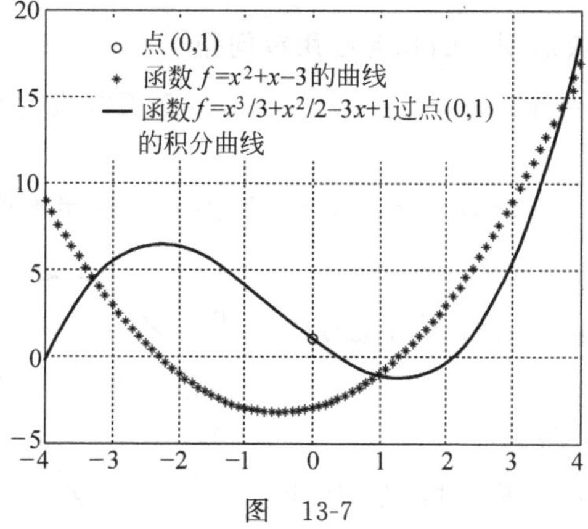

图 13-7

例 13.4.3 求下列定积分:

(1)求 $\int_2^3 \frac{1}{x\ln x}\mathrm{d}x$; (2)已知 $f(x)=\begin{cases}\sin x, & x\leqslant 1,\\ x^2+x-2, & x>1,\end{cases}$ 求 $\int_0^2 f(x)\mathrm{d}x$; (3)计算 $\int_0^{\pi}(1+|2\cos x|)\mathrm{d}x$。

解 (1) MATLAB 程序为

```
>>syms x;
>>f=1/(x*log(x)); F=int(f, x, 2, 3);
```

运行后得到 F=log(log(3))−log(log(2)),即 $\int_2^3 \frac{1}{x\ln x}\mathrm{d}x=\ln\ln 3-\ln\ln 2$。

(2) MATLAB 程序为

```
>>syms x;
>>f1=sin(x); f2=x^2+x-2;
>>F=int(f1, x, 0, 1)+int(f2, x, 1, 2);
```

运行后得 F=17/6−cos(1),即 $\int_0^2 f(x)\mathrm{d}x=\frac{17}{6}-\cos 1$。

(3) 由于 $|2\cos x| = \begin{cases} 2\cos x, & 0 \leqslant x \leqslant \dfrac{\pi}{2}, \\ -2\cos x, & \dfrac{\pi}{2} < x \leqslant \pi, \end{cases}$ 根据积分的区间可加性，得

$$\int_0^{\pi}(1+|2\cos x|)\mathrm{d}x = \int_0^{\frac{\pi}{2}}(1+2\cos x)\mathrm{d}x + \int_{\frac{\pi}{2}}^{\pi}(1-2\cos x)\mathrm{d}x。$$

MATLAB 程序为

```
>>syms x;
>>f1=2*cos(x)+1; f2=-2*cos(x)+1;
>>F=int(f1, x, 0, pi/2)+int(f2, x, pi/2, pi);
```

运行后得 F=4+pi，即 $\int_0^{\pi}(1+|2\cos x|)\mathrm{d}x = 4+\pi$。

2. 利用 MATLAB 解决定积分的几何应用等问题

例 13.4.4　计算由 $y=\sin x, y=\cos x, x=0, x=2$ 所围成的平面区域 D，求平面区域 D 的面积 A。

解　画出由 $y=\sin x, y=\cos x, x=0, x=2$ 所围成的封闭平面区域的图形，MATLAB 程序为

```
>>x=-1: 0.001: 3;F1=sin(x); F2=cos(x);
>>plot(x,F1,x,F2);
```

运行后结果如图 13-8 所示。

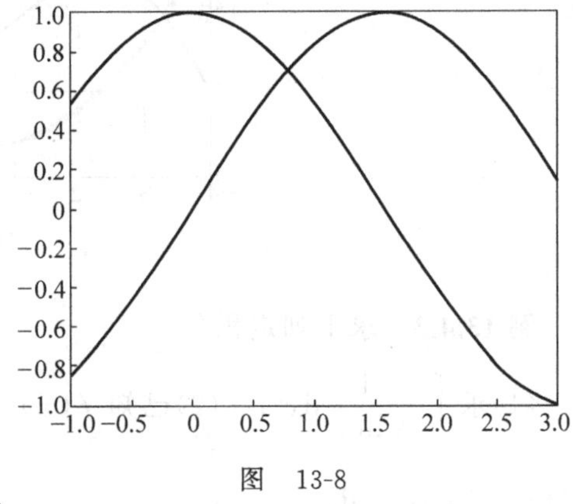

图　13-8

求平面区域 D 的面积。解方程组 $\begin{cases} y=\sin x, \\ y=\cos x \end{cases}$ 得在(0,2)内两曲线交点的横坐标为 $x=\dfrac{\pi}{4}$，则所求面积为

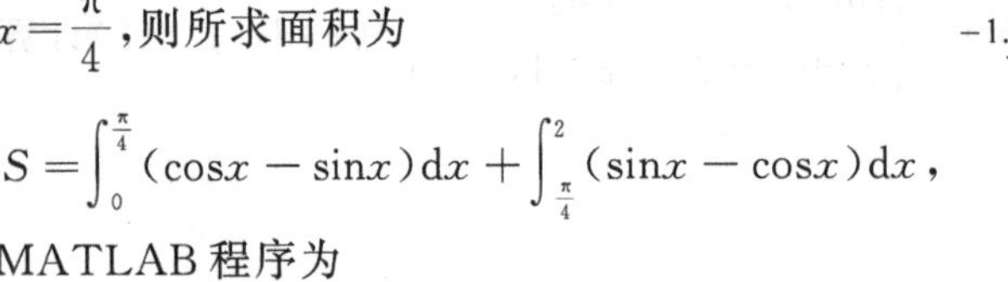

$$S = \int_0^{\frac{\pi}{4}}(\cos x - \sin x)\mathrm{d}x + \int_{\frac{\pi}{4}}^{2}(\sin x - \cos x)\mathrm{d}x,$$

MATLAB 程序为

```
>>syms x;
>>f1=cos(x)-sin(x); f2=-f1; A1=int(f1, x, 0, pi/4); A2=int(f2, x, pi/4, 2);
>>S=A1+A2; A=vpa(A,5);
```

MATLAB 运行后得到面积 A 的表达式及其近似值 A，即

A= 2*2^(1/2)−sin(2)−cos(2)−1，A≈1.3353。

所求平面区域 D 的面积为

$$A = 2\sqrt{2} - \sin 2 - \cos 2 - 1 \approx 1.3353。$$

13.5 常微分方程

13.5.1 实验目的

了解常微分方程的基本概念;掌握 MATLAB 软件求解常微分方程的有关命令。

13.5.2 实验内容

采用 MATLAB 命令 dsolve 求解常微分方程的通解和特解。

用 MATLAB 命令 dsolve 求常微分方程

$$F(x,y,y',\cdots,y^{(n)})=0$$

的通解的主要调用格式如下:

S=dsolve('eqn ', 'var ')。

其中输入的量 eqn 是改用符号方程表示的常微分方程 F(x, y, Dy, D2y, …, Dny)=0,导数用 D 表示,2 阶导数用 D2 表示,依次类推。var 表示自变量,默认的自变量为 t。输出量 S 是常微分方程的通解。

如果给定常微分方程的初始条件 $y(x_0)=a_0,y'(x_0)=a_1,\cdots,y^{(n)}(x_0)=a_n$,则求方程的特解的主要调用格式如下:

S=dsolve('eqn','condition1',…,'conditionn', 'var')。

其中,输入量 eqn,var 的含义如上,condition1, …, conditionn 是初始条件,输出量 S 是常微分方程的特解。

例 13.5.1 求下列常微分方程的通解:

(1) $\dfrac{dy}{dx}=2xy$; (2) $\dfrac{dy}{dx}-\dfrac{2y}{1+x}=(x+1)^{\frac{5}{2}}$; (3) $y''-2y'-3y=0$。

解 求通解相应的 MATLAB 程序为

```
>>y1=dsolve ('Dy=2 * x * y', 'x');
>>y2=dsolve ('Dy=2 * y/(1+x)+(x+1)^(5/2)', 'x') ;
>>y3=dsolve ('D2y=2 * Dy+3 * y', 'x') ;
```

MATLAB 运行后可得常微分方程(1)、(2)、(3)的通解 y1、y2、y3 依次如下:

y1=C * exp(x^2),即 $y=Ce^{x^2}$;

y2=(2 * (x+1)^(7/2))/3+C * (x+1)^2, 即 $y=(x+1)^2\left[\dfrac{2}{3}(x+1)^{\frac{3}{2}}+C\right]$;

y3=C1 * exp(3 * x)+C2/exp(x),即 $y=C_1e^{3x}+C_2e^{-x}$。

其中,C、C_1 和 C_2 是任意常数。

例 13.5.2 求下列常微分方程在给定初始条件下的特解。

$$\frac{d^2y}{dx^2}+2\frac{dy}{dx}+y=0,\quad y(0)=4,\quad y'\big|_{x=0}=-2。$$

解 MATLAB 程序为

```
>>f=dsolve('D2y+2 * Dy+y=0', 'y(0)=4, Dy(0)=-2', 'x') ;
```

运行后得常微分方程在给定初始条件下的特解为

$$f=4/\exp(x)+(2*x)/\exp(x),$$

即

$$f(x)=(4+2x)e^{-x}。$$

例 13.5.3　已知供给与需求函数为

$$Q_s=-4+6P-P'+2P'',\quad Q_d=12-2P+P'+3P''。$$

初始条件为 $P(0)=6, P'(0)=4$。假设在每一刻市场均是出清的，求 $P(t)$。

解　由 $Q_s=Q_d$ 得

$$P''+2P'-8P=-16。$$

求给定初始条件 $P(0)=10, P'(0)=4$ 的微分方程特解的 MATLAB 程序为

```
>>p=dsolve('D2p+2*Dp-8*p=-16', 'p(0)=6', 'Dp(0)=4');
```

MATLAB 运行结果为

$$(10*\exp(2*t))/3+2/(3*\exp(4*t))+2。$$

所以特解为

$$P(t)=\frac{10e^{2t}}{3}+\frac{2}{3}e^{-4t}+2。$$

13.6　矩阵的输入

13.6.1　实验目的

学习在 MATLAB 中矩阵的输入、矩阵的相关运算和一些常见特殊矩阵的生成。

13.6.2　实验内容

1. 矩阵的输入

MATLAB 是以矩阵为基本变量单元的，因此矩阵的输入非常容易。输入矩阵时，矩阵的元素用方括号括起来，行内元素用逗号分隔或空格分隔，各行之间用分号分隔或按 Enter 键。

例 13.6.1　输入矩阵 $\mathbf{A}=\begin{pmatrix}0&-1&2\\-1&0&3\\4&-5&6\end{pmatrix}$。

解　可以在命令窗口中输入：

```
>>A=[0 -1 2; -1 0 3; 4 -5 6];
A =
     0  -1   2
    -1   0   3
     4  -5   6
```

2. 矩阵的结构操作

输入矩阵后，可以对矩阵进行的主要操作包括矩阵的扩充、矩阵元素的提取和矩阵元素

的部分删除等。具体命令如下。

(1) 矩阵的扩充

例如,用下述命令可以在上述矩阵 A 下面再加上一个行向量。

```
>>A (4, :) =[0 1 2];
A =
     0  -1  2
    -1   0  3
     4  -5  6
     0   1  2
```

下述命令可以在上述矩阵 A 下面再加上一个列向量。

```
>>A (:, 4)=[-1 1 2 2];
A =
     0  -1  2  -1
    -1   0  3   1
     4  -5  6   2
     0   1  2   2
```

对矩阵进行旋转和翻转的具体命令如下。

rot90(A):矩阵 A 整体逆时针旋转 90°;

fliplr(A):矩阵 A 左右翻转;

flipud(A):矩阵 A 上下翻转。

(2) 矩阵元素的提取

可以用下述命令提取上述矩阵 A 的第 2 行第 1 列的元素。

```
>>A (2,1);
ans=
    -1
```

可以用下述命令提取上述矩阵 A 的第 1 列和第 2 列的元素。

```
>>A (: , [1,2]);
ans=
     0  -1
    -1   0
     4  -5
     0   1
```

可以用下述命令提取矩阵的对角线元素、上三角和下三角部分。

diag(A):提取矩阵 A 的对角线元素;

triu(A):提取矩阵 A 的上三角部分;

tril(A):提取矩阵 A 的下三角部分。

(3) 矩阵元素的删除

可以用下述命令删除上述矩阵 A 的第 1 行的元素。

```
>>A(1,:)=[ ];
ans=
   -1   0  3  1
    4  -5  6  2
    0   1  2  2
```

3. 特殊矩阵的生成

利用 MATLAB 软件中特有的命令可以直接生成一些特殊的矩阵，例如：

zeros(m,n)：生成一个 m 行 n 列的零矩阵；

ones(m,n)：生成一个 m 行 n 列元素都是 1 的矩阵；

eye(n)：生成一个 n 阶的单位矩阵；

rand(m,n)：生成一个 m 行 n 列的随机矩阵；

vander(V)：生成以向量 V 为基础向量的范德蒙德矩阵。

例 13.6.2　随机生成一个 5×6 的矩阵。

解

```
>>rand(5, 6);
ans=
    0.2365  0.2342  0.5155  0.5298  0.4611  0.4254
    0.0118  0.4932  0.3340  0.6405  0.5678  0.3050
    0.8309  0.0678  0.4319  0.2091  0.7142  0.8244
    0.1291  0.9883  0.2459  0.3798  0.0532  0.0150
    0.2787  0.5328  0.5798  0.7833  0.2029  0.7680
```

例 13.6.3　生成一个以向量(1,2,3,4)为基础向量的范德蒙德矩阵。

解

```
>>vander([1; 2; 3; 4]);
ans=
     1   1  1  1
     8   4  2  1
    27   9  3  1
    64  16  4  1
```

13.7　矩阵的运算

13.7.1　实验目的

学习在 MATLAB 中实现矩阵的代数运算、关系运算和特征参数的运算。

13.7.2　实验内容

1. 矩阵的代数运算

输入矩阵 $\boldsymbol{A}$ 和 $\boldsymbol{B}$，由下述命令对其进行相应的运算：

A′:A 的转置； A+B：加法；
k * A：数 k 乘 A； A * B：乘法；
A\B：左除 $A^{-1}B$； B/A：右除 BA^{-1}；
inv(A)：A 的逆阵； A^x：A 的 x 次方；
A. * B：矩阵元素乘法符号前加“.”，其含义是矩阵元素的群运算；
round(A)：对矩阵 A 中所有元素进行四舍五入运算。

例 13.7.1 设 $\boldsymbol{A}=\begin{pmatrix}1 & 2 & -1\\ 0 & 1 & 2\\ -3 & 6 & 4\end{pmatrix}$，$\boldsymbol{B}=\begin{pmatrix}-1 & 0 & 1\\ 0 & 2 & 2\\ 3 & 5 & 1\end{pmatrix}$，求 $\boldsymbol{A}'$，$\boldsymbol{A}-\boldsymbol{B}$，$\boldsymbol{AB}$，$\boldsymbol{A}^2$，$\boldsymbol{A}.*\boldsymbol{B}$，$\boldsymbol{A}^{-1}\boldsymbol{B}$。

解 MATLAB 程序运行如下：

```
>>A=[1 2 -1; 0 1 2; -3 6 4];
A=
    1  2  -1
    0  1   2
   -3  6   4
>>B=[-1 0 1; 0 2 2; 3 5 1];
B=
   -1  0  1
    0  2  2
    3  5  1
>>A';
ans=
    1  0  -3
    2  1   6
   -1  2   4
>>A-B;
ans=
    2   2  -2
    0  -1   0
   -6   1   3
>>A * B;
ans=
   -4  -1   4
    6  12   4
   15  32  13
>>A^2;
ans=
     4  -2  -1
    -6  13  10
   -15  24  31
>>A. * B;
```

```
ans=
    -1   0  -1
     0   2   4
    -9  30   4
>>inv (A) * B;
ans=
    -1  0.1304  1.3478
     0  0.3478  0.2609
     0  0.8261  0.8696
```

2. 矩阵关系运算符及关系函数

A 小于 B：A<B；

A 小于或等于 B：A<=B；

A 大于 B：A>B；

A 大于或等于 B：A>=B；

A 等于 B：A==B；

A 不等于 B：A~=B。

结果是 0-1 矩阵，1 表示真，0 表示假。

例 13.7.2　$\boldsymbol{A}=\begin{pmatrix}1&2&3\\1&1&2\\3&6&4\end{pmatrix}$，$\boldsymbol{B}=\begin{pmatrix}1&0&1\\1&2&2\\3&5&1\end{pmatrix}$，求 $\boldsymbol{A}<=\boldsymbol{B}$，$\boldsymbol{A}\sim=\boldsymbol{B}$。

解　MATLAB 程序运行如下：

```
>>A<=B;
ans=
    1  0  0
    1  1  1
    1  0  0
>>A~=B;
ans=
    0  1  1
    0  1  0
    0  1  1
```

3. 矩阵的特征参数运算

科学运算时常常要用到矩阵的特征参数，如矩阵的行列式、秩和迹等，MATLAB 的具体命令如下。

det(A)：A 的行列式；

rank(A)：A 的秩；

trace(A)：A 的迹；

size(A)：输出 A 的行数和列数。

例 13.7.3　求向量组 $(0,1,2,3)'$，$(1,2,0,-1)'$，$(3,1,4,2)'$，$(-2,2,-2,0)'$ 的秩。

解 MATLAB程序运行如下：

```
>>A =[0 1 3 -2;1 2 1 2;2 0 4 -2;3 -1 2 0];
A=
    0   1  3  -2
    1   2  1   2
    2   0  4  -2
    3  -1  2   0
>>rank (A);
ans=
    3
```

由程序运行结果可知向量组的秩为3。

例 13.7.4 计算矩阵 $\boldsymbol{A}=\begin{pmatrix}1 & 1 & 2\\ 4 & 3 & 2\\ 1 & 5 & 9\end{pmatrix}$ 的行列式和 $\boldsymbol{A}$ 的行数与列数。

解 MATLAB程序运行如下：

```
>>A=[1 1 2; 4 3 2; 1 5 9];
>>det(A);
ans=
   17
>>size(A);
ans=
   3  3
```

即 $\boldsymbol{A}$ 的行列式为17,行数为3,列数为3。

13.8 行列式与线性方程组的求解

13.8.1 实验目的

学习在MATLAB中如何求解线性方程组。

13.8.2 实验内容

在MATLAB的命令中,解线性方程组的方法很多,这里主要介绍以下命令。

rref(A)：A的最简行阶梯形矩阵；

null(A, 'r')：求齐次方程组 Ax=0 的基础解系。

注 在求解线性方程组时需要先定义符号变量。

syms x, y：定义符号变量 x,y；

det(A(x, y))：计算含有符号变量 x,y 的行列式。

例 13.8.1 将矩阵 $\boldsymbol{A}=\begin{pmatrix}0 & 2 & -1 & 10 & 1\\ 4 & 8 & -2 & 4 & 3\\ 12 & 1 & -1 & -1 & 5\end{pmatrix}$ 化为最简行阶梯形矩阵。

解　MATLAB程序运行如下：

```
>>A=[0 2 -1 10 1; 4 8 -2 4 3; 12 1 -1 -1 5];
>>rref(A);
ans=
    1  0  0   -1.1538   0.3269
    0  1  0   -2.8462  -0.0769
    0  0  1  -15.6923  -1.1538
```

例13.8.2　求齐次线性方程组$\begin{cases}2x_1+2x_2-x_3-2x_4=0,\\ x_1-x_2-x_3+x_4=0,\\ 3x_1+x_2-2x_3-x_4=0\end{cases}$的基础解系及全部解。

解　MATLAB程序运行如下：

```
>>A=[2 2 -1 -2; 1 -1 -1 1; 3 1 -2 -1];
>>null(A, 'r');
ans=
     0.75  0
    -0.25  1
     1     0
     0     1
```

即基础解系为

$$\boldsymbol{\eta}_1=\begin{pmatrix}0.75\\-0.25\\1\\0\end{pmatrix},\quad \boldsymbol{\eta}_2=\begin{pmatrix}0\\1\\0\\1\end{pmatrix}。$$

故原方程的通解为$\boldsymbol{x}=k_1\boldsymbol{\eta}_1+k_2\boldsymbol{\eta}_2$($k_1,k_2$为任意常数)。

例13.8.3　求解线性方程组

$$\begin{cases}x_1+3x_2-2x_3+4x_4+x_5=7,\\ 2x_1+6x_2+5x_4+2x_5=5,\\ 4x_1+11x_2+8x_3+5x_5=3,\\ x_1+3x_2+2x_3+x_4+x_5=-2。\end{cases}$$

解　MATLAB程序运行如下：

```
>>A=[1 3 -2 4 1 7; 2 6 0 5 2 5; 4 11 8 0 5 3; 1 3 2 1 1 -2]
>>rref(A);
ans=
    1  0  0   -9.5   4   35.5
    0  1  0    4    -1  -11
    0  0  1   -0.75  0   -2.25
    0  0  0    0     0    0
```

所以原方程组的等价方程组为

$$\begin{cases} x_1 - 9.5x_4 + 4x_5 = 35.5, \\ x_2 + 4x_4 - x_5 = -11, \\ x_3 - 0.75x_4 = -2.25, \end{cases}$$

故方程组的通解为

$$\boldsymbol{x} = c_1\begin{pmatrix} 9.5 \\ -4 \\ 0.75 \\ 1 \\ 0 \end{pmatrix} + c_2\begin{pmatrix} -4 \\ 1 \\ 0 \\ 0 \\ 1 \end{pmatrix} + \begin{pmatrix} 35.5 \\ -11 \\ -2.25 \\ 0 \\ 0 \end{pmatrix}, \quad c_1, c_2 \in \mathbf{R}。$$

例 13.8.4　计算 $\begin{vmatrix} 1+x & 1 & 1 & 1 \\ 1 & 1+x & 1 & 1 \\ 1 & 1 & 1+y & 1 \\ 1 & 1 & 1 & 1+y \end{vmatrix}$。

解　MATLAB 程序运行如下：

```
>>syms x y;
>>A=[1+x 1 1 1; 1 1+x 1 1; 1 1 1+y 1; 1 1 1 1+y];
>>det(A);
ans=
    2*x*y^2+2*x^2*y+x^2*y^2,
```

即

$$2xy^2 + 2x^2y + x^2y^2。$$

13.9　几个重要的概率分布的 MATLAB 实现

13.9.1　实验目的

学习 MATLAB 软件与概率有关的各种计算方法；会用 MATLAB 软件生成几种常见分布的随机数；通过实验加深对概率密度、分布函数的理解。

13.9.2　实验内容

MATLAB 统计工具箱中提供了约 20 种概率分布，对每一种分布提供了 5 种运算功能，表 13-1 给出了常见 5 种分布对应的 MATLAB 命令字符，表 13-2 给出了每一种运算功能所对应的 MATLAB 命令字符。当需要某一分布的某类运算功能时，将分布字符与功能字符连接起来，就得到所要的命令。

表　13-1

分布	均匀	指数	正态	二项	泊松
字符	unif	exp	norm	bino	poiss

表　13-2

功能	概率密度	分布函数	逆概率密度	均值与方差	随机数生成
字符	pdf	cdf	inv	stat	rnd

例 13.9.1　求正态分布 $N(-1,2)$，在 $x=1.2$ 处的概率密度。

解　MATLAB 程序运行如下：

```
>>normpdf(1.2,-1,2)
ans=
    0.1089
```

例 13.9.2　求泊松分布 $P(3)$，在 $k=5,6,7$ 处的概率。

解　MATLAB 程序运行如下：

```
>>poisspdf([5 6 7],3)
ans=
   0.1008    0.0504    0.0216
```

例 13.9.3　设 X 服从均匀分布 $U(1,3)$，计算 $P\{-2<X<2.5\}$。

解　MATLAB 程序运行如下：

```
>>unifcdf(2.5,1,3)-unifcdf(-2,1,3)
ans=
0.75000
```

例 13.9.4　求指数分布 $e(2)$的期望和方差。

解　MATLAB 程序运行如下：

```
>>[m,v]=expstat(2)
ans=
   m=2
   v=4
```

例 13.9.5　生成一个 2＊3 阶正态分布的随机矩阵，第一行 3 个数分别服从均值为 1，2，3，第二行 3 个数分别服从均值为 4，5，6，且标准差均为 0.1 的正态分布。

解　MATLAB 程序运行如下：

```
>>A=normrnd([1 2 3;4 5 6],0.1,2,3)
ans=
A=
    1.1189    2.0327    2.9813
    3.9962    5.0175    6.0726
```

例 13.9.6　生成一个 2＊3 阶服从均匀分布 $U(1,3)$的随机矩阵。

解　MATLAB 程序运行如下：

```
>>B=unifrnd(1,3,2,3)
ans=
B=
```

```
1.8205    1.1158    2.6263
2.7873    1.7057    1.0197
```

注:对于标准正态分布,可用命令 randn(m,n),对于均匀分布$U(0,1)$,可用命令rand(m,n)。

13.10 数据的统计描述和分析

13.10.1 实验目的

学习 MATLAB 软件关于统计作图的基本操作;会用 MATLAB 软件计算几种常用统计量的值;通过实验加深对均值、方差、中位数等常用统计量的理解。

13.10.2 实验内容

1. 频数表及直方图

用 hist 命令实现作频数表及直方图,其用法如下:

```
[n,y] = hist(x,k)
```

返回 x 的频数表。它将区间[min(x),max(x)]等分为 k 份(缺省时 k 设定为 10),n 返回 k 个小区间的频数,y 返回 k 个小区间的中点。hist(x,k)返回 x 的直方图。

2. 算术平均值和中位数

MATLAB 中 mean(x)返回 x 的均值,median(x)返回中位数。

3. 标准差、方差和极差

极差是$x_1,x_2,\cdots,x_n$的最大值与最小值之差。MATLAB 中 std(x)返回 x 的标准差,var(x)返回方差,range(x)返回极差。

例 13.10.1 某学校随机抽取 100 名学生,测量他们的身高,所得数据如下表 13-3,求频数、直方图、算术平均值、中位数、标准差和极差。

表 13-3

172	169	169	171	167	178	177	170	167	169
171	168	165	169	168	173	170	160	179	172
166	168	164	170	165	163	173	165	176	162
160	175	173	172	168	165	172	177	182	175
155	176	172	169	176	170	170	169	186	174
173	168	169	167	170	163	172	176	166	167
166	161	173	175	158	172	177	177	169	166
170	169	173	164	165	182	176	172	173	174
167	171	166	166	172	171	175	165	169	168
173	178	163	169	169	177	184	166	171	170

解 MATLAB 程序运行如下:

```
>>X=[172 169 169 171 167 178 177 170 167 169 171 168 165 169 168 173 170 160 179 172 166
168 164 170 165 163 173 165 176 162 160 175 173 172 168 165 172 177 182 175 155 176 172
169 176 170 170 169 186 174 173 168 169 167 170 163 172 176 166 167 166 161 173 175 158
172 177 177 169 166 170 169 173 164 165 182 176 172 173 174 167 171 166 166 172 171 175
165 169 168 173 178 163 169 169 177 184 166 171 170];
>>[n,y]=hist(X)
ans=
n=
  2    3    6    18    26    22    11    8    2    2
y =
    156.5500  159.6500  162.7500  165.8500  168.9500  172.0500  175.1500
    178.2500  181.3500  184.4500
>>hist(X)
```

运行后结果如图 13-9。

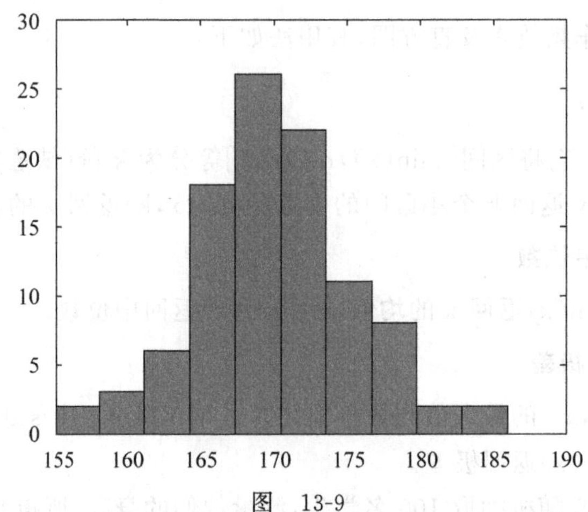

图　13-9

```
>>x1=mean(X)
ans=
x1=
      170.2500
>>x2=median(X)
ans=
x2=
   170
>>x3=range(X)
ans=
x3=
   31
>>x4=std(X)
ans=
x4=
    5.4018
```

4. 累积分布函数图

用 cdfplot 命令作累积分布函数图，其用法如下：

```
[h,stats]= cdfplot(x)
```

在返回 x 的累积分布函数图的同时，在 stats 中给出样本的一些特征：样本最小值、最大值、平均值、中位数和标准差。cdfplot(x,k) 则直接返回 x 的累积分布函数图。

例 13.10.2 产生 50 个服从标准正态分布的随机数，指出它们的分布特征，并画出经验累积分布函数图。

解 MATLAB 程序运行如下：

```
>>x=normrnd(0,1,1,50);
>>[h,stats]=cdfplot(x)
ans=
h=
    171.0016
stats=
    min: -2.9443
    max: 3.5784
    mean: 0.2840
    median: 0.3222
    std: 1.2625
```

运行后结果如图 13-10。

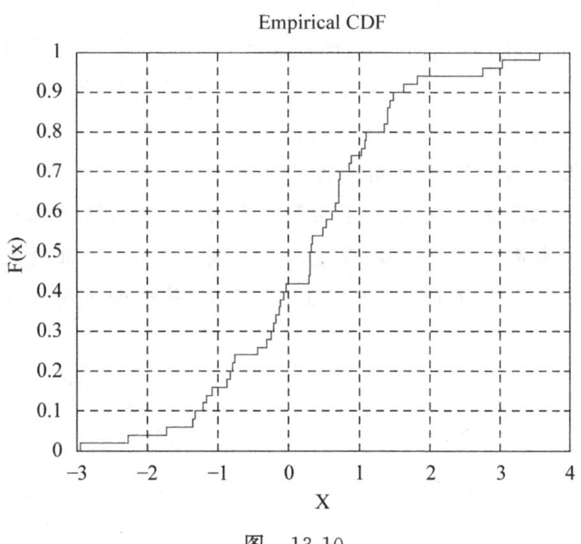

图 13-10

第14章　球面三角学

球面三角学是数学的一个分支,它研究的是球面上由大圆弧构成的三角形的解法。

14.1　球面几何

在学习球面三角之前,首先须熟悉球面几何的基本知识。球面几何研究的是分布在球面上的几何图形的性质。

14.1.1　球面几何的基本概念

1. 球面上的圆

在空间与一定点等距离的点的轨迹称为球面,包围在球面中的空间称为球。该定点称为球心,连接球心和球面上任意点的线段称为球的半径,而连接球面上两点并且通过球心的线段称为球的直径。显然,一个球的所有半径都相等,而直径等于半径的2倍。

在航海实践中,常使用地理坐标(φ,λ)来表示球面上任一点的位置,其中φ为该点的纬度,λ为该点的经度。

在球面几何的基础中有以下定理:

定理14.1.1　任意平面和球相截而成的截痕是圆(如图14-1所示)。

注　当平面通过球心时,与球面所截的圆最大,称为大圆。大圆的半径等于球的半径,它的一段圆弧称为大圆弧。当平面不通过球心时,所截的圆称为小圆,它的一段圆弧称为小圆弧。圆弧的度数是指其所对圆心角的度数。

定理14.1.2　大圆分球和球面为相等的两个部分。

定理14.1.3　通过球面上不在同一直径两端上的两个点,能且仅能作一个大圆。

定理14.1.4　两个大圆的所在平面的交线是大圆的直径,并且将大圆平分。

定理14.1.5　小于180°的大圆弧(如图14-2所示)是球面上两点间的最短球面距离,简称为球面距离。

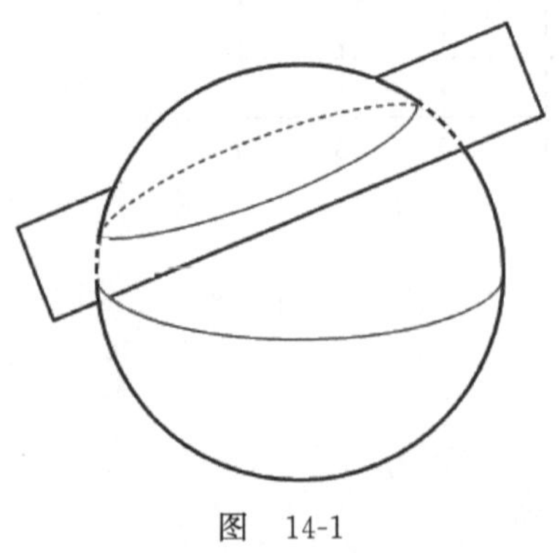

图　14-1

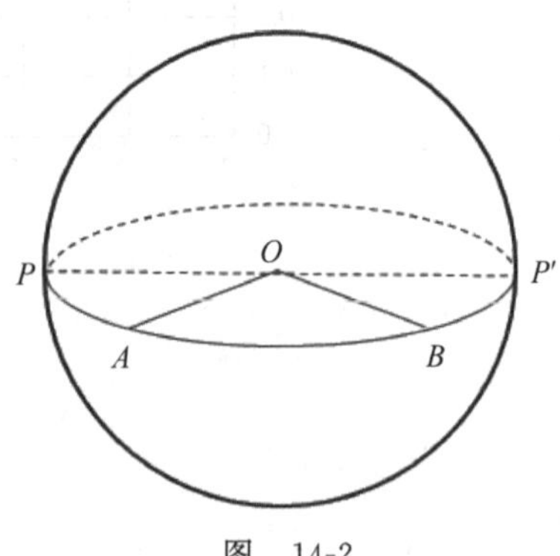

图　14-2

如图 14-2 所示，设 A 和 B 为球面上不在同一直径两端的两点，则大圆 $PABP'$ 的两段圆弧中较短的一段称为 AB 间的球面距离。

2. 轴、极、极线、球面角及其度量

垂直于任意已知圆所在平面的球直径称为这个圆的轴。轴交球面于相反的两点 P 和 P'，这两点称为极(如图 14-3 所示)。球上任一个圆均有两个极。任意圆上的一点到极的球面距离称为极距。同一圆上任一点的极距都相等，故极称为该圆的球面中心，极距称为该圆的球面半径。需要注意的是，球面半径并非球的半径。

如图 14-3 所示，直径 PP' 同时垂直于大圆 $\overparen{A_1A_2A_3A_4}$ 和小圆 $\overparen{B_1B_2B_3B_4}$，所以直径 PP' 是大圆 $\overparen{A_1A_2A_3A_4}$ 的轴，也是小圆 $\overparen{B_1B_2B_3B_4}$ 的轴。P 和 P' 是它们的极。$\overparen{PB_2A_2P'}$ 和 $\overparen{PB_3A_3P'}$ 是大圆弧，弧 $\overparen{PA_2}$ 和弧 $\overparen{PA_3}$ 的长是大圆 $\overparen{A_1A_2A_3A_4}$ 到极 P 的极距，弧 $\overparen{PB_2}$ 和弧 $\overparen{PB_3}$ 的长是小圆 $\overparen{B_1B_2B_3B_4}$ 到极 P 的极距。

极距为 90°的大圆弧称为极线。在图 14-3 中，因为弧 $\overparen{PA_2}$ 和弧 $\overparen{PA_3}$ 的度数为 90°，所以大圆弧 $\overparen{A_1A_2A_3A_4}$ 是极 P 或 P' 的极线。

球面上两个大圆弧所构成的角称为球面角。圆弧的交点称为球面角的顶点，而圆弧称为球面角的边。

球面角的度量有四种方法：

(1) 由平面所构成的二面角来度量；

(2) 由直线角来度量；

(3) 由顶点的极线被球面角两边大圆弧所截的弧长来度量；

(4) 由在顶点处切于球面角的边的切线间的夹角来度量。

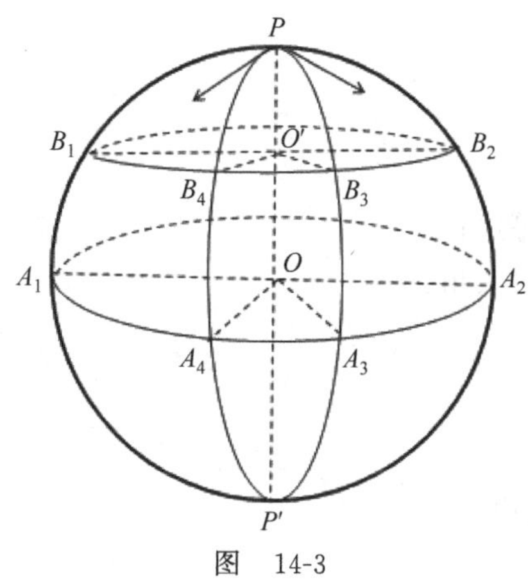

图 14-3

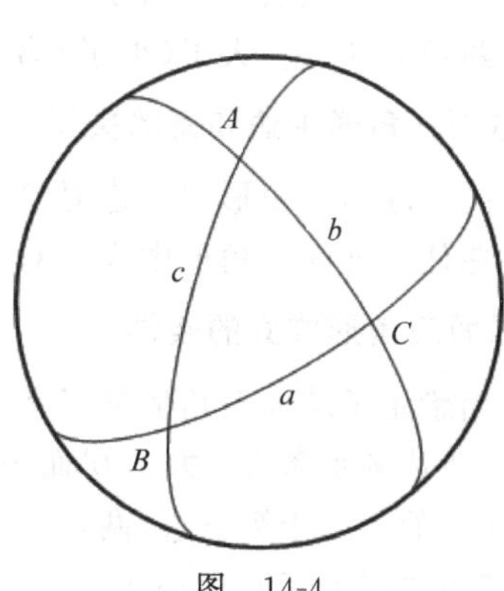

图 14-4

14.1.2 球面三角形

1. 球面三角形的概念

相交于三点的三个大圆弧所围成的球面上的一部分称为球面三角形。如图 14-4 所示，构成球面三角形的大圆弧称为球面三角形的边，由两个大圆弧相交而构成的球面角称为球面三角形的角。这三个角和三条边合称为球面三角形六要素。

这里我们仅讨论欧拉球面三角形，它的六要素的度数均大于 0°而小于 180°。

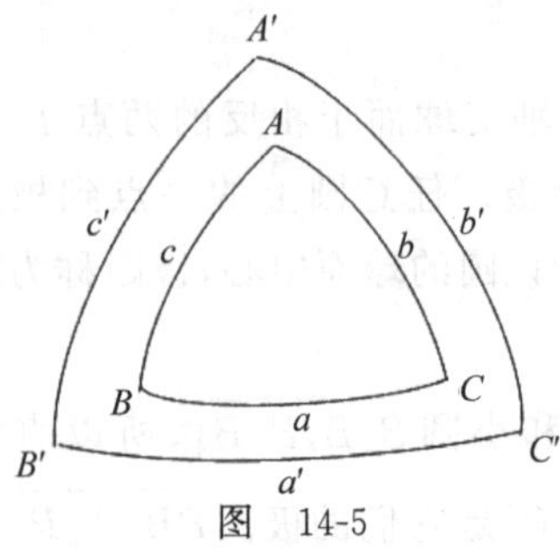

图 14-5

2. 极线球面三角形

球面三角形 ABC 的三个顶点的极线所构成的三角形 $A'B'C'$ 称为原球面三角形的极线球面三角形。如图 14-5 所示。

原球面三角形与极线球面三角形的关系如下：

(1) 原球面三角形和极线球面三角形的关系是相互的，即：原球面三角形的顶点是极线球面三角形的边的极，极线球面三角形的顶点是原球面三角形的边的极。

(2) 原球面三角形的角(边)与极线球面三角形中对应边(角)的和等于 180°。

14.1.3　球面三角形的性质

1. 球面三角形边的性质

(1) 边必须是大圆弧；

(2) 每条边满足条件：大于 0°而小于 180°；

(3) 两边的和大于第三边，两边的差小于第三边；

(4) 三边之和大于 0°而小于 360°。

2. 球面三角形角的性质

(1) 每个角满足条件：大于 0°而小于 180°；

(2) 三角之和大于 180°而小于 540°；

(3) 两角的和减去第三角小于 180°；

(4) 两角的和(差)大于(小于)第三角的外角。

3. 球面三角形中边和角的关系

(1) 同一球面三角形中等边对等角，等角对等边；

(2) 在任一球面三角形中大角对大边，大边对大角。

4. 球面三角形成立的条件

(1) 当给定了球面三角形的三条边时，

① 每条边满足条件：大于 0°而小于 180°；

② 两边的和大于第三边，两边的差小于第三边；

③ 三边之和大于 0°而小于 360°。

(2) 当给定了球面三角形的三个角时，

① 每个角满足条件：大于 0°而小于 180°；

② 三角之和大于 180°而小于 540°；

③ 两角的和减去第三角小于 180°。

(3) 若给定球面三角形的两个角(边)及其夹边(角)，则仅需满足每一个角和每一条边大于 0°而小于 180°的条件，球面三角形都成立。

14.2　球面三角形中的关系式

球面三角学的任务是根据足够的条件解球面三角形，即确定未知的边和角。通常是将包含球面三角形的三个已知要素的四个要素由方程式连接起来。为此，本节重点介绍球面三角形的六个要素之间的相互关系，并将这些关系用方程式表达出来；在此基础上介绍球面三角形的解法。

14.2.1　球面三角形边的余弦公式

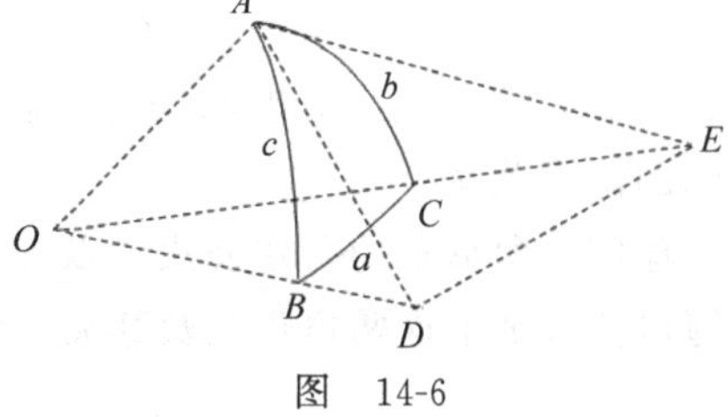

图　14-6

设球面三角形 ABC，O 是球心，由 A 作边 AB 和边 AC 的切线分别交 OB 和 OC 的延长线于 D 和 E，连接 DE，如图 14-6 所示。利用平面三角形余弦定理 $a^2=b^2+c^2-2bc\cos A$，在平面上的$\triangle ODE$ 和$\triangle ADE$ 中，

$$\overline{DE}^2=\overline{OD}^2+\overline{OE}^2-2\,\overline{OD}\,\overline{OE}\cos a,\tag{14.2.1}$$

$$\overline{DE}^2=\overline{AD}^2+\overline{AE}^2-2\,\overline{AD}\,\overline{AE}\cos A。\tag{14.2.2}$$

式(14.2.1)－式(14.2.2)，整理得

$$2\,\overline{OD}\,\overline{OE}\cos a=(\overline{OD}^2-\overline{AD}^2)+(\overline{OE}^2-\overline{AE}^2)+2\,\overline{AD}\,\overline{AE}\cos A。$$

而$\triangle OAD$ 和$\triangle OAE$ 是平面直角三角形，于是有

$$\overline{OD}^2-\overline{AD}^2=\overline{OA}^2,\quad \overline{OE}^2-\overline{AE}^2=\overline{OA}^2,$$

因此

$$\cos a=\frac{\overline{OA}}{\overline{OD}}\,\frac{\overline{OA}}{\overline{OE}}+\frac{\overline{AD}}{\overline{OD}}\,\frac{\overline{AE}}{\overline{OE}}\cos A。$$

而

$$\frac{\overline{OA}}{\overline{OD}}=\cos c,\quad \frac{\overline{OA}}{\overline{OE}}=\cos b,\quad \frac{\overline{AD}}{\overline{OD}}=\sin c,\quad \frac{\overline{AE}}{\overline{OE}}=\sin b,$$

因此有

$$\cos a=\cos b\cos c+\sin b\sin c\cos A。\tag{14.2.3}$$

同理可得

$$\cos b=\cos a\cos c+\sin a\sin c\cos B,\tag{14.2.4}$$

$$\cos c=\cos b\cos a+\sin b\sin a\cos C。\tag{14.2.5}$$

式(14.2.3)、式(14.2.4)和式(14.2.5)称为球面三角形边的余弦公式，它表示三条边和一个角之间的函数关系。

球面三角形边的余弦公式可以读为：球面三角形一条边的余弦等于其他两边余弦的乘积加上这两边正弦及其夹角余弦的乘积。

14.2.2　球面三角形角的余弦公式

极线球面三角形边的余弦公式为

$$\cos a' = \cos b' \cos c' + \sin b' \sin c' \cos A',$$

把极线三角形中要素代换为原三角形中对应的要素，得

$$\cos(180° - A) = \cos(180° - B)\cos(180° - C) + \sin(180° - B)\sin(180° - C)\cos(180° - a),$$

整理得

$$\cos A = -\cos B \cos C + \sin B \sin C \cos a。\tag{14.2.6}$$

同理

$$\cos B = -\cos A \cos C + \sin A \sin C \cos b \tag{14.2.7}$$

$$\cos C = -\cos B \cos A + \sin B \sin A \cos c \tag{14.2.8}$$

式(14.2.6)、式(14.2.7)和式(14.2.8)称为球面三角形角的余弦公式，它表示三个角和一条边之间的函数关系。

球面三角形角的余弦公式可以读为：球面三角形一个角的余弦等于其他两角余弦的乘积冠以负号加上这两角正弦及其夹边余弦的乘积。

14.2.3　球面三角形的正弦公式

设球面三角形 ABC，O 是球心，由 A 作 AD 垂直于平面 BOC，作 $DE \perp OB$，$DF \perp OC$，连接 AE 和 AF，如图 14-7 所示，则 $AE \perp OB$，$AF \perp OC$，所以$\angle AEO = 90° = \angle AFO$，$\angle AED = \angle B$，$\angle AFD = \angle C$，$\angle AOE = c$，$\angle AOF = b$。

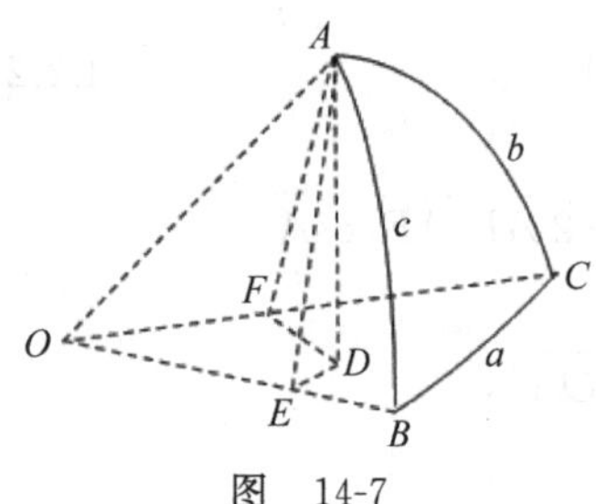

图　14-7

在$\triangle ADE$ 中，$\dfrac{AD}{AE} = \sin B$，$AD = AE \sin B$；

在$\triangle AOE$ 中，$\dfrac{AE}{OA} = \sin c$，$AE = OA \sin c$。

所以

$$AD = OA \sin B \sin c。\tag{14.2.9}$$

在$\triangle ADF$ 中，$\dfrac{AD}{AF} = \sin C$，$AD = AF \sin C$；在$\triangle AOF$ 中，$\dfrac{AF}{OA} = \sin b$，$AF = OA \sin b$。

所以

$$AD = OA \sin C \sin b。\tag{14.2.10}$$

由式(14.2.9)、式(14.2.10)得

$$\sin c \sin B = \sin C \sin b,$$

所以

$$\frac{\sin B}{\sin b} = \frac{\sin C}{\sin c}。$$

同理

$$\frac{\sin A}{\sin a} = \frac{\sin C}{\sin c},$$

整理得

$$\frac{\sin A}{\sin a} = \frac{\sin B}{\sin b} = \frac{\sin C}{\sin c}。\tag{14.2.11}$$

式(14.2.11)称为球面三角形的正弦公式。可以读为：球面三角形各边的正弦和它对应角的

正弦成正比。

14.2.4 球面三角形角的正弦和邻边余弦的乘积公式

由球面三角形边的余弦公式

$$\cos a = \cos b \cos c + \sin b \sin c \cos A, \quad ①$$

$$\cos c = \cos b \cos a + \sin b \sin a \cos C, \quad ②$$

将式①代入式②并展开，得

$$\begin{aligned}\cos c &= (\cos b \cos c + \sin b \sin c \cos A)\cos b + \sin a \sin b \cos C \\ &= \cos^2 b \cos c + \sin b \cos b \sin c \cos A + \sin a \sin b \cos C,\end{aligned}$$

即

$$(1-\cos^2 b)\cos c = \sin b \cos b \sin c \cos A + \sin a \sin b \cos C,$$

或

$$\sin^2 b \cos c = \sin b \cos b \sin c \cos A + \sin a \sin b \cos C。$$

两边同除以 $\sin b$，并移项可得

$$\sin a \cos C = \sin b \cos c - \cos b \sin c \cos A。\quad (14.2.12)$$

同理可得

$$\sin a \cos B = \sin c \cos b - \cos c \sin b \cos A; \quad (14.2.13)$$

$$\sin b \cos A = \sin c \cos a - \cos c \sin a \cos B; \quad (14.2.14)$$

$$\sin b \cos C = \sin a \cos c - \cos a \sin c \cos B; \quad (14.2.15)$$

$$\sin c \cos A = \sin b \cos a - \cos b \sin a \cos C; \quad (14.2.16)$$

$$\sin c \cos B = \sin a \cos b - \cos a \sin b \cos C。\quad (14.2.17)$$

式(14.2.12)～式(14.2.17)称为球面三角形边的正弦和邻角余弦的乘积公式。它表示三条边和两个角之间的函数关系。

球面三角形边的正弦和邻角余弦的乘积公式可以读为：球面三角形相邻边角正余弦的乘积等于邻边第三边正余弦的乘积减去邻边第三边余正弦及其夹角余弦的乘积。

14.2.5 球面三角形的余切公式

根据式(14.2.16)，有

$$\sin c \cos A = \sin b \cos a - \cos b \sin a \cos C,$$

用 $\sin a$ 除等式两边，得

$$\frac{\sin c}{\sin a}\cos A = \sin b \frac{\cos a}{\sin a} - \cos b \cos C。$$

因为

$$\frac{\sin c}{\sin C} = \frac{\sin a}{\sin A},$$

所以

$$\frac{\sin C}{\sin A}\cos A = \sin b \frac{\cos a}{\sin a} - \cos b \cos C,$$

即

$$\cot A\sin C=\cot a\sin b-\cos b\cos C。$$

整理可得

$$\cot a\sin b=\cot A\sin C+\cos b\cos C。\tag{14.2.18}$$

同理可得

$$\cot a\sin c=\cot A\sin B+\cos c\cos B;\tag{14.2.19}$$

$$\cot b\sin a=\cot B\sin C+\cos a\cos C;\tag{14.2.20}$$

$$\cot b\sin c=\cot B\sin A+\cos c\cos A;\tag{14.2.21}$$

$$\cot c\sin a=\cot C\sin B+\cos a\cos B;\tag{14.2.22}$$

$$\cot c\sin b=\cot C\sin A+\cos b\cos A。\tag{14.2.23}$$

式(14.2.18)～式(14.2.23)称为球面三角形的余切公式(或四联公式)，它表示在一个球面三角形中相连起来的两条边和两个角之间的函数关系。

在球面三角形 ABC 中，任意相连的四个要素可以按其所处的相对位置视为外边、内边、外角和内角，如图14-4所示，a，b，A 和 C 是相连在一起的四个要素，即

$$A—b—C—a,$$

则位于两端的一条边 a 和一个角 A 称为外边和外角，位于中间的一条边 b 和一个角 C 称为内边和内角。

将此名称应用到式(14.2.18)中，可以写成

$$\cot(外边)\sin(内边)=\cot(外角)\sin(内角)+\cos(内边)\cos(内角)。$$

球面三角形的余切公式可以读为：球面三角形外边余切内边正弦的乘积等于外角余切内角正弦的乘积加上内角内边余弦的乘积。

14.2.6　球面三角形的解法

解球面三角形共包括以下六种情况：

(1) 已知三条边；

(2) 已知三个角；

(3) 已知两边及其夹角；

(4) 已知两角及其夹边；

(5) 已知两边及其一对角；

(6) 已知两角及其一对边。

例14.2.1　在球面三角形 ABC 中，已知 $a=38°15'$，$b=75°10'$，$C=52°14'$，求边 c。

解　这是已知两边及夹角，求第三边的问题，需用边的余弦公式：

$$\cos c=\cos b\cos a+\sin b\sin a\cos C。$$

将已知条件代入，查表可得

$$\begin{aligned}\cos c&=\cos 75°10'\cos 38°15'+\sin 75°10'\sin 38°15'\cos 52°14'\\&=0.567\,574\,223,\end{aligned}$$

则边 $c=55.418\,758\,41°$ 或 $55°25'8''$。

例14.2.2　在球面三角形 ABC 中，已知边 $b=85°16'$，$c=110°$，角 $A=52°26'$，求角 B。

解　这是已知两边及其夹角，求与之相连的角的问题，需用余切公式

$$\cot b\sin c=\cot B\sin A+\cos c\cos A。$$

将公式变形并代入已知条件,查表可得

$$\cot B=\frac{\cot b\sin c-\cos c\cos A}{\sin A}$$
$$=\frac{\cot 85°16'\sin 110°-\cos 110°\cos 52°26'}{\sin 52°26'}$$
$$=0.361\ 235\ 673,$$

则角 $B=70.138\ 472\ 31°$或 $70°08'19''$。

14.3 球面三角学在航海上的应用

14.3.1 问题描述

某船拟由 $A(\varphi_A,\lambda_A)$行驶到 $B(\varphi_B,\lambda_B)$,驶大圆航线,求大圆航程 s_L 和大圆起始航向 C_I。这是一个基本的航海运算问题。其中大圆航程 s_L 是指AB 两点间的球面距离;大圆起始航向 C_I 是指连接地球北极 P_n 与出发点A 的大圆弧 P_nA 与大圆航线AB 间按顺时针方向的球面角,其取值在 0°~360°之间。

14.3.2 大圆航程和大圆起始航向的计算方法

设出发点 $A(\varphi_A,\lambda_A)$,终到点 $B(\varphi_B,\lambda_B)$,如图 14-8 所示,则

$$\overset{\frown}{P_nA}=90°-\varphi_A,\quad \overset{\frown}{P_nB}=90°-\varphi_B,\quad D\lambda=\lambda_B-\lambda_A。$$

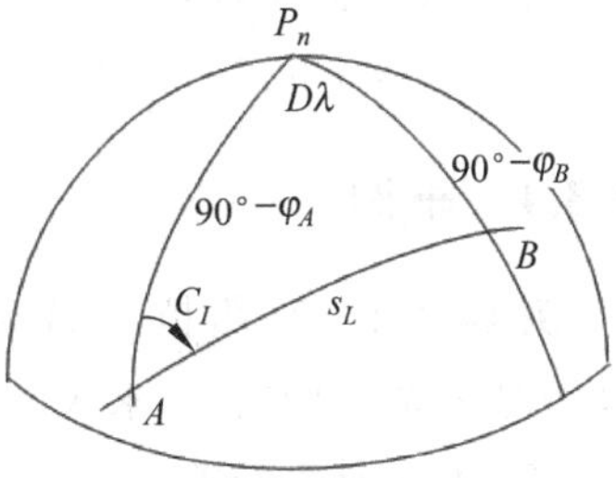

图 14-8

1. 大圆航程的计算公式

由球面三角形边的余弦公式,有

$$\cos s_L=\cos\overset{\frown}{P_nA}\cos\overset{\frown}{P_nB}+\sin\overset{\frown}{P_nA}\sin\overset{\frown}{P_nB}\cos D\lambda$$
$$=\cos(90°-\varphi_A)\cos(90°-\varphi_B)+\sin(90°-\varphi_A)\sin(90°-\varphi_B)\cos D\lambda,$$

整理可得

$$\cos s_L=\sin\varphi_A\sin\varphi_B+\cos\varphi_A\cos\varphi_B\cos D\lambda。\tag{14.3.1}$$

式(14.3.1)是求大圆航程的公式。

2. 大圆起始航向的计算公式

球面三角形中相连的四个要素:$C_I—\overset{\frown}{P_nA}—D\lambda—\overset{\frown}{P_nB}$,由余切公式,可得

$$\cot\overset{\frown}{P_nB}\sin\overset{\frown}{P_nA}=\cot C_I\sin D\lambda+\cos\overset{\frown}{P_nA}\cos D\lambda,$$

所以

$$\cot C_I=\frac{\tan\varphi_B\cos\varphi_A-\sin\varphi_A\cos D\lambda}{\sin D\lambda}。\tag{14.3.2}$$

或由正弦公式,可得

$$\frac{\sin\overset{\frown}{P_nB}}{\sin C_I}=\frac{\sin s_L}{\sin D\lambda},$$

所以

$$\sin C_I = \frac{\cos\varphi_B \sin D\lambda}{\sin s_L}。\tag{14.3.3}$$

式(14.3.2)、式(14.3.3)均是求大圆起始航向的公式。

在实际计算过程中，要综合运用两个公式所得的计算结果，最后确定大圆起始航向的值。

14.3.3　经差的计算方法

经差是终到点经度与出发点经度之差，其取值在 0°～180°之间。航海上规定经度以东经为正，西经为负；规定纬度以北纬为正，南纬为负。经差亦如此。当求出的经差的数值超过180°时，要用360°减之，并改变其符号。

例 14.3.1　求下列经差：

(1) $\lambda_1 = 62°10'\mathrm{E}, \lambda_2 = 105°20'\mathrm{E}$；

(2) $\lambda_1 = 153°55'\mathrm{E}, \lambda_2 = 147°18'\mathrm{W}$。

解

(1) $D\lambda = \lambda_2 - \lambda_1 = 105°20'\mathrm{E} - 62°10'\mathrm{E} = 43°10'\mathrm{E}$。

(2) $D\lambda = \lambda_2 - \lambda_1 = -147°18'\mathrm{E} - 153°55'\mathrm{E} = -301°13'\mathrm{E}$

$= (360° - 301°13')\mathrm{E} = 58°47'\mathrm{E}$。

14.3.4　举例

例 14.3.2　某船拟从 $A(\varphi_A = 31°10'\mathrm{N}, \lambda_A = 122°20'\mathrm{E})$ 到 $B(\varphi_B = 13°30'\mathrm{N}, \lambda_B = 144°30'\mathrm{E})$，驶大圆航线，求大圆航程和大圆起始航向。

解　(1) 计算经差。

$$D\lambda = \lambda_B - \lambda_A = 144°30'\mathrm{E} - 122°20'\mathrm{E} = 22°10'\mathrm{E}。$$

(2) 计算大圆航程。

$$\begin{aligned}\cos s_L &= \sin\varphi_A \sin\varphi_B + \cos\varphi_A \cos\varphi_B \cos D\lambda \\ &= \sin 31°10' \sin 13°30' + \cos 31°10' \cos 13°30' \cos 22°10' \\ &= 0.891\ 343\ 556,\end{aligned}$$

$$s_L = \arccos 0.891\ 343\ 556 = 26.957\ 433\ 89°,$$

将弧度换算成海里，需乘以 60，则大圆航程

$$s_L = 26.957\ 433\ 89 \times 60(\mathrm{n\,mile}) = 1617.446\ 033(\mathrm{n\,mile}) \approx 1617.4(\mathrm{n\,mile})。$$

(3) 计算大圆起始航向。

$$\begin{aligned}\cot C_I &= \frac{\tan\varphi_B \cos\varphi_A - \sin\varphi_A \cos D\lambda}{\sin D\lambda} \\ &= \frac{\tan 13°30' \cos 31°10' - \sin 31°10' \cos 22°10'}{\sin 22°10'} \\ &= -0.725\ 815\ 57,\end{aligned}$$

解得

$$C_I = 125°58'22'' \quad 或 \quad 305°58'22''。$$

(4) 进一步检验大圆起始航向，确定大圆起始航向的值。

$$\sin C_I = \frac{\cos\varphi_B \sin D\lambda}{\sin s_L} = \frac{\cos 13°30' \sin 22°10'}{\sin 26°57'27''} = 0.809\ 294\ 831 > 0,$$

故可推得

$$C_I = 125°58'22''。$$

(5) 结论：

大圆航程 $s_L \approx 1617.4$(n mile)，大圆起始航向 $C_I = 125°58'22''$。

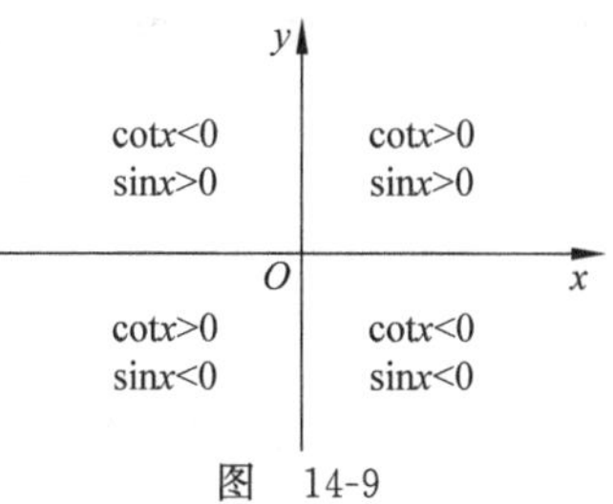

图 14-9

注　大圆起始航向判断方法说明。因为大圆起始航向的取值范围为 0°～360°，无论是余切函数还是正弦函数均有两个不同的象限中同取“+”或同取“−”。这就需要综合运用两个计算大圆起始航向的计算公式，并结合余切函数与正弦函数的取值情况，参见图 14-9，唯一确定大圆起始航向的值。

习　题　14

1. 设球面三角形的三个角分别为 A, B, C 及对边分别为 a, b, c，判断下列球面三角形是否存在：

(1) $a=130°, b=62°, c=68°$；

(2) $a=131°, b=110°, c=121°$；

(3) $a=82°, b=58°, c=122°$；

(4) $A=50°, B=64°, C=65°$；

(5) $A=80°, B=140°, C=121°$；

(6) $A=90°, B=49°, c=63°$；

(7) $a=80°, b=100°, C=61°$。

2. 求解下列球面三角形：

(1) 若 $a=34°12'48'', b=42°55'12'', c=51°2'39''$，求角 A 和 B；

(2) 若 $A=62°5'40'', B=54°36'10'', C=70°14'30''$，求边 b 和 c；

(3) 若 $a=48°12'36'', b=37°30'42'', C=55°5'54''$，求边 c 和角 A；

(4) 若 $c=118°50'0'', A=49°18'0'', B=61°40'0''$，求边 a 和角 C；

(5) 若 $a=47°4'46'', b=36°39'51'', A=56°16'50''$，求边 c 和角 C；

(6) 若 $b=44°55'5'', A=152°3'10'', B=100°2'4''$，求边 a 和角 C。

3. 某船拟从 $A(\varphi_A=17°15'\text{N}, \lambda_A=108°26'\text{E})$ 到 $B(\varphi_B=20°20'\text{N}, \lambda_B=134°47'\text{E})$，驶大圆航线，求大圆航程和大圆起始航向。

4. 某船拟从 $A(\varphi_A=8°06'\text{S}, \lambda_A=112°30.'5\text{W})$ 到 $B(\varphi_B=19°13'\text{N}, \lambda_B=138°46.'5\text{E})$，驶大圆航线，求大圆航程和大圆起始航向。

5. 某船拟从 $A(\varphi_A=11°15'\text{N}, \lambda_A=125°00'\text{E})$ 到 $B(\varphi_B=8°00'\text{S}, \lambda_B=79°34'\text{W})$，驶大圆

航线，求大圆航程和大圆起始航向。

6. 某船拟从 $A(\varphi_A=20^\circ50'\mathrm{S},\lambda_A=174^\circ40'\mathrm{W})$ 到 $B(\varphi_B=5^\circ16.'1\mathrm{N},\lambda_B=128^\circ02'\mathrm{E})$，驶大圆航线，求大圆航程和大圆起始航向。

7. 某船拟从 $A(\varphi_A=34^\circ45.'8\mathrm{S},\lambda_A=162^\circ50.'5\mathrm{E})$ 到 $B(\varphi_B=7^\circ12.'6\mathrm{N},\lambda_B=78^\circ46.'5\mathrm{W})$，驶大圆航线，求大圆航程和大圆起始航向。

习题参考答案或提示

习　题　1

(A)

1. (1) $(-2,2)$；　(2) $[-2,2]$；　(3) $(1,2)$；　(4) $(-\infty,+\infty)$。

2. $[-1,1]$，$[2k\pi,(2k+1)\pi]$，$[-a,1-a]$，$\begin{cases}[a,1-a], & a\leqslant\frac{1}{2},\\ \varnothing, & a>\frac{1}{2}。\end{cases}$

3. 由于定义域不同，因此(1)(2)(3)(4)组表示的都不是同一函数。

4. $a=\sqrt{3}$。

5. $\lim\limits_{x\to0^+}f(x)=\lim\limits_{x\to0^-}f(x)=1$，因此$\lim\limits_{x\to0}f(x)=1$。

6. (1) 3；　(2) $\frac{1}{2}$；　(3) $\frac{1}{3}$；　(4) -3；　(5) 1；　(6) $\frac{1}{6}$；
(7) $\frac{1}{2}$；　(8) 2；　(9) $2x$；　(10) $+\infty$；　(11) 1；　(12) 0。

7. (1) 1；　(2) 0；　(3) 0；　(4) e^{-4}；　(5) $\frac{7}{3}$；　(6) $e^{\frac{1}{2}}$；
(7) e^{10}；　(8) $e^{-\frac{1}{2}}$；　(9) 0；　(10) -1；　(11) x；　(12) 0；
(13) $\frac{1}{2}$；　(14) 2；　(15) 0；　(16) 1。

8. $a=-2$。

9. $a=2$。

10. x^2-2x^3 为 $2x-x^2$ 的高阶无穷小。

11. $a=2$。

12. (1) $x=0$ 为第二类、振荡间断点；
(2) 连续；
(3) $x=1$ 为第一类、可去间断点；$x=2$ 为第二类、振荡间断点；
(4) $x=3$ 为第一类跳跃间断点。

13. $a=2,b=\ln2$。

14. $f(x)$在其定义域内连续。

15. 提示：利用零点定理。

(B)

1. (1) 由于 $g(-x)=g(x)$，$h(-x)=-h(x)$，结论成立；
(2) $f(x)=\dfrac{g(x)+h(x)}{2}$。

2. 略。

3. (1) 1；　(2) -2；　(3) 2；　(4) e^3；　(5) e^2；　(6) e^2；

(7) $\frac{1}{2}$；　(8) $\frac{1}{2}$。

4. $a=2,b=-3$。

5. $a=1,b=-1$。

6. $x=-1,x=1$ 为间断点。

7. 提示:利用介值定理

8. 提示:利用零点定理

习　题　2

(A)

1. $y=12x-16$, $y=-\frac{1}{12}x+\frac{47}{6}$。

2. $b=3$。

3. (1) -4；　(2) 6。

4. $f(0)=1$ 且 $f'(0)=-1$。

5. (1) 连续、可导；　(2) 不连续。

6. (1) $y'=\frac{1}{\sqrt{x}}+\frac{2}{9}\frac{1}{\sqrt[3]{x^5}}+\frac{4}{x^2}$；　(2) $y'=2^x\ln 2-\frac{3}{\sqrt{1-x^2}}$；

(3) $y'=2x-3\sec^2 x$；　(4) $y'=\cos x\ln x-x\sin x\ln x+\cos x$；

(5) $y'=\frac{-1-\cos x}{\sin^2 x}$；　(6) $y'=0$；

(7) $y'=\frac{7}{8}x^{-\frac{1}{8}}$；　(8) $y'=2e^x\cos x-2e^x\sin x$。

7. (1) $36x(2x^2-8)^8$；　(2) $-x(x^2+1)^{-\frac{3}{2}}$；

(3) $2^{\sin x}\ln 2\cos x$；　(4) $e^{-2x}-2xe^{-2x}$；

(5) $\frac{1}{x\ln x}$；　(6) $2\sin x\cdot\cos x\cdot\sin x^2+2x\sin^2 x\cdot\cos x^2$；

(7) $\frac{e^x}{1+e^{2x}}$；　(8) $-e^{\frac{1}{x}}\frac{1}{x^2}+\frac{3}{2}x^{\frac{1}{2}}$；

(9) $-\frac{1}{e^{2x}+1}$；　(10) $\frac{1}{\sqrt{2+x^2}}$；

(11) $\frac{1}{3}\cot\frac{x}{3}\cdot\sec^2\frac{x}{3}$。

8. (1) $2f'(x^2)x$；　(2) $e^{f(x)}f'(x)$；

(3) $\frac{2}{f(\sin^2 x)}f'(\sin^2 x)\sin x\cdot\cos x$；　(4) $\frac{1}{1+f^2(x)}f'(x)$。

9. (1) $\frac{3\pi^2}{4}-4$； (2) $\frac{4}{5},\frac{17}{15}$。

10. $f'(x)=\begin{cases}\cos x, & x<0,\\ 1, & x\geqslant 0。\end{cases}$

11. $a=-1,b=2$。

12. (1) $y'=\frac{x^2+y^2-2x}{2y-x^2-y^2}$； (2) $y'=\frac{xy-y}{x-xy}$。

13. (1) $-\frac{1}{2}e^{-2t}$； (2) $\frac{t}{2}$； (3) $\frac{2t}{1-t^2}$。

14. 切线方程为 $y=(-2+\sqrt{3})x+(\sqrt{3}-1)e^{\frac{\pi}{3}}$，法线方程为 $y=(2+\sqrt{3})x-(\sqrt{3}+1)e^{\frac{\pi}{3}}$。

15. (1) $\frac{48}{(x-3)^5}$； (2) $(x+n)e^x$； (3) 32。

16. (1) $dy=\frac{1}{2\sqrt{x(1-x)}}dx$； (2) $dy=(\sin 2x+2x\cos 2x)dx$；

(3) $dy=(e^x\cot x-e^x\csc^2 x)dx$； (4) $dy=\frac{-\sin x}{\cos x}dx$；

(5) $dy=\frac{6\sin\ln(3x+1)\cdot\cos\ln(3x+1)}{3x+1}dx$。

17. $f'(a)=\varphi(a)$。

(B)

1. (1) 100!； (2) n!。

2. (1) $y'=x^{\cos x}[\frac{\cos x}{x}-\sin x\cdot\ln x]$；

(2) $y'=\frac{\sqrt{x+2}(3-x)^4}{(x+1)^3}\left[\frac{1}{2(x+2)}+\frac{4}{x-3}-\frac{3}{x+1}\right]$。

3. (1) $\frac{1}{x}$； (2) $\frac{(y-y^2)e^y-xy}{(e^y-x)^3}$。

4. $\cos(\sin x)\cos x$。

5. $\frac{-9!\,2^{10}}{(1-2x)^{10}}$。

6. $\ln 2-1$。

7. $y=\frac{1}{e}x$。

8. $f(1)=0$， $f'(1)=2$。

9. (1) $y^{(n)}=\frac{(-1)^{n-1}2n!}{(1+x)^{n+1}}$；

(2) $y'=\sin 2x$， $y^{(n)}=2^{n-1}\sin\left(2x+\frac{(n-1)\pi}{2}\right)$ $(n>1)$。

10. 提示：切线斜率相同。

习 题 3

(A)

1. (1) 2； (2) $\frac{1}{\ln 2}$； (3) $\sqrt{ab}$； (4) $\frac{3}{2}$；

(5) 0； (6) $(-\infty,0),(0,+\infty),(0,0)$。

2. (1) C,B； (2) C； (3) B。

3. $\xi=\frac{\pi}{2}$。

4. 提示：(1) 构造函数 $f(x)=\arctan x$； (2) 构造函数 $f(x)=x^n$。

5. 提示：应用拉格朗日中值定理证明。

6. 提示：利用零点定理得 $f(\xi)=0$，函数的最大值与最小值在区间(a,b)内取得，利用极值的必要条件，然后对 $f'(x)$使用罗尔定理。

7. (1)1； (2) 2； (3) 0； (4) $\frac{1}{3}$； (5) 1； (6) 0； (7) $\frac{2}{\pi}$；

(8) $\frac{1}{3}$； (9) 16； (10) $e^{-\frac{1}{6}}$； (11) 1； (12) 1。

8. 1。提示：化简，有界量乘以无穷小仍为无穷小。

9. $\frac{f''(0)}{2}$，提示：应用导数的定义。

10. (1) 单调递减区间$(0,+\infty)$，单调递增区间$(-\infty,0)$，极大值 $y|_{x=0}=-1$；

(2) 单调递减区间$(-\infty,0)$，单调递增区间$(0,+\infty)$，极小值 $y|_{x=0}=0$；

(3) 单调递减区间$(-\infty,1)$，单调递增区间$(1,+\infty)$，极大值 $y|_{x=1}=2$；

(4) 单调递减区间$(-1,+\infty)$，单调递增区间$(-\infty,-1)$，极大值 $y|_{x=-1}=3$。

11. 略。

12. (1)最大值 $y|_{x=-2}=y|_{x=2}=13$，最小值 $y|_{x=-1}=y|_{x=1}=4$；

(2) 最大值 $y|_{x=0.75}=1.25$，最小值 $y|_{x=-5}=-5+\sqrt{6}$。

13. 300 台时利润最大，最大利润为 2.5 万元，再生产 100 台，利润减少 0.5 万元。

14. (1) 凹区间$(-\infty,0)$，凸区间$(0,+\infty)$，拐点$(0,0)$；

(2) 凹区间$(-1,1)$，凸区间$(-\infty,-1)$及$(1,+\infty)$，拐点$(-1,\ln 2)$及$(1,\ln 2)$。

15. 正方形$\frac{4a}{4+\pi}$，圆形$\frac{\pi a}{4+\pi}$。

(B)

1. (1) 0； (2) $(-1,0),(0,+\infty)$； (3) 1。

2. (1) $-\frac{1}{2}$； (2) $-\frac{1}{3e^{2a}}$。

3. 略。

4. 提示：对 $F(x)=\arctan f(x)$应用拉格朗日中值定理。

5. 提示：对 $F(x)=f(x)-g(x)$ 多次使用罗尔定理。
6. 提示：用零点定理证明根的存在性，再用罗尔定理证明根的唯一性。
7. 上午 11 时。

习 题 4

(A)

1. (1) $-\sqrt{1-x^2}+C$； (2) $-\cos x+C$，$\arctan x+C$。

2. $\frac{1}{2}\sin^2 x$，$-\frac{1}{4}\cos 2x$，$-\frac{1}{2}\cos^2 x$ 是同一函数的原函数，因为 $\left(\frac{1}{2}\sin^2 x\right)'=\sin x\cos x$，$\left(-\frac{1}{4}\cos 2x\right)'=\sin x\cos x$；$\left(-\frac{1}{2}\cos^2 x\right)'=\sin x\cos x$。

3. (1) $\frac{2}{5}x^{\frac{5}{2}}-x+\frac{1}{2}x^2-2\sqrt{x}+C$； (2) $4\sin x-\tan x+C$；
   (3) $x+\cos x+C$； (4) $-\cot x+\csc x+C$；
   (5) $2\arcsin x-3\arctan x+\frac{1}{2}\ln|x|+C$； (6) $x-\sec x+C$；
   (7) $\frac{1}{2}(x-\sin x)+C$。

4. $f(x)=x^2$。

5. (1) $\frac{1}{a}$； (2) $\frac{1}{2a}$； (3) $\frac{1}{a}$。

6. (1) $-\frac{1}{2(2x-3)}+C$； (2) $-3\ln|1-x|+C$；
   (3) $\frac{1}{6}\arctan\frac{2}{3}x+C$； (4) $\frac{1}{3}(1+x^2)^{\frac{3}{2}}+C$；
   (5) $e^{\sin x}+C$； (6) $2\sin\sqrt{x}+C$；
   (7) $\frac{1}{2\sqrt{2}}\ln\left|\frac{\sqrt{2}x-1}{\sqrt{2}x+1}\right|+C$； (8) $\frac{1}{3}\sec^3 x+C$；
   (9) $\ln|\arcsin x|+C$； (10) $-\frac{1}{a^2}\frac{\sqrt{a^2-x^2}}{x}+C$；
   (11) $\frac{x}{a^2\sqrt{a^2+x^2}}+C$； (12) $x+3\ln\left|\frac{x-3}{x-2}\right|+C$。

7. (1) $\frac{1}{2}xe^{2x}-\frac{1}{4}e^{2x}+C$； (2) $-\frac{1}{\omega}t\cos(\omega t+\varphi)+\frac{1}{\omega^2}\sin(\omega t+\varphi)+C$；
   (3) $x\tan x+\ln|\cos x|+C$； (4) $x\ln(x+\sqrt{x^2-1})-\sqrt{x^2-1}+C$；
   (5) $-x^2\cos x+2x\sin x+2\cos x+C$； (6) $3t^2e^t-6te^t+6e^t+C$；
   (7) $x\arctan x-\frac{1}{2}\ln(1+x^2)+C$； (8) $\frac{1}{2}e^x(\cos x+\sin x)+C$；
   (9) $x(\arcsin x)^2+2\sqrt{1-x^2}\arcsin x-2x+C$；

(10) $\frac{1}{2}[x^2\ln(x-1)-\frac{1}{2}x^2-x-\ln(x-1)]+C$；

(11) $\frac{1}{3}x^3\arctan x-\frac{1}{6}[x^2-\ln(1+x^2)]+C$；

(12) $x\sec x-\ln|\tan x+\sec x|+C$。

(B)

1. $x\ln\left(1+\sqrt{\frac{1+x}{x}}\right)-\left[\frac{1}{4}\ln\left(\sqrt{\frac{1+x}{x}}-1\right)-\frac{1}{4}\ln\left(\sqrt{\frac{1+x}{x}}+1\right)+\frac{1}{2\left(\sqrt{\frac{1+x}{x}}+1\right)}\right]+C$。

2. $-\frac{1}{2}\frac{\arctan e^x}{e^{2x}}-\frac{1}{2e^x}-\frac{1}{2}\arctan e^x+C$。

3. $f(x)=\frac{xe^{\frac{x}{2}}}{2(1+x)^{\frac{3}{2}}}$。

4. $f(x)=a^x$。

习　题　5

(A)

1. 必要；充分。

2. (1) 2；　(2) $\frac{\pi a^2}{4}$；　(3) 0；　(4) 0。

3. (1) $>$；　(2) $<$；　(3) $>$；　(4) $>$。

4. (1) 24；　(2) $\frac{21}{8}$；　(3) $\frac{\pi}{3}$；　(4) $1-\frac{\pi}{4}$；

(5) 4；　(6) 1；　(7) $\frac{\pi}{6}$；　(8) -1。

5. (1) $\frac{3}{2}$；　(2) $\frac{\pi}{6}-\frac{\sqrt{3}}{8}$；　(3) $2-2\ln\frac{3}{2}$；　(4) $\pi-\frac{4}{3}$；

(5) $e-e^{\frac{1}{2}}$；　(6) $\frac{1}{6}$；　(7) π；　(8) $\frac{1}{12}$；

(9) $\frac{3}{2}$；　(10) $\frac{\pi}{2}$；　(11) $\frac{4}{3}$；　(12) 1；

(13) $\ln 2-\frac{1}{2}$；　(14) $2-\frac{2}{e}$。

6. (1) $\frac{3}{2}-\ln 2$；　(2) $b-a$；　(3) $\frac{16}{3}p^2$；　(4) $\frac{9}{4}$。

7. $\frac{1}{6}\pi$。

8. (1) $S=2$；　(2) $V=9\pi$。

(B)

1. $\frac{\ln 3}{2}$。

2. 略。

3. A。

4. -1。

5. $\frac{\pi^2}{4}$。

习 题 6

(A)

1. (1) 一阶；　(2) 三阶；　(3) 一阶；　(4) 二阶；
(5) 一阶；　(6) 二阶。

2. (1) 是；　(2) 是；　(3) 是；　(4) 不是。

3. (1) $y'=x^2$。　(2) $yy'+2x=0$。

4. (1) $\ln|x|+e^{-y}=C$；　(2) $y=\frac{1}{5}x^3+\frac{1}{2}x^2+C$；
(3) $\sqrt{1-y^2}+\sqrt{1-x^2}=C$；　(4) $y=Ce^{-x^2}+2$；
(5) $y=Ce^{-x^2}+\frac{1}{2}x^2e^{-x^2}$；　(6) $y=\frac{1}{x^2-1}(\sin x+C)$；
(7) $y=C_1e^{2x}+C_2e^{-2x}$；　(8) $y=C_1e^{4x}+C_2e^{-x}$；
(9) $y=C_1e^{-4x}+C_2e^{-x}+2-x$；　(10) $y=C_1e^{-2x}+C_2e^{-x}+\left(\frac{3}{2}x^2-3x\right)e^{-x}$。

5. $y(x)=2e^x-1$。

6. $y=2e^x-2x-2$。

7. $y=\frac{1}{3}x^2$。

8. $R=R_0e^{-\frac{\ln 2}{1600}t}$。

9. $v(120)=\frac{3^6}{5^5}$。

10. (1) $y=\frac{4}{x^2}$；　(2) $e^y=\frac{1}{2}e^{2x}+\frac{1}{2}$；
(3) $3y^2+2y^3=3x^2+2x^3+5$；　(4) $3e^{-y^2}=2e^{3x}+1$；
(5) $y=-\frac{2}{3}e^{-3x}+\frac{8}{3}$；　(6) $y=\frac{1}{x}(-\cos x+\pi-1)$；
(7) $y=\frac{4}{5}e^{-3x}+\frac{1}{5}e^{2x}$；　(8) $y=-5e^{2x}+7e^x$；
(9) $y=2e^{-\frac{1}{2}x}+xe^{-\frac{1}{2}x}$。

11. $s=\frac{1}{8}\cos 2t+\sin 2t+\frac{1}{4}t^2-\frac{1}{8}$。

12. $y=\cos3x-\frac{1}{3}\sin3x$。

(B)

1. (1) $y=2\mathrm{e}^{x}-2$；　(2) $y(x)=3$；　(3) $y=-\mathrm{e}^{2x^2}+1$；　(4) $y=\mathrm{e}^{x}$。
2. $\varphi(t)=\mathrm{e}^{\varphi(0)t}$。
3. $y''-y'-2y=(1-2x)\mathrm{e}^{x}$。
4. $y=\frac{x^2}{2}+C$ 及 $y=C\mathrm{e}^{x}$。
5. $s=\frac{mg}{k^2}(kt+m\mathrm{e}^{-\frac{kt}{m}})-\frac{m^2g}{k^2}$。
6. $y=\begin{cases}\mathrm{e}^{2x-1}, & x\geqslant\frac{1}{2},\\ 2x, & -\frac{1}{2}\leqslant x<\frac{1}{2},\\ -\mathrm{e}^{2x-1}, & x<-\frac{1}{2}。\end{cases}$
7. $f(x)=\begin{cases}x, & x\leqslant0,\\ \mathrm{e}^{x}-1, & x>0。\end{cases}$
8. $u''-4u'+4u=0$。
9. $y=-7\mathrm{e}^{-x}+8\mathrm{e}^{-2x}+(3x^2-6x)\mathrm{e}^{-x}$。

习　题　7

(A)

1. (1) -5；　(2) $-6d$　(3) $-2+c^3+c$；　(4) -4。
2. (1) A；　(2) B；　(3) D；　(4) C；
   (5) A；　(6) B。
3. (1) 10；　(2) -270；　(3) 0；　(4) 5；
   (5) 6；　(6) 8；　(7) 160；　(8) 0；
   (9) 0。
4. (1) 当 $\lambda\neq-2,3$ 时只有零解，否则有非零解；
   (2) $\lambda=0$ 或 $\lambda=1$。
5. (1) $x_1=1,x_2=-2,x_3=3,x_4=-1$；
   (2) $x_1=2,\ x_2=-3,\ x_3=-2,\ x_4=1$；
   (3) $x_1=1,\ x_2=2,\ x_3=3,\ x_4=-1$。

(B)

1. (1) 1；　(2) $bcd+b+d$；　(3) 1；　(4) 30。
2. (1) $3abc-a^3-b^3-c^3$；　(2) $(a-b)(b-c)(c-a)$；　(3) $-2(x^3+y^3)$；
   (4) $abcdef$；　(5) $(a-b)^3$；　(6) $abcd+ab+cd+ad+1$。
3. (1) 0；　(2) 0。

4. $\mu=0$ 或 $\lambda=1$。

习　题　8

（A）

1. (1) ① $m=5, n=7, 5, 7$。

② $m=7, n=$任意正整数$, 5, n$。

③ $m=$任意正整数$, n=5, m, 7$。

④ $m=5, n=$任意正整数$, n, 7$。

⑤ $m=7, n=5$。

(2) 5, $\begin{pmatrix}1 & 2\\2 & 4\end{pmatrix}$。

(3) 25,1600。

(4) $\frac{1}{2}$, 2 。

(5) $\begin{pmatrix}1/a & 0 & 0\\0 & 1/b & 0\\0 & 0 & 1/c\end{pmatrix}$。

(6) $\boldsymbol{A}=(\boldsymbol{A}^{-1})^{-1}=\frac{\boldsymbol{A}^*}{|\boldsymbol{A}|}=\frac{\begin{pmatrix}8 & -4\\-6 & 2\end{pmatrix}}{-8}=\begin{pmatrix}-1 & \frac{1}{2}\\-\frac{1}{4} & -\frac{1}{4}\end{pmatrix}$。

$(4\boldsymbol{A})^{-1}=\frac{1}{4}\boldsymbol{A}^{-1}=\begin{pmatrix}1/2 & 1\\3/2 & 2\end{pmatrix}$。

(7) 4。

(8) $\begin{pmatrix}2 & 1\\6 & 3\\-2 & -1\end{pmatrix}$。

(9) $\begin{pmatrix}3 & -1\\1 & 0\end{pmatrix}$。

(10) -24。

(11) 1。

(12) $\begin{pmatrix}1 & 0 & 0\\-\frac{1}{2} & -\frac{1}{2} & 0\\0 & 0 & 1\end{pmatrix}$；

(13) $R(\boldsymbol{A})<n$。　(14) 3。

2. (1) D；(2) A；(3) A；(4) C；(5) B；(6) B；(7) D；(8) B。

3. (1) 对；(2) 错；(3) 错；(4) 错；(5) 错；(6) 错；(7) 对；(8) 对；(9) 对；(10) 错；(11) 对；(12) 错；(13) 对；(14) 错；(15) 错；(16) 错。

4. (1) $\begin{pmatrix}35\\6\\49\end{pmatrix}$；

(2) (10)；

(3) $\begin{pmatrix}-2 & 4\\-1 & 2\\-3 & 6\end{pmatrix}$；

(4) $\begin{pmatrix}6 & -7 & 8\\20 & -5 & -6\end{pmatrix}$。

5. $\boldsymbol{B}=\begin{pmatrix}3&0&0\\0&2&0\\0&0&1\end{pmatrix}$。

6. $\boldsymbol{AB}^{\mathrm{T}}=\begin{pmatrix}8&6\\18&10\\3&10\end{pmatrix}$，$|4\boldsymbol{A}|=-128$。

7. (1) $\boldsymbol{A}^{-1}=\begin{pmatrix}\frac{7}{6}&\frac{2}{3}&-\frac{3}{2}\\-1&-1&2\\-\frac{1}{2}&0&\frac{1}{2}\end{pmatrix}$；

(2) $\boldsymbol{A}^{-1}=\begin{pmatrix}\frac{1}{3}&\frac{1}{3}&0\\-\frac{2}{3}&\frac{7}{3}&-2\\\frac{2}{3}&-\frac{4}{3}&1\end{pmatrix}$；

(3) $\boldsymbol{A}^{-1}=-\frac{1}{62}\begin{pmatrix}-4&-6&8\\-13&-4&5\\-32&14&-2\end{pmatrix}$。

8. $\boldsymbol{X}=\begin{pmatrix}3&-2&0\\0&3&-2\\0&0&3\end{pmatrix}$。

9. (1) 3；　(2) 3；　(3) 3。

10. (1) $\begin{pmatrix}x_1\\x_2\\x_3\\x_4\\x_5\end{pmatrix}=c_1\begin{pmatrix}-3\\1\\0\\0\\0\end{pmatrix}+c_2\begin{pmatrix}7\\0\\-2\\0\\1\end{pmatrix}$；

(2) $\begin{pmatrix}x_1\\x_2\\x_3\\x_4\\x_5\end{pmatrix}=c_1\begin{pmatrix}-1\\1\\0\\0\\0\end{pmatrix}+c_2\begin{pmatrix}\frac{1}{3}\\0\\-\frac{2}{3}\\1\\0\end{pmatrix}+c_3\begin{pmatrix}-\frac{2}{3}\\0\\\frac{1}{3}\\0\\1\end{pmatrix}+\begin{pmatrix}\frac{1}{3}\\0\\\frac{1}{3}\\0\\0\end{pmatrix}$。

(B)

1. (1) $\frac{1}{ad-bc}\begin{pmatrix}d&-b\\-c&a\end{pmatrix}$；　(2) $1,-1,2$；　(3) a^{n-1}，$\frac{1}{a}$；

(4) $\boldsymbol{A}$ 可逆； (5) 2；

(6) $\begin{pmatrix}1&2&3\\0&1&2\\0&0&1\end{pmatrix}$，$\begin{pmatrix}1&2&3\\0&1&2\\0&0&1\end{pmatrix}$； (7) $\begin{pmatrix}a&b\\0&a-b\end{pmatrix}$，其中 a,b 为任意常数；

(8) 16/27； (9) $(-1)^n 2$； (10) $\boldsymbol{E}$；

(11) 1； (12) -2； (13) $a_1+a_2+a_3+a_4=0$。

2. (1) D； (2) D； (3) C； (4) C； (5) B； (6) B； (7) B。

3. (1) $\boldsymbol{A}=\begin{pmatrix}1&1\\\frac{1}{4}&0\end{pmatrix}$； (2) $\boldsymbol{X}=\begin{pmatrix}-\frac{1}{4}&\frac{1}{4}&\frac{5}{4}\\\frac{3}{4}&\frac{1}{4}&\frac{1}{4}\\-\frac{1}{4}&\frac{1}{4}&\frac{1}{4}\end{pmatrix}$。

4. $\begin{pmatrix}3&-8&-6\\2&-9&-6\\-2&12&9\end{pmatrix}$。

5. $(-3)^{49}\begin{pmatrix}1&-1&1\\2&-2&2\\-2&2&-2\end{pmatrix}$。

6. $\boldsymbol{X}=\begin{pmatrix}1&-2&2\\2&-1&5\\4&-1&7\end{pmatrix}$。

7. (1) $\begin{pmatrix}2&-1&3&1\\0&\frac{7}{2}&-\frac{11}{2}&-\frac{9}{2}\\0&0&0&\frac{1}{2}\end{pmatrix}$——(阶梯形)，$\begin{pmatrix}1&0&\frac{5}{7}&0\\0&1&-\frac{11}{7}&0\\0&0&0&1\end{pmatrix}$——(行最简形)，

$\begin{pmatrix}1&0&0&0\\0&1&0&0\\0&0&1&0\end{pmatrix}$——(标准形)；

(2) $\begin{pmatrix}1&0&0&0\\0&1&0&0\\0&0&1&1\\0&0&0&-1\end{pmatrix}$——阶梯形，$\begin{pmatrix}1&0&0&0\\0&1&0&0\\0&0&1&0\\0&0&0&1\end{pmatrix}$——行最简形，标准形；

(3) $\begin{pmatrix}1&3&-2&5&4\\0&1&0&-5&7\\0&0&1&1&-2\\0&0&0&0&0\end{pmatrix}$——阶梯形，$\begin{pmatrix}1&0&0&22&-21\\0&1&0&-5&7\\0&0&1&1&-2\\0&0&0&0&0\end{pmatrix}$——行最简形

$$\begin{pmatrix}1&0&0&0&0\\0&1&0&0&0\\0&0&1&0&0\\0&0&0&0&0\end{pmatrix}\text{——标准形。}$$

8. $a=5$ 或 -1。

9. 当 $k=1$ 时，$R(\boldsymbol{A})=1$；当 $k=-2$ 时，$R(\boldsymbol{A})=2$；当 $k\neq1,k\neq-2$ 时，$R(\boldsymbol{A})=3$。

10. 提示：考虑增广矩阵与系数矩阵的秩。

11. 当 $\lambda=1$ 时，线性方程组有无穷多解且可表示为

$$\begin{pmatrix}x_1\\x_2\\x_3\end{pmatrix}=k_1\begin{pmatrix}-2\\1\\0\end{pmatrix}+k_2\begin{pmatrix}2\\0\\1\end{pmatrix}+\begin{pmatrix}1\\0\\0\end{pmatrix};$$

当 $\lambda=10$ 时，线性方程组无解；当 $\lambda\neq1,\lambda\neq10$ 时，线性方程组有唯一解。

习　题　9

(A)

1. (1) $x=-1/2$；(2) $x=-1$；(3) $x=1$；(4) $\boldsymbol{x}=(\boldsymbol{\beta}_1-\boldsymbol{\beta}_2)c+\boldsymbol{\beta}_1$；(5) 系数行列式等于 0；(6) $\boldsymbol{x}=k\,(1,1,\cdots,1)^{\mathrm{T}}$；(7) $k_1+k_2+\cdots+k_n=1$；(8) 列；是。

2. (1) 错；(2) 对；(3) 错；(4) 对。

3. (1) D；　(2) D；　(3) A；　(4) B；　(5) A；　(6) C。

4. (1) 线性相关；(2)线性相关；(3)线性无关；(4)线性相关；(5)线性相关。

5. $c\neq1,-2$。

6. 略。

7.(1) $R(\boldsymbol{A})=2$，$\boldsymbol{\alpha}_1=(1,1,1,1)^{\mathrm{T}},\boldsymbol{\alpha}_2=(2,3,4,5)^{\mathrm{T}}$ 为列向量组的一组最大无关组，$\boldsymbol{\beta}_1=(1,2,4,5)^{\mathrm{T}},\boldsymbol{\beta}_2=(1,3,5,6)^{\mathrm{T}}$ 为行向量组的一组最大无关组；(2) 秩为 4，最大无关组为 $\boldsymbol{\alpha}_1,\boldsymbol{\alpha}_2,\boldsymbol{\alpha}_4,\boldsymbol{\alpha}_5$。

8. (1) $\boldsymbol{\xi}=\begin{pmatrix}0.5\\-7\\1.5\\3.5\\1\end{pmatrix}$；　(2) $\boldsymbol{\xi}_1=\begin{pmatrix}-16\\3\\4\\0\end{pmatrix},\boldsymbol{\xi}_2=\begin{pmatrix}0\\1\\0\\4\end{pmatrix}$；　(3) $\boldsymbol{\xi}_1=\begin{pmatrix}-2\\14\\19\\0\end{pmatrix},\boldsymbol{\xi}_2=\begin{pmatrix}1\\7\\0\\19\end{pmatrix}$。

9. (1) 解为 $\boldsymbol{\eta}=(-8,13,0,2)^{\mathrm{T}}$，基础解系为 $\boldsymbol{\xi}=(-1,1,1,0)^{\mathrm{T}}$；

(2) 解为 $\boldsymbol{\eta}=(1,-2,0,0)^{\mathrm{T}}$，基础解系为 $\boldsymbol{\xi}_1=(-9,1,7,0)^{\mathrm{T}},\boldsymbol{\xi}_2=(1,-1,0,2)^{\mathrm{T}}$.

10. (1) $\begin{pmatrix}x_1\\x_2\\x_3\end{pmatrix}=\begin{pmatrix}-0.3\\1.1\\1\end{pmatrix}c+\begin{pmatrix}2.2\\-3.4\\0\end{pmatrix}$（$c$ 为任意实数）；

(2) $\begin{pmatrix}x_1\\x_2\\x_3\\x_4\end{pmatrix}=\begin{pmatrix}-0.2\\0.6\\1\\0\end{pmatrix}c_1+\begin{pmatrix}-1.2\\-1.4\\0\\1\end{pmatrix}c_2+\begin{pmatrix}0.8\\0.6\\0\\0\end{pmatrix}$（$c_1,c_2$ 为任意实数）。

(B)

1. (1) $a=2,b=4$；　(2) $abc-b+1\neq 0$；　(3) -1；　(4) $n-1$；
(5) 3；　(6) 2。

2. (1) D；　(2) B；　(3) A；　(4) C；　(5) B；　(6) D。

3. (1) $a=0$，$b\neq -4$ 时，$\boldsymbol{\beta}$ 不能表示成 $\boldsymbol{\alpha}_1,\boldsymbol{\alpha}_2,\boldsymbol{\alpha}_3$ 的线性组合；

(2) $a\neq 0,a+5b+12\neq 0$ 时，$\boldsymbol{\beta}$ 能表示成 $\boldsymbol{\alpha}_1,\boldsymbol{\alpha}_2,\boldsymbol{\alpha}_3$ 的线性组合，且 $\boldsymbol{\beta}=(1-\frac{1}{a})\boldsymbol{\alpha}_1+\frac{1}{a}\boldsymbol{\alpha}_2+0\boldsymbol{\alpha}_3$。

4. $\boldsymbol{x}=k\boldsymbol{\xi}+\boldsymbol{\eta}_1=k\begin{pmatrix}2\\3\\3\\3\end{pmatrix}+\begin{pmatrix}1\\1\\1\\1\end{pmatrix}$。

5. $\boldsymbol{x}=k(\boldsymbol{\alpha}-\boldsymbol{\beta})+\boldsymbol{\alpha}=k\begin{pmatrix}3\\-1\\-2\end{pmatrix}+\begin{pmatrix}0\\1\\0\end{pmatrix}$。

习　题　10

(A)

1. (1) $1-p$；(2) 0；(3) 甲产品滞销或乙产品畅销；(4) 0.665,0.06。

2. (1) C；(2) D；(3) C；(4) C；(5) D；(6) D。

3. (1) ①{(白,黑)(黑,白)(白,白)(黑,黑)}；
② {0,1,2,…,100}；③ {10,11,12,…}；④ {0,1,2,…}。

(2) ① 三年级不是运动员的男生;不是运动员的男生；运动员是女生；男生或者三年级的学生；② 三年级的男生都是运动员；运动员都是男生;三年级的学生是女生。

(3) ①$A_1A_2A_3$；　② $A_1\overline{A}_2\overline{A}_3$；　③ $A_1\overline{A}_2\overline{A}_3\cup\overline{A}_1A_2\overline{A}_3\cup\overline{A}_1\overline{A}_2A_3$；
④ $A_1\cup A_2\cup A_3$；　⑤ $\overline{A}_1\overline{A}_2\overline{A}_3\cup A_1\overline{A}_2\overline{A}_3\cup\overline{A}_1A_2\overline{A}_3\cup\overline{A}_1\overline{A}_2A_3$；

(4) 0.012；0.138；0.862；0.988；0.126；0.8286。

(5) 0.667。

(6) ① $\frac{C_{45}^2\cdot C_5^1}{C_{50}^3}$；　② $\frac{C_{45}^1\cdot C_5^2}{C_{50}^3}$；　③ $1-\frac{C_{45}^3}{C_{50}^3}$；
④ $\frac{C_{45}^3}{C_{50}^3}+\frac{C_{45}^2\cdot C_5^1}{C_{50}^3}$；　⑤ $1-\frac{C_{45}^3}{C_{50}^3}-\frac{C_{45}^2\cdot C_5^1}{C_{50}^3}$。

(7) ①$\frac{3}{8}$；　② $\frac{9}{16}$；　(3) $\frac{1}{16}$。

(8) $\frac{12\times 11\times 10\times 9}{12^4}$。

(9) $\dfrac{C_{13}^5 \cdot C_{13}^3 \cdot C_{13}^3 \cdot C_{13}^2}{C_{52}^{13}}$。

(10) ① 0.2,0.5； ② 2/3； ③ 0.8； ④ 0.6。

(11) 0.24；0.36；0.66。

(12) 0.06。

(13) $\dfrac{3}{10}$。

(14) 29/360；3/29。

(15) 0.64。

(16) 7/15。

(17) 0.0225;0.6667。

(18) ①0.56； ② 0.24； ③ 0.14。

(19) $2r^2-r^4$。

(20) 0.458。

(B)

1. (1) 0.875。 (2) 0.375。 (3) $\dfrac{1}{7^6},\dfrac{6^6}{7^6},1-\dfrac{1}{7^6}$。 (4) $\dfrac{1}{210}$。 (5) 0.5.

2. (1) B。 (2) A。 (3) D。 (4) B。

3. (1) ① 射手第一次或第二次击中目标；② 射手三次射击中至少击中目标；③ 射手第三次没有击中目标；④ 射手第二次击中目标,但是第三次没有击中目标；⑤ 射手第二次和第三次都没有击中目标；⑥ 射手第一次或第二次没有击中目标。

(2) ① $\dfrac{4}{15}$； ②$\dfrac{3}{20}$； ③$\dfrac{7}{60}$； ④ $\dfrac{7}{20}$。

(3) $\dfrac{13}{21}$。

(4) $\dfrac{3}{2}p-\dfrac{1}{2}p^2$;$\dfrac{2p}{p+1}$。

(5) 2.7%;30.77%。

(6) ① 0.4； ② 0.4855。

(7) ① 0.1402；②如果已发现一台仪器不合格,则它有一个部件不是优质品的概率最大。

(8) $p=\dfrac{29}{90}$；$q=\dfrac{20}{61}$。

(9) $P(A)=\dfrac{1}{4}$。

(10) $\dfrac{37}{64}$。

习 题 11

(A)

1. (1) ①

X	0	1	2
p_k	$\frac{28}{45}$	$\frac{16}{45}$	$\frac{1}{45}$

②

X	0	1	2
p_k	$\frac{16}{25}$	$\frac{8}{25}$	$\frac{1}{25}$

(2) 1。

(3) $P\{X=2\}+P\{X=4\}=0.7$； $F(x)=\begin{cases}0, & x<1,\\ 0.3, & 1\leqslant x<2,\\ 0.7, & 2\leqslant x<3,\\ 1, & x\geqslant 3。\end{cases}$

(4) $P\{X=k\}=C_4^k\left(\frac{1}{6}\right)^k\left(\frac{5}{6}\right)^{4-k}$， $k=0,1,2,3.4$

(5) $\frac{1}{\pi}$。

(6) 1.96。

(7) 0.5，0.6853，3.92。

(8) $Y=X^2$ 的分布律为

X	0	1	4
p	$\frac{1}{4}$	$\frac{1}{2}$	$\frac{1}{4}$

$Y=2X+1$ 的分布律为

X	-1	1	3	5
p	$\frac{1}{8}$	$\frac{1}{4}$	$\frac{3}{8}$	$\frac{1}{4}$

(9) $f_Y(y)=\frac{1}{|a|}\frac{1}{\sqrt{2\pi\sigma}}e^{-\frac{\left(\frac{y-b}{a}-\mu\right)^2}{2\sigma^2}}$， $f_Y(y)=\frac{1}{\sqrt{2\pi}}e^{-\frac{y^2}{2}}$。

2. (1) A,B,C。 (2) D 。 (3) C。 (4) B。 (5) D。 (6) A。 (7) C。

3. (1)

X	-3	1	2
p_k	$\frac{1}{3}$	$\frac{1}{2}$	$\frac{1}{6}$

(2) ① $C_3^2p^2(1-p)$； ② $1-(1-p)^3$。

(3) ① $1-(0.2)^4$； ② $C_4^2(0.8)^2(0.2)^2$； ③ $(0.8)^4$。

(4) ① $\lambda=2$； ② $3e^{-2}$。

(5) 0;0.2;1

(6) ① $B=\frac{1}{\pi}, A=\frac{1}{2}$； ② $F'(x)=\frac{1}{\pi}\frac{1}{1+x^2}$； ③ $\frac{1}{2}$。

(7) ① $F(x)=\begin{cases}0, & x<-1,\\ \frac{1}{6}, & -1\leqslant x<2,\\ \frac{1}{6}+\frac{1}{2}=\frac{2}{3}, & 2\leqslant x<3,\\ \frac{1}{6}+\frac{1}{2}+\frac{1}{3}=1, & x\geqslant 3。\end{cases}$

② 1/6;1/2;5/6。

(8) ① $\frac{1}{4}$； ② $\frac{8}{9}$。

(9) $\frac{1}{3}\ln 2$。

(10) ① 0.4. ② $f(x)=\begin{cases}2x, & 0<x<1,\\ 0, & 其他。\end{cases}$

(11) $F(x)=\begin{cases}0, & x<0,\\ \frac{x^2}{2}, & 0\leqslant x<1,\\ -1+2x-\frac{x^2}{2}, & 1\leqslant x<2,\\ 1, & x\geqslant 2。\end{cases}$

(12) $\frac{2}{3}$。

(13) 0.2578。

(14) ① 0.9893； ② 0.2266； ③ 0.8788； ④ 0.0124。

(15) ① 0.3085； ② 0.7745； ③ 0.0668。

(16) $1-(0.95)^3$。

(17) ①

Y	−4	−2	0	2	4
p_k	0.1	0.2	0.25	0.3	0.15

②

Z	1	2	5
p_k	0.25	0.5	0.25

(18) $\dfrac{1}{\pi(1+e^{2y})}e^y$。

(B)

1. (1)$p=\dfrac{1}{3}$。

(2)

X	1	2	3	4	5	6
p_k	$\dfrac{11}{36}$	$\dfrac{9}{36}$	$\dfrac{7}{36}$	$\dfrac{5}{36}$	$\dfrac{3}{36}$	$\dfrac{1}{36}$

(3) $1-2e^{-1}$。 (4) 31.20。 (5) $a=1, b=\dfrac{1}{2}$。 (6) 0.3。

2. (1) B，D； (2) B； (3) A； (4) A。

3. (1) $c=\dfrac{37}{16}$；$\dfrac{8}{25}$。 (2) 0.3124；0.5628。

(3) $F(x)=\begin{cases}0, & x<-1,\\ \dfrac{5x+7}{16}, & -1<x<1,\\ 1, & x\geqslant 1;\end{cases}$ $\dfrac{7}{16}$。

(4) $a=1$，$b=-1$； $f(x)=\begin{cases}\ln x, & 1\leqslant x\leqslant e,\\ 0, & \text{其他}。\end{cases}$

(5) 0.0456;0.12。 (6) 0.6。 (7) $f_Y(y)==\begin{cases}\sqrt{2/\pi}\,e^{-y^2/2}, & y\geqslant 0,\\ 0, & y<0。\end{cases}$

习 题 12

(A)

1. $E(X)=-0.2, E(X^2)=2.8, E(3X^2+5)=13.4$。

2. $E(X)=2\left(\text{提示：}X\sim b\left(20,\dfrac{1}{10}\right)\right)$。

3. 5.48 元。

4. 8.784 次。

5. $E(X^2)=18.4$（提示：$X\sim b(10,0.4)$）。

6. $300e^{-\frac{1}{4}}-200=34$(元)。

7. $E(X)=1.0556$。

8. 1.2，0.8。

9. $E(X)=\dfrac{\pi}{2}$， $E(X^2)=\dfrac{\pi^2}{3}$， $E(\sin X)=\dfrac{2}{\pi}$。

10. $E(2X)=0$， $E(X^2)=\dfrac{1}{6}$， $D(1-2X)=\dfrac{2}{3}$。

11. $k=3,a=2$；　$D(X)=\frac{3}{80}$。

12. $E(X)=0,E(X^2)=4,D(-3X+1)=36$。

13. $\frac{\pi}{12}(b^2+ab+a^2)$。

14. $E(X+e^{-2X})=\frac{4}{3}$。

15. $E(X)=1,D(X)=\frac{1}{2}$。

16. $E(Z)=a+b\mu_1+c\mu_2$。

17. $E(2X_1+X_2)=\frac{5}{4},E(X_1X_2)=\frac{1}{8}$。

18. $E(X+Y)=\frac{3}{2},D(X-Y)=\frac{13}{12}$。

19. (1) 1200，1225；　　(2) 1282kg。

20. 39 袋。

(B)

1. $E|X-Y|=\frac{2}{\sqrt{2\pi}},D|X-Y|=1-\frac{2}{\pi}$。

2. $\lambda=1$。

3. $EY^2=5$。

4. $f(x)=F'(x)=\begin{cases}xe^{-x} & x>0,\\ 0, & \text{其他};\end{cases}$ $E(e^{-X})=\int_{-\infty}^{+\infty}e^{-x}f(x)dx=\frac{1}{4}$。

5. 提示：$D(X)-E(X-C)^2=-[E(X)-C]^2$。

6. 提示：$\int_{-\infty}^{+\infty}af(x)dx\leqslant E(x)=\int_{-\infty}^{+\infty}xf(x)dx\leqslant\int_{-\infty}^{+\infty}bf(x)dx,D(x)\leqslant E\{(X-C)^2\}$，取 $C=\frac{a+b}{2}$。

7. $E(A^2)=E[(10X-X^2)^2]=\frac{1448}{15}$，$D(A)=E(A^2)-E(A)^2=\frac{964}{45}$。

8. $Z_1\sim N(2080,65^2),Z_2\sim N(80,1525)$。

习　题　14

(A)

1. (1) 不存在，因为两边和等于第三边。

(2) 不存在，因为三边和大于360°。

(3) 存在。

(4) 不存在，因为三角和小于180°。

(5) 不存在，因为两角和减去第三角大于180°。

(6) 存在。

(7) 存在。

2. (1) 46°11′56″,60°56′25″;

(2) 27°32′22″,32°15′48″;

(3) 37°58′0″,83°42′39″;

(4) 58°54′43″,129°8′49″;

(5) 60°46′8″,97°36′40″;

(6) 160°21′47″,169°21′35″。

3. 1524.6n mile,71.8°。

4. 6615.9n mile,287.6°。

5. 9334.2n mile,84.6°。

6. 3717.4n mile,288.3°。

7. 7031.3n mile,100.6°。

参 考 文 献

[1] 同济大学数学系.高等数学(上、下册)[M].7 版.北京：高等教育出版社,2014.

[2] 方桂英.高等数学[M].4 版.北京：科学出版社,2018.

[3] 高胜哲.高等数学培优教程[M].上海：复旦大学出版社,2012.

[4] 戴瑛.文科数学基础[M].2 版.北京：高等教育出版社,2009.

[5] 张丽梅.线性代数[M].北京：中国农业出版社,2008.

[6] 同济大学数学系.工程数学——线性代数[M].6 版.北京：高等教育出版社,2014.

[7] 盛骤.概率论与数理统计[M].4 版.北京：高等教育出版社,2009.

[8] 张立石. 概率论与数理统计[M].北京：清华大学出版社,2015.

[9] 高辉.概率论与数理统计同步学习指导[M]. 北京:清华大学出版社,2018.

[10] 姜启源.大学数学实验[M].2 版.北京：清华大学出版社,2010.

[11] 李盛德.MATLAB 程序设计与应用[M].大连：大连海事大学出版社,2012.

[12] 王人连.航海数学[M]. 大连：大连海事大学出版社,2011.

附录A 预备知识

1. 实数与实数的绝对值

整数和分数统称为有理数，我们通常用 **Q** 表示有理数集。有理数都可以表示为有限小数或无限循环小数，如，$\frac{2}{5}$可表示为 0.4，$\frac{1}{3}$可表示为 $0.\dot{3}$ 等；所有形如$\frac{n}{m}$（m,n 为互质的整数，$m\neq 0$）的数都是有理数。

无限不循环小数叫作无理数。无理数不能表示成分数的形式，如：π，$\sqrt{2}$，$-\sqrt{3}$等。

有理数和无理数统称为实数，通常用 **R** 表示实数集。实数与数轴上的点是一一对应的，每一个实数都可以用数轴上的一个点来表示；反之，每一个数轴上的点又都表示一个实数。

如果一实数为 a，我们用 $-a$ 表示 a 的相反数，且 a 与 $-a$ 互为相反数。0 的相反数为 0。

实数的绝对值是如下定义的：一个正数的绝对值是它本身；一个负数的绝对值是它的相反数；0 的绝对值是 0。对于任意的 $a\in\mathbf{R}$，我们有

$$|a|=\begin{cases}a, & a>0,\\ 0, & a=0,\\ -a, & a<0。\end{cases}$$

例如，$|\pi|=\pi$；$|-2|=2$。

我们将解绝对值不等式的问题归结为以下两种情形。

(1) $|x|<a$，当 $a\leqslant 0$，其解集为空集，当 $a>0$，解集为

$$\{x\mid -a<x<a\};$$

(2) $|x|>a$，当 $a<0$，其解集为全体实数 **R**，当 $a\geqslant 0$，解集为

$$\{x\mid x<-a\}\cup\{x\mid x>a\}。$$

2. 区间和邻域

所谓区间是指介于两个实数 a 与 b 之间的一切实数，在数轴上对应的是从 a 到 b 的线段。a 与 b 称为区间的端点，当 $a<b$ 时，a 称为左端点，b 称为右端点。数集$\{x\mid a<x<b\}$称为开区间，记作(a,b)；数集$\{x\mid a\leqslant x\leqslant b\}$称为闭区间，记作$[a,b]$。类似地，数集$\{x\mid a\leqslant x<b\}$，$\{x\mid a<x\leqslant b\}$称为半开半闭区间，分别记作$[a,b)$和$(a,b]$。

除了上述这些有限区间以外，还有各种无限区间，例如，集合$\{x\mid x\geqslant a\}$可记为$[a,+\infty)$，集合$\{x\mid x<b\}$可记为$(-\infty,b)$，全体实数的集合 **R** 也可记为$(-\infty,+\infty)$。

闭区间$[a,b]$、开区间(a,b)及无限区间$[a,+\infty)$和$(-\infty,b)$在数轴上表示分别如图 A-1(a)、图 A-1(b)、图 A-1(c)和图 A-1(d)所示。

特殊地，设 δ 是任一正数，以点 a 为中心，长度为 2δ 的开区间$(a-\delta,a+\delta)$称为点 a 的 δ 邻域，记作 $U(a,\delta)$，有时简记为 $U(a)$，如图 A-2 所示。依定义有

$$U(a,\delta)=\{x\mid a-\delta<x<a+\delta\}$$

或

$$U(a,\delta)=\left\{x\,\middle|\,|x-a|<\delta\right\}。$$

因为$|x-a|$表示点 x 与点 a 之间的距离，所以点 a 的 δ 邻域 $U(a,\delta)$表示与点 a 距离小于δ 的一切点 x 的全体。

如果把点 a 的 δ 邻域 $U(a,\delta)$的中心点 a 去掉后，称此邻域为点 a 的去心 δ 邻域，记作$\mathring{U}(a,\delta)$，即

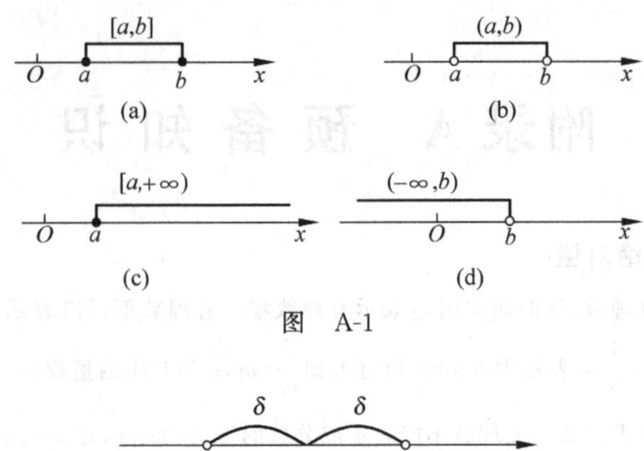

图 A-1

图 A-2

$$\mathring{U}(a,\delta)=\{x \mid 0<|x-a|<\delta\}。$$

我们把开区间$(a-\delta,a)$称为 a 的左 δ 邻域，把开区间$(a,a+\delta)$称为 a 的右 δ 邻域。

3. 符号

在数学的逻辑推理中，为了书写方便，我们常采用下列逻辑符号。

符号 $\forall$ 表示“对于任意的”或“每一个”；符号 $\exists$ 表示“存在”；符号 $A\Leftrightarrow B$ 表示命题（或条件）A 与 B 等价，或命题（或条件）A 与 B 互为充要条件。

附录 B 标准正态分布函数值表

$P\{X>z\}=1-\Phi(z)$

z	0.00	0.01	0.02	0.03	0.04	0.05	0.06	0.07	0.08	0.09
0.0	0.5000	0.4960	0.4920	0.4880	0.4840	0.4801	0.4761	0.4721	0.4681	0.4641
0.1	0.4602	0.4562	0.4522	0.4483	0.4443	0.4404	0.4364	0.4325	0.4686	0.4247
0.2	0.4207	0.4168	0.4129	0.4090	0.4052	0.4013	0.3974	0.3936	0.3897	0.3859
0.3	0.3821	0.3873	0.3745	0.3707	0.3669	0.3632	0.3594	0.3557	0.3520	0.3483
0.4	0.3446	0.3409	0.3372	0.3336	0.3300	0.3264	0.3228	0.3192	0.3156	0.3121
0.5	0.3085	0.3050	0.3015	0.2981	0.2946	0.2912	0.2877	0.2843	0.2810	0.2776
0.6	0.2743	0.2709	0.2676	0.2643	0.2611	0.2578	0.2546	0.2514	0.2483	0.2451
0.7	0.2420	0.2389	0.2358	0.2327	0.2296	0.2266	0.2236	0.2206	0.2217	0.2148
0.8	0.2119	0.2090	0.2061	0.2033	0.2005	0.1977	0.1949	0.1922	0.1894	0.1867
0.9	0.1841	0.1814	0.1788	0.1762	0.1736	0.1711	0.1685	0.1660	0.1635	0.1611
1.0	0.1587	0.1562	0.1539	0.1515	0.1492	0.1469	0.1446	0.1423	0.1401	0.1379
1.1	0.1357	0.1335	0.1314	0.1292	0.1271	0.1251	0.1230	0.1210	0.1190	0.1170
1.2	0.1151	0.1131	0.1112	0.1093	0.1075	0.1056	0.1038	0.1020	0.1003	0.0985
1.3	0.0968	0.0951	0.0934	0.0918	0.0901	0.0885	0.0869	0.0853	0.0838	0.0823
1.4	0.0808	0.0793	0.0778	0.0764	0.0749	0.0735	0.0721	0.0708	0.0694	0.0681
1.5	0.0668	0.0655	0.0643	0.0630	0.0618	0.0606	0.0594	0.0582	0.0571	0.0559
1.6	0.0548	0.0537	0.0526	0.0516	0.0505	0.0495	0.0485	0.0475	0.0465	0.0455
1.7	0.0446	0.0436	0.0427	0.0418	0.0409	0.0401	0.0392	0.0384	0.0375	0.0367
1.8	0.0359	0.0351	0.0344	0.0366	0.0329	0.0322	0.0314	0.0307	0.0301	0.0294
1.9	0.0287	0.0281	0.0274	0.0268	0.0262	0.0256	0.0250	0.0244	0.0239	0.0233
2.0	0.0228	0.0222	0.0217	0.0212	0.0207	0.0202	0.0197	0.0192	0.0188	0.0183
2.1	0.0179	0.0174	0.0170	0.0166	0.0162	0.0158	0.0154	0.0150	0.0146	0.0143
2.2	0.0139	0.0136	0.0132	0.0129	0.0125	0.0122	0.0119	0.0116	0.0113	0.0110
2.3	0.0107	0.0104	0.0102	0.0099	0.0096	0.0094	0.0091	0.0089	0.0087	0.0084
2.4	0.0082	0.0080	0.0078	0.0075	0.0073	0.0071	0.0069	0.0068	0.0066	0.0064
2.5	0.0062	0.0060	0.0059	0.0057	0.0055	0.0054	0.0052	0.0051	0.0049	0.0048
2.6	0.0047	0.0045	0.0044	0.0043	0.0041	0.0040	0.0039	0.0038	0.0037	0.0036
2.7	0.0035	0.0034	0.0033	0.0032	0.0031	0.0030	0.0029	0.0028	0.0027	0.0026
2.8	0.0026	0.0025	0.0024	0.0023	0.0023	0.0022	0.0021	0.0020	0.0020	0.0019
2.9	0.0019	0.0018	0.0018	0.0017	0.0016	0.0016	0.0015	0.0015	0.0014	0.0014
3.0	0.0013	0.0013	0.0013	0.0012	0.0012	0.0011	0.0011	0.0010	0.0011	0.0010